JN281491

新・思考のための道具

知性を拡張するためのテクノロジー —— その歴史と未来

ハワード・ラインゴールド 著／日暮雅通 訳

パーソナルメディア

TOOLS FOR THOUGHT revised edition

The History and Future of Mind-Expanding Technology

by

Howard Rheingold

Copyright © 1985 Howard Rheingold
All rights reserved.

First MIT Press edition 2000
「思考のための道具―異端の天才たちはコンピュータに何を求めたか？」
栗田昭平監訳　青木真美訳　パーソナルメディア発行（1987）
First published in 1985 by Simon & Schuster/Prentice Hall.

Japanese translation rights arranged with Massachusetts Institute of Technology
acting through its department The MIT Press, Cambridge, Massachusetts
through Tuttle-Mori Agency,Inc.,Tokyo

本書に記載されている製品名、システム名は一般に各メーカーの登録商標または商標です。

なお、本文中ではTM、®マークは明記していません。

ENIAC
（米国ユニシス社提供）

EDSAC Iのモニター部分
（Copyright Computer Laboratory, University of Cambridge. Reproduced by permission.）

Harvard Mark I
（日本アイ・ビー・エム株式会社提供）

微分解析機（1938）
（Copyright Computer Laboratory, University of Cambridge. Reproduced by permission.）

ディファレンス・エンジン計算ピース
(国立科学博物館 所蔵)

その他のコンピュータ以前の計算機

ライプニッツ計算機械（ライプニッツの歯車、手動計算機）
（国立科学博物館 所蔵）

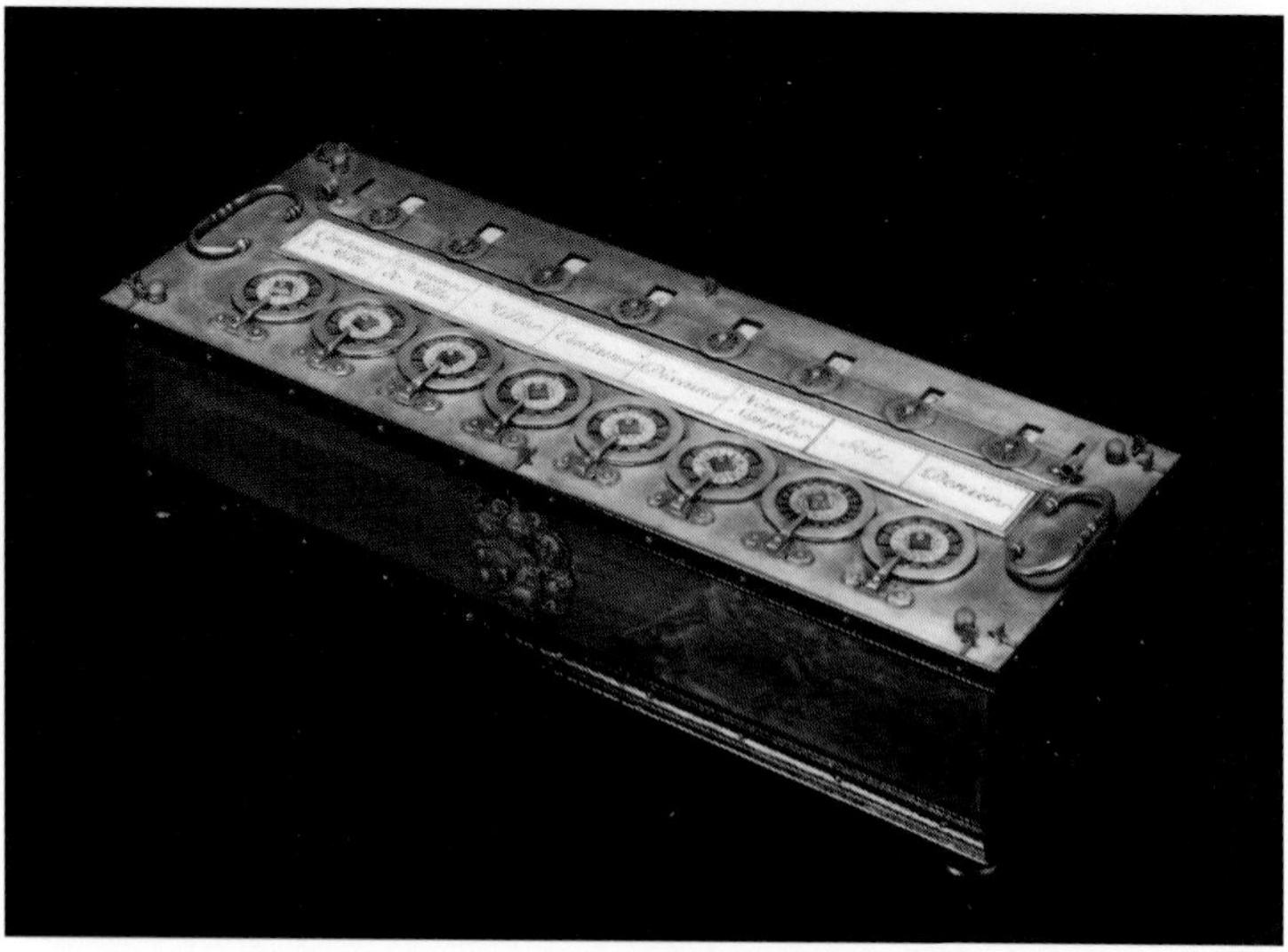

パスカルのパスカリーヌ（ピン歯車式計算機〈加算機〉）
（国立科学博物館 所蔵）

新版への序

一九八〇年代初め、パワフルなパソコンや何百万台ものコンピュータによるグローバル・ネットワークというものは、まだ現実の存在でなかった。それがほんとうに日常生活のものとなったのは、一九九〇年代の終わりのことだ。今のわれわれの生活に大きな影響を与えている情報通信テクノロジーの世界は、現在のコンピュータ産業が生み出したものではないし、正統的なコンピュータ科学に裏打ちされたものでもなかったのである。

その世界はむしろ、富や名声を求めないほんの一握りの反抗者たち、人間の思考を魅了する新たな道具《ツール》を生み出すことに人生を賭けた者たちによって、築かれたのだった。彼らがそうした道具をつくり出したのは、自分たちが個人で使いたかったからだし、そうすることが〝クール〟だったからだし、それが人間を進歩させるものだと信じたからだった。

アップルとマイクロソフトがまだ未熟な企業だったころ、新たに出現したパーソナル・コンピュータ産業について書かれたほとんどの記事は、「ティーンエイジャーの億万長者」に関するものだった。大衆向け雑誌に書かれたことを信じるならば、パーソナル・コンピュータはスティーヴ・ジョブズとビル・ゲイツによって発明されたことになる。だが、どんな記者であろうと、もし一九七〇年代後半にゼロックス・パロアルト研究所（ＰＡＲＣ）を――つまりジョブズとゲイツが彼らのアイデアを得た場所を――訪れていれば、二十年後の生活がどうなるかということを十分予見できていたはずだ。パソコンとネットワークがいったいどこから生まれたのかというほんとうのストーリーは、私にとって、シリコン・ヴァレーにまつわる一般的な神話よりもずっと興味深く、根本的に重要なものなのである。十七年前、私はPARCのアラン・ケイを見つけ出し、ARPAのJ・C・R・リックライダーとボブ・テイラーを見つけ出し、そしてSRIのダグ・エンゲルバートを見つけ出したのだが、それは、コンピュータがいつの日か人間の思考とコミュニケーションと問題解決を手助けする存在になるのだ、という考えに魅せられたからだった。

一九九九年、私はエンゲルバートとケイ、テイラーほか、一九八三年に出会った人たちのもとを再訪問した。そして、彼らが未来をつくり始めたときにそれがどう見えていたのか、未来は実際にどう変わっていったのかということを話し合い、〝心の増幅《マインド・アンプリファイイング》〟テクノロジーの今後の可能性をインタビューしたのだった。

テクノロジーの進歩を回顧するのは、思考のための道具《ツール》がわれわれの未来をどう変えていくか予見することよりは、はるかにたやすいだろう。今回、その助けをMIT（マサチューセッツ工科大学）出版局がしてくれるのだから、うれしいではないか。この新版の巻末に加えたあとがきでは、旧版が書かれた一九八三年の時点でわれわれが将来をどのように考えていたか、そのことを振り返ろうと試みている。

謝辞

本書が構想され、書き上げられるまでには、数多くの人たちの大いなる協力と忍耐があった。次の方たちに、心からの感謝を捧げたい。リタ・エアロ、エイヴロン・バー、ジョン・ブロックマン、ドナルド・デイ、ロバート・エッカート、ダグ・エンゲルバート、ブレンダ・ローレル、ハワード・レヴァイン、ジュディス・マース、ジェラルディン・ラインゴールド、アラン・リンズラー、チャールズ・シルヴァー、マーシャル・スミス、ボブ・テイラー、デイヴィッド・ロッドマン、そしてグロリア・ワーナー。

人が息子に与えられるなかでも最も重要なものを与えてくれた
ネイサン・ラインゴールドへ

目次

第一章
コンピュータ革命はこれからだ

サンフランシスコの南にして、シリコン・ヴァレーの北——立ちならぶ松の木々がオークと電波望遠鏡にとってかわられるあたりで、人間の思考を助けるための新しい媒体が生みだされつつある。今はまだ試作の段階だが、この媒体が大量生産され、家庭や職場や学校に出現するとき、私たちの生活は一変することだろう。

〝心の増幅装置《マインド・アンプリファイアー》〟とでも呼ぶべきこの媒体は、いわゆるパーソナル・コンピュータの、子孫として世にお目見えするだろう。だが、今のテレビが十五世紀の印刷機とは似ても似つかないものとなったのと同じように、現在の情報処理媒体とはまったく異なるものになるに違いない。今は一般に出回るまでにいたっていないが、そうなるのも時間の問題だろう。今年の小学一年生が高校を卒業するころには、十九世紀にひとにぎりの学者や技術者だけが夢見ていたような道具を、世界中の何億という人間が使えるようになり、新しいコミュニティの創造に貢献するはずなのだ。

　はたしてこれが、人類の発明品として最高のものとなるか、それとも最悪のものとなるか。それはまだわからない。人間の仕事を任せられた道具がどれだけの成果をあげるかは、私たちがその道具をどう受け入れ、どう使うかにかかっているからだ。人間の頭脳がマシンに取って代わられることは、少なくともここ当分、ないだろう。だが、〝ファンタジー増幅装置〟や、〝知的ツールキット〟、あるいは〝相互交流可能な電子コミュニティ〟とでも呼ぶべき機能をそなえた、この新しい道具が世界に広まれば、人々が考え、学び、交流をはかる方法にも変化が起きてくるに違いない。

こうした最新技術は、五百年前の西ヨーロッパで生まれた印刷技術が人の思考の可能性を広げたときよりも、さらに大きなインパクトで、社会に変革をもたらすだろう。かつてのヨーロッパでは特権階級のものでしかなかった知識や教養は、活版印刷の発明から一世紀とたたないうちに一般庶民にまで広まり、人々の生活は劇的に変貌した。この変化は、印刷機の発明そのもののせいというよりも、その発明によって人々の知識が増大したせいだといえる。書物という知識伝達の手段が生まれたことで、一部のエリート層の書斎に閉じ込められていた知識や教養が、一般社会に向けて解放されたのだ。

書物が出現したことで、知的世界の共有が可能になった。今もなお、世界のいたるところで、印刷物が知識の伝達手段として大きな役割を果たしている。印刷物は、化学や詩作、進化や革命、政治学や心理学、科学技術や経営術、その他あらゆることに関する知識と教養を広める媒体となった。活版印刷を発明して聖書を印刷しはじめたころには、とても予想できなかったような浸透ぶりだ。

電子機器の場合、試作段階のものが大量生産可能な形に洗練されるまで十年以上かかるため、一九六〇年代のコンピュータ・サイエンスがなしとげた驚異の成果も、実際に世の中に現れはじめたのは、ごく最近のことだ。ほんの十年前まで、ワードプロセッサ、ビデオゲーム、教育用ソフトウェア、コンピュータ・グラフィックスといった言葉は、一般の人々にはあまりなじみのないものだったが、今やどの言葉も、十億ドル規模の産業名として定着している。さらに専門家によれば、本当に驚くべきコンピュータ・サイエンスの業績がお披露目されるのは、まだまだこれからのことだという。

現在もコンピュータ業界にたずさわる、かつてのパーソナル・コンピュータのパイオニアの中には、こうした機器のアイデアが生まれたころのことを覚えている人間もいるだろう。パーソナル・コンピュータという発想は、当時のプログラマーの世界では異端扱いを受けていた。三十年前にコンピュータに関わっていた人々の圧倒的多数は、コンピュータの正しい（そして唯一の）社会的地位というものを、次のように断言していた。

「コンピュータとは、数学的計算をおこなうための神秘的な装置である」

　コンピュータ技術とは、繊細で高価で、専門家でなければ理解できないもの、と見なされていたのだ。

　一九五〇年代にこの定説を疑問視した人間は、片手で数えられる程度の数しかいなかった。コンピュータというものの利用方法について、こうした少数派の人々は独特の考えを持っていた。パーソナル・コンピュータとは、人間の知性の中でももっとも創造的な部分をサポートすべきもので、一部の専門技術にたけた人々だけのものではなく、すべての人間が使えるような機器でなければならない、と考えたのだ。

　定説に異論を唱えた人々は、コンピュータを単に計算に役立てるばかりでなく、対話的な機能を持たせることによって、人が考え、モデルケースを構築・吟味し、選択肢を選び、集めた情報から意味のあるパターンを抽出するといった作業をおこなう際の、補助役となる道具にするべきだと考えた。この新しい機器は、計算機としてだけでなく、コミュニケーション媒体としての可能性をも持つというのが、彼らの発想なのだ。

「知識は力なり」ということわざが本当だとすれば、情報を知識として蓄積するためのサポート機器もまた、大きな力を持つテクノロジーになりうるはずだ。科学者やエンジニアの多くが、巨大な計算機をただ畏怖の念でながめていただけの時代に、少数の異端児たちは、コンピュータに計算以外の方法で人の思考活動を援助させるにはどうすべきか、それを考えることが重要なのだと主張したのだった。

　本書『思考のための道具』は、過去、現在、未来において人間とコンピュータを結びつけるテクノロジーを創り出すうえで重要な役割を果たした、これら少数の人物のアイデアに焦点を当てている。コンピューテーションの歴史上、キーパーソンとなった人たちの何人かは、すでに遠い昔に故人となっている。科学界では著名でも、一般には無名の彼らを、ここでは〝開祖《ペイトリアーク》〟と呼ぼう。

　一方、パーソナル・コンピュータのテクノロジーを開発した人たちは、現在も、心とマシンのあいだの対話手段を研究しつづけている。彼らのことは、〝パイオニア〟と呼びたい。

　さらに若い世代、私たちもいずれは経験するだろう認知科学の領域を研究する人たちについては、〃インフォノート〃という名前をつけたい（宇宙飛行士《アストロノート》のもじり）。この新しい研究を歴史がどう評価するかはわからないが、人の心という内的宇宙の探求者が考えていることを紹介しながら、近い将来、人々が何を（そして、どう）考えるようになっていくのかということについて、手がかりをつかんでみたい。

先に進むにつれ明らかになっていくことだが、コンピュータ・テクノロジーの限界とは、ハードウェアにではなく、私たちの心の側に存在する。デジタル・コンピュータというものは、〃万能《ユニヴァーサル》マシン〃の理論に根ざして作られているものだ。万能マシンとは、実際に形ある機器ではなく、ほかのどんなマシンの働きもシミュレーションできるマシンの、数学的表現でしかない。ほかのマシンの働きを真似できる汎用マシンをいったん作ってしまえば、あとは、それにさせる作業をどう考えつくかによって、マシンの発達が変わってくる。当面の重要な課題は、機器がどこまで賢くなれるかを考えるよりも、私たちの想像力しだいでどのようにも変わる、こうしたマシンとの関わり方を考えていくことだろう。

現在のパーソナル・コンピュータと、未来の知的機器との大きな違いは、ハードウェアにではなくソフトウェアの部分、つまり、人間がコンピュータの動作をコントロールする命令の形にある。汎用マシンに命令を与え、ほかの特定のマシンの動作を模倣させるのは、プログラムなのである。ハードウェアの基盤となるものが、リレーに始まり、真空管、トランジスタ、ＩＣと進化したように、プログラムもまた進化をとげてきた。情報処理が発展して知識処理となれば、本当の意味での〃パーソナル〃・コンピュータは、ハードウェアの枠を超え、単なる電子回路よりもはるかに巨大な力を持つ知識の源――すなわち人の心と結びつくことで、相互に飛躍をとげていくことだろう。

二十世紀の終末に私たちが創造しようとしている世界の本質は、この新たな道具に対する私たちの姿勢によって決定づけられる、と言っても過言ではない。コンピュータの登場以前の時代に教育を受けた人間も、新しいスキルを学ぶことになる。一九九九年の大学の授業計画は、今からすでに始まっているようなものだ。近い将来に私たちが学ぶべきスキルは、コンピュータをどうやって操作するかではなく、増大する知識、発展する伝達手段、ふくらんでいく想像力といったものを、コンピュータを通していかに活用するかである。そのことは今から理解しておいたほうがいいだろう。
〝コンピュータ・リテラシー（コンピュータを使いこなせる能力）〟といった、意味のわかりにくい専門用語は、忘れてもかまわない。マシンとそのプログラムがもっと賢くなれば、いずれそんな言葉は消える運命にある。そもそもパーソナル・コンピュータとは、マシンが得意なことをマシンにやらせることで、人間の最大限の能力を引きだす助けにしようという考えのもとに作られたものなのだ。コンピュータを苦手とする人々の多くは、なぜコンピュータを使うためにわざわざ面倒な手続きを学ばなければならないのか、それほど機械は人間より賢いのだろうか、といった疑問を感じているようだ。実際、問題は機械のほうにある。コンピュータが難しくて使えないとすれば、使う人間の問題ではなく、使う人間のやりたいことが理解できないコンピュータのほうが悪いということなのだ。

　本書に登場する人たちの予見が正しいのなら、今から二十一世紀までのあいだのどこかの時点で、私たちを取り巻く環境は、突如としてある種の知的な世界に変わるだろう。今から十五年後には、一般家庭の電話の受話器に内蔵されたマイクロチップも、現在の国防省が使っているものよりずっと高度なものになっているはずだ。世界中の書物という書物がひとつのメモリにおさめられ、子どもが学校に持っていくための携帯品となっているかもしれない。

　二十一世紀のコンピュータは、それがいいか悪いかは別として、ありとあらゆる場所に設置されるようになり、ジョージ・オーウェルの予言よりも、むしろマーシャル・マクルーハンの言葉のほうが現実に近くなるだろう。「メディアはメッセージである」というマクルーハンの言葉が正しいとすれば、環境すべてがメディアになったとき、この言葉は何を意味するようになるのだろうか。もしそこまで環境が変化すれば、「家庭のコンピュータ化」というシナリオも、現在考えられているほど無謀な考えではないということになる。

　新しいテクノロジーが社会に与えるインパクトを正しく予測する……そんなことは、どう控えめに言っても無理というものである。二十世紀の初めを生きていた人々に、私たちの時代の生活の様子を予測させようとしても、まず不可能に違いない。いかに知識豊かな科学者であろうと、彼らの孫の代の人間たちが、小さな箱を通して地球の裏側の事件をリアルタイムにながめている姿など、きっと想像もできなかったことだろう。

もし自宅のリビングの壁に、何でも知りたいことを教えてくれて、見たいものをシミュレーションし、話をしたい相手や集団とコンタクトをとってくれる、そのうえ自分が何を知りたいのかわからないときですら、それを見つける助けになってくれる機器が据えつけているとしたら、それで何をしよう……そんなことを真剣に考えている人間は、現在でも決して多くはないだろう。ひょっとしたら一九九〇年代には、「今まで人間が考えたこともないような方法で考える」ことが可能になり、コンピュータが「今の情報処理機械では達成できない方法でデータを処理する」ようになるかもしれない。一九六〇年にそう予言したのは、大きな影響力を持つパイオニアのひとりであるJ・C・R・リックライダーであるが、実際のハードウェアがリックライダーの発想に追いつくまでには、実に四半世紀もかかっている。

コンピュータが社会にもたらすインパクトについては、一九六〇年よりずっと前から語られてきていた。電子計算機が発明されたのは第二次世界大戦中のことで、その発明に関わった才能ある人物の多くは、独力で開発を進めていた研究者だった。そうしたマシンが実際に作られたのは一九四〇年代だが、ソフトウェアの開祖と呼ぶべき人物たちの出現は、一八四〇年代にまでさかのぼる。さらに元をたどれば、はるか何千年も昔から、さまざまな分野で記号の使用法を研究し、そこから数学や論理学というものを生みだしてきた学者たちもまた、コンピュータ発明の貢献者に含まれる。こうして生まれた記号操作のための形式体系が、最終的にはコンピュータの計算理論として結晶した。私たちがコンピュータ研究として見ている一連の流れは、ギリシャの哲学者に始まり、イギリスの論理学者、ハンガリーの数学者、そしてアメリカの発明家をへて、現在にいたっているのだ。

コンピュータの開祖たちには、それぞれの持つ社会的背景や知力の点ではあまり共通項がないが、ある一面ではとてもよく似たところがある。抜きんでた知性の持ち主ということはもちろんだが、開祖たちの誰もが、自分の精神が持つ力というものに強い興味を示していたということは特筆に値するだろう。ソフトウェアの開祖たちは、宇宙の謎や生命の神秘といった具体的な研究対象に向けて、おのれの知識を駆使しようとは考えなかった。彼らがやろうとしたのは、自分の思考力を増幅させてくれる道具、すなわち、人間が見たものを、より機械的な側面からとらえてくれるマシンを生みだすことだった。

　こうした自己内省をともなう研究につきものの危うさか、あるいは、卓抜した人間が制約の多い社会で生きる難しさのためか、コンピュータの開祖にはエキセントリックなタイプが多い。やや変わった人というレベルから、完全な奇人と目された人物まで、程度もさまざまなのである。

開祖たち

●チャールズ・バベッジとラヴレイス伯爵夫人エイダ

　両者ともロンドンに暮らし、チャールズ・ディケンズやアルバート公の知り合いでもあった。アメリカに集まった最高の人材が、国家予算を使ってデジタル・コンピュータを作り上げる百年も前に、この二人の風変わりな発明家と数学者のコンビは、〈解析機関《アナリティカル・エンジン》〉なるものを生みだすことを夢見ていた。バベッジが部分的試作品を作り、エイダが使用法をあみだそうとしたのだが、その機械を使って競馬で儲けようという企みは、ことごとく失敗した。彼らの着想は未完成に終わったとはいえ、バベッジは世界最初のコンピュータ設計者、エイダは歴史上初のプログラマーとなった。

●ジョージ・ブール

　未来のコンピュータ設計に欠かせない数学的ツールとなった〈記号論理学〉を生みだした。その約百年後、この記号論理学は、人間の推論過程と機械の演算を結びつけるのに重要な役割を果たすことになる。記号論理学の最初のひらめきは、ブールが十七歳のとき、草地を歩いていて突然に訪れたものといわれるが、そのひらめきが数学的裏づけをもって『思考の法則の研究』という書物の形になるのは、さらにその二十年後のことだった。

　ブールのライフワークは、若き日のひらめきを代数学的体系に表現しなおすことだったが、突然の天啓に打たれたという経験の強烈さから、無意識の世界への興味も持ちつづけ、そうした著作も残している。ブールの死後、その思想は未亡人が一種の自己啓発カルトのようなものに転化させた。自己実現に人々の関心が向いたミーイズムの時代の、さらに百年前のことだった。

●アラン・チューリング

二十四歳のとき、当時開発中だったコンピュータの理論的基礎となる、近代ではもっとも重要な数学的問題を解明した。その後、世界トップクラスの暗号解読者としても活躍した。ガスマスクをして自転車に乗ったり、目覚まし時計を胴に結わえつけて二十マイルのマラソンをするなど、奇妙な行動でも知られた人物だが、チューリングの第二次大戦中の極秘任務が成功していなければ、連合国の勝利もなかったかもしれない。戦後は人工知能に関する研究分野をうちたて、プログラミング学の礎を築いた。

だらしのない風貌で有名で、内向的だが甲高い耳障りな声でしゃべり、友人たちでさえもその頑固さと奇行には手を焼いた。四十二歳のときに自殺。チューリングが戦時中に力を貸したはずの政府に、手ひどい仕打ちを受けたせいだった。

●ジョン・フォン・ノイマン

五カ国語を話し、各国語の卑俗な五行戯詩にまで通じていた。フォン・ノイマンの同僚は著名な学者ばかりだったが、〝ジョニー〟ことフォン・ノイマンの人間とは思えないほどの知力の深さや頭の回転の速さには、誰もが一目置いていた。最初の電子式デジタル・コンピュータを発明したグループの中では、ソフトウェアの天才と見なされていたが、同時に歴史上最高峰とされる物理学者であり、論理学者であり、数学者でもあった。

コンピュータが本当に実用的に使えるようにするため、〈プログラム内蔵方式〉の概念を打ちだしたグループの中心的存在であり、現在でもほとんどすべてのコンピュータ設計に使われている〈フォン・ノイマン型アーキテクチャ〉の基本形式の設計をおこなっている。彼の臨終の場には、国防省、陸海空軍、統合参謀本部の長官らがそばに全員集まり、技術や政策についての最後の言葉を聞き逃すまいと耳をそばだてたという。

●ノーバート・ウィーナー

神童として育ち、十四歳のときにボストンのタフツ大学を卒業、十八歳でハーバード大学の博士号を取得、十九歳のときにはバートランド・ラッセルとともに学んでいる。フォン・ノイマンと同時代に活躍し、両者は同僚でもあったが、性格はまったく違った。ウィーナーも初期のコンピュータ開発に関わったものの、兵器製造のための研究には参加を拒んだ。能力はフォン・ノイマンと比べて遜色はなかったが、虚栄心が強く、いくぶん偏執狂的で、決して社交的ではなかった。コンピュータと生物組織、そして物理的世界の基本法則とのあいだを関係づけるための研究で重要な功績を残した。研究においては秘密主義で、ほかの科学者と反目することもあり、自分を不当に扱った数学者をモデルにして小説を書いたりすることもあった。

ウィーナーの〈サイバネティックス〉は、数学、生物学、神経生理学などの「純粋に」科学的な研究と、自動高射砲の設計に結びつく実用的な応用科学の研究成果から成り立っている。サイバネティックスとは、動物、人間、および機械における、制御と通信システムの特性に関する研究のことである。

●クロード・シャノン

ウィーナーと同様に一匹狼的天才のシャノンだが、マサチューセッツ州ケンブリッジ界隈では、今でももっぱら一輪車の名手として知られている（二〇〇一年二月に八十四歳で死去）。一九三七年、大学院生だった二十一歳のときに、ブールの記号論理学がスイッチ回路の複雑なネットワークの解析に適したツールであることを提唱した。スイッチ回路は電話機のシステムに使われていたもので、後年はコンピュータにも使用されることになる。戦中から戦後にかけての時期には、〈情報理論〉の数学的基礎を築いた。情報と通信に関するこの理論は、エネルギーや物質と同様に、情報を宇宙の基盤をなす要素としてとらえようというもので、人間と機械を理解する新しい方法論として、サイバネティックスと並んで注目された。

以上のように、ソフトウェアの開祖のバックグラウンドは実にさまざまである。今も昔も、コンピュータの天才は周囲から〝変わり者〟と見なされるところがあり、コンピューティング機器を作りたいという動機も、人によっていろいろだ。どうやら万能マシンという発想には、数学者や哲学者や論理学者、暗号解読家に青年実業家に爆弾製造家といった人々を惹きつける何かがあるらしい。現在のコンピュータ研究やソフトウェア・ビジネスの世界も同じようなもので、起業家に伝道師、未来信奉者に理想主義者、新興宗教の信者、変人、妄想狂、天才、単なるいたずら好き、一攫千金ハンターなど、およそ一緒にいることが不思議に思われるような人種が多々集まっている。

見かけは違って見えるものの、百年前のコンピュータの開祖や、戦時中のサイバネティックス研究者たちは、ソフトウェアのパイオニアや、さらに新しい時代のインフォノートたちとも共通の性質を、最低ひとつは持っているようだ。近年、ケンブリッジやカリフォルニア州パロアルトで芽を出したサブカルチャーが、大学キャンパスの事務的なコンピュータセンターのネットワークを通じて、ここ二十年ほど国中へ静かな広がりを見せていることに、ようやく人々も気づきだしたところだ。

その文化を担うのは、多くは若い男性で、聡明だが変わったところのある〝ハッカー〟、もしくは自称・強迫神経症的プログラマーたちだ。一九八〇年代の社会学者や心理学者が、ようやくこの種の人々の、コンピュータに対する熱中ぶりを研究しはじめたばかりである。多くのハッカーたちが自分の人生でもっとも夢中になっているのは、実は自分の心なのだということが、いずれ明らかになるだろう。コンピュータ・プログラムと何時間も熱心な対話を続けることがそんなにも楽しいのは、それが彼らにとっては、自分自身の思考と会話するようなものだからなのだ。

このようなハッカー的気質は、本書の登場人物にも見られる。コンピュータの開祖やパイオニアたちについてわかっていることから想像するに、彼らの追い求めたものも、自分の思考を活用するための新しい手段だったのではないだろうか。彼らが創ろうとしてきたのは、いわば思考を操作するレバーだった。そうして生みだされてきたものは、どれもがコンピュータに不可欠な構成要素になり、最終的にはひとつに統合されていった。だが、完成品の姿が最初から意図されていたわけではなかった。

開祖からパイオニアの時代へと移る中で、コンピュータの歴史も、より複雑な展開を見せる。初期のコンピュータ・サイエンスに関わった科学者は、自分の考えが何らかの機械の形に表現できるとは考えていなかった。パイオニアのほとんどは単独の研究をおこなっていた。それぞれが別々に活動していたために、あとから振り返っても、近代コンピュータの源流となった人物が誰なのかは、比較的簡単に見分けることができる。しかし、一九五〇年代ごろから、大学や産業関連、あるいは軍の施設などの研究グループが続々と増え、コンピュータ研究の歴史の足跡は複雑に枝分かれするようになり、正しく把握するのが困難になってきた。それ以降、コンピュータ研究の重要な発明をある特定の人物の功績に帰すことは、とても難しいことになっている。

ここ二、三十年、コンピュータ研究の発展に貢献してきた研究者は数々いるが、ものすごいスピードで複雑な発展をとげていくコンピュータ研究というものを、すべて見渡せるような広い視野を持つ人間は、そう多くはない。初期の論理学者や数学者が、自分たちのアイデアを機器として具現化できるとは思っていなかったように、一九六〇年代の大多数のエンジニアやプログラマーもまた、自分たちの作った機器が人間の思考と何の関わりがあるのかを理解していなかった。本書の中ほどで登場するパイオニアは、パーソナル・コンピュータの開発における中心的役割を果たした、ひとにぎりの研究者たちである。彼らの先達である開祖たちと同じように、パイオニアもまた、思考のレバーを作ろうとがんばっていたのだ。しかしパイオニアは、多くの開祖たちとは違って、どんな人々にも利用できるようなツールの設計にも尽力したのである。

初期のコンピュータの発明に当たって、ソフトウェアの開祖は、さまざまな難題を解明していった。パーソナル・コンピュータのパイオニアもまた、車と電気が人の身体運動の幅を広げてくれたように、コンピュータが人の知性の可能性を広げてくれるレバーとなるよう、日々難題に取り組んだのだ。コンピュータを〝創造〟したのが開祖だとすれば、パイオニアはその〝改良〟に貢献したのだった。

パイオニアたち

●J・C・R・リックライダー

MIT（マサチューセッツ工科大学）の実験心理学

者で、のちに国防省の高等研究計画局（ARPA）の情報処理技術研究部部長となる。志を同じくするコンピュータ設計者に明確なビジョンを与え、ハードウェア／ソフトウェア両面の発展に新たな方向性をもたらした。一九六〇年代初めには、リックライダーのプロジェクトで資金を得た研究者たちが、コンピュータ・サイエンスを再構築し、〈タイムシェアリング〉として知られるアプローチによって、さらに高いレベルの発展をとげたのである。

スポンサーが軍部だったとはいえ、リックライダーやそのもとで働く研究者たちは、コンピュータを改良していくことで、技術的な面だけでなく、社会的な面でも貢献できると信じて疑わなかった。リックライダーのプロジェクトが作った新しい対話型コンピュータは、人間のまったく新しいコミュニケーション能力を創造する、その第一歩であると見なされていたのだ。

●ダグラス・エンゲルバート

ハリー・トルーマンが大統領の時代から、思考増幅装置としてのコンピュータを作ることを考えはじめていた人物であった。以来、過去三十年にわたり、頑固なまでに最初の自分のビジョンを追求し、人間の知性を増大させるシステムの構築に努めつづけている。エンゲルバートとそのインフォノート仲間たちは、トップクラスのコンピュータ科学者やエンジニアを集め、当時は計算や統計に使われていたコンピュータが、いかに創造的な人間の活動に寄与できるかのデモンストレーションをおこなったりした。

エンゲルバートのもとで学んだ科学者たちは、現在のパーソナル・コンピュータ設計者のトップ集団においては、やや不相応な位置を占めることとなった。同時代の仲間の狭量さもあるが、エンゲルバートが意固地なまでに自分の元のビジョンに固執したせいもあり、彼の生みだした技術革新は、現在のコンピュータ科学の主流にはあまり受け入れられていない。

●ロバート・テイラー

三十三歳にしてリックライダーの創設したARPAの部長となり、人々が待ち望む新しい分野での仕事に着手した。すなわち、大規模で長期にわたっておこなわれてきた、人間とコンピュータの接点というものの研究である。テイラーは、たとえ研究の主流からは無視されていても、コンピュータ・システムに重要な貢献をしてくれそうなプロジェクトを進めている研究者たちを探して集める、いわばヘッドハンターのような仕事もおこなった。

一九六五年から六九年にかけてテイラーのもとでおこなわれた研究は、対話型コンピュータの設計技術を新たな局面に押し進めようとするものだった。つまり、世界中のタイムシェアリング・コミュニティを結びつける通信媒体を作り上げ、いまだかつて例がないほど数多くのコンピュータ、数多くのユーザーを参加させようという試みである。このシステムはARPAネットとして知られるようになった。一九七〇年、ふたたびトップクラスのコンピュータ・システム設計者たちがテイラーのもとに集められ、ゼロックス社のパロアルト研究所（PARC）で開発を始めた。プロジェクトの目的は、世界初のパーソナル・コンピュータと通信システムの開発であり、そのための拠出資金は、実質十年間制限をおこなわないという魅力的なものだった。

●アラン・ケイ

少年時代はテレビのクイズ番組の常連だった。一二歳半で読むことを覚え、学校や空軍から何度も追いだされそうになりながら、大学院生のときにARPAの重要な研究に加わることになった。一九七〇年代には、PARCの Alto 計画（本当の意味での初のパーソナル・コンピュータ開発）でソフトウェア設計の中心となり、コンピュータの新言語 Smalltalk の設計チーフも務めた。一九八〇年代初めにはアタリ社の長期研究グループの長となったが、八四年には社をやめ、アップル社の〝特別研究員《リサーチ・フェロー》〟として迎えられた。

ソフトウェア設計技術によって自分の考えを実行に移すことのできる、まれに見る独創的な発想の持ち主だという評価をようやく得たものの、生涯にわたる反逆者との風評も根強い。教師よりも物を知っているという態度のせいで、教室からたたき出された最初のときから、ケイの究極の目標は、想像力のある人間であれば誰しもが使うことのできる、自分の手で知識の世界を探究するための〈ファンタジー増幅装置〉や、研究所の科学者から幼稚園児まですべての人間の思考を刺激してくれる〈創造的思考をするためのダイナミック・メディア〉を作り出すことにあった。

リックライダー、エンゲルバート、テイラー、ケイらはまだ現役であり、自分たちを長きにわたって突き動かしてきたのと同じスリルは、いずれすべての人間が体験することだろうという自信を持ちつづけている。現在もMITで研究を続けているリックライダーは、そのスリルを、対話型コンピュータに対する「宗教的目覚め」なのだと説明する。ティムシェア社に籍をおくエンゲルバートは、情報にたずさわる人々のための〈オーグメント（増大）〉システムを構築している。テイラーは、ディジタル・イクイップメント社（DEC）の支援を受け、別のコンピュータ・システム研究センターを立ち上げ、二十一世紀を視野に入れたコンピュータ研究のための人材集めをおこなっている。ケイは、何度も「深刻な状況にある」と伝えられたアタリ社で、自分のチームをファンタジー増幅装置の実現に向けて牽引した。今度の新しい協力者であるアップル社のもとでも、より企業的な方向からのコンピュータ・ビジョンを持ちながら、引き続き同じ目標を追求していくことだろう。

パイオニアたちが今でも第一線にいるとはいえ、本書に綴られるコンピュータ探究の旅物語は、彼らの時代で幕を閉じるわけではない。すでに次の世代の開発者が登場してきていて、そのうちの何人かは驚くほどに年若い。過去のコンピュータ開拓者も若くして名をなす傾向が強かったが、それは今も変わらないようだ。かつてクイズマニア少年だったケイは四十代に突入した。テイラーは五十代前半、エンゲルバートは五十代を終えようとするところで、リックライダーは六十をすぎた。そして、年々増えている女性研究者を含め、さらに若い世代が次第にこの研究分野を席巻しつつあり、未来の楽しみかた、利益の追求、そしてスリルというものにも、新しい世代ならではの独自の考えかたを持つようになっている。

こうした〝インフォノート〟たちは、よく新聞記事の中に登場する青年ハッカーの、いわば兄貴分のような存在だ。その多くが二十代か三十代である。独立の、あるいは研究所やソフトウェアハウスの研究者で、フォン・ノイマン世代が発明したイマジネーションの増幅ツールを使いこなす、最初のマクルーハン世代代表とでも呼ぶべき存在である。思考と機械の接触点、すなわち〈ユーザー・インターフェース〉の設計科学から、教育用パーソナル・コンピュータの世界の構築技術まで、新しい媒体を駆使しながら、インフォノートは、十五年ほど先の社会で使われるような新規のマスメディアを作ろうとしているのだ。

インフォノートたち

●エイヴロン・バー

知識工学者で、専門家から集めた知識をほかの人間に移転《トランスファー》する〈エキスパート・システム〉として知られる特殊なプログラムの開発にたずさわった。こうしたシステムは、現在実験的に医師の診断の補助に使用されているほか、地質学における鉱脈の位置決定や、化学における新しい化合物の確定などに実用化されている。

　こうしたプログラムが、自分のしていることを本当に「理解」しているかどうかは、哲学者のあいだでも意見が分かれる。心理学者は、地質学や医学の専門知識と、人間の持つ一般的な「背景的知識」とのあいだには大きな違いがあることを指摘している。それでもこのエキスパート・システムが、価値ある有用なプログラムであることは否定できない。さらにバーはこのシステムを、単なる専門家のための高価な百科事典以上のものに進化させたいと考えている。まだ三十半ばで、この新たな技術分野での仕事をスタートさせたばかりだが、バーの夢は、人々が相互にわかりあうための助けとなるような、エキスパート・アシスタントを創造することだ。

●ブレンダ・ローレル

三十代半ばの芸術家肌の女性研究者、ローレルが開発を進める媒体は、ケイ、バー、エンゲルバートらのちょうど中間に位置するものといえるだろう。ローレルの目標は、コンピュータ・テクノロジーに基盤をおいた、遊びや学習、芸術的表現の新しい手法の創造である。バーと同様にローレルも、自分の研究が単なるソフトウェア市場での成功を目指すものでなく、より広範な社会に貢献できるものと信じている。

　ローレルの目指すエキスパート・システムは、劇作家や作曲家、図書館司書やアニメーター、芸術家に批評家といった人々の知識をそなえたものであり、その情報から、視覚・音響効果による世界がコンピュータに構成される。人々はそれを通じて、宇宙飛行や砂漠の旅、シロナガスクジラの気持ちなどを実際に体験できるようになる。

●テッド・ネルソン

社会的落伍者で口うるさい、自称・天才のネルソンが書いた『コンピュータ・リブ』という自費出版本は、マイクロコンピュータ革命におけるアンダーグラウンド宣言として、ベストセラーになった。新しい種類の出版媒体、常に最新の状態を保てる世界図書館というネルソンの構想は、世界でももっとも長期にわたるソフトウェア・プロジェクトになりつつある。

激しさと不可解さをもった人物で、想像力豊かで精力的だが、仕事の同僚としょっちゅういざこざを起こしている。数年前は十代前半で自作のコンピュータに没頭し、現在マイクロコンピュータ産業で才能を発揮しているような若者たちは、みなひそかにネルソンの扇動に刺激を受けていたといっても過言ではないだろう。

ネルソンが時代のはるか先を行く予言者なのか、それとも単なる頑固な変人なのか、その判断は後世に譲ることにするが、時としてきまじめすぎるコンピュータの世界に、たぐいまれなるユーモアの色を添えてくれていることは確かだ。「〝コンピュータ〟なんて名付けたのがよくなかった。〝ウーガブーガ・ボックス〟とでも呼んだほうがよかったんだ」などと言い切ってみせる、愛すべき人物である。

バックグラウンドや性格の違いにもかかわらず、コンピュータの開祖、ソフトウェアのパイオニア、そしてもっとも新しい世代であるインフォノートたちは、誰もが未来に同じ確信を抱いているように見える。つまり、彼らの心の目に見えているものは、そのビジョンを実際に形にできさえすれば、いつかきっと世界中の人々にも見えるようになる、ということだ。果たして彼らの目には何が見えているのだろうか？　彼らのビジョンが一般家庭に実現されたとき、何が起きるのだろうか？　そしてそのとき、空想家たちは、次に何をしようと考えるのだろうか？

第二章
世界初のプログラマーは伯爵夫人だった

最初のコンピュータとして歴史に登場したマシンは、過熱した巨大な真空管の行列だった。このマシンがペンシルヴェニア大学の一室を占有する百年以上も前のこと、ロンドンのとあるサロンで、身ぎれいに装ったひとりの紳士が、木と真鍮で上品に作られた小さな機械を披露した。

いあわせた貴婦人のひとりが、友人の娘を連れてきていた。ブルネットの長い髪、まだ十代の彼女は、競馬の運には恵まれていなかったが、数学の才能に恵まれていた。その機械を間近に見た彼女は、この年配の紳士が何を試みようとしているかをたちまち理解し、その試みに協力を申し出て、周囲を驚かせたのだった。もし二人が成功していたら、歴史は変わっていたかもしれない。

その紳士と女性、つまりチャールズ・バベッジとのちのラヴレイス伯爵夫人は、アメリカ人エンジニアたちが初のデジタル・コンピュータであるＥＮＩＡＣ（後述）を開発する一世紀以上も前に、もう少しでコンピュータを発明するところまでたどりついた。この〈解析機関〉にまつわる話は、並はずれた才能に恵まれながらも運には恵まれなかった、二人のエキセントリックなイギリス人の物語でもある。もしバベッジの友人であったチャールズ・ディケンズがＳＦ作家だったら、きっとこの二人の伝記を書いてくれたに違いない。現代のソフトウェア界に関わる多くの人物たち同様、このヴィクトリア時代のコンピュータの開祖二人も、彼らの発明品以上に、そのまともとはいえない言動で周囲の注目をひいたのだった。

　バベッジの伝記のひとつには、『かんしゃく持ちの天才』という題名がつけられているものもある。実際の功績ばかりでなく、完成にいたらなかったアイデアを見ても、バベッジは間違いなく天才であった。その怒りっぽさでも、よく知られている。生粋の英国人で、かたくななまでに風変わりで、ねばり強い空想家でもあり、ときとして注意力散漫なところはあったが、ひところは豊かな暮らしをしていた。しかしそれも、計算機械を作るという夢を追って財をつぎこむまでのことだった。

　彼は排障器の発明者としても知られている。排障器とは、蒸気機関車の前部に取りつける金属製の装置で、誤って線路に入り込んだ畜牛などを排除するものだ。また、あらゆる産業を分析し、その複雑な体系を調査する手段を考案した。その方法論は百年後にオペレーションズ・リサーチ（ＯＲ）の基礎となっている。だが、バベッジがこの分析手段を用いて印刷業界を分析したところ、出版業者たちが憤慨して、二度と彼の著作を扱わないと言い出したのだった。

　これに臆することなく、バベッジは新しい分析法を使って当時の郵便システムの調査をおこなった。そして、配達距離に応じて郵便料金を割り当てる当時のシステムは、実質的な配達コストよりもずっと高くつくことを証明してみせた。英国逓信省はすぐに料金を一律に切り替え、配達距離に関わりなく一ペニーを徴収する〈ペニーポスト〉制度を採用してコストダウンをはかった。この一律料金制は、現在でも世界中に普及している。

　鉄道用のスピードメーターを発明したのも、初めて保険数理理論の包括的論文を書いたのもバベッジであった（この論文によって保険事業というものが生まれたのだ）。暗号の発明や解読もおこない、〝解けない錠〟の合い鍵《スケルトンキー》となるものも作った。バベッジの暗号読解への興味は、後年のコンピュータ製作者たちと重なるところもある。木の年輪によって過去の天候を知ることができると最初に提唱したのも、バベッジだった。もっとも、バベッジが熱心に取り組んでいた風変わりなアイデアには、結局は単なる風変わりな発想でしかなかったものもたくさんあった。

　生涯にわたって世間との争いが絶えなかったことからもうかがえるように、バベッジの人間関係の結びか

チャールズ・バベッジ
気むずかしくて風変わりな天才学者。デジタル・コンピュータの前身である〈解析機関〉を発明した。
(Crown Copyright. Courtesy of the Charles Babbage Institute, University of Minnesota.)

たも、本人の知的活動と同じように突飛なところがあった。英国学士院とは犬猿の仲だったし、街頭の手回しオルガン師や辻音楽師を攻撃するような議論も長いあいだ続けた。街頭の騒音というものについて、よく新聞や雑誌に投稿したため、酔っぱらったロンドンの手回しオルガン師が大挙してバベッジの家に押し寄せ、窓の下で合奏を始めたりすることもあったという。バベッジの伝記の著者のひとり、B・V・ボウデンは、こう書いている。

「バベッジの悲劇は、想像力や先見の明には卓抜したものを持ちながら、それにふさわしい思慮分別に欠けていたことである。忍耐というものがなく、自分の発明や考えに共感できない人間に対しては容赦がなかった」(1)

バベッジは数々の科学分野に手を出し、いつでも実験道具を持ち歩いていた。間違いというものに極度に厳しく、目ざとい気むずかし屋で、自分で計算して見つけた数表の誤りについて、よく出版社に激しい抗議の手紙を書くことでも知られていた。とはいえ、航海術の数表の間違いは船乗りの命取りになることもあるし、バベッジ自身のような偉大な学者にとって、対数表の誤りが深刻な研究の妨げになりかねないことも、また確かではある。

　こうした誤りへの厳しさがあるからこそ、現在のコンピュータの原型となる計算機械の発明を思いついたとも言える。高名な数学者であり天文学者であるバベッジにとって、対数表に間違いがないかと調べることに時間を費やすのは腹立たしかった。しかも「コーンウォールの年とった聖職者たちが七桁の対数をすべて手計算で出していては、間違いをおかすなというほうが無理なこと」（2）であり、間違いの撲滅は永久にありえそうもなかったのだ。

　バベッジは、『ある哲学者の人生からの引用』というタイトルの、気むずかしい回想録も残した。初期のコンピュータ開発者のひとりであるハーマン・ゴールドスタインは、その作品についてこう述べている。

「卓抜なものから馬鹿げたものまで、深遠なものからナンセンスなものまで、いたって趣味の悪いスタイルで書かれている。バベッジの人生を象徴するかのようだ。あれだけの奇人であったにもかかわらず、善良で誠実な友人がたくさんいたことは驚きに値する」（3）

　その回想録の中で、計算機械の最初のインスピレーションがわいたときのことを、バベッジは次のように記している（4）。

> 数表を機械で計算しようという最初のアイデアは、確かこんなふうに浮かんできたと記憶している。
>
> 　ある晩私は、ケンブリッジの解析学会の部屋で対数表を広げたまま、いい心持ちでうとうとしていた。そこへ学会の別のメンバーが入ってきて、私が居眠りしているのを見ると、「やあバベッジ君、何かいい夢でも見てるのかね」と大声で呼びかけてきた。私は「（対数表を指さして）この表を機械で計算できないかと考えているんだよ」と返事したのだった。

　一八二二年、バベッジは王立天文学会で、歯車と滑車とシャフトからなる小型機械のモデルを紹介し、高い評価を得た。この装置は、階差を繰り返して計算することで多項式を求めるというものだった。この発表と、装置に関する論文によって、バベッジは学会最初の金メダルを獲得した。

　この論文の中で、バベッジはさらに野心的な〈階差機関《ディファレンス・エンジン》〉を作る計画について書いている。一八二

〈解析機関〉のモデルの一部分
英国国立物理学研究所（イングランド、テディントン）所蔵
（Crown Copyright. Courtesy of the Charles Babbage Institute, University of Minnesota.）

三年にはイギリス政府から助成金を与えられたが、その後は定期的には支給されず、長年の争いの種になった。また、機械工の親方を雇って私有地に仕事場を作らせ、その時代の技術力が自分の夢を実現できるレベルにあるかどうか、みずから学ぼうとしたりもした。

イギリス政府が助成金を出した階差機関は、バベッジが王立天文学会で紹介したモデルよりもはるかに大型で、より複雑なものだった。当時の機械製作技術は、バベッジの設計が必要とする精密さを実現できるレベルにはなく、機器の製作はうまくいかないまま何年も続いた。王立天文学会での発表でキャリアの頂点を極めたものの、その後のバベッジは、ただひたすらに凋落を続けるだけのようだった。結局、イギリス政府も援助を中止してしまう。

バベッジは、自分のアイデアに疑いを抱く相手がいれば、遠慮なく論争を挑んだ。政府や、自分を「頭のおかしいチャーリー爺さん」呼ばわりする周囲の人間を相手に、階差機関のことで激しい言い争いをしたりもした。自分の考えの正しさを証明しようとやっきになっているうちに、バベッジはさらに野心的な発明のアイデアを思いついた。すでに空想的な自分の発想の深みにどっぷりとはまっているときに、さらにもうひとつを夢想しはじめたのだ。何年も財をつぎこみながら完成させられなかった装置よりも、はるかに複雑なもののアイデアが浮かんだのは、一八三三年のことだった。

一種類の計算をおこなう機械を作ることが可能であれば、どんな計算でも可能な機械というものも作れるのではないか？　とバベッジは考えた。計算の種類に応じて小型機械をたくさん作るよりも、それを大型の機械の一部品として組み込んで、部品の相互作用の順序を変えることによって、そのときどきに違う作業をやらせることはできないだろうか？

こうしてバベッジは、万能計算機械のアイデアにたどりついた。このアイデアは、バベッジと同じように聡明でエキセントリックで、悲劇的なまでに時代の先を見すぎていたイギリス人数学者、アラン・チューリングが一九三〇年代に再検討したとき、初めて重要な意味を持つことになる。その仮想的な親計算機器のことを、バベッジは〈解析機関《アナリティカル・エンジン》〉と名付けた。同じ内部パーツがさまざまな〝作動パターン〟によって作動順序を変えることで、異なる計算をおこなうというものだ。詳細な図面が作成され、それが何度も何度も描

ジャカード織機
昭和20年頃に使用されていたもの
(織物参考館“紫”提供)

き直された。

　中心機構は〈ミル〉と呼ばれ、十進数五〇桁までの加算を正確におこなう計算機能を持っている。計算の速さも信頼性も十分で、コーンウォールの聖職者たちが引退してくれてもいっこうにかまわないぐらいのことはできた。あとから参照するときのために、五〇桁の数字を千個まで、〈ストア〉と名付けられた記憶装置に入れておくことができる。計算結果の表示用に、バベッジは世界初の自動植字機も設計した。

　数値はミルからストアへ、あるいはフランス式の織機を応用したパンチカードによる入力システムからストアへ、記憶させることができる。また、カードを使うことで、ミルに数値を入力したり、その数値を使った特定の計算をおこなわせることもできる。カードを巧みに使えば、計算結果を一時的にストアに入れたり、ストアに記憶した数値をミルに戻して違う計算をすることもできる。解析機関の最後の構成要素となったのが、こうしたカードの読み取り装置で、機関の制御や動作の判断をおこなう機構となった。

　解析機関のモデルは、最終的にバベッジの息子が完成させたが、バベッジ自身が生きてそれを見ることはなかった。晩年には、バベッジの広い邸宅のどの部屋も、途中で投げだされた解析機関のモデルでいっぱいになっていたという。今度こそうまく動きそうだという装置を作っているそばから、バベッジの頭には、もっとうまくいきそうな新しいアイデアが浮かんでくるのだった。

　四つの構成要素からなる解析機関は、現代のコンピュータとよく似た機能をそなえている。ミルはデジタル・コンピュータの中央演算処理装置（ＣＰＵ）に似ており、ストアは記憶装置と同じ働きをする。二十世紀のプログラマーにとっては、プリンタは標準的な出力装置だ。しかし、単なる計算機のアイデアを真のコンピュータの段階にまで発展させたのは、入力装置と制御装置であった。

　解析機関の入力機構の発明は、プログラミングの歴史の中でも重要な出来事だった。バベッジのパンチカード・プログラミングのアイデアは、フランス人発明家ジャカードが発明し、繊維産業に革命をもたらした、繊維の模様を機械で織りこむための方法を借用したものだ。織機についている金属性のロッドの列が、自動的に糸を引っ張って所定の位置に通す。模様を作るためには、織機の糸とロッドのあいだに穴のあいた硬いカードを挿入しておく。こうしておくと、カードの穴のない部分ではロッドがブロックされ、穴のあいた部分のロッドだけが糸を引きだすことができる。杼《ひ》が動いて横糸を通すたび、新しいカードがロッドの通り道に出てくる仕掛けになっていた。このように、ある特定の織り模様がパンチカードの穴のパターンから移し替えられ、そのカードが正しい順序で読み取り機に入れてあれば、繊維の模様はプログラムされたことになり、織りのプロセスが自動化されるのだ。

　このカード方式が、バベッジに自動計算方法のヒントを与えてくれた。抽象的でとらえにくい〝作動パターン〟というものを制御するための、実用的な手段だと思われたのだ。バベッジは、複雑な計算をおこなうための段階的な命令を、カードの穴の組み合わせによる一連のコードに置き換えて、ミルがステップごとにカードの命令に従って作動するようにした。コード化されたパンチカードを正しい順序に並べるだけで計算ができ、カードを入れ替えることで別の種類の計算もできるのだから、コーンウォールの老いぼれ聖職者たちもお払い箱間違いなしである。

バベッジの頭の中ではそうした計算機械の姿が鮮やかに見えていたが、それを木と真鍮で作りだすのは、いかに努力しても至難の業だった。そんな折にバベッジは、のちに友人となり、仕事仲間となり、共謀者となり、庇護者となってくれる女性と出会った。彼女はバベッジが解析機関で何をしようとしているかを即座に見抜き、そのソフトウェアの構築に協力を申し出たのだ。その女性、ラヴレイス伯爵夫人オーガスタ・エイダは、バベッジとの共同作業と、解析機関の可能性についてみずから書いた小論により、プログラミングの技術および科学の生みの親とまではいわないにしても、保護者的な意味合いでコンピュータ史に名を残すこととなったのだった。

エイダの父親は、当時もっともスキャンダラスな人物として知られた、あの詩人バイロン卿だ。バイロン卿とエイダの母親の別居は、そのころの国内ニュースではもっとも大きな話題をよんだもので、娘のエイダは生後一カ月のときを最後に、二度と父親と会うことはなかった。バイロンはいくつかの詩作の中で、娘に対する胸打つ言葉を綴っており、エイダのほうも、自分が死んだら父親のそばに埋葬してほしいと言い残している。もっともこれは、自分より長生きすることになる母親への当てこすりだったかもしれない。伝記作家によると、エイダの母は、いかにもヴィクトリア時代の人物らしい、虚栄心が強くて横柄な人物だったという。美人ではあるがずけずけと物を言うエイダの反抗的な態度を治すには、アヘン入りの強壮剤を飲ませることがいちばんだと信じていて、実際にその常用を強制するような母親だった。

エイダは若いころから数学者としての才能をあらわしていた。イギリスの有名な論理学者、オーガスタス・ド・モルガンも、エイダの家族の親しい友人のひとりだ。エイダは家庭教師から高い教育を受けていたものの、いつもそれだけでは満足できないでいた。完璧な師となる人物を求めつづけ、そしてついに、自分の母親と同年代のある男がそれだという確信にいたった——それがチャールズ・バベッジだったのだ。

バベッジの解析機関お披露目の場で、若きエイダがその試作モデルを初めて見る——そんな歴史的現場には、ド・モルガン夫人も立ち会っていた。夫人は回想録の中で、その珍妙な機械がいかにエイダに衝撃を与えたかを記している。

「ほかの人々は、まるで未開人が初めて鏡や銃を見たときのような顔つきをして、ただその美しい機械に見入っていた。ところがバイロン嬢だけは、機械の働きや、その発明の素晴らしさなどをきちんと理解しているようだった」(5)

産業革命当時のイギリス上流社会では、こうしたサロンでの発明品デモンストレーションが流行していた。その場にいたおとなたちは、別のサロンで見た水揚げポンプとの区別もろくにつかず、くすくすと笑ったりうわさ話に興じたりしていたのだが、十代のエイダただひとりが、頭をめぐらしながら機械を丹念に観察しつづけたのだった。いわば世界初の、コンピュータマニアの誕生である。

エイダは、階差機関が今までの計算機械とはまったく異質の装置であることを理解できた、数少ない人間のひとりだった。従来の計算機械は〝アナログ〟(測ることによって計算をおこなう方式)であったのに対し、バベッジの計算機械は〝デジタル〟(数えることによって計算をおこなう方式)のものだ。さらに重要なのは、バベッジの設計は、算術と論理の機能を融合させたものだということだった(のちにバベッジは、ド・モルガンの友人ジョージ・ブールによる〈論理代数〉という新しい理論に出会うこととなる。だが、そのときエイダはもうこの世にいなかった)。

当時の最高の論理学者であるド・モルガンに師事していたエイダには、この機械の可能性を自分なりに予見できるだけの素養があった。数学的な面と論理学的な面を併せ持つという、新しいタイプの課題に対するエイダの能力については、バベッジも次のように述べている。

「彼女の理解力は私よりも優れている。そしてそれを説明することにかけては、私よりもはるかにまさる才能を持っている」

エイダはその後十九歳のときに、ウィリアム・キング卿と結婚した。キング卿もそこそこの数学者だったが、妻の才能にははるかに及ばなかった。その後キング卿がラヴレイス伯爵となり、エイダも若くして伯爵夫人となったわけだが、彼女は変わらずバベッジの数学およびコンピュータ開発面でのパートナーだった。先見の明のない英国体制側がバベッジを変人として片づけようとも、その発想は必ずや実を結ぶと信じ、断固として支援を続けたのだ。

一八四〇年、バベッジはヨーロッパ大陸を旅して、いまだ完成していない自分の発明品に関する講演をして回った。イタリアでは、メナーブレア伯爵という人物がバベッジの講演の詳しい記録をとり、それをパリで出版した。エイダはその記録をフランス語から英語に翻訳し、本文の二倍もの長さになる補遺を付した。それを読んだバベッジは、注解を含めた全体を出版するよう、エイダに強く勧めたのだった。（訳注・メナーブレアによる記録はフランス語でスイスの雑誌に載ったはず。また、バベッジは最初、エイダの翻訳文を見て、なぜオリジナルの論文を書かないのかと訊いた。そんなことは思いつかなかった、と彼女が答えたため、メナーブレアの記事に注解を付けるべきだと勧めたところ、それが膨大なものになったのだった。）

そうして出版されたラヴレイス伯爵夫人の著作は、今読んでも十分わかりやすいものであり、とりわけ現代のプログラマーにとっては、解析機関がいかに時代に先んじた発想だったかを知るうえで意義深い。B・H・ニューマン教授は『マセマティカル・ガゼット』誌でエイダの識見に触れ、「プログラム式コンピュータが実際に登場する一世紀も前に、彼女がその原理を完全に理解していたことを示すものである」と述べている（6）。

エイダが特に興味をひかれたのは、バベッジの装置にデータや式を入力するために使われる、厚紙のパンチカードの持つ数学的意味合いだった。前述のエイダの注解『バベッジ氏の解析機関についての考察』は数々の予言的叙述に満ちており、当時の人々には黙殺されたが、一世紀がすぎるに従って重要な意味を帯びていった（7）。

解析機関の際だった特徴は、代数計算の助けとなる広範な能力を持ったそのメカニズムにあるが、それを実現できたのは、ジャカールが繊維の複雑な織り模様を制御するために考案した、穿孔カードの方式を導入したおかげである。階差機関と解析機関の大きな違いもここにある。こうしたシステムは階差機関にはなかった。ジャカールの織機が花や葉の模様《パターン》を織るように、解析機関は代数のパターンというものを織り上げていく機械なのだ。……

しかし、カードの使用という考えが適用されたときから、この装置は〝算術〟の域を越えた。解析機

ラヴレイス伯爵夫人、エイダ・バイロン
バベッジの協力者で、世界初のコンピュータ・プログラマー
（Crown Copyright. Courtesy of the Charles Babbage Institute, University of Minnesota.）

関は、単なる〝計算機〟の枠組みにおさまるものではなくなったのだ。解析機関は独自の地位を持つにいたり、その本質は非常に興味深いものである。そのメカニズムを〝一般的な〟記号と結びつけ、無限の変化や広がりを持たせることで、物事の操作と、数理科学分野で〝もっとも抽象的な〟精神の動きとのあいだにつながりを確立できる。新しく力強い、とてつもなく広い可能性を持つ言語というものが、未来の解析手段として生まれたのだ。真理の把握という点において、これら言語は、従来のどんな手段よりも迅速で正確なものとなり、人類の目的にかなう実用的な手段として利用されることになるだろう。精神と物質ばかりでなく、数学的世界における論理と実用のあいだにも、これまで以上に深く確固とした結びつきが生まれるのだ。解析機関の目指してきたような形をそなえた装置は、これまでの歴史上でも類がなく、ましてや思考し推論する機械などというものを、実現可能なものとして考えた人間も、いなかったに違いない。

数学者であるエイダにとっては、面倒な計算の自動化というのも気をそそるテーマではあった。が、それ以上に興味をひかれたのは、装置のプログラミングの基本原理だった。若くして人生を終えなければ、エイダが十九世紀の技術レベルを、真のコンピュータ開発と呼べるものにまで発展させていたかもしれない。

　解析機関そのものは製作段階にいたっていなかったが、エイダは順序立てた命令の記述を試みた。エイダが便利な方法として記したいくつかの特殊な命令形式は、現代のコンピュータ言語においても重要な要素となっているものだ。〈サブルーチン〉、〈ループ〉、そして〈ジャンプ〉がこれに当たる。ひとつの複雑な計算を実行する過程で何度も同じ計算をしなければならない場合、何十、何百という回数の命令を繰り返し記述するのは面倒である。その場合、よく使われる計算をサブルーチンとして手順の〈ライブラリ〉に記憶させ、あとで必要なときに、プログラムがライブラリから自動的に〝呼び出す〟ようにする。この手順のライブラリという考えかたは、現在どんな高度なプログラミング言語にも応用されている。

　解析機関もデジタル・コンピュータも、同じことを何度もすばやく繰り返すのが得意だ。エイダは、カード読み取り装置が読み取ったカードを、命令によって必要に応じて呼び戻し、一連の命令を何度も繰り返すようにする、ループという方法を考えだした。これもまた、現代のプログラミング言語の基礎的手順のひとつとなったものである。

条件によるジャンプは、エイダの論理学者としての才能の賜物だ。エイダが思いついたこのもうひとつの命令も、カード読み取り装置を操作するものだが、カードを戻して繰り返しをおこなうのではなく、何か特定の条件が満たされたときに、読み取り装置がどこからでも別のカードへ飛べるような方法を考えたのだった。これまでは純粋に算術的だった操作リストに、この〝イフ（ＩＦ）〟という命令を追加することで、プログラムは単なる計算の域を超えた。基本的ではあるが、大きな可能性を持つ重要な方法をあみだしたことで、解析機関は〝決定〟を下せる能力を得たのである。

エイダはまた、この機械はいつか、ヴィクトリア時代ではとても実現不可能な技術をもって製作されるだろうと述べ、こうした機器が知能を持つレベルにいたるかどうかの可能性を考察している。人工知能に関するエイダの意見は『解析機関についての考察』でも述べられているが、ほぼ一世紀のちになって、もうひとりのソフトウェア分野の予言者、アラン・チューリングが『ラヴレイス伯爵夫人の意見』として言及したことで不朽のものとなった。今でもしばしば、機械の知能に関する討論の中で聞かれる意見でもあるが、エイダは次のように書き残している。

「解析機関というものが、何かを創造するということはない。機械は人間が命令したことを実行するだけである」（８）

エイダはその後、ひそかに破滅的なギャンブルに手を出しはじめるのだが、それがいつからのことなのかはわからない。バベッジがそそのかして、彼女を生涯にわたる秘密の悪事に巻き込んだという証拠は、一切ない。ラヴレイス伯爵もエイダに影響を受けて賭け事に手を染めた時期があったが、大きな負けに懲りてからは、やめていた。だが、エイダのほうはこっそりと続けたのだった。

エイダの人生の終わりごろになると、バベッジもまた彼女のギャンブル癖に巻き込まれていった。エイダとしては、バベッジが解析機関を完成させるための金を儲けようと、いくつかの企みを考え出したのだった。

それは、人間の悪徳と高度な知的冒険、そして奇抜な金儲けのアイデアといったものがまぜこぜとなった状態だった。たとえば、二人は三目並べのゲーム機を作ったが、P・T・バーナムのサーカスにいる親指トム《トム・サム》が巡業見せ物の話題をさらっていると聞かされ、金儲けにくりだすのはあきらめている。皮肉なことに、バベッジのゲーム機はどれも商業的に失敗したものの、その理論的アプローチは未来のゲーム理論の基礎を作った。あの二十世紀の天才、ジョン・フォン・ノイマンよりも、さらに百年も先んじた理論だったのだ。

また、二人は競馬の必勝法を生みだそうとしたが、その結果としてノミ屋のつけがたまって恐喝され、エイダは二度も夫の家の宝石をこっそり質入れするはめになった。それでもバベッジは、エイダの常軌を逸したアイデアをはねつけるようなことはせず、階差機関の小型モデルを使って、競走馬の複雑な勝敗予想をおこなったりもした。勝敗予想は、ハンディキャップ計算理論に基づいた確実なアプローチによっておこなわれたが、一世紀あとになって人工知能の信奉者が経験したように、いかに優れたプログラムであっても、本当に複雑なシステムを扱う場合には困難がつきまとうものだ。二人は負けつづけた。さらに悪いことには、負けがこみつづけると、エイダが頼れるのは母のみだった。エイダは必ずしも寛大とは言えない実家の母から金を借り、夫が気づく前にラヴレイス家の宝石を質から請けだしてこなければならなかったのである。

エイダは三十六歳のときに癌でこの世を去った。バベッジは彼女よりずっと長生きしたが、エイダの助言や支援、時として厳しかった導きを失ったバベッジは、ついに長きにわたって夢見た解析機関を完成させることができなかった。当時の技術では自分の設計の要求に応えることができなかったため、バベッジはダイヤモンドチップを精密旋盤の工具に使うという方法を考案した。解析機関の部品生産を組織化するため、交換部品の大量生産方法をあみだし、その後〈大量生産方式〉として知られるようになるこの方式について、古典となるような論文も書いたのだった。

バベッジは、筋が通ったものから一貫性のないものまでさまざまな著作を残し、ある分野の躍進を助けたかと思えば、ほかの分野で失敗をおかしたりもした。チャールズ・ダーウィンのような有名人を招いて華々しいディナー・パーティを開いた時代もあったが、結局は苦々しい思いばかりで人生を過ごしたようだ。前述のボウデンによる伝記には、こう書かれている。

「死ぬ少し前、バベッジは友人のひとりに、人生で本当に幸せだと感じた日は一日としてなかったと話した。『彼は人間一般を憎んでいるかのようでした。とりわけイギリス人、イギリス政府、そして何よりも手回しオルガン師たちを憎んでいました』」(9)

パンチカードによるバッチ処理は、一九五〇年代になっても、エイダがプログラムらしきものを作った時代からそう変わりはなかった。エイダ・ラヴレイスの名はそのころやっとプログラマーたちのあいだで知られるようになったものの、最近まで一般には無名だったと言えよう。ただ、一九七〇年代には、アメリカ国防総省が開発した〈高級言語〉に、彼女の名にちなんだ"Ada"という名がつけられている。

解析機関の設計の助けとなるには間に合わなかったものの、バベッジやエイダの生きた時代に、のちのコンピュータ設計にとって非常に重要な発見がもうひとつあった。二人がいたようなロンドン上流階級のサロンとは遠くかけ離れた世界で生きていた、もうひとりの孤高のイギリス人天才数学者の手によって創りだされた。〈記号論理学〉だ。

ジョージ・ブールという名の十七歳のイギリス人が、草地を歩いているときに驚くべき天啓に打たれたのは、一八三二年のことだった。あまりに突然にアイデアが降ってきて、人生にも深い影響を及ぼしたために、ブールはこれまで見過ごされがちな、憶測でしか語られてこなかった人間の能力を"無意識《アンコンシャス》"と呼び、その分野における開拓者ともなった。しかし、学者としてのブールの貢献は、心理学ではなく、ブール自身が作りだした独自の分野におけるものだった。七十年後にバートランド・ラッセルも述べているように、ブールは純粋数学というものを生みだしたのだ。

数学を学びだしてからあまり日がたっていなかったにも関わらず、十代のジョージ・ブールはある日突然に、人間の推論を代数の形でとらえる方法を見いだした。ブールの考えた式は、実際の論理的な問題にもうまく当てはめることができた。その概念には何ら問題はなかったが、最大の問題は、誰も関心を示そうとしなかったことだ。ブールが上流階級の出身でなかったことも障壁のひとつであり、当時の数学者が論理学にうとかったことも不運だった。ブールがようやく自分の考えを明確化し、著書として出版しても、大した反響はなかった。ブールの打たれた天啓は、彼の死後も長いこと黙殺されたままだった。

百年後、コンピュータ技術の異なる部分が予期せぬ形に収れんされていったとき、電気工学者は、自分たちの開発している複雑な機械に使うための、数学的ツールを必要としていた。彼らの作ったのはスイッチのネットワークで、その動作が精密な数式によって記述され、予測される電気回路だった。電気パルスのパターンを、普通の計算機のような「たし算」「ひき算」「かけ算」「わり算」のほか、「アンド（AND）」「オア（OR）」、そして何より重要な「イフ（IF）」などの論理演算の符号化に使うため、コンピュータ回路の論理的特性を記述できる数式が必要とされるようになったのだ。

理論としては、電気的操作と論理的演算の両方で同じ数学的ツールが使えるはずだった。問題は、一九三〇年代終わりの時点では、論理的ネットワークと電気的ネットワークの両方を記述できるような数学的演算方法が知られていなかったということだ。だが、見る目のある者は正しい場所に目を向けるものだ。当時マサチューセッツ工科大学（MIT）の大学院生で、のちに情報理論の生みの親となる卓抜した明敏な頭脳の持ち主、クロード・シャノンが、エンジニアたちの求めているものがブール代数にほかならないことを発見したのだ。

エイダと同い年で、貧しい暮らしの中で独学で身をたてた数学教師のブールなくしては、論理学と数学の結合は達成されなかったかもしれない。解析機関もまた野心的な試みだったが、近代のコンピュータ科学者にはほとんど影響を与えなかった。しかし、もしブール代数というものがなければ、のちのコンピュータ技術は、電子的な速度での計算という本来のレベルにまでは到達できなかったかもしれないのだ。

もしブールが真空管やスイッチ回路を見ることがあったとしても、何をするものかは見当もつかなかっただろうが、少なくとも当時のブールは、自分の考えの重要性というものを認識していた。バベッジと違い、ブールはエンジニアでなかった。ブールが草地の天啓によって見いだし、その後二十年かけて論文にまとめたものは、ソフトウェアの論理的抽象性と電子機器の物理的操作とを結びつける、非常に重要な数学的理論となるよう、運命づけられていたのだ。

　バベッジとブールそれぞれに訪れたひらめきは、そのまま二人のコンピュータ製作に対するモチベーションの違いを特徴づけているようでもある。世紀を越えてコンピュータの構築というものに挑んだ、あるいはついに成功した想像力豊かな人たちもまた、この二種類のモチベーションに駆り立てられている。バベッジのような科学者やエンジニアを駆り立てる動機は、煩雑な計算を代わりにやってくれ、自分の時間を増やしてくれるような機械を手に入れたいという思いであり、一方、ブールのように、より抽象的な数学的世界への探求心を持つ人間にとっての動機は、人間の推論の本質を記号の形でとらえたいという渇望なのだ。

　エイダには、バベッジのモデルを見ただけで即座に理解できる能力があり、また、ド・モルガンの教えを受けていたので、ブールの理論を理解できる素養もあった。機械の操作によって数値の計算と同じように論理演算をしようという発想も、エイダから生まれたものだ。ブールの論文が発表されたとき、エイダはもうこの世になかった。彼女がもう二、三年長生きしてブール代数に出会っていれば、その直感的な理解力に裏打ちされたプログラミング原理の世界は、さらに限りない広がりを見せていたことだろう。

　バベッジとエイダは上流階級の出身者として、英国帝国主義の絶頂期を生きた人間たちだった。バベッジは、世間でも知られた奇行ぶりであちこちから嘲笑を浴びてはいたものの、ウェリントン侯爵やチャールズ・ディケンズ、アルバート公などを友人に持つ身分だった。エイダは常に最高の家庭教師から学び、最高の研究室、最高の文献がいつでも手の届くところにあった。考えを深めるための時間は十分にあり、その気になれば王立学士院に行って論争の火種をまいてくる権利もあり、それが彼らにとっては当たり前の特権だった。

　一方ブールは貧しい小売商人の息子で、科学的教育を受ける環境に恵まれたとはとてもいえない暮らしをしていた。十六のときに家業が経済的危機に瀕したため、それなりの収入を得るために、学校教師の職を選ぶしかなかった。学校で数学を教えることになったので、ブールはあたかもリンカーンのように独学で数学を学びはじめた。そうしてすぐに、数学というものがコストのかからない研究分野であることに気づき、自分のように貧しくて、研究室どころか基本的な文献もろくに手にいれられない人間にとっては、うってつけの学問だと考えたのだった。そして十七歳のときに天啓を受け、それがのちの理論へと結びつくわけだが、自分の発見を世に発表するためには、さらにそこからまた数学と論理学を学ばなければならなかった。

二十歳のときには、その時代の一流の数学者たちも見逃していた、不変量の代数理論という重要な発見をした。のちにアインシュタインが相対性理論を公式化するうえで、必要不可欠なツールとなった理論である。一八四九年、発表した数学論文が認められ、ブールは長きにわたった小学校教師の生活を終えて、アイルランドのコークにあるクイーンズ・カレッジの数学教授の地位を得た。そしてその五年後、『思考の法則の研究——論理と確率の数学理論を基礎として』を発表したのだった。

形式論理学はギリシャ時代からあり、もっともよく知られているのはアリストテレスによって完成された三段論法である。簡単な例をあげれば、「すべての人間は死ぬ。ソクラテスは人間である。ゆえにソクラテスは死ぬ」というものである。しかし、何千年も同じ形のままのアリストテレス論理学は、形而上学の領域にとどまることを余儀なくされ、数学的に明確化された具体性の世界には、決して入ってこられないように見える。なぜなら、論理学が言葉の学問にとどまっていて、記号的な精密さを導入するという発想に欠けていたからだ。

千年以上ものあいだ、記号によって正確かつ精密に表現できる〝数学的な〟論理体系は、ユークリッドの考案した幾何学だけだった。ユークリッドが空間図形についての公理や定理によって幾何学の記述法や法則を定めたように、ブールは代数記号によって論理学の基礎を確立したのだった。これは大きな挑戦だった。幾何学は世界中に知られた便利なツールだが、ブールは論理学こそが人間の推論そのものの鍵となることを確信していた。アリストテレスからデカルトまで、すべての形而上学者が見過ごしていたことを、自分が発見したのだという自信を抱いていたのだ。ブールは著書の第一章で、次のように書いている（10）。

1　この論文の目的は、推論による心の動きの基本的な法則を研究すること、それを代数計算の記号言語によって表現し、それに基づいて論理科学とその方法論を確立すること……そして、探究過程の中で見いだされた、さまざまな真理の構成要素を収集することであり、人の思考の本質および構造に関して示唆される可能性を追求することである。……

2

……与えられた前提から結論を演繹できるようにすることだけが、論理学の目的というわけではない。論理学の研究には、人々が知力を照らしだす光から生まれる、別の意味の関心も含まれる。これらの研究によって、言語や数値の形式が推論の過程を助ける道具となりうるものであることがわかり、われわれ一般が持つさまざまな知的能力がどう関連しあっているのか、ある程度までは理解できる。この研究は、真理と事実の本質的な基準を示してくれる。この基準は、外部要因によって生まれるものではなく、人間の知能の構造に深く根ざしたものである。……外部環境やわれわれ自身から単純に知覚された知識というものを超えた、思考という高度な人間の能力の法則性や関連性を明確にすることで、合理的な思考ばかりが賞賛されるべきものではないということが明らかになることだろう。

ブールの発見は、純粋数学においても電気工学においても深い意味を持っていたが、ブール代数のもっとも重要な根幹は、原理としてはとても単純なものだ。誰もが学校で学ぶレベルの代数を出発点として、代数的な組み合わせによる標準的な法則の中に、いくつかの小さな、しかし重要な意味を持つ例外を作っておき、ブールならではの特殊なやりかたで、古典的論理学の三段論法を精密に表現したのである。

論理と計算という、今まで別の思考ツールと考えられていた二つを結合するために、ブールはたった二つの数量しかない数学的体系というものを基本概念においた。二つの数量はそれぞれ〝全体集合《ユニヴァース》〟〝空集合《ナッシング》〟と呼ばれ、1と0という記号で表示される。その当時はブールも気づいていなかったが、論理を数量化するために二値体系を考案したことによって、ブールは同時に、電子リレーや真空管のような二つの状態を持つ物理的機器の論理を解析する、理想的な方法論を生みだしていたのだった。

記号や特殊な操作方法を使うことで、論理命題は方程式に置換可能となり、三段論法の結論は、一般的な代数の法則で算出できるようになる。純粋に数学的な操作を適用することで、いかに特殊な前提条件であれ、ブール代数を知っている人間なら誰もが、そこから論理的な結論を導きだすことができる。

三段論法は推論による人間の思考過程に非常に近いため、ブールは自分の考案した代数が、数学と論理学を同等にするばかりでなく、人間の思考を数学的に体系化できると考えていた。ブールの時代ののち科学的研究も進み、人間の推論手段は形式論理学で考えるよりもずっと複雑で、予測不能であいまいで強力な力を持つものだということがわかってきた。だが、ブールの数学的論理学は、当時の数学者が考えていた以上に、数学的研究の基礎に重要な影響を及ぼすものとなった。そしてまた、たった二つの数値による簡単な体系により、いかに洗練された計算ができるかということも、初のコンピュータを作ろうとする過程で明らかになっていったのだった。

数学と論理学のあいだに理論的な橋をかけようという試みは華々しくスタートしたが、ブールの研究は完成の域にはいたらなかった。人間の思考が機械と同じということはないにしても、心の動きと似た働きをする機器を考えだすことが、人間にとって有益な力になるのは間違いない。それは後世の偉大な学者たちに残される課題となった。

バベッジやエイダやブールの考えを実用に移そうとしても、十九世紀の技術では、精密度、速さ、動力の強度などが足りなかった。現代のコンピュータの重要な構成要素《コンポーネント》を作るためには、基礎科学と産業技術の向上が求められた。理論家よりもむしろ、発明家のほうで解決しなければならない問題が多かったのだ。

コンピュータの前史時代における十九世紀最後の重要な功績は、対数表や思考の法則の考案とは何の関係もないところで生まれた。コンピュータ分野の大きな前進を促した次の思索家は、アメリカの国勢調査局で働いていた十九歳の若者、ハーマン・ホレリスだった。ホレリス自身はコンピュータの重要な基礎理論に貢献する役割を演じたわけでなく、最終的にはその発明もすたれてしまった。が、結果的には彼のささやかな改良が、コンピュータ技術の商業的利用という分野を支配することになる、ひとつの大きな産業の発展を促すことになる。

ホレリスは、初めてコンピュータの発展に寄与したアメリカ人だった。そもそもの始まりは、国勢調査局の上司から任せられた、データ収集と集計の自動化という仕事だ。ホレリスは上司の提案に従って、電気計数システムにパンチカードを使い、カードの情報を読み取るという技術を開発したのだ。

一八九〇年の国勢調査は、数式の計算ばかりではなく、"データ"の処理も自動化されたという点で歴史的なものだった。つまるところ、ホレリスは数学者でもなければ論理学者でもなく、いわばデータ処理技術者だった。彼が格闘したのは数式の計算ではなく、集まった情報の中から大量の小項目データを収集、分類、保存、検索するという複雑なデータ処理の手順なのだ。ホレリスとその同僚たちは、国勢調査局が追跡調査をおこなうために機械的な方法をあみだしたという意味で、知らず知らずのうちに二十世紀の情報処理技術者の先駆となっていたのだった。

ホレリスにその仕事を命じたのは、上司のジョン・ショウ・ビリングスだった。ビリングスは一八七〇年、大量の情報を処理する新しい方法を開発するため国勢調査局に雇われたのだが、扱う情報の量が増加の一途をたどっていることが悩みの種だった。一八八〇年と一八九〇年の国勢調査のデータ収集と集計に関わっていた彼は、人口増加のおかげで、十年ごとが義務づけられている国勢調査をこのまま続けるのは、政府にとって大きな負担となると感じていた。近い将来、収集分類しなければならない情報はさらに増加して、このままでは集計に十五年から二十年かかるようになりかねないのだ。

コンピュータのほかのコンポーネントの起源にまつわる話と同じように、パンチカード・システムの本当の発明者が誰なのかということには、議論の余地がある。ビリングスやホレリスとともに国勢調査局で働いていたウィルコックスという男は、次のように述べている(11)。


第十次国勢調査(一八八〇年)がワシントンで集計されているときに、ビリングスが同僚をともなって事務室の中を歩いていた。そこでは何百という数の事務員が、表にある項目を記録紙に転記するという、つらいばかりでなかなか進まない手作業の仕事に精を出していた。その様子を見ていたビリングスは、同僚にこう言った。「こういう仕事を機械化する方法がきっとあるはずだ。穴のあいたカードで織り模様を調整する、ジャカールの織機のような原理を使うとか」。種は肥沃な大地に蒔かれた。ビリングスと一緒にいた同僚は才能に恵まれた若い技術者で、そのアイデアを実現するのは可能だし、ビリングスが発案の権利を主張するようなこともないだろうと考えたのだった。

「才能に恵まれた若い技術者」とはもちろんホレリスのことで、そのホレリスは一九一九年に次のように言っている(12)。

とある日曜の夜にビリングス博士とお茶を飲んでいたとき、博士が、人口などに関する統計表を集計するのに役立つ、純粋に機械的な方法がきっとあるに違いないという話を始めた。私たちはそのことについて議論した。私が記憶するところでは……博士は、カードのふちに刻み目《ノッチ》をつけることで、個人情報の内容を表現できるのではないかと考えていた。……このアイデアを検討したあと、私は実現の見通しがついたと博士に伝え、一緒にこの仕事をする気があるかどうか尋ねてみた。そのとき博士は、問題が解決するのであれば、それ以外のことには何の興味もないと言ったのである。

ホレリスの開発したシステムは、厚紙のカードの決められた位置に穴をあけることで、調査をおこなった人々の人口統計学的特性を表すというものだ。ジャカールやバベッジのカードシステムや、その当時流行していた自動ピアノと同様に、ホレリスのカードの穴も、機械部品を通過させるという役割を演じる。彼は、穴がある場所では銅の刷子《ブラシ》が回路を閉じて電流を流し、穴がない場所では回路を閉じないという電気計数器を使ったのだ。

各項目に割り当てられた回路が閉じるたびに、電気作動のメカニズムによって、その項目がひとり分ずつ加算されていく。さらに、穴のパターンや必要な集計項目によってカードを分類《ソート》する装置を併用することで、莫大な数のデータ処理が可能になったばかりではなく、データに関する新規の、あるいはより複雑な調査とい

ホレリスのパンチカード・システム
(国立科学博物館 所蔵)

うものまでが、可能になったのだった。この新しいシステムは、一八九〇年の国勢調査で実用化された。いわば統計の大波の中で溺れかかっていた祖国を救ったホレリスは、そのシステムで特許を取得した。彼はまた、一八八二年から八三年にかけてMITで機械工学の講師をつとめ、MITにおけるコンピュータ科学技術発展の、初期の足がかりを作った人物でもあった。一八九六年にはタビュレーティング・マシーン・カンパニーという企業を設立し、カードおよびカード読み取り機の製造をおこなった。一九〇〇年の第十二次国勢調査では、国勢調査局に機器の貸し出しをおこなっている。

その何年かのち、ホレリスのタビュレーティング・マシーン・カンパニーは、インターナショナル・ビジネス・マシーンズ（IBM）の名で知られる組織となり、ホレリスの知人のトマス・ワトソン・シニアに率いられることとなった。だが、集計機械やパンチカードの発想が、真のコンピュータ誕生と何らかの関連を持つまでには、二つの世界大戦の勃発、そして、コンピュータ史でもっとも優れた頭脳の持ち主と見なされる何人かの研究者たちの登場を待たなければならなかった。IBM社もまた、現在の事業、つまり、ビジネスに添った情報を追跡するための機器の販売という分野を確立するには、その情報を処理するに足るだけの、決定的なビッグビジネスというものの登場を待たなければならなかったのだ。

デジタル・コンピュータの生みの親は、国勢調査局でもなければ事務処理機器の販売会社でもなく、軍部だった。開発を助けた研究者は、多数いる。ドイツ軍の暗号解読のために特殊なコンピュータ機器を開発したイギリスのアラン・チューリングに始まり、原子爆弾製造に関わる膨大な数値計算に直面したロスアラモス国立研究所の数学者ジョン・フォン・ノイマン、高射砲照準をより正確で速いものに開発したノーバート・ウィーナー、そして、陸軍弾道研究所でENIAC（エレクトロニック・ニューメリカル・インテグレーター・アンド・カルキュレータ）のプロジェクトにたずさわった研究者たちがそうだ。

（エレクトロニック・ニューメリカル・インテグレーター・アンド・〃コンピュータ〃だという説もある）

かつてのコンピュータのことを知ることなしに、将来のコンピュータがどうなるかということを考えるのは馬鹿げた話だ。歴史的資料を見る限り、弾道学がサイバネティックスを生んだという事実には、まったく議論の余地はない。最初の電子デジタル・コンピュータであるENIACは、もとはといえば弾道の発射表を算出するために作られたものだ。そのENIACの開発者は、のちにBINACと呼ばれる初のミニチュア・コンピュータを設計したが、これは大陸間弾道弾（ICBM）の弾頭に入るような大きさと、星の位置による誘導ができるコンピュータが求められた結果であった。

最初の電子デジタル・コンピュータは、より高機能な兵器を製造する意図で作られたものだったが、そうしたテクノロジーが誕生したのは、弾道学とも爆弾とも関係のない、ある理論上の飛躍的進歩《ブレイクスルー》があったからだった。もともとのコンピュータ理論とは、兵器開発の中から生まれたものではなく、より洗練された高度な記号システムを探求するうちに生まれてきたものなのだ。

現代のコンピュータの最初のモデルは、機械の形をしていなかった。設計さえおこなわれなかった。デジタル・コンピュータは、記号システム、つまり初めての〃自動《オートマティック》〃記号システムとして考案されたもので、道具でもなければ武器にもならなかった。そして発明者である人物は、弾道学とも計算とも関わりを持つことなく、ただ思考の本質と機械の本質をきわめようとしたのだった。

第三章

最初のハッカーとその仮想マシン

一九三六年。その冬のあいだじゅう、若きケンブリッジ大学特別研究員は、数理論理学に関する論文の仕上げにかかりきりだった。自分の論文を理解できる人間は、世界中でも両手で数えられる程度の人間しかいないだろう、と彼は思っていた。論文の体裁も風変わりで、少々頭の固い同僚たちには受け入れにくいものだ。

そもそも、その若い研究員自身が風変わりな男だった。話しかたを聞けば中流階級でも豊かなほうの家の出だということはわかるが、服の着こなし、だらしのない身だしなみ、そして神経に障る甲高い声のせいで、仲間たちはあまり近寄りたがらない。大学の気取った学者集団にもなじめない彼は、親しい友人もほとんどなく、数学の研究や化学の実験、チェスパズル、あるいは郊外でマラソンにでも興じているほうが、性に合うようだった。

バベッジの時代から一世紀をすぎて、コンピュータによる計算理論《コンピューテーション》というものがついに発明されるわけだが、それは発明家の作業場や科学者の研究所などで、新しい機械の形をとって生まれたのではなかった。デジタル・コンピュータ製作の可能性を現実のものにしたのは、一九三六年の数学雑誌に掲載された難解な論文だった（1）。超数学《メタマセマティクス》というよく知られていない分野での奇妙な発見が、最終的には世界を変えるようなテクノロジーを導くことになるとは、当時の人々にはまったくわからなかった。が、その論文の若き筆者、アラン・マシスン・チューリング自身には、人間の思考過程をシミュレートする機械を作るための手がかりがきちんと見えていたのである。

　この数学論文は、西欧文明史における重要な転換点となった。いわば、何千年も続いてきたゲームの最後の一手が、デジタル・コンピュータの創造という知的ゲームの最初の一手となる転換点でもあったのだ。土地測量や星の運行予測の方法などを生んだとされるエジプトやバビロニアでは、僧侶や限られた職人だけが計算の奥義を知る特権を持っていた。紀元前五、六世紀ごろのギリシャ文明最盛期には、こうした原初的な科学は〈公理系《アクシオマティック・システム》〉と呼ばれる論理法に洗練された。

　公理系では、真だとわかっている前提条件と、妥当性が認められている定理とを使って、未知の命題が真であることを証明する。そして、法則に従った記号操作によって結論に到達する。ユークリッド幾何学は、形式的な公理系を用いることで、一般にも有用な方法をあみだした古典的な例といえる。

　公理系は人間の思考を拡大するツールである。よほど暗算が得意な人間でもない限り、二つの六桁数を足し算しろと言われて、すぐにできる人間はいない。だが、十歳以上の人間に紙と鉛筆を与えれば、一分とたたないうちに答えは出るだろう。小学生を計算機に変える魔法の正体は、〈アルゴリズム（演算法）〉と呼ばれる、計算を実行するための段階的な方法だ。アルゴリズムが計算に使われるうえで理にかなっていると見なされるのは、それが算術という形式的な体系に基づいているからで、算術が真であるという共通認識があるからなのだ。

　チューリングの論文が成したこと、つまり、デジタル・コンピュータの実現が可能になったことは、さまざまな形式的体系を、底辺にあるひとつの基礎的体系に簡略化しようという、何千年ものあいだずっとおこなわれてきた試みの結実ともいえた。科学というのは、知識の収集、およびその妥当性の証明という側面から、人類の文明を正しく体系化したものであり、数学を基礎として成り立っている。数学は、バビロニアやギリシャの原初的な数理論を、論理的に順序だてて形式化した学問である。数学的な真理を、論理学的な真理に置き換えることができるということを証明しようとした結果、たまたま〈コンピューテーション〉というものが生まれたのであった。

　知識体系（科学、数学、論理学など）のおかげで、世界の事象を予測し理解するための文明的方法論が力を得るようになった一方、こうした知識体系を、基本的な構成要素に置き換えることができないかと考えつづける、少数派の人々もいた。十分に成熟した科学がすべて数学的な数式で置き換え可能だとすれば、数学をもっとも基本的なレベルの論理に置き換えることは可能なのだろうか？　と。

　私たちが知識体系を完全で安定したものとして信頼するためには、こうした変換が可能であることが重要だ。確証に足ると思われたものに例外や変則性や矛盾が出てくると、そういったものは数学的構造の中にあいた穴と見なされ、形式的体系への変換を妨げるものとして、西洋の学者たちを当惑させたりする。二つの知的な試み、すなわち、数学を基本的な形式記号体系に置き換えようという試みと、その重要な変換作業の中で生じてくる矛盾を解消しようとする試みが、予期せぬところでコンピュータの計算理論へと結びついたのだ。

　二十世紀初頭、数学者も論理学者も、数学を“形式化《フォーマライズ》”しようと努力していた。ダーフィト・ヒルベルトとジョン・フォン・ノイマンは、一九二〇年代に形式主義の法則を定めた（このことは次章で述べる）。ヒルベルトとフォン・ノイマン以前には、アルフレッド・ノース・ホワイトヘッドとバートランド・ラッセルが『数学原論《プリンキピア・マテマティカ》』において、人間の推論のいくつかの側面は、形式的な記述が可能であることを示した。数学的論理に対する関心の高まりは、長らく忘れ去られていたこの分野の創始者、ジョージ・ブールへの注目に結びついた。とりわけ〈形式的体系《フォーマル・システムズ》〉は、数学の抽象性と人の思考の不可解さを結ぶ架け橋となる考えかたとして、関心を呼んだ。

　形式的体系とは、駒の動かしかたがルールで厳しく決まっているゲームのようなものだ。形式的体系を作るうえでの制限事項は、あらゆるゲームのルールとよく似ている。ゲームの遊びかたを説明したり、そのゲームが形式的体系としての条件を満たせるようにルールを定めるためには、そのゲームが持つ同じ三つの局面が明らかになっていなければならない。三つの局面とは、駒の性質、駒がスタートする位置の記述（またはスタートのときのゲーム盤のレイアウト）、そして、与えられた位置においてどんな動きができるかの一覧表だ。チェス、チェッカー、数学、論理学、どれもこうした基準を満たす形式的体系である。一九三〇年代に入るころまでに、数学を論理的に確実な基盤にしようという試み、つまり数学の中でも数値の操作に関する分野である算術《アリスメティック》を、形式的体系として扱おうとする試みが、いくつかなされるようになった。

一九三六年、二四歳という若さで同僚たちに指摘した発見により、アラン・M・チューリングは、歴史に残る数学の神童のひとりという地位を手に入れることになった。彼が指摘したのは、数の理論におけるコンピューテーションが、機械によって――つまり形式的体系の法則を具体化した機械によって、可能であるという考えである。当時、機械そのものは実際に存在しなかったが、チューリングは最初の段階から、そうした機械が実際に製作可能だということを力説しつづけた。チューリングの発見は、数学の形式化の探究における画期的な出来事であり、同時に、コンピュータ理論の歴史の分岐点でもあった。

アラン・チューリングは、形式主義者が提示した超数学的な問題の解決策として、数学用語を正確に用いながら、極端に単純化された操作ルールを持つ〃自動的な《オートマティック》〃形式的体系が、いかに大きな可能性を持つかを見事に論述してみせた。自動的な形式的体系とは、ルールに従って形式的体系の駒を自動的に操作する、物理的な装置のことを指す。チューリングがその論文において示した機械は、彼の計算理論を例示するものであり、コンピューティング機器が実際に製作可能であることの証明ともなるものだった。

数学と論理学をひとつの機械に統合することで、チューリングは〈記号処理〉というシステムを確立したのだった。チューリングによれば、たいていの知的問題は、「……のような数nを見つけよ」という形に書き換えることができる。抽象的な知的問題と、数字という具体的な領域の結合というテーマは、現在もなお人工知能研究者を駆り立てる刺激的な論題だが、それ以上に重要なのは、チューリングがこの論題において、数が数学的計算の要素としてよりも、〃記号〃として重要な意味を持っているのだと認識していたことにある。

チューリングの洞察がいかに優れていたかは、現代のコンピュータ研究者たちの多くがいまだに理解できていないようなことを、最初の段階から理解していたことからも、うかがい知れる。つまり、「自動的な形式的体系の内部状態を表現できる唯一の手段は数である」

という事実だ。バベッジの〝作動パターン〟は、この方法を用いて数学的正確さで形式化できる。チューリングのいう〝状態《ステート》〟とは、いわば人間の認識力と機械の能力の橋渡しとなるものだ。

　人間が計算をおこなう場合、どのようにして記号処理をするのかというのが、チューリングの投げかけた問いだった。そして彼は、人が頭の中でおこなう計算とは、入力された数字を、一定のルールに添った手順で一から順に進めていくという一連の中間的状態を経て、答えが見つかるまで変形させていくものだという考えにいたった。紙と鉛筆を使うのは、計算の状態を追跡するためのひとつの手段なのだ。数学の法則は、人のあいまいな心理状態を形而上学的に記述する場合よりも、ずっと厳密な定義を求められるものである。そのためチューリングは、機械操作の命令として使用できるような、明確であいまいさのない状態の定義というものを、綿密におこなった。

　チューリングが最初におこなったのは、考えられるあらゆる状態においてどのような動作をするかということを、〝命令表《インストラクション・テーブル》〟という形で、正確に記述することだった。それから、記述した命令と、形式的公理系の（つまり論理的な）ステップ、そして自動的な形式的体系において〝動作〟をおこなう機械の状態の三つが、すべて互いに同等であることを証明した。こうしたことはコンピュータの現実の動作からかけ離れているようにも見えるが、実はデジタル・コンピュータ技術全般の基礎ともなるような発想だった。ただし、デジタル・コンピュータの実物が製作されるのは、アラン・チューリングがこの画期的な論文を発表してから、十年以上もたったあとのことだ。

　計算のプロセスは、チューリングの論文の中で、図表を使いながら描写されている。彼は、紙テープ上で正方形の区画に分割されている単純な記号を、読み取ったり書き込んだりすることのできる装置を想定した。これがいわゆる〈チューリング・マシン〉である。マシンには、テープに添って左右どちらの方向にも一区画ずつ動くことができる、〈読み取り／書き込みヘッド〉があるほか、制御ユニットが、命令表にある簡単な命令を翻訳して、区画上の記号を読み取ったり書き込んだりする指示をヘッドへ送るようになっている。ある段階でスキャンされている、あるいは読み取られている区画を、〝アクティヴ区画《スクウェア》〟と呼ぶ。使用するテープは、左右どちらの端にも新しいテープを追加できるので、処理の対象範囲は実質的に無限大ということになる。

「X」と「O」という記号で考えてみよう。この装置は、アクティヴ区画の中にどちらか一方の記号を読み取ると、その記号を消してもう片方の記号に置き換えることができる（たとえばXをOに置き換える、あるいはその逆）。装置は左か右に一区画ずつ移動でき、その方向は制御ユニットが翻訳した命令に基づいて決まる。また、命令には、読み取った記号の種類によって、その記号を消す、書き込む、あるいは同じままにしておく、といった内容が含まれる。

こうしたルールを使えば、無数のゲームを作ることができるが、それが必ずしも意味のあるものになるとは限らない。まず最初にチューリングが示そうとしたのは、基本的な操作はいかにも単純で機械的だが、こうしたルールのもとに作られるゲームは、非常に洗練されたものにもなりうるということだった。次にあげるのは、このゲームを使って簡単な計算をおこなう例だ（2）。

チューリング・マシンによっておこなわれるゲームのルールは、いたって簡単なものである。まず、XとOの並んだテープ上に開始位置が与えられ、どの区画から開始するかが指示されると、装置は制御ユニットによって翻訳された命令によって動きを開始する。装置は最初の命令によって起動したあと、続く命令をひとつずつ実行し、装置を停止するしかないような命令がくるまで動作を続ける（あるテープの状態に対して実行できるような内容の命令が命令表に存在しなければ、その状態に到達したマシンにはできることが何もないので、停止するしかないわけである）。

それぞれの命令は、装置がアクティヴ区画を読んだときに、どんな記号があったらどんな動きをするかということを定めている。また、このゲームで許される動作は、次の四つしかない。

OをXで置き換える
XをOで置き換える
右に一区画移動する
左に一区画移動する

命令の例としては、「もしアクティヴ区画にXがあれば、Oで置き換えよ」というようなものが考えられる。この場合、右の四つのうち、二番目にあるような動作が実行されるわけだ。〝ゲーム〟の形にするためには、各ステップで実行される命令の番号と、その命令が実行されたあとに移るべき命令の番号が、命令表ではっきりわかるようにしなければならない。そうすれば、たとえば「命令7を実行し、その後命令8を実行する」といったことをマシンに伝えることができるのだ。

命令は四つの部分――その命令の番号、アクティヴ区画にある記号の種類、動作の種類、次におこなう命令の番号から構成され、「7XL8」のようにコード化ができる。「7XL8」とは、「これは7番の命令である。命令の内容は、もしアクティブ区画にXがあれば装置を一区画左へ移動し、次に8番の命令に進めということである」という意味だ。

以下はコード化された命令と、それぞれの内容の説明である。一連の命令は、チューリング・マシンにあるゲームをさせる「命令表」、つまり「プログラム」を構成している。

1XO2　（命令1／もしアクティヴ区画にXがあれば、Oに置き換え、命令2を実行せよ。）
2OR3　（命令2／もしアクティヴ区画にOがあれば、一区画右に移動し、命令3を実行せよ。）
3XR3　（命令3／もしアクティヴ区画にXがあれば、一区画右に移動し、命令3を実行せよ。
3OR4　しかし、もしアクティヴ区画にOがあれば、一区画右に移動し、命令4を実行せよ。）
4XR4　（命令4／もしアクティヴ区画にXがあれば、一区画右に移動し、命令4を実行せよ。
4OX5　しかし、もしアクティヴ区画にOがあれば、Xに置き換え、命令5を実行せよ。）
5XR5　（命令5／もしアクティヴ区画にXがあれば、一区画右に移動し、命令5を実行せよ。
5OX6　しかし、もしアクティヴ区画にOがあれば、Xに置き換え、命令6を実行せよ。）
6XL6　（命令6／もしアクティヴ区画にXがあ

れば、一区画左に移動し、命令6を実行せよ。

6OL7　しかし、もしアクティヴ区画にOがあれば、一区画左に移動し、命令7を実行せよ。）

7XL8　（命令7／もしアクティヴ区画にXがあれば、一区画左に移動し、命令8を実行せよ。）

8XL8　（命令8／もしアクティヴ区画にXがあれば、一区画左に移動し、命令8を実行せよ。

8OR1　しかし、もしアクティヴ区画にOがあれば、一区画右に移動し、命令1を実行せよ。）

命令1か命令7でアクティヴ区画にOがあった場合、または命令2でXがあった場合、マシンが停止することに注意したい。

命令表に従ってゲームをおこなう、つまりプログラムを動かすためにもうひとつ必要な要素は、スタート時のテープの構成である。ここでは、Xが二つ隣り合っていて、その両側が不特定数のOではさまれているという例をあげる。一本のテープを部分的に示し、状態がどのように変化するかを見ていこう。各状態のアクティヴ区画は、大文字のXまたはOで表すことにする。マシンはスタートすると、まず命令1を実行する。その先の動作は次の図のようになる。

このゲームはいくぶん機械的なものに見えるかもしれない。実のところ、機械的な動きをさせるということが、チューリングの意図した点のひとつであった。ゲームが始動したとき、そこには隣り合わせの二つのXがあった。ゲーム終了時に見ると、Xは四つに増えていることがわかる。もし五つのXを含むテープを使えば、終了時にはXが十個になっているはずだ。この命令表は、入力された数を二倍にして出力するための計算手順でなのである。それも、あくまで機械的な手段によるものだ。

チューリング・マシンの本質的な働きは、前述のXやOを区画から区画へ移動させるような手順を使って、記号をテープ上のある位置から別の位置へ移動させることだ。現代のコンピュータでは、記号はマイクロ回路の電子インパルスの形をとり、テープはメモリチッ

命令	テープ	マシンの動作
1	…o o X x o o o o o o o…	二つのXのひとつを消す
2	…o o O x o o o o o o o…	
3	…o o o X o o o o o o o…	テープの右へ移動
3	…o o o x O o o o o o o…	
4	…o o o x o O o o o o o…	
5	…o o o x o X o o o o o…	二つめのXを書き込む
5	…o o o x o x O o o o o…	
6	…o o o x o x X o o o o…	
6	…o o o x o X x o o o o…	元のXまで戻る
6	…o o o x O x x o o o o…	
7	…o o o X o x x o o o o…	
8	…o o O x o x x o o o o…	
1	…o o o X o x x o o o o…	
2	…o o o O o x x o o o o…	元のXのもうひとつを消す
3	…o o o o O x x o o o o…	前に書き込まれた二つのXのうち右のほうへ移動
4	…o o o o o X x o o o o…	
4	…o o o o o x X o o o o…	
4	…o o o o o x x O o o o…	
5	…o o o o o x x X o o o…	さらに二つのXを書き込む
5	…o o o o o x x x O o o…	
6	…o o o o o x x x X o o…	
6	…o o o o o x x X x o o…	元からあるXがほかにないか探す
6	…o o o o o x X x x o o…	
6	…o o o o o X x x x o o…	
6	…o o o o O x x x x o o…	
7	…o o o O o x x x x o o…	命令7では0があった場合の動きが指定されていないため、マシンは停止する

プ上に記憶された場所の列という形をとっているが、基本的な考えかたは同じである。チューリングは、彼の仮想機械が、始動位置（計算を始めるときのテープ上の○やXのパターン）とルール（命令表によって与えられる命令）によって規定される、自動化された形式的体系であることを証明したのだった。ゲームの動きは、計算ステップの記述に従ったマシンの状態変化である。

チューリングは、「どんな形式的体系においても、それを模倣するためのプログラミングが可能なチューリング・マシンが存在しうる」ということを証明した。このような、ほかのどんな形式的体系もまねる能力のある汎用的な形式的体系こそ、チューリングが到達した重要な発見であった。この体系は現在、〈万能《ユニヴァーサル》チューリング・マシン〉として知られている。この理論の発表論文には、『計算可能数について、ならびに決定問題《エントシャイドゥングスプロブレム》に対する応用』という、近寄りがたいような題名がついていた(3)。

チューリング・マシンは、思考を形式化する手段としての数学の基礎について、チューリングが重要な疑問を解決しようとしているときに生まれた、仮想装置である。この装置は、どんな問題も無限に解くことができるが、マシンがいつどの時点で停止するかが予測できない問題は解くことができない。ここに超数学とコンピューテーションの違いがあるのだ。

前述の、数を二倍にするプログラムの場合、手順のステップはわずか二十六にすぎない。だが、ほかのさまざまなプログラムが必ず停止するのかどうかを知るすべはない。チューリングはこれを証明することにより、すべての機械的システム、つまり機械が実行するに十分なほど明確化された手順を持っているシステムのすべてにおいて、同等な点というものを明らかにしたのだった。

長いあいだ、チューリングやその同僚たちは、形式的体系の奥に横たわる、論理的に明確な基盤というものを探究しつづけてきた。が、形式的体系の中には、完全に明らかにすることのできない重要な性質が数々あるという衝撃的な事実に行き当たり、その探究は終わりを告げることとなった。本質的に、形式的体系にはそれぞれ固有の限界というものがある。形式的体系の特性というものが消え、思ってもみないような劇的な形で機械の特性というものが歴史に姿を現したとき、チューリングのコンピューテーション理論は、超数学の一分野という以上に重要な意味を持つことになった。なぜなら、チューリングは形式的体系の能力の限界を示すと同時に、万能の形式的体系というものの存在をも証明してみせたからだ。そしてそれこそが、もっとも基本的な意味でのコンピュータなのである。

万能チューリング・マシンがほかのチューリング・マシンを模倣することは、先ほどのマシンが入力したXの数を二倍にするのと同様に、自動的な手順で可能である。バベッジの時代同様、これは数学者の問題というより技術者側の問題ではあるのだが、制御ユニットに簡単な命令を翻訳する能力を持たせられるのなら、さまざまなチューリング・マシンを記述する、より複雑な命令リストをコード化して入力テープに書き込んでいくことも、可能だろう。

マシンに与える命令は、英語（またはドイツ語やフランス語などのほかの言語）または「7XL8」のような略号で記述できるのだが、もっと基本的な形式でコード化することも可能だ。複数のXや0を使って、それぞれの命令や命令表（プログラム）ひとつだけを書き表すコードをつくることもできる。そして、命令とデータは両方を同じテープに書き込んでおくことができる。万能チューリング・マシンは、そのコード化されたテープをスキャンして、コードで記述された機能（前述の「数を二倍にする」といったような機能）を実行する。

駒を〝自動的に〟操作することのできるマシンに命令リストと始動位置を与えれば、マシンはコードを翻訳して作動する。マシンが停止したところで、テープを読めばプログラムの出力結果を得ることができる。先ほどの例では、最初に二倍にしたい数を入力し、あとはマシンの動くままにしておけば、勝手に0やXを消したり書き込んだりしてくれる。マシンが停止したら、あとは最終状態のテープ上でXの数を数えるだけだ。

このときに使われる命令リストは、万能チューリング・マシンを二倍化マシンという名の機械に変える。物理的には、二つのマシンのあいだには何の違いもない。コードで記述されたある特定の命令によって、万能チューリング・マシンは操作される。同じようなコード化で、三倍化の計算や平方根を求める計算、微分方程式の計算などの命令を記述できれば、そのままでは何もできない万能チューリング・マシンも、たちまちにして三倍計算機や平方根計算機の模倣ができるようになるのだ。

　ほかのマシンをまねるという能力こそが、コンピュータの原点なのである。テープ上の数（もしくはXや〇などの記号）はさして重要でない。数や記号は手順の状態を示す記号でしかなく、いわば〝二倍化ゲーム〟の得点記録とでも呼ぶべきものだ。入力された数をマシンに二倍にさせているのは、命令リスト（プログラム）の働きである。ゲームの得点記録としての実行過程を示す記号が重要なのではなく、ゲームのルール、つまり命令が、チューリング・マシンを動かす重要な要素なのだ。万能チューリング・マシンとは、基本的に〝記号操作機〟である。そして、デジタル・コンピュータというのは、万能チューリング・マシンのことなのである。

　ゲームのルールを機械の一種としてとらえるのは、難しい。ルールというよりも、明確な定義を与えられ、命令表に従って正しく動作するマシンの〝機械的なプロセス〟だと考えれば、もう少しわかりやすくなるかもしれない。すべての万能チューリング・マシンは、命令表によって規定されたプログラムに従って動作する、機能的にはまったく同一の機器である。命令表が違うものになれば、万能チューリング・マシンもそれぞれ違うマシンになる。プログラムが〝仮想マシン〟と呼ばれる理由はここにあるのだ。

　万能チューリング・マシンと、それが模倣するほかの多数のチューリング・マシンとの違いは、そのままデジタル・コンピュータにも当てはめて考えることができる。万能チューリング・マシンと同じように、デジタル・コンピュータもすべて機能的には同一である。ごく基本的なレベルにおいては、どのデジタル・コンピュータも、二倍化計算機が区画や〇やXを扱うのと同じように動作できる。異なる問題ごとに物理的に異なるマシンを作って問題解決させるよりも、機械的な命令プロセスに従って一区画ずつ動作する仮想マシン（プログラム）に対し、簡単な操作のパターンを通じて、複雑な問題を解決するよう作動させる命令を記述することのほうが、ずっと実際的である。

　デジタル・コンピュータの本質は、命令に従うことである。たとえば、コンピュータの計算機とコンピュータのワードプロセッサの違いは、それぞれが従う命令の違いである。つまり、仮想マシンが、それぞれの仕事をおこなう機能を持つマシンをまねるために与えられる、コード化された記述の違いということだ。コンピュータは、OとX、0と1、あるいは「オン」と「オフ」のような記号に対応する、〝ビット〟を理解することができるので、これらの記号を用いてマシンを記述し、汎用マシンを特定のマシンに作りかえることができる。これがプログラマーの仕事だ。プログラマーは、人々が必要とするようなマシンを考え、汎用マシンを特定の機能を持ったマシンに変えるためにはどんな記述をすればいいかを考える――この汎用マシンに当たるのがコンピュータである。

　プログラマーがOやXの連なりを使ってマシンの記述をおこなうとすると、何か意義のあるものを作り出すまでには、膨大な時間がかかることだろう。OやXのコードは現在〈マシン語〉と呼ばれているものに似ているが、マシン語を使ってプログラムを書けるプログラマーというのは、実は比較的少数である。だが、もし仮想マシンの上にもうひとつの仮想マシンを構築できたらどうだろう？　二倍化計算機のために記述したシステムと同じように、OやXで書かれているコード化されたプログラムがあり、この新しいシステムが、人間がもっと理解しやすく使いやすい記号で書いた、「左へ移動」「この数を二倍にせよ」といった命令の形を、マシン語に翻訳してくれるとしたら、どうだろうか？

　〈アセンブリ言語〉はマシン語に比較的近い言語であるが、XやOの連なりよりも理解が簡単なのでマシン語より扱いやすく、ビデオゲームやワードプロセッサのプログラムにも多く使われている。数字の代わりに言葉を使うことにより、〝区画《スクウェア》〟、すなわちコンピュータのメモリのセルの中にある情報の操作を、より簡単なものにしてくれる。前述したような〈アセンブラ〉と呼ばれる翻訳プログラムを使えば、マシン語に翻訳できる。

　どんな種類のマイクロプロセッサも（つまり、現代のコンピュータの核ともいうべきシリコンチップでできたハードウェアも）、およそ百前後の基本的なマシン語操作のためのリストを内蔵している。これを〈ファームウェア〉という。アセンブラがアセンブリ言語プログラムをマシン語に翻訳し、それをマイクロプロセッサに伝えると、仮想マシンはその時点で実際のマシンとなり、求められた仕事をこなせる状態になるということだ。

アセンブリ言語でコンピュータに仕事をさせるには、必要な情報がどこにあるのか、それをいつ〈アキュムレータ〉と呼ばれるアクティヴ区画へ移動させるべきか、その処理が済んだらどこに格納すべきかなどを、正確に伝えなければならない。何か複雑な手順をアセンブリ言語ですべて記述するのは、手旗信号で本を書いたり、一メートルの物差しで街の測量をおこなうようなもので、とんでもなく手間がかかる。

たとえば、アセンブリ言語で二つの数の加算をおこなう場合、ひとつめの数を指定してアキュムレータに入れ、次にもうひとつの数を指定して、それをアキュムレータに格納した最初の数に加算するようマシンに指示する。その答えをどこに格納するかを規定し、それをプリンタかモニタにどう送るかも、段階的にきちんと決めておかなければならない。

このような手順をすべて実行させるには、BASICのようなコンピュータ言語を使ったほうが間違いなく簡単である。「PRINT　2＋3」といった命令をキーボードから入力すれば、ソフトウェアがアキュムレータやメモリ・アドレスの扱いを受け持ってくれる。すぐにプリンタかモニタに「5」という答えが出力され、そのほかの内部的な操作にわずらわされる必要はないのだ。

どのコンピュータ言語も、基本的な部分は、二倍化計算機の理屈と同様である。万能チューリング・マシンのゲームルールのもとでは、マシンを記述するマシンの記述ということが可能なので、アセンブリ言語をマシン語に翻訳するマシンを記述するために、その記述用のマシン語プログラムを作ることができる。さらにそのツールを使って、アセンブリ言語よりもさらに扱いの簡単な、より英語に近いコード言語を作り、それによってコンピュータとのやりとりをさらに高度なものにできる。

この英語に近い仮想マシンは、高級プログラミング言語と呼ばれる。〝高級〟といっても言語の知的レベルが高尚だというわけではなく、より低いレベルのマシンによって翻訳される仮想マシンだからという意味にすぎない。翻訳された言語は、必要に応じてさらに低いレベルのマシンに繰り返し翻訳され、OやXを電気的に読み取ることのできる、オンまたはオフの信号にまでいたる。プログラマーが使うBASICやFOR

TRANなどの言語は、前述したアセンブラと同じような機能を持つ、〈インタプリタ〉や〈コンパイラ〉といったほかの仮想マシンによって記述される、実際上の仮想マシンとして考えることができる。

だが、最初のコンパイラが作られたのは一九五三年のことで、一九三六年にチューリングの論文が出てから実に十七年後のことであった。チューリング・マシンの原理に基づいたデジタル・コンピュータの登場は、第二次世界大戦のおかげで早まったかもしれないが、それでもチューリングの論文の四年後のことだった。一九三六年の時点では、まだクロード・シャノンも、ジョージ・ブールの発明した論理的操作を形式化する代数が、スイッチ回路を記述することのできる数学と同等のものだということに、気づいていなかった。ジョン・フォン・ノイマンとその同僚たちもまだ、プログラム内蔵方式の概念を考え出していなかったし、ノーバート・ウィーナーも、制御システムにおけるフィードバック回路の記述方法を形式化してはいなかった。いくつかの電子工学の進歩は、まだこれからというところだったのだ。

一九三〇年代にほんの少数の超数学者だけが持っていた、どう作動するかという記述によって機能が決まるマシンという考えは、三〇年代終盤へ向かうに従って非常に重要なアイデアと見なされるようになっていった。そして一九四〇年、イギリス政府がチューリング理論に熱烈な興味を示し出した。

〝イントレピッド〟（勇猛果敢）というコードネームを持つ情報将校の指揮による極秘プロジェクト〝ウルトラ〟が、〈エニグマ〉（謎）という名で知られるドイツ軍の暗号装置を手に入れ、ロンドンへ持ち込むことに成功した。この機械は、ナチスの最高司令部が前線の司令官に命令を送るとき、解読不能の暗号に変換するためのものだった。機械を入手したものの、イギリス情報部はなかなかその暗号化システムを解明できないでいた。長年この仕事に携わっている熟練の暗号解読者でも、解決策を見つけることができなかったのだ。

イギリス軍最高司令部は、聡明な数学者、エンジニア、論理学者などを集めた。図らずもこのグループは、その時代に人工知能という言葉で知られつつあった分野における、もっとも影響力の強い研究グループとなった。当時二十二歳、のちにイギリスの機械知能研究の第一人者となったドナルド・ミッチーがいた。同じように当時は若かったが、のちに際だった功績を残すI・J・グッドもいた。グッドは冗談好きで有名で、一度女王陛下に、貴族に任じてほしいという手紙を書いたという逸話が残っている。貴族になれば、彼がやってくるたびに友人たちが、「グッド・ロード（おやおや）、ロード・グッド（グッド卿）が来るぞ！」と言うだろうから面白い、というのがその理由だったようだ。

ブレッチリー・パークという地名は、ノルマンディ上陸作戦の激戦地だったオマハ・ビーチほどに有名ではないが、多くの歴史家は、この場所が第二次世界大戦の結果にもたらした影響力は非常に大きなものだったと見なしている。イングランドのハートフォードシャーにある、厳重に警備されたヴィクトリア時代風の邸宅に集められた学者グループは、ドイツの暗号解読に見事成功したのだった。若く賢くて型破りな暗号解読者たちは、この極秘作戦に関わっているあいだ、ブレッチリー・パークの近隣で日々の生活を送っていた。その中には、二十八歳のアラン・チューリングも含まれていた。

チューリングは、エキセントリックで冗談好き、だらしはないけれども痛ましいほど正直で、気まぐれで、内気で、けたはずれに極上の頭脳を持っていたが、社会生活には不向きな男だった。初期のコンピュータ・ハッカーとでも呼ぶべき不器用で空想的なところがあり、のちになって現れてきたハッカーたちともよく似た性質をそなえていた。服装には無頓着で、チェスに熱中し、子ども向けのラジオ番組を愛し、長距離走に打ち込んでいた（ときには自分の胴に目覚まし時計を巻きつけてタイムを計ったりしていた）。数少ない親友たちでさえ、彼の話しかたは「甲高くどもりがちで、けたたましい笑い声をたてるので、仲が良くても神経にさわった」と述べている（4）。

車の運転というものがどうにも苦手であったようだが、そのほうがチューリングの身のためでもあった。運転中にもしょっちゅう現実から離れてしまい、ほかの考えに没頭してしまうからだ。むしろケンブリッジ時代から愛用している、ぼろ自転車のほうがお気に入りだった。その自転車や、ミーティング出席の道のりを二十マイルも三十マイルもジョギングしてくる〝教授〟（ブレッチリー・パークでのチューリングのあだ名）の習慣については、種々雑多の奇妙な逸話が伝えられている。一度、ガスマスクをつけたまま自転車に乗っ

長距離走でゴールインするアラン・チューリング
時間を計るため、胴に目覚まし時計を巻きつけて走ることがよくあった
（Courtesy of John Edward Leigh.）

ていて、地元の巡査に拘留されたこともあった。チューリング本人の主張では、花粉症を悪化させないための予防策だったのだそうだ。

チューリングとプロジェクトの同僚たちは、ブレッチリー・パークにおいて、〈ボンブ〉、〈ロビンソン〉、そして最終的には〈コロッサス〉というマシンを完成させ、エニグマの謎を解き明かしたのだった。こうしたマシンを作った目的は、もちろん、エニグマの模倣をさせることであった。

ブレッチリー・パークで製作された機器は、万能チューリング・マシンの定義とはまったく異なるものではあるが、チューリング理論の重要な部分を取り入れてもいる。コード化された命令を紙のテープ上に高速入力できる装置や、その命令に従って単純だが長々とした論理的操作をおこなう電気回路などを用いて、一九四三年には暗号解読機が完成した。そうして始動した解読機は、敵国の暗号機の重要な機能を模倣することで、ついに暗号の解読に成功したのである。

若き学者たちが暗号解読に成功したことは、当時の重要な機密として扱われ、おそらく第二次世界大戦中の国家機密として最高峰に位置するものだっただろう。それもそのはずで、ナチスの最高司令部がそのことに気づいてしまったら、ブレッチリー・パークの暗号解読機の機能も、そこから先は何の意味も持たなくなってしまうからだ。

連合国側に計り知れないほどの戦略的優位をもたらしたエニグマ解読プロジェクトは、その仕事の重要性にもかかわらず、周囲をとりまく戦争初期の官僚主義と、複雑に入り組んだ秘密主義のため、一時は中止の危機にさらされた。チューリングはウィンストン・チャーチルに直訴し、このプロジェクトの研究は最優先で進められるべきだとの確約を勝ち取った。暗号は戦争のあいだずっと解読されつづけ、一九四四年と四五年には、違う種類の情報の形を装った価値ある敵国情報が、大西洋上の英国司令官のもとへと伝えられた。

Uボートとの潜水艦戦の形勢が逆転したのも、ヨーロッパ大陸上陸作戦が成功したのも、チューリングらのエニグマ海軍版解読によるところが大きく、ドイツはまったくこれに気づかなかった。チューリングの深遠な数学研究の成果が、ここまで実用にたえられることが証明されたのも、驚くべきことだった。さらに冷戦の時代に入り、高度な暗号技術が戦略としてますます重要視されるようになったため、このプロジェクトの存在は、戦争が終わって何十年たっても、ずっと機密として扱われつづけた。チューリングが戦時中に何か重大な功績をあげたということを知る人間は、ごくわずかながら存在はしたが、実際に何をしたのかを正確に知る人間は皆無だった。戦後になってもチューリングは、ほのめかし程度でさえ自分の業績を語ることを許されなかったのである。

ただ、ブレッチリー・パークでの仕事が、戦時中のチューリングの唯一の功績というわけではない。北大西洋への航行が危険なものだった時期に、チューリングはアメリカへ派遣され、イギリスの暗号解読技術の原理をアメリカ情報部に伝えることで、アメリカの戦争関連プロジェクトに知的援助をおこなったのだ。

チューリングが電子工学の実用的な知識を得たのも、この滞在中のことだった。当時〝電子管〟と呼ばれていた真空管を初めて知ったのも、このときだ。彼はレーダーの研究から生まれたこの真空管の可能性をじっくりと吟味し、ブレッチリー・パークでの暗号解読でおこなわれる膨大な情報処理作業を、もっと高速化できないか研究した。また、アメリカではさらに別の最高機密プロジェクトにもかかわっている。音声の暗号化、すなわち、スパイ小説などでは〝スクランブラー〟（盗聴防止装置）と呼ばれる技術の開発である。この〈デリラ〉というコードネームで呼ばれる機器の開発に関わったおかげで、チューリングは、当時のその分野でトップレベルの研究をおこなっていた、ニューヨークのベル研究所のエンジニアたちから電子工学を学ぶことも、できたのだ（そこには、本書で後述する別のタイプの天才、クロード・シャノンもいた）。

戦争末期には、電子工学の研究が論理スイッチ回路を高速化できる段階まで進み、万能チューリング・マシンの試作モデルを製作できる可能性も出てきたので、英国政府が再び自動計算装置構築の試みを援助してくれることになった。この計算機は、〈解析機関《アナリティカル・エンジン》〉ではなく、〈自動計算機関《オートマティック・コンピューティング・エンジン》〉もしくは〈ＡＣＥ〉と呼ばれるようになった。第二次大戦終了時点では、アメリカのモークリーとエッカート（ＥＮＩＡＣの発明者）の研究も成果をあげてはいたものの、史上初の電子デジタル・コンピュータ製作の実現にいちばん近づいていたのはイギリスだった。アラン・チューリングが不運だったのは、戦後のイギリスのコンピュータ研究がアメリカほど積極的でなく、規模も小さいものだったということだ。

もちろん、チューリングも戦後のコンピュータ開発の主流に身を置いてはいたが、中心的存在というわけではなく、支配権を握っていたわけでもなかった。戦争中に果たした英雄的な極秘任務のおかげで、チューリングは、コンピュータ分野の指導者に押し上げられるどころか、政治的な犠牲者の立場に追いやられてしまったのだ。チューリングによるACEのハードウェアとソフトウェアの設計書はたいへんに意欲的なもので、もしこの設計がすぐに構想どおりの製作に移されていたら、きっとENIACも及ばないようなものが完成していたことだろう。

国立物理学研究所とマンチェスター大学でコンピュータ開発プロジェクトが推進されているあいだも、チューリングは政治権力の周辺をうろうろとしながら、長いこと構想を練ってきた万能マシンの実現に心を砕いていた。中流階級の上層に位置するケンブリッジの学徒が「機械づくり《エンジニアリング》」などに手を汚すべきではないという、学友たちの固定観念も障害のひとつだった。しかし社会の常識に盲目的に従うのは、チューリングの得意とすることではない。自分が重要だと信じていること、すなわちソフトウェア科学の発展のため、チューリングは勝負に打って出た。

チューリングが考えていたコンピュータ設計への正しいアプローチとは、ハードウェアにではなく、プログラムに計算能力を組み込むことであった。〝コーディング〟と呼ばれるようになりつつあったプログラミング操作に、彼は特に興味を抱いていた。真に重要な数学的演算が、そして最終的には〝思考〟そのものが、電子的コンピュータによってシミュレートされるかもしれないと、考えていたからだ。チューリングが最初に書こうとしたプログラミング言語は、今から見れば未熟なものではあったが、当時のハードウェアの状況を思えばずっと進んだものだった。

同僚やアメリカのチームが先を争って初期の電子デジタル・コンピュータを作ろうとしていた四〇年代後半から五〇年代前半の時点で、チューリングはすでに、彼らが作りかけている不器用なマシンよりもはるか先を見ていたのだった。公での発言やプライベートな会話からうかがう限り、今後何十年かのうちに電子技術のコストは下がり、コンピューテーション手段としての利用価値は上がっていく、というのがチューリングの抱いていた確信だった。彼はまた、こうした装置の能力は、すぐに当初の目標を上回るようなレベルにまで到達するとも信じていた。

数を二倍にする、平方根を開く、暗号を解読するなどのプログラムは、手軽なツールになる。だがチューリングは、計算というものが、コンピューテーション機器が模倣できる形式的体系のひとつにすぎないということを認識していた。とりわけ、チューリングの理論上のマシンにおける単純な〝命令表〟が、機械の操作自体を修正することのできる文法としていかに有効なものかを見越していたのだった。

チューリングが改良を試みた点のひとつに、ブールの論理演算に基づいたコンピュータは二進数の形式（2のn乗で表される数、二つの記号のみを用いる）でしか入力ができないが、人間は十進数の形式（10のn乗で表される数、十個の記号を用いる）に慣れている、という事実に着目したものがある。彼は、人間の書いた十進数を、機械が読み取れる二進数へ〝自動的に〟変換する命令表を作ることに没頭した。たし算、かけ算、それに十進数を二進数に書き換えるといった基本的な操作を、命令表の形でマシンに入力できるのなら、命令表の〝階層《ヒエラルキー》〟というものを構築するのも可能なのではないかと考えたのだ。そうすることで、プログラマーはいちいちすべての操作命令を記述する必要がなくなり、より複雑なプログラムを作ることに専念できると考えたのである。

戦争が終結してすぐ、チューリングは長年あたためてきた仮説上のマシンの、ハードウェアと〝コーディング〟原理の両方に関する提案書を書いている。前述のような命令表を作ることは、特にコンピュータ処理の全体においては決定的な意味を持つ。なぜなら、コンピュータの究極の意味での能力とは、ハードウェアの開発レベルの問題だけに制限されるのではなく、もっと内面的な問題、つまり今でいう〈ソフトウェア〉の問題が大きいからだ、というのがチューリングの予見であった。

最終的に、ソフトウェアの開発はハードウェアの開発以上に困難で時間のかかるものになるだろう、ということを予言したばかりでなく、さらにチューリングは、のちに〈デバッギング〉と呼ばれるプログラム修正の重要性をも予言した（5）。

命令表は、コンピュータに対する経験が豊富で、できればパズルを解く能力にたけた数学者が作るべきものになるだろう。あらゆるプロセスを命令表に翻訳していかなければならないとすれば、この作業はおそらく膨大な量の仕事になる。機械の完成から実際の成果が出るまでのあいだに時間があいてしまうことを避けるため、この作業は機械の製作と同時進行で進められるべきである。もちろん、見えない障害によって遅れが生じることはあるだろうが、障害はそのままにしておくべきで、いちいちその場で完璧なものにしなくてもいい（そんなことをしていたら何十年もかかってしまうに違いない）。命令表の作成は、実に魅力的な作業になるはずだ。機械的な処理は機械自身に任せることができるので、人間があくせく働かされるようなことには決してならないだろう。

長らくイギリスやアメリカでは知られていなかったコンラッド・ツーゼというドイツ人発明家が、ほぼ同様の進歩的な考えを持っていたことをのぞけば、命令表の作成につきものの論理的な複雑さと、数学的な挑戦に関するチューリングのこの論文は、コンピュータ・プログラミングの技術と科学における最初の大きな一歩だったといえるだろう。チューリングは、コード化された命令表を作成することの複雑さに深い興味を抱いていたが、同様に、真に洗練されたプログラミング言語によって何ができるかという問題にも関心を示していた。超数学的な形式主義というチューリング独自の研究は、人間の思考を形式的体系と結合しようという試みから生まれたもので、彼は依然として、自動化された形式的体系、つまりはコンピュータというものが、いつの日か人間の推論のプロセスを模倣できる可能性に、強い関心を寄せていた。

万能マシンの能力に関するもっとも深遠な問題としてチューリングが提起したものは、この仮説上のコンピューティング機器が人間の思考をシミュレートできるかどうかという点に集中している。もし機械がプログラミング生成を助けられるようになるのなら、人間の思考に似た働きをすることも、原理的に可能なのではないだろうか？　チューリングの一九三六年の論文は数学雑誌に発表されたものだが、最終的には、数学の領域を超えたまったく新しい研究分野、すなわち、コンピュータ・サイエンスの基盤となった。さらにチューリングは、一九五〇年にも強いインパクトを与える論文を発表した。『計算機構と知性』というシンプルな題名のついたこの論文は、哲学雑誌『マインド』に掲載されたものだ（6）。

比較的短い言葉で、常識レベル以上に難しい手法も数学的な方程式もまったく使わずに、チューリングは、コンピュータ・サイエンスの中でももっとも大胆な一分野の基礎を作り上げた。つまり、人工知能の分野である。

チューリングの仮想マシンそのものは単純だが、数学雑誌に書かれるような記述形式で読むのは骨が折れる。だが一九五〇年の論文は、人工知能に興味のある人間なら誰でも一読の価値がある。冒頭の一文は、チューリングもそう意図してのことだろうが、直接的で挑発的だ。

「私は、『機械は思考できるか？』という命題について考察することを提案する」

いつもの典型的スタイルにのっとって、チューリングはこの人工知能の重要な問題の考察を、ゲームの記述という形で始めているのだ。本人はこのゲームを「ものまねゲーム」と呼んでいたが、のちにこれは〈チューリング・テスト〉として知られるようになった。

とりあえず人工知能の問題は脇に置くとして、三人でおこなうゲームを考えてみよう、とチューリングは書いている。男性、女性、そして男女どちらでもよい質問者の三人がいて、質問者はほかの二人とは違う部屋にいる。ゲームの目的は、質問者が別室の二人に質問をし、最終的にどちらが男でどちらが女かを、質問の答えによってのみ言い当てるというものだ。回答者の容貌、声、その他感知できる特徴を隠すため、質疑応答はテレタイプでおこなわれる。

次にチューリングはゲームの目的を変え、回答者の片方を〝機械〟にして、別室にいる回答者のどちらが人間でどちらが機械かを、テレタイプの会話によって質問者に当てさせる。以下はチューリングが示した、このゲームがどんな会話によっておこなわれるかという〝見本〟である。

Q「フォース橋（スコットランドの有名な鉄橋）を主題にした十四行詩を書いてください」

A「その質問はパスします。詩を書くのが下手なので」

Q「三四九五七たす七〇七六四は?」
A「(三十秒ほど間があいて)一〇五六二一です」
Q「チェスはできますか?」
A「はい」
Q「私のキングがK1の位置にあり、ほかの駒はありません。あなたの駒は、K6にいるキングと、R1にいるルークだけです。あなたの番です。どうしますか?」
A「(十五秒ほど間があいて)ルークをR8、チェックメイト」

もしこれが機械との会話だったとしても、機械にも計算をわざと間違える能力はあり(三四九五七たす七〇七六四は一〇五六二一ではない)、同時にチェスのかなりの腕前を披露したりすることもできるのだということに注意したい。

ものまねゲームというものを機械が思考できるか否かの基準として提示したのち、人工知能という考えについてのさまざまな議論を考察する前に、チューリングはこの問題に関する自分自身の考えを明らかにしている(7)。

……今後五十年のうちに、(百億ビットの)容量があるコンピュータにものまねゲームを演じさせて、普通の質問者が五分質問した程度では七〇パーセントの確率でしか正体を見破れないようなプログラムというものが、きっと可能になると私は確信している。最初に提示した「機械は思考できるか?」という問題は、議論に値しないものになると思う。にもかかわらず、今世紀末ごろには、言葉の使いかたや教育を受けた人々の意見一般も変化し、機械の思考というものについて、当然のように語られる時代がやってくるものと信じている。

そのあとチューリングは、人工知能の可能性を疑問視する数々の主な反対意見に反論を提示している。反対意見につけたチューリングのタイトルもまた、彼らしく一風変わっている。「理論的反対意見」「『聞こえないふり』的反対意見」「数学的反対意見」「ラヴレイス伯爵夫人の反対意見」「意識という観点からの議論」「神経系の連続性という観点からの議論」「行動の不規則性という観点からの議論」「超感覚的知覚(ESP)という観点からの議論」。

論文の中でチューリングは、この分野の知的先達であるエイダ・ラヴレイスについて知識を持っていることを明らかにし、その意見に反論している。引用されたエイダの意見は、今なお人工知能の可能性が議論されるときに、人々が持ちだしてくる問題でもある。「解析機関というものが、何かを創造するということはない。機械は人間が命令したことを実行するだけである」というエイダの意見に対しチューリングは、もしエイダが自分のように、電子機器も初歩的な〝学習〟をするということを目撃していれば、こうは言わなかっただろうと述べている。ある課題を達成するようには作られていないプログラムであっても、試行錯誤することで何かを習得するという技術が組み込まれていれば、機械も〝学習〟して課題を達成できるようになるというのだ。

チューリングの計算、数学、その他の分野での研究は、一九五四年六月に、四十二歳の悲劇的な死を迎えることによって、突然に終わりを告げることとなる。天才チューリングはホモセクシャルだった。一九五〇年代初めに二人の同性愛者スパイがソ連に逃亡してのち、イギリスはそうした問題にひどく厳しい態度をとるようになっていた。当時は禁止されていた同性愛行為で捕らえられた人間が、レーダーや原子爆弾以上の機密事項を知っているというなら、なおさらだった。逮捕されたチューリングは、「著しいわいせつ行為」で有罪となり、肉体の衰弱を招く女性ホルモンの投与という屈辱的な仕打ちに従うことを条件に、執行猶予となった。チューリングの戦時中の功績は当時もまだ機密扱いで、弁護の中で触れることさえ許されなかった。

チューリングはホルモンの投与と周囲の視線に耐えながら、黙々と次の素晴らしい研究テーマを開拓しだした。生物学における数学の基礎というテーマは、もし完成されていたなら、計算可能な数の研究よりもさらに重大な成果をもたらしたかもしれない。だが、逮捕されてから二年ばかり、同性愛嫌悪の風潮と〝国家保安〟の圧力は強まる一方で、チューリングは次第に、自分の戦時中の研究のおかげで生きながらえた政府が、自分を破滅に追い込もうとしているのだという、皮肉な気持ちにとらわれるようになった。一九五四年六月、ベッドに横たわったアラン・チューリングは、一口かじりとったリンゴを青酸カリにひたすと、それをもう一度口に入れたのだった(8)。

エイダと同じように、アラン・チューリングの破滅の一因も、その自由奔放な生きかたにあった。二人とも、ソフトウェアの可能性が、自分の時代のコンピューティング機器の限界をはるかに超えたところにあると考えていた点で、共通していた。そして、若くして亡くなった点も同じだった。

ほかの研究プロジェクトや優れた数学者たち、特に、核兵器時代に科学者が突然頭角をあらわしてきたアメリカなども、チューリングの研究に目を向けていた。米軍の出資による英米双方の研究開発チームは、デジタル・コンピュータに関する独自の研究を続けていた。こうした研究は、弾道学の中から生まれてきたものもあれば、最初の原子爆弾や水素爆弾を作ろうとする動きと密接に関連していたものもある。

バベッジとチューリングのあいだには、百年以上の隔たりがあった。数学の歴史上、計算の理論がコンピュータの出現を可能にしたまさにその時点において、第二次世界大戦という出来事がトップクラスの開発チームを集め、事実上無制限に資金を使い、現実世界の問題に科学的発見を応用しようという試みがなされなかったら、コンピュータ時代の到来はさらに何十年も遅れていたかもしれない。もちろん、戦争が荷担したかどうかに関わりなく、チューリングがコンピュータの原理を確立し、その考えが後世の人々の心に共鳴したからこそ、コンピュータ開発が必然的な飛躍をとげたということにも、疑いの余地はないが。

チューリングと同じくらい、あるいはそれ以上に才能に恵まれた学者が、たまたまチューリングと同じ発想に行き当たることはあるにしても、チューリングの理論的な考察が実用可能なマシンとして形となったのは、歴史のなせる偶然では決してなかった。コンピュテーション理論の確立が重要なワンステップであったことは間違いない——だが、カチャカチャいいながら0を消してXを書き込む程度の能力しか持たない箱を使って、かなりの短期間で高度な計算を実行させようというのは、無理難題というものだ。ソフトウェアとハードウェア、両方の歴史を次の一歩へと進ませたのは、もうひとりの独創的な学者、プログラミングの歴史上欠くことのできない重要な人物、ジョン・フォン・ノイマンの力によるものだった。

チューリングは戦前、プリンストン高等研究所で、フォン・ノイマンとともに研究をおこなったことがある。フォン・ノイマンはこの若き天才に、その後も弟子および助手として自分のもとにとどまってくれるよう頼んだが、チューリングはケンブリッジに戻った。フォン・ノイマンがチューリングの研究の意味を深く理解していたことは、彼がのちに初のデジタル・コンピュータを発明するために、さまざまな研究の成果を収れんする段階で、非常に重要な要素となっていくのである。

フォン・ノイマンのような博学家が世に生まれ出て、しかも人類史最大の危機的状況のさなかに置かれ、そこで手腕を発揮するといったことは、そうそうあることではない。フォン・ノイマンの功績は、チューリングのアイデアを色づけしたという以上のものだった。数学者の抽象性と、最初の電子コンピュータ時代を創ろうとする人々の実際的な関心とのあいだに、架け橋を造ったのだ。フォン・ノイマンは、最初の電子コンピュータのソフトウェア設計をおこない、その物理的アーキテクチャ（基本設計思想）のモデルを作りだしたチームの中心人物だった。また、チューリングが真のプログラミング言語の最初の構想として提示したものを、さらに高度で能力の高いものへ向上させたのも、彼であった。

第四章
ジョニーは爆弾を作り、頭脳も作る

二十世紀でいちばん影響力のあった思想家は誰か？この質問を一万人にしたところで、ジョン・フォン・ノイマンの名をあげる人間は、おそらく皆無だろう。その名を知っている人も、ほとんどいないに違いない。数学者やコンピュータの研究者以外にフォン・ノイマンの名はあまり知られていないが、彼の思想が人間の運命に与えたものは、計り知れない。今でも人類の運命は、一九五七年に亡くなった彼のけたはずれな頭脳が可能性を開いてくれたテクノロジーを、私たちとその子孫がどう利用していくかに、かかっているのである。

ハンガリー生まれのフォン・ノイマンは、晩年をアメリカ国籍ですごし、アメリカの科学政策や外交政策の影の権力者という立場にあった。だがそれも、異なる国や異なる研究分野で彼がおこなってきた、数々の抜きんでた仕事の中の、最後のひとつにすぎない。ヤノーシュ・ノイマン、通称ヤンシーは、若き天才的化学技術者だったが、一九二〇年代初頭に数学と論理学に転向した。一九二〇年代終わりごろは、ヨハン・フォン・ノイマンとしてドイツのゲッチンゲンですごし、革命的量子力学者のひとりとなった。そして、一九三三年からはずっとジョン・フォン・ノイマンの名で、ニュージャージー州プリンストン、ニューメキシコ州ロスアラモス、ワシントンDCなどですごし、ほかの教授たちや大統領からは〝ジョニー〟と呼ばれていた。

エイダとバベッジは、自分たちの考えた装置が作られる日を夢見ることしかできなかった。チューリングは、コンピュータの名にふさわしいものを手にする前に、政治の犠牲者として非業の死をとげた。しかしジョニー・フォン・ノイマンは、実際にコンピュータを作り、それを動かして、初のソフトウェア作動原理を作ったばかりではなく、この新しいテクノロジーの使いかたを政府に進言することさえしたのだった。フォン・ノイマンの功績は、アメリカにおける初期のコンピュータ技術研究の発展に寄与したというだけでは、とても語り尽くせないものなのだ。

ＥＮＩＡＣ（二章の終わり参照）の発明は、さまざまな科学的発展と政治的思惑が結びついた成果である。真空管技術、ブール代数、チューリングの計算理論、バベッジとエイダのプログラミング、そしてフィードバック制御理論などが、たえず新しい計算能力を欲しがるアメリカ陸軍省の求めによって、ひとつにまとめられた。そうした状況下で、科学的な課題に対する十分な知識があるだけでなく、プリンストンやロスアラモスやワシントンＤＣといった社会を動き回って人脈の糸口をつかんでは、それを力強く優雅に織り上げるだけの能力を持ち合わせた唯一の人物、それがジョン・フォン・ノイマンだったのだ。

アメリカの原子爆弾製造プロジェクト、〈マンハッタン計画〉の科学者チームにおいても、フォン・ノイマンはたいへんに重要な、必要不可欠とさえいえるメンバーだった。オッペンハイマー、フェルミ、テラー、ボーア、ローレンスなど、歴史上もっとも才能にあふれた科学者集団のメンバーたちも、ジョニーと出会った誰もがそうなるように、彼の知性に対し畏敬の念を抱いていた。さらに印象的なことは、そのメンバーたちが、ほかの誰よりもフォン・ノイマンの数学的判断力を当てにしていたことだ。世界でも一流の物理学者、化学者、数学者、技術者たちがきら星のごとく集まるこの集団の中で、ここで扱われる理論の基礎、そしてもちろん、チームが作ろうとしている〝ガジェット〟の機能の基礎となる数学的計算をフォン・ノイマンが任されていたという事実は、この人物の能力の高さを示す確かな証拠だろう。

史上初の核兵器とコンピュータの開発に多大な貢献をしたフォン・ノイマンだが、彼の業績はそれだけではない。フォン・ノイマンは、一九三〇年代にチューリングとクルト・ゲーデルが解き明かしたある論理学的な問題を、最初に提起した論理学者のひとりだった。

また、現代科学としてのゲーム理論（バベッジがやり残した分野に当たる）を確立した学者のひとりでもあり、オペレーションズ・リサーチの設立者のひとりでもある（これもバベッジが最初に道を開いた分野だというのは興味深い）。量子力学の創設にも精力的に関わったし、コンピュータ回路と頭脳の思考過程の、類似点と相違点を最初に指摘した人間のひとりでもあった。また、チューリング以来初めて、暗号化の数学理論と生物学的複製の謎との関わりを調査した科学者でもあった。

彼は最終的に、原子力や核兵器、そして大陸間弾道兵器の分野における、政策決定の鍵を握る人物となった。原子力委員会の委員長を務め、ＩＣＢＭ（大陸間弾道弾）委員会でも強い発言力を持っていた。たとえ軍の高官や議員であっても、フォン・ノイマンに会える人間は幸運な部類だった。彼の臨終のときは、トップクラスの権力者たちがそのまわりに集まって、最後の助言を聞こうとしたほどだ。かつて原子力委員会委員長だったルイス・ストラウス大将は、その場面をこんなふうに伝えている。

「最後の劇的な場面は、ウォルター・リード病院でのミーティングだった。彼のベッドのまわりに集まり、最後の助言や知恵の言葉に耳を傾けていたのは、国防長官と国防副長官や次官、陸・海・空軍各省の長官、それに各軍の参謀総長たちだった」（1）

ジョン・フォン・ノイマンの政治的視点は、まぎれもなくハンガリーの上流階級の価値観に根ざしたもので、率直で過激なところがあった。そのことは公の記録や伝記などに見られる発言にも顕著に現れている。科学的な専門知識を駆使して核兵器やコンピュータ誘導ミサイルの開発を促進したばかりでなく、軍や政界のリーダーたちに、この新しいアメリカの発明品を「戦争を予防するため」当時のソ連に使うことも考慮すべきだと、助言している。フォン・ノイマンが亡くなった直後の『ライフ』誌の記事によれば、彼はこう言ったという。

「もし、明日彼らを爆撃しないかと言われれば、今日ではいけないかと答えるだろう。もし、今日の五時はどうだと言われれば、一時ではだめかと答えるだろう」（2）

戦前にプリンストンに滞在し、戦争中も一緒に研究したことのあるチューリングとは対照的に、フォン・

ノイマンは如才なく、世俗的で、社交的な男だった。プリンストン高等研究所に在職していたころは、妻と毎週カクテルパーティを開くことで有名で、それはロスアラモスへ移っても続いた。かなりの個人収入があるうえに、研究所から年間一万ドルを支給されていたのだ。そうかと思うと、何カ国語ものジョークや、いかがわしい五行詩の膨大なレパートリー、そして無頓着な運転ぶりでも知られた。あまりに向こう見ずな運転をしては、しょっちゅう車を大破させるのだが、本人はいつでも奇跡的に無傷で助かるのだった。

一見カリスマ的な存在感にも関わらず、エイダ・ラヴレイスやアラン・チューリングのように、フォン・ノイマンも比較的若くして死んだ。エイダは三十六歳のときにガンで、チューリングは四十二歳のとき青酸カリで、そしてフォン・ノイマンは、五十三歳のときにガンで亡くなった。ロスアラモスのほかの多くのメンバーと同じく、初期の核爆弾実験による放射能被爆のせいではないかと言われている。精力的で活発に歩き回り、不死身にさえ見える彼のことを知る人々には、その死は大きな衝撃を与えた。フォン・ノイマンの数学研究の仲間であり、生涯の友人だったスタニスラフ・ウーラムは、フォン・ノイマンの死後まもなく出た数学雑誌の記事の中で、情をこめて友人ジョニーの姿を描写しながら、次のように思い出を綴っている（3）。

ジョニーの友人たちはみな、彼独特のポーズを記憶にとどめていることだろう。黒板の前に立っている姿と、家で問題を議論をしているときの姿だ。ジョニーの身ぶり、笑顔、それに目の表情などは、どういうわけかいつも、考えていることや話題になっている問題の本質を映しだすかのように見える。中背で、若いころはやせていたが、その後はだんだん太ってきた。ちょこちょこと歩き回り、急に足を速めたり遅めたりするが、ものすごいスピードで動くというわけではない。問題が論理的・数学的矛盾を呈してくると、いつもジョニーの顔には微笑が浮かんだものだ。抽象的なウィットというものが好きだったが、それとは別に、泥臭いコメディやユーモアといったものも（ほとんどハングリーと言ってもいいぐらいに）大好きだった。

フォン・ノイマンを知る者はみな、二つのことを指摘する。どんな言語を話しているときでも、常にチャーミングで品のある人物だったということと、たとえ優秀な人間の集団の中にいようとも、常に彼がいちばん知的な人物に見えたということである。友人たちはよく冗談で、ジョニーは本当は人間ではなくて、ほかのどんなことでも巧みにこなすのと同じように、ただ人間のふりを巧みに演じているだけなのだ、と言っていた。

ハンガリー上流階級のユダヤ人家庭に生まれたヤンシーは、十歳になるまでには五、六カ国語を流ちょうに操るようになっていた。共同研究者のハーマン・ゴールドスタインに、六歳のときには父親と古代ギリシャ語で冗談を言い合っていた、と話したこともあるという。一度読んだことは決して忘れないというのも有名な話で、電光石火のような暗算能力は、伝説として語られている。

一九四四年真夏のある夜、フォン・ノイマンは、メリーランド州アバディーンの鉄道駅で、以前知り合いだった数学者と偶然に出会った。もし二人の乗った列車のどちらかが数分でも早い時刻の出発だったら、歴史は変わっていたかもしれない。アバディーンでの偶然の出会いが、フォン・ノイマンに、ほぼ完成に近づきつつあるひとつの発明との出会いをもたらしてくれたのだった。その発明の戦略上の重要性を理解できる人間はフォン・ノイマンをおいてほかになく、事の詳細は複雑で深遠で、彼の知的好奇心を刺激するに十分だった。そして、彼が政治的影響力を使うことにより、その発明品の完成を早めることもできたのだった。

フォン・ノイマンが出会った数学者とは、当時アバディーンにあるアメリカ陸軍兵器局弾道学研究所に勤務していた、ハーマン・ゴールドスタイン中尉だ。ゴールドスタインは、フォン・ノイマンが担当するほかのプロジェクトのことは何も知らなかった。しかし、彼の持つ機密取扱いの権限が自分よりはるかに大きいことや、彼が弾道学研究所の科学諮問委員だったことは知っていた。そのためゴールドスタインは、ペンシルヴェニア大学ムーア電気工学大学院（ムーア・スクール）の陸軍プロジェクトが、とんでもない速度で数学的計算のできる機械を開発しているところだと、ふとした拍子に口にしたのだった。

何年かのちにゴールドスタインは、アバディーン駅のプラットフォームで世界的に有名な数学者と出会ったときのことを回顧して、当然のことながらとても緊張したことを認めている（4）。

ありがたいことに、フォン・ノイマンは友好的で、相手をリラックスさせようと気を使ってくれる人物だった。会話はすぐに、私の仕事のことに移っていった。私が関わっているのが、一秒間に三三三回の乗算をできる電子計算機の開発なのだとわかると、くつろいでユーモアまじりだった会話の雰囲気は一転し、数学の博士過程で学位審査のためにやる口頭試問のようなものになったのだった。

実はフォン・ノイマン自身、高速の自動計算機械を必要とする重要な理由があった。そこで彼は、ゴールドスタインに、デモンストレーションを見せてくれるよう頼んだ。ムーア・スクールで計算機の発明者であるモークリーとエッカートに会うと、その後何年かは、プリンストン—ワシントンDC—ロスアラモスというフォン・ノイマンの定期便に、アバディーンという地名が加わったのだった。

興味をひかれたどんなものに対してもそうなのだが、フォン・ノイマンは、まだ大ざっぱだった試作品をひと目見ただけで、この機械が持つ未来の可能性を誰よりもはっきりと見通してしまった。最初の電子計算機の製作者たちは数学者または電気工学技術者ばかりだが、フォン・ノイマン自身は優れた論理学者だったため、ほかの関係者にほとんど見えていなかったことが見えたのだ。つまり、この機械が単なる超高速計算機という域をはるかに超えるものだということが。

一九四四年に最初の出会いがあってから、ＥＮＩＡＣ、ＥＤＶＡＣ、ＵＮＩＶＡＣ、ＭＡＮＩＡＣ、そして（彼の名前をとった）ＪＯＨＮＮＩＡＣの時代にいたるまで、法的あるいは歴史的に誰が電子デジタル・コンピュータの発明者と認められるべきかという問題は、その後ますます特定が困難になっていった。簡単に説明するのはもはや不可能で、いまだに解決していない意見の対立も数々ある。フォン・ノイマンと駅で会ったゴールドスタインは、コンピュータ史の初期におけるいくつかの重要な出来事について、自分なりの見解を持っている。モークリーとエッカートにも、まったく異なる視点がある。ベル研究所のスティビッツにも言い分があり、ＩＢＭのトーマス・ワトソン・シニアも別の逸話を持っている。だが結局は、意外にもアイオワ州に住むアタナソフという名の男が、一九七三年の裁判で最後に笑う人物となったのだった。

現代のコンピュータを発明したのが誰かという問題については、裁判所でも数々の争いがおこなわれてきたが、法律的判決にもいくぶんすっきりしないものが残っている。世界中に散らばっていた何人かの研究者が独自の研究をおこない、結果として似た結論にたどりついたということが多いからだ。だがＥＮＩＡＣチームの場合は、意志の強い何人かの研究者がひとつの場所で一緒に進めていた発明だった。

さまざまな人間が何年もかけて数多くの技術的問題に取り組んでいたＥＮＩＡＣの開発過程へ、いきなりフォン・ノイマンが登場し、研究成果を体系づける時点でチームの主導権を握ったことは、想像にかたくない。だが、それは利己的な行動ではなく、チームが協力して出した研究の結論を、最も洗練されたかたちで表現できる能力を持っていたのが、フォン・ノイマンだったからにすぎない。ほかの分野の実績が傑出しているうえ、その人間的魅力がジャーナリストにも強い印象を与えたため、本人が主張したわけではないのに〈プログラム内蔵方式〉のような最重要なものを含むコンピュータの重要概念を、彼が〝単独で〟発見したかのように報じるマスコミも、数多くあった。

初期のコンピュータ・ハードウェアの発明が誰の功績かを特定するのは難しいが、ソフトウェア開発に関しては、フォン・ノイマンが中心的な役割を果たしたということに、疑いの余地はない。彼はまず計算という概念を明確にする初期段階の理論をうち立てると、引き続き四〇年代後半から五〇年代前半にかけ、計算の科学に大きく貢献する研究をおこなった。彼は、ＥＮＩＡＣの発明に結びついていく二つの重要な研究の流れ、つまり、数理論理学と弾道学の両方に関わった、重要な研究者のひとりだったのだ。

コンピュータの発明における彼の役割は、実はＥＮＩＡＣプロジェクトの始まる二十年ほど前から始まっていた。一九二〇年代終わり、量子力学と論理学とゲーム理論において大きな貢献を果たすかたわら、ブールがその七十年前に直面し、十年後にはチューリングの万能マシンの発明に結びつくことになる数学的難問の解題に取り組む、国際的な〝ゲーム〟の主要メンバーだったのだ。

哲学と数学の衝突は目前に迫っている、と感じた十九世紀末の数学者たちは、強い危機感を抱いていた。人間の思考と結びついたあいまいな数学的概念というものは、ブールやチューリングのようなタイプの研究者には訴えるものもあるだろう。だが、ゲッチンゲンのダーフィト・ヒルベルトら一九〇〇年代初頭の研究者たちにとって、そのようなあいまいさは、すべての科学的法則を数式に変換しようという未来の計画に、重大な危険をもたらすものだった。

ヒルベルトの主張によれば、より〝純粋な〟数学の形としての論理的・超数学的基礎は、数値の問題、正確な記号の定義、そして操作の規則という形を用いてのみ明確に述べることができる。これが〈形式主義《フォーマリズム》〉の根本概念であり、その後チューリングが機械の能力に関する驚くべき発見をしたとき、その足がかりとなった概念でもある。フォン・ノイマンはヒルベルトに師事しており、形式主義者として注目されていたひとりでもあった。この分野におけるフォン・ノイマンの超数学の功績も、卓越したものだ。しかしその実績さえ、彼がまったく異種のいくつかの分野で、しかもたった一年という輝かしい時間内にやってのけたことの中では、ほんの一部分の仕事にすぎないのだ。

一九二七年、二十四歳のフォン・ノイマンは五つの論文を発表し、学界でたちどころに話題となった。現在もなお、三つの分野での記念碑的研究成果とされるこれらの論文は、歴史上もっとも見事な学際的トリプルプレイといえる。うち三編の論文は量子力学分野に重要な影響を与えた傑作で、別の一編はゲーム理論という新しい分野を確立するきっかけとなった。コンピュータの未来にもっとも直接的影響を与えたのはさらに別の一編で、形式論理学体系と数学の限界との関係について書かれたものだ。

一九二七年のその論文において、フォン・ノイマンは数学全体が〝無矛盾〟であることを証明すべきだと主張し、コンピューテーションの理論的基礎を確立するための重要な一歩を踏み出したのだった(当時は誰もそこまでの意味合いは認識していなかったが)。そして一年後、この論文はヒルベルトの論文を導き出すことになる。ヒルベルトは数学においてまだ解答が得られていない三つの問題を挙げ、フォン・ノイマンの主張と同様に、これらが論理学者と数学者が直面しているもっとも重要な問題であると結論づけたのだ。

まず第一の問題は、数学は〝完全〟であるかどうかというものだ。数学者のいう完全性とは、真である数学的命題がすべて証明され得るということを意味する。つまりは、論理的に妥当な証明の最終行に来るということである。

第二の問題はフォン・ノイマンの論文と関わりが深いものだが、数学（あるいはほかの形式的体系）が〝無矛盾〟であるかどうかということだ。数学者のいういう無矛盾性とは、真でない命題が真であると証明できるようなステップ（あるいは〝動き〟や〝状態〟）が許されるような過程は有効とされない、ということである。もし算術が無矛盾の体系なら、たとえば１＋１＝３が真だと証明できるような過程があってはならないわけである。

第三の問題は、これが結果としてコンピューテーションに続く脇道を開くことになるのだが、数学は〝決定可能〟なものかということだ。決定可能性とは、ある主張が証明可能かどうかを正しく決定するために、明確な方法が保証されているかどうかということだ。

ヒルベルトとフォン・ノイマンが提示した第一の問題に対しては、まもなく衝撃的な解答が出てきた。一九三〇年、もうひとりの若き数学者にして論理学者であるクルト・ゲーデルが、算術には少なくともひとつ、証明することのできない真である主張が存在するので、完全性がないことを明らかにしたのだ（不完全性定理と呼ばれる）。このことを論証する過程で、ゲーデルは、論理学と数学の決定的な境界線を乗り越えることに成功したのだった。彼は、数の体系と同じような形式的体系（つまり＋や＝などの演算子をもつもの）であれば、算術を用いて表現できることを明らかにした。いかに複雑な数学であっても（あるいは同じくらい複雑な形式的体系であっても）、常に数に対するのと同じ操作を用いて表現できるのであり、その体系の部分に関しては、（それが本質的には数字であろうとなかろうと）計数と比較の規則によって操作ができるというわけである。

数学の決定可能性という第三の問題は、一九三六年のチューリングの発見を導き出した。決定可能性の問題に必要とされる〝明確な方法〟、つまり、ある数学的主張が証明可能かどうかを決定するための方法は、アラン・チューリングによりチューリング・マシンとして定式化された。テープの上に記号としてコード化された命令にそって明確なステップで操作できる、機械だ。こうして、ゲーデルは形式的体系の操作を数でどう表現できるか示し、チューリングは解読手段を持った機械のため形式的体系はどのように記述できるかということを示した（たとえば、体系の規則を「……のような数nを見つけよ」という形に変換すると、「n」は1と0の文字列によって表現できる）。

こうした理論上の問題は、非常に重要なことだったが、定式化された当時、その重要性を理解できる素養を持つ人間は、世界中でもほんの少数だった。しかも一九三〇年当時の人々にとっては、超数学者の仮想マシンなどよりもずっと重大な心配事があった。万能マシンの製作が現実的に可能だと知る少数派の人々でさえ、その開発に取りかかれる立場にはなかった。デジタル・コンピュータの製作は、一国の政府並みの規模で援助を必要とする技術プロジェクトだったのだ。

若き日のゲーデルやチューリングがプリンストン高等研究所にいたとき、ジョン・フォン・ノイマンもそこにいた。一九二〇年代に自分が言い出した「数学の基礎の危機」という問題についての新しい発展も鋭く感じ取っていたが、フォン・ノイマンの飽くことのない知性は、一九三〇年代前半までいくつもの新しい問題に挑戦を試みていた。まだ二十代のジョニーにとって、人生でもっとも大切なことは、「面白い問題」を見つけることだったのだ。

彼はとりわけ、乱気流現象に関わる数学的な問題や、そうした問題が応用できる、同一箇所における爆発と圧縮の力学に興味を見いだしていた。世界の気象パターンや、物質を通過する放射線の経路など、複雑な現象をモデル化するための新しい数学的手法にも興味を示していた。この手法は幅広い能力を持つものの、膨大な数の計算を必要とするため、もっとも興味深い方程式の計算が適当な時間内に終わらないという、人間の計算能力の限界のせいで思うように進まなかった。

フォン・ノイマンはどうやら、「ミダス王の手」、つまり触れたものが何でも黄金に変わる手を持っていたらしい。彼が取り組んだ問題は、そのときにはいかに難解であいまいなものに見えても、十年か二十年もすると、とても重要な問題になってしまうのだ。たとえば、一九二〇年代に書いた経済戦略の基盤となる数学の論文もそうだ。四半世紀をすぎてその論文は、飛行機の潜水艦探索方法に関する完璧な解決策となったのだった（加えて、バベッジが先駆けとなった分野でもあるオペレーションズ・リサーチの最初の成功例ともなった）（5）。

一九四〇年代には、流体力学上の乱流に関する数学や、大量の計算処理能力の確保に関するフォン・ノイマンの専門知識は、予想もしないような重要性を帯びることとなる。これら二種類の分野に関する知識は、ニューメキシコに集まったゲッチンゲン時代の仲間たちによって進められていた、新しい種類の爆発に関する学問に応用するのには、ぴったりのものだったからだ。最初の核分裂爆弾の設計者たちは、どちらの分野でも抱えている途方もない数学的問題を解決することなしには、高尚な量子力学の数式を核爆発の火の玉に変えることができないとわかっていた。フォン・ノイマンが早くから予測していたように、核兵器や熱核兵器設計の数学的作業の部分においては、雪崩のような大量の計算をこなすことが求められるからだ。

熱核兵器の開発のために高い計算能力が必要とされたことで、ＥＮＩＡＣ開発の優先順位は高い位置に押し上げられた。電子計算機の開発が始められたそもそもの理由は、通常兵器の照準を正確に合わせるための数表を作ることだったが、マシンの操作が可能になったとき最初に動かしたプログラムは、ロスアラモスの機密計算作業用のものだった。

ＥＮＩＡＣプロジェクトは、陸軍弾道学研究所の援助によってスタートした。プロジェクトの中心参加者のひとりであり、コンピュータ史の研究家でもあるハーマン・ゴールドスタインは、〝バリスティクス（弾道学）〟という言葉は巨大な石を飛ばす装置を意味するラテン語〝バリスタ（投石機）〟からきている、と指摘している。弾道学という言葉の持つ現代的な語義は、投射物、つまり砲弾が発射されてからターゲットに到達するまでのあいだの軌道を予測するための、数理科学のことである。砲弾が発射されてから大気中を移動するあいだの、速度の異なる風による影響や、空気抵抗の変化などによる補正を加えると、砲弾に関する複雑な数式は、ますます複雑になっていく。射角や砲弾の初速、風速、空気密度などの可変要素ごとに飛距離を計算したものが、〝射撃表（射表）〟として構成され、実際の砲弾発射のとき砲手が参考用に使うのである。

大量生産の技術は兵器にも適用されるようになり、新しい型の大砲や砲弾がかつてない早さで生産されるようになったが、生産途上の兵器の射表を作ることは、

ブッシュ式微分解析機
東京理科大学で実際に使用されていたもの
(東京理科大学 近代科学資料館提供)

容易な仕事ではない。第一次世界大戦中は、そうした計算は〝計算手《コンピュータ》〟と呼ばれる人間の手でおこなっていた。大規模な計算を組織化する新しい方法と、人間の仕事を助ける新しい計算機械が、近代の戦争の中で果たす役割はますます重要なものになるということは、その当時からすでに知られていたのだ。

陸軍兵器局弾道部がメリーランド州アバディーンの試射場に特別計数部門を設立したのは、一九一八年のことだ。初期の採用者に、若きノーバート・ウィーナーがいた。ウィーナーは、弾道学技術の一分野となる高射砲の自動制御という研究で卓抜した才能を発揮し、のちに〈サイバネティックス〉というコンピュータ関連の新しい原理を創造した研究者のひとりともなった。

一九三〇年代に入ると、アバディーンの研究所も、ペンシルヴェニア大学のムーア・スクールにある協力グループのほうでも、MITのヴァネヴァー・ブッシュが作った自動アナログ計算機を導入した。〈微分解析機《ディファレンシャル・アナライザー》〉として知られるこの巨大な機械は、計算の助けにはなったが、設計から見ても能力から見ても、デジタル・コンピュータにはほど遠いものだった。

こうした機械の助けを借りることで、弾道計算の作業はいくらかはかどるようになった。それでも第二次世界大戦前までは、機械はまだ単なる補助でしかなく、主要な計算はムーア・スクールにいた数学の名誉教授たちが手回し式計算機でおこなうというレベルだった。バベッジの時代にいた、コーンウォールの聖職者の幽霊でも見るようである。

戦争が始まると、軍のために弾道計算をおこなっている研究所が、専門家の助けを必要としていることがはっきりしてきた。ハーマン・ゴールドスタイン中尉が一九四二年八月にアバディーンへ派遣され、弾道計算の合理化に着手することとなったのは、こうした理由によるものだ。ゴールドスタインは、ムーア・スクールの設備が不十分なものだとすぐに気づき、年取った元教授で固められた〝人間コンピュータ〟の人員を、陸軍婦人部隊から募った若い女性によって大幅に増強したのだった。

ゴールドスタインの妻アデルも数学者で、のちに初期のコンピュータ・プログラミングに大きな役割を果たした女性のひとりだが（彼女のほか六人の女性がENIACのプログラミング作業を最終的に受け持った）、このアデルが人材募集と新規メンバーの教育に当たった。フォン・ノイマンの妻クララも、電子計算機製作の以前・以降両方、ロスアラモスで同様の仕事に従事した。こうした仕事に女性を使うという伝統は、広い範囲で採用されている。イギリスの暗号解読チームにも、何百人という熟練の女性計算担当者がいて、チューリングやその同僚たちから〝計算手《コンピュータ》〟とか〝ガールズ〟などと呼ばれていた。

こうしてアバディーンには二百人近くの女性（大半は陸軍婦人部隊員）が計算手として増強されたが、それも一時しのぎのことだった。射表の計算はすでに手に負えない状態となっていた。新しい大砲や信管、砲弾などが戦闘用として出てくるたびに、それにともなう新しい射表が必要となるのだ。できあがった表は印刷されて砲手のポケットに入れておくか、〝オートマタ〟と呼ばれる特殊な自動照準装置にコード化されて組み込まれなければならない（この自動照準装置には、ジュリアン・ビジロウ、ウォレン・ウィーヴァー、そしてノーバート・ウィーナーらの、弾道学とはまったく異質な数学的研究の成果が凝縮されている）。

射表作成のジレンマに悩んだゴールドスタインは、まったく新しい種類の補助計算機械を開発すべきではないかと考えた。ヴァネヴァー・ブッシュの計算機も、もはや最新の計算機器とは呼べないものだ。それとは異なる原理で作られた、もっと速い機械が、ハワード・エイケン博士とハーヴァード大学のＩＢＭチームによって、あるいはベル研究所のジョージ・スティビッツのグループによって製作されていた。だが、アバディーンとムーア・スクールで本当に必要なのは、今ある機械よりも何百倍、あるいは何千倍も速い計算機であることが、ゴールドスタインにはよくわかっていたのだ。

スーパー計算機を夢見ることは、空軍士官が時速一万マイルの飛行機がほしいと考えるようなものだ。だが、その時点ではほとんどの人が数学的問題に適用できると考えていなかった新技術が、実用化にはまだ疑問符はつくものの、理論的には計算機械の誕生に役立つかもしれないということが、わかってきた。〈電子工学《エレクトロニクス》〉という生まれたての分野での研究が、真空管というものの素晴らしい特性を教えてくれたのだ。英国ではブレッチリー・パークの天才たちが、〈コロッサス〉という、コンピュータ一歩手前の暗号解読装置に、この真空管を使っていた。

戦前はもっぱら増幅器として使われていた真空管だが、切り替えの速いスイッチとして使用することもできた。多数のオン・オフ切り替えを迅速に実行できることがデジタル・コンピュータの特徴であり、真空管はその切り替えを秒速百万回という速さでおこなえるのだ。ヴァネヴァー・ブッシュの計算機の機械的スイッチとは対照的に、電子スイッチは、超高速計算機の重要な構成部品として、申し分のないものだった。

一九四三年まではゴールドスタインもその上司たちも知らなかったことだが、もっと優秀なほかの科学者たちも、超高速計算機を求めて奮闘していた。ゴールドスタインは、いわば彼らを出し抜いたのだ。彼はまず、一九四二年にモークリーとエッカートに出会った。そして一九四四年には、ジョン・フォン・ノイマンに出会うという、幸運が訪れたのだった。

ジョン・Ｗ・モークリーとＪ・プレスパー・エッカートがＥＮＩＡＣの発明者だというのは、事実である。だが、彼らが電子デジタル・コンピュータ製作の中心となるアイデアを実現する前に、一九三〇年代にアイオワ州でアタナソフという名の男が、小型で荒削りではあるが、電子計算機械の機能を果たす装置の試作品を製作していた。アタナソフという名は広く知られてはいないし、魅惑的な新しい技術としてのコンピュータが活気あふれる新産業として成長していく中で、彼はほかの有名なパイオニアたちのような幸運に恵まれなかった。しかし一九七三年、連邦地方裁判所は、ジョン・ヴィンセント・アタナソフを、電子デジタル・コンピュータの発明者と認定する判決を下したのだった。

何年も続いた裁判ののちの込み入った判決であり、双方とも強硬な言い分があった分だけ、すっきりとした結論にはならなかった。係争の中心は、一九三〇年代にアタナソフがおこなっていた独自の研究が、ジョン・モークリーのENIAC設計にどれだけ影響を与えたかということだった。パンチカード・データ処理の発明にまつわるホレリスとビリングスの逸話のように、どこからどこまでが誰のアイデアかということを、順序立てて説明するのには、どうしても困難がつきまとうのである。

アタナソフは、単独でコンピュータ分野の発明をおこなった最後の研究者だった。そののち、コンピュータ・プロジェクトは複雑化し、チームでなければ対応しきれないものとなっていった。ブールのように、アタナソフもまた、長年取り組んできた問題の解決策を、突然のインスピレーションによって発見するという経験をしている。一九三〇年代初めにアイオワ州立大で理論物理学を教えていたアタナソフも、同時代のほかの数学者や物理学者と同じような壁に直面していた。つまり、面白いアイデアにアプローチしようとしても、大量の複雑な計算に手間がかかり、思うように研究が進まないというジレンマだ。

一九三五年まで、アタナソフは熱心に計算の機械化計画を探求していた。バベッジのアイデアについても知識があったが、彼は物理学者であると同時に趣味で電子工学にも関わっていたので、バベッジの時代にはなかった技術に大きな期待をかけていた。そして、電子計算機の実用化は追求の価値がある研究だという確信を次第に深めていったが、どのように設計すべきかがよくわからず、プログラミングの技法を確立することなしに機械を設計できるという自信もなかった。一九七〇年代になってから、アタナソフはライターのキャサリン・フィッシュマンに、次のように語っている(6)。

私は苦悶しはじめました。それからの二年の人生はつらいもので、そのことばかりを考える毎日でした。毎晩、物理学科の建物にある研究室に通ったものです。一九三七年のある冬の晩も、私は計算機問題の解決策を探って身もだえしていました。それで車に乗って、自分の気持ちが落ち着くまで、長いこと猛スピードで走ったのです。いつもなら数マイル走る程度でした。運転に集中すると自分を取り戻せるのです。ですが、その晩はあまりに悩んでいたので、ミシシッピ川をわたってイリノイ州に入るまで、一八九マイルも走り続けてしまいました。もういいかげんにしなければと思っていたところ、酒場の光が見えたので、そこで車を停めました。外は零下の寒さで、厚手のコートを壁にかけたことを覚えています。飲みはじめると体が温まってきて、ようやく冷静になれたと感じました。

その夜からほぼ四十年後、電子計算機の特許権を争う裁判においてアタナソフは、計算機の構成要素や機器の原理のいくつかは、その酒場での夜に決定したものだと証言している。入力のコード化に二進法を採用することや、スイッチに真空管技術を使うことなども、その中に含まれる。そうして、電子計算機を発明するというアタナソフの夢は、現実味を帯びた計画へと改良されていったのだった。

　アタナソフは、クリフォード・ベリーという大学院生の助手とともに、アイオワ州立大学研究評議会から六五〇ドルの研究補助金を受けることができ、アタナソフ・ベリー計算機《カリキュレータ》（ABC）の試作品製作にとりかかった。一九三九年に試作機が完成すると、さらに補助金が追加された。一九四〇年、米国科学振興協会（AAAS）の会議の席で、アタナソフはジョン・モークリーと出会った。モークリーもデモンストレーションのための計算機を持参していて、アタナソフと同じように、科学で大きな業績を達成するためには、ほかのどんなものよりも高機能の計算機械が欠かせないという確信を抱いていた。

　法的・歴史的な係争の焦点は、一九四〇年と四一年に両者のあいだで会話がなされたとき、それぞれの発明家がどんな心理状態にあったかということだ。ジョン・モークリーもまた、何年もかけて自動計算の構想を温めていたということに間違いはない。アタナソフ

アタナソフ・ベリー計算機《カリキュレータ》（ABC）（再現したもの）

中央左：ジョン・ヴィンセント・アタナソフ／中央右：クリフォード・ベリー／下：クリフォード・ベリーとABC
Iowa State University in use of the photos.

と出会ったとき、モークリーは三十三歳。ジョンズ・ホプキンス大学の研究助手という地位を得て、細かい計測や計算がからむ研究手順を広範囲にわたって経験していた。フィラデルフィア近郊のアーサイナス・カレッジの物理学部長として、大気中の電気に関する研究を始めたのは、一九三三年のことだ。

モークリーが特に関心を持っていたのは、それまで長らく論議されてきた、太陽の黒点が地球の気象に与える影響についての理論だった。太陽の表面の巨大な攪乱と地球の気象条件とのあいだに明確な関連性はなかったが、無関連であるということが証明されたわけでもなかった。一九三六年にモークリーは、政府の気象記録の大部分であるおびただしい量のデータを、アーサイナスの研究室に送らせた。近代的な統計分析の手法を適用して、この気象記録と太陽の黒点の活動との関連性を調べ、以前には見過ごされていたようなパターンが見えてこないか探ろうと考えたのだ。

数理気象学者でもあるフォン・ノイマン同様、モークリーも、気象記録に基づいたデータに関する計算は複雑なもので、ほんの短期間の観測データですら、必要なすべての数式を計算するには一生かかってしまうということに気づいた。そこでモークリーは、弾道学の専門家たちと同じことを試みた。加算機のオペレータを多数雇ったのだ。大恐慌時代だったため、米国青年局がモークリーを援助してくれ、手回し計算機による気象データ作表を一時間五十セントでしてくれる学生を雇うことができた。いったんデータの最初のほうの計算を始めるところまでこぎつけたら、パンチカード読み取り機も入手するつもりだった。だが、一九三九年のニューヨーク世界博で、世界でも最新鋭といわれるパンチカード作表機のデモンストレーションを見たモークリーは、たとえこの機械を多数仕入れて熟練のオペレータに計算をまかせても、気象データのすべての処理が終わるまでに十年はかかるに違いないということを悟ったのだった。

モークリーは一九三九年と四〇年に、宇宙線研究の支援のために開発された新しい測定・計数システムの記事を科学雑誌で読んだ。彼が目をひかれたのは、この新しい装置が電子回路を使っている点で、もっとも速いパンチカード作表機を十台以上使っても、このシステムが宇宙線の計測をおこなう速さには及ばないという。宇宙線は一秒間に何千という単位で検知されるが、それまでの記録器では一秒間に五百のカウントが限度だった。モークリーは、自分でも電子回路をいくつか作り、それが計算に使えるかどうかを調べ出した。

宇宙線研究者たちによって開発された電子回路のうち、〈一致回路〉と呼ばれるものが特にモークリーの注目を引いた。これは複数のパルスが同時（特定時間間隔内）に入ったときだけスイッチを閉じるというもので、つまりは回路が判断を行っていることを意味する。この回路を応用すれば、電子的な論理操作のできる機械を作ることができるのではないだろうか？　自分自身の真空管回路を実験していくうちに、モークリーは、すでに別の装置に使われている回路から、加減乗除のできる機械が作れるかもしれないと考えるようになった。この時点で彼のアイデアは、手作り配線の試作機よりもはるかに大がかりなものになりつつあった。宇宙線研究者から得た手がかりによって、モークリーの気象予測マシンは、いつしか太陽の黒点や世界の気象などといったことから離れ、まさにアメリカ陸軍が求めている装置と同じ方向をとりはじめていたのである。

モークリーは米国科学振興協会に小型アナログ計算機を持っていき、アタナソフに出会った。一九四一年の六月には、ヒッチハイクでアイオワ州エイムズに暮らすアタナソフのことを訪ね、五日間そこに滞在してABCのデモンストレーションを見せてもらった。その三十二年後、裁判所は、モークリーのENIACの発明はその五日間の滞在中にアタナソフの口からモークリーに伝えられた、ABCの主な構想に頼るところが大きいという判決を下したのだった。

一九七三年の判決（ハネウェル対スペリーランド、ミネソタ地区連邦地方裁判所、第四法廷）では、モークリーの盗用があったとは言われていないが、アタナソフが電子計算機の発明者であるということが部分的に認められた。それまでモークリーとエッカートのかたわらで忘れられかけていた人物の名誉が、回復されることになったのだ。判決ののち、モークリーは次のように述べている。

「アタナソフへの訪問によって私が何かを得たとは思いません。このとんでもない仕打ち以外には」(7)

モークリーの名誉のためにつけ加えておくが、ENIACのスケールの大きさと技術的な大胆さは、ABCのはるか上をいくものだ。また、モークリーがアタナソフと同じくらい早い時期から正しい方向で研究をおこなっていたという事実は、きちんと認識されてしかるべきだろう。

ENIACが有名になったかげでABCが埋もれたことも、歴史の偶然によるところが大きい。法的な判断はともかくとしても、歴史的観点から見れば、ENIACの未来というものは、モークリーがムーア・スクールの陸軍助成電子工学コースを受講した一九四一年の夏に決まったと言っていいだろう。モークリーの講師となったJ・プレスパー・エッカートは、フィラデルフィアの名門出身で、飛び抜けた頭脳を持ち、モークリーよりも十二歳若かった。電子工学の天才だったエッカートが、モークリーのスケールの大きな自動計算機構想について知ったとき、そこに決定的な知力の融合が起きたのだ。この野心的なプロジェクトを練り上げるのに、彼らはまさにうってつけの場所と時代に恵まれたのだった。

三十四歳のジョン・モークリーと二十二歳のプレス・エッカートが電子計算機計画の概略を決めてからまもなく、二人はハーマン・ゴールドスタイン中尉と出会った。ゴールドスタインは、数学者の立場からもムーア・スクールと弾道学研究所の連絡将校の立場からも興味を示し、この計画に関する討論に熱心に加わってきた。彼も以前から弾道計算の能力不足にいらだちをつのらせていたところだったので、この二人のような若い才能が語るSF小説の世界のような話でも、十分に聞く耳を持っていたのだ。

ゴールドスタインにとって、モークリーとエッカートの説明は、技術的には無謀なもののようにも聞こえた。だが、当時の機械、たとえば海軍でエイケン＝IBM＝ハーヴァードのチームが開発したマークIなどの既存機と比べ、千倍の速さで弾道計算ができる可能性があるということが、彼にも理解できた。ただし、二人のアイデアが本当に優れたものかどうかは、多額の資金をかけなければ確かめることはできない。アタナソフとベリーの試作機には合計六五〇〇ドルがかかっていた。多くの電子技術者がとてもできないと宣言しているような複雑で精緻なものを、この若者たちが作り上げるには、何十万ドルという資金が必要だろう。

のちにゴールドスタインは、二人の提案に協力することで背負うリスクについて、次のように説明している（8）。

アメリカ陸軍／ムーア・スクールENIACチーム
左からJ・プレスパー・エッカート・ジュニア（主任技師）、J・G・ブレイナード教授（指導教官）、サム・フェルトマン（陸軍兵器局弾道学主任技師）、H・H・ゴールドスタイン大尉（連絡将校）、J・W・モークリー博士（顧問技師）、ハロルド・ペンダー学部長（ペンシルヴェニア大学ムーア電気工学大学院）、G・M・バーンズ大将（陸軍兵器研究開発局長）、ポール・N・ギロン大佐（陸軍兵器研究開発局調査部主任）
（Sperry Corporation. Courtesy of Eleutherian Mills-Hagley Foundation, Inc.）
（訳注：ゴールドスタインは一九四三年までに中尉から大尉へ昇進した。）

……この機械には十六種類の真空管が合計一万七千本以上必要であり、原則的に一秒あたり十万パルスのクロックスピードで動作するということを理解しておかなければならない。……一万七千の真空管のうち一本が誤動作すると、十万分の一秒ごとにエラーが生じることになる。つまり、一秒間には十七億回のエラーが起きる可能性があるということだ。……これほどの精度や信頼性が求められるような操作をおこなう機器というものは、これまで一度も作られたことがない。この計画には大きなリスクがともなうと思われたのはそのためで、そのかわり、完成させられれば偉大な業績となることは確実だった。

のちにコンピュータ発明家となるムーア・スクールの若い研究者二人と、二人を見いだした数学者兼陸軍中尉。このトリオによる、世界でいちばん複雑な機械を創造し計算の問題を解決しようという不敵な計画は、一九四三年四月九日、上層部の会議の議題となった。陸軍における数学研究の基盤を築いたひとりで、プリンストン高等研究所の所長でもあるオズワルド・ヴェブレンや、弾道学研究所長のレスリー・サイモン大佐、そしてゴールドスタインらが、この会議に出席していた。

長い歴史を持つ計算機械探しの旅に米国陸軍省が参加を決め、その素晴らしい成果を目指して歩みだした瞬間のことを、約三十年ののちにゴールドスタインが回想している。

「（ヴェブレンは）私の説明を聞き終わったあと、座った椅子の後ろ脚を支えにして体を前後にゆらゆらさせていたが、そのうちひっくり返ってしまった。彼は体を起こすと、こう言った。『サイモン、ゴールドスタインに金を出してやりたまえ』」(9)

そんなふうにして彼らは資金を得た。最終的には四十万ドルになったその資金で、計算機の製作がスタートしたのだった。

ＥＮＩＡＣは巨大な機械だった。奥行き三フィート（約九十センチ）、幅百フィート（約三十メートル）、高さ十フィート（約三メートル）、重さは三十トンにもなる。一万七千本以上の真空管、七万個の抵抗器、一万個のコンデンサ、それに手作業でセットする六千個のスイッチからなり、多変数の微分方程式を計算するときには、部屋の温度が摂氏五十度にまで上がった。電力使用量は途方もないもので、本当かどうかはわからないが、電源を入れた瞬間にはフィラデルフィアじゅうの電灯が一瞬暗くなったという逸話もあるほどだ。

こうしてついに完成したENIACは、戦時目的に使うのには間に合わなかったが、発明者が保証していたとおりの機能をそなえたものとなった。熟練した計算手が二十時間かけておこなう弾道計算を、この機械は三十秒以下で実行できたのだ。砲弾が発射されてから目標に達するまでのあいだに、その弾道が計算できたのは、初めてのことだった。もっとも、ENIACが完成するころには、射表の作成はすでに大きな問題ではなくなっていた。一九四五年冬の終わりにENIACで初めて処理されたのは、当時設計中だった水素爆弾のための試算なのである。

アバディーン駅での偶然の出会いと、その直後におこなわれたENIAC試作機のデモンストレーションののち、フォン・ノイマンはムーア・スクールのプロジェクトに特別顧問として加わっていた。形式的、体系的、論理学的な思考に対するフォン・ノイマンの恵まれた才能は、この電子回路でできた巨大な迷路の論理的特質にぴったりだった。手に負えない技術的な問題もまだあったが、物理的でない構成要素である、機械の操作を決める微妙な部分も、同じように困難で重要な問題を含んでいることがわかってきていた。彼らはその部分を、〝コーディング〟と呼ぶようになった。

数年後にトランジスタが登場するまで、ENIACは、多数の高速スイッチでおこなう作業としては、物理的に最大限の処理をこなしていた。一九四五年の段階でさらに優れた計算能力を実現するためには、機械の論理的構造を改良することが、もっとも見込みのありそうなアプローチと考えられていた。そして、ブレッチリー・パークよりも西にいて、初のデジタル・コンピュータの論理的特性を理解する素養がある人物は、当時ではおそらくフォン・ノイマンだけだった。

ENIACが高速で操作できる理由のひとつは、電子インパルスの経路が機械の中に組み込まれているということだ。電子インパルスの伝播によって、機械は入力データから解答を導くための具体的な命令を出す。さまざまな種類の方程式を解くことが可能であり、それぞれの問題の計算結果によって次の計算のしかたを変えることもできる。ただし、バベッジの解析機関のように、機械そのものでなく入力カードの順序に手を加えるだけで別の方程式の組み合わせを解くことができるといった融通性は、ENIACにはまったくなかった。

　モークリーとエッカートは、計算力とスピードを重視することで、機械の全体的な融通性を犠牲にすることにしたのだった。この途方もなく大きな電子機械には、巨大な電話交換機を思わせるスイッチボードがあり、ときには何日もかけてその設定を変更することで、各々の計算をおこなう仕組みになっている。このマシンがもともと弾道学プロジェクトのもとに作られたことが、こうした融通性欠如の一因でもあるだろう。ムーア・スクールの開発者たちは、万能《ユニヴァーサル》マシンを作ろうとしていたのではなかった。彼らの仕事はあくまで、まったく新しい種類の弾道計算機を作ることだったのだ。

　特にフォン・ノイマンが参加してからは、このチームが作ろうとしているのは究極の数学用計算機でなく、まったく新しい範疇の機械の試作品であり、当然ながら不完全さの残るものになるということが、チームのメンバーにもわかっていた。ENIACの完成以前から、設計者たちはすでに、後継となる機械の計画を始めていた。中でもフォン・ノイマンは、このチームが次に作ろうとしているのは〈汎用《ジェネラル・パーパス》マシン〉であり、その性質上、人の思考の延長線上にあるような機能をそなえる素地が十分にあると理解しはじめていた。

　フォン・ノイマンにとっての「神聖なるもの」とは、世界の謎に分け入っていこうとする人間の思考力、そして、実用的な目的に知識を応用しようとする人間の意志だ。当時の彼の頭の中には、水素爆弾の設計の秘密から論理マシンの構造まで、ほかの物事がいくつもあった。だが、フォン・ノイマンがいちばん熱中していたのは、この汎用マシンが人の知性を何らかの形で進化させてくれるかもしれない、という考えであったようだ。彼ほどの学者にそのような機械の助けがあったとしたら、いったいどれだけのことが達成できることだろう？　ある伝記作家は次のように書いている(10)。

> フォン・ノイマンが汎用コンピュータの開発という問題に熱中していたのは、一九四四年から四五年にかけてのことだ。彼は原子爆弾プロジェクトに最新の計算機械を使おうと提議したが、さらにすぐあとに控えている水素爆弾プロジェクトには、もっと高性能でスピードのある計算機が必要だということも認識し

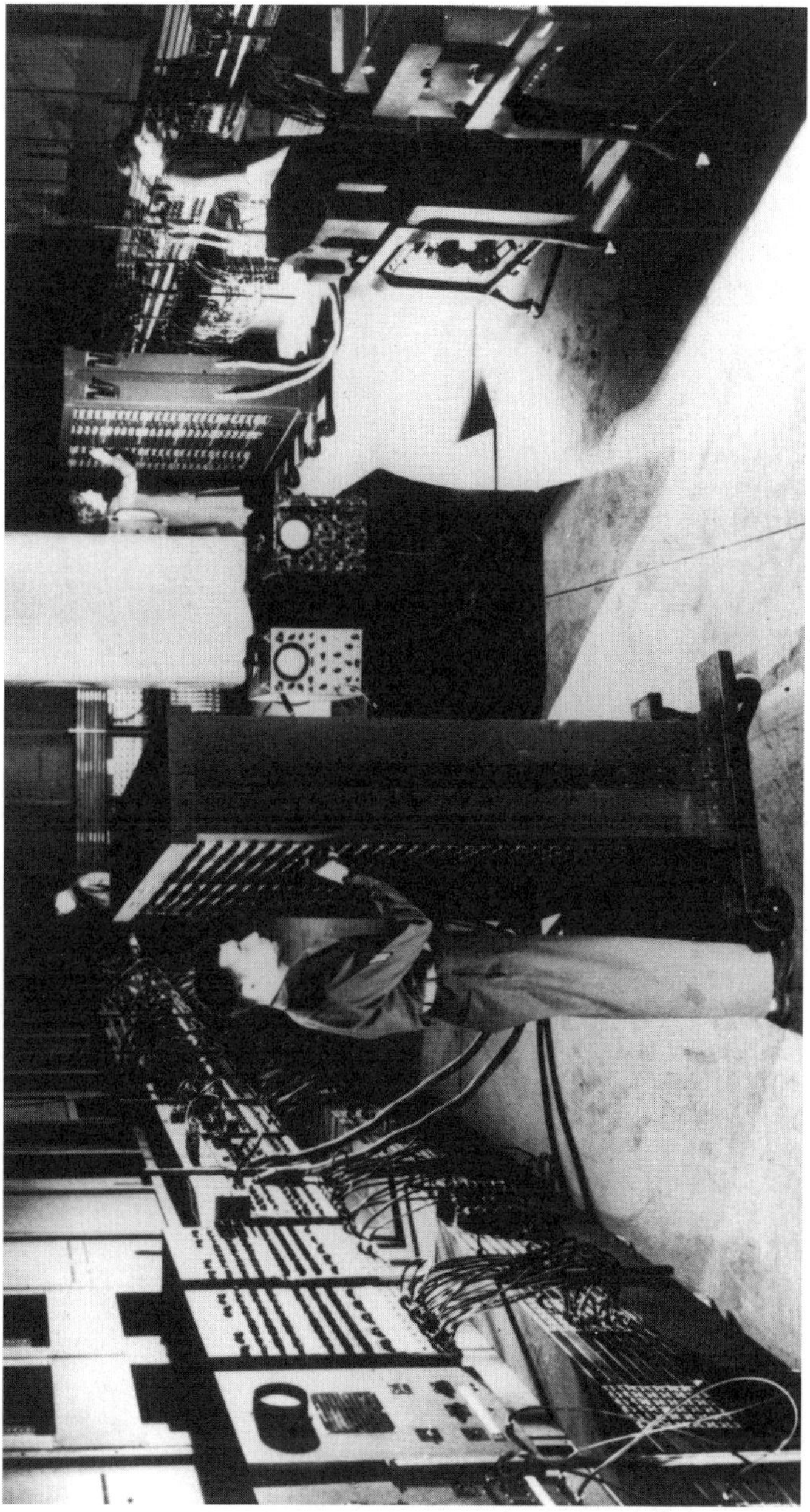

ENIACの全体像
流体力学の問題を解く準備をしているところ（Sperry Corporation. Courtesy of Eleutherian Mills-Hagley Foundation, Inc.）

ていた。理論的な次元では、人間の脳とコンピュータのあいだに組織的な類似点があって、その類似がコンピュータと脳の両方を含む形式論理学の理論を導きだすかもしれないということ、さらに、論理学的理論そのものが、興味深い抽象論理学を構成するだろうということにも、彼は関心を持っていた。

まだ生理学にほとんど足を踏み入れていなかった一九四四年当時のフォン・ノイマンは、コンピュータの機能と脳の驚くべき機能とが同様のものだとする仮定には、慎重だった。むしろ彼は、コンピュータの機能が使用者の能力を拡大してくれるものと見なしていた。人の思考活動を増幅するその機能を、できるだけ速く、広範に及ぶものとして実現させたかったのだ。

モークリー、エッカート、ゴールドスタイン、そしてフォン・ノイマンが、コンピュータ技術の創成期にチームとしてともに協力しあっていたという事実には、議論の余地はない。だが、一九四六年にチームが分裂したため、どのアイデアが誰のものかを見分けるのは困難になってしまった。ほかのプロジェクトと同様、覚え書きのようなものは存在するが、のちの歴史文献として、あるいは法的な書類となることを予期して書かれているわけではない。伝統的な手法でじっくりとレビューや発表論文を書くには、技術があまりに速く進歩するようになってしまったのだ。プロジェクトの初期のころに書かれた二種類の重要な書類には、『第一草案：——』『暫定報告書：——』というタイトルが振られていた。

次の電子計算機の設計に取りかかるときは、同じハードウェア技術でもっと効率的な動作となるような設計を目指そうという点で、ＥＮＩＡＣの四人の主要設計者の意見は一致していた。だが次の段階、つまり〈プログラム内蔵方式〉の発明の段階となると、どこまでが誰の発想なのか、意見の分かれるところだ。

一九四五年六月の終わり、ＥＮＩＡＣチームは、『第一草案：電子離散型可変計算機（Electronic Discrete Variable Calculator＝ＥＤＶＡＣ）に関する報告書』という提案書を作った。署名はフォン・ノイマンとなっているが、チームの総意によって書かれたものだった。ゴールドスタインはあとになって、「フォン・ノイマンは自分の『第一草案』に他人の名前を明記したくなか

陸軍兵器局の担当員がENIACのスイッチをセットして弾道計算の準備をしている
こうした手のかかる作業が、EDVACではプログラム内蔵方式に変わった。
(Sperry Corporation. Courtesy of Eleutherian Mills-Hagley Foundation, Inc.)

ったのだという人もいる。彼の署名しかない理由は、この書類がチームの考えを明確化し、議論の土台として使うために書かれたもので、これを正式に発表しようという意図がフォン・ノイマンにはなかったせいである」(11)と言っている(ただし、モークリーとエッカートのほうはそこまで好意的な見方はしていない)。この文書に書かれた中でも特に革新的で際だっていたのは、コード化された命令に従う物理装置の技術面と、そしてコーディングの論理的側面だった。

ＥＮＩＡＣで新たな計算をおこなうためにコード化された命令を作りだすことは、手計算をおこなうのと同じくらい時間のかかることだった。計算を実行するための命令コードがいったん作成されても、一組の入力データに対して計算をおこなわせるためには、その命令コードに一致するよう、マシンを適切に設定しなければならないのだ。かつていちばん時間をとられていた、計算そのものは大した問題ではなくなり、計算を実行する時間に比べて無意味に長くかかるスイッチ再設定の作業が、新たな障害として浮上してきた。

このスイッチの問題も厄介だが、それだけではない。手計算の時代と比べればずっと良くなったものの、データを使用するために設定しなければならない命令にとられる時間も、大きかったのだ。こと弾道学においては、自動計算をおこなう究極の目的は、ミサイルが到達する〝前に〟軌道を予測することであり、何日あるいは何時間も、いや、たとえほんの数分でも、到達より遅くては意味がない。計算システムの構成要素の中でも柔軟性がなく変化の遅い部分、すなわちさまざまな命令の組み合わせが、もっと迅速にアクセスできる部分である、電子記憶装置の中に格納されたデータと、相互に作用できる——そんな直接的な方法が必要だった。その問題についてフォン・ノイマンとその同僚たちがまとめ上げた解決策は、〝論理学的な〟発見に基づいた技術革新だったのだ。

現在『第一草案』としてよく知られるこの提案書の中では、真の汎用電子デジタル計算機の論理的特性が述べられている。特に、ある一節では、チューリングはともかくとしても、バベッジが見過ごしていた重要な点が、こう指摘されている。

「この機器にはかなり大容量の記憶装置が必要である。この記憶装置のさまざまなパーツはそれぞれ性質が違ううえ、機能の目的はかなり異なるが、記憶装置

全体をひとつの機関として扱うものとする」(12)

言い換えれば、汎用コンピュータというものは、データと一緒に命令もまた内部記憶装置に格納すべきだということだ。

スイッチボードの複雑な設定は、プログラマーが数値の形式で記号化し、記憶装置に格納された命令の場所としてコンピュータに読み取らせ、この命令は、同様に記憶装置に格納されている特定データに自動的に適用される。こうすることで、プログラムは別のプログラムを呼びだすことができ、人の手を介さずにほかのプログラムを修正することさえもできるようになる。この簡単な改良によって、真の情報処理というものが、突然に実現可能なものになったのだった。

これがプログラム内蔵方式の中心概念であり、公式に電子計算機器について叙述したのはENIACのメンバーが初めてということになるが、一九三六年のアラン・チューリングの論文に、一本のテープという形式の万能チューリング・マシンとして、これとまったく同じ考えかたが抽象的な表現で提唱されていることは、注目に値する。そして、ペンシルヴェニアのチームがEDVACの報告書を作成しているのと同じ時期に、チューリングもまた内蔵プログラム方式の概念を再考していたのだった(13)。

一九四五年の春には、一方ではENIACのチームが、そしてもう一方ではアラン・チューリングが、一本の〝テープ〟による万能マシンを構築するという考えにたどりついていた。……

しかし、アラン・チューリングが「頭脳を作る」ことを考えたのは、英国風の裏庭にある小屋の中をうろうろしながら、シークレットサービスがしぶしぶ提供してくれたいくつかの道具を相手に、余暇の時間をさいてひとりで試行錯誤を重ねた結果だった。フォン・ノイマンのように、数に関する何らかの問題を解き明かすことを求められていたわけでもなく、ただひとりきりで考えていたのだ。チューリングは、今まで誰もひとつにしてみたことのなかったものを、ただ単純にひとつにまとめてみたのだった。一本のテープによる万能マシンと、電子パルス技術についての豊かな知識、そして暗号解読の思考法を「明確な方法」と「機械的な過程」に変えた経験とを。チューリングは一九三九年以来、記号と状態、それに命令表のことばかりを考えていた——そして、それらをできる限り効果的に、具体的な形に統合したいという思いにとらわれていたのだ。

ＥＤＶＡＣの設計により、弾道計算機は汎用計算機としての第一歩を踏み出し、こうした機器が今までよりはるかに高い能力をそなえたものに進化していくだろうということも、一部のわずかな人間によってはっきりと認識されはじめた。発明者たちがそれぞれに抱いていた、彼らの技術がいかに未来に使われていくかというイメージのずれが、その後ＥＮＩＡＣの四人の主要設計メンバーのあいだに、理論面での意見の相違を生みだすこととなった。フォン・ノイマンとゴールドスタインは、想像を絶するような力を科学者や数学者に提供してくれる道具を、自分たちの手で作りだす、絶好の機会だと考えていた。モークリーとエッカートのほうは、軍や研究施設の枠を出て、事業や行政にこの機械を役立てることをすでに考えはじめていた。

ＥＮＩＡＣで最初の計算がおこなわれたのは、一九四五年十二月、『第一草案』が書かれてから半年後のことで、計算対象となる問題はロスアラモス研究所の科学者に提供されたものだった。

ＥＮＩＡＣが正式に公開されたのは、一九四六年二月のことだ。戦時中の空気によって強められた研究チームの愛国的な連帯感は、そのころには消え失せてしまっていた。フォン・ノイマンは、軍事や科学におけるコンピュータ製造事業の未来というものに夢中になっていたが、お偉方が介入する以前から計算機プロジェクトを作り上げてきた当の若い二人のメンバーは、自分たちの発明品をどう成熟させていくかについて違う考えを持っていた。各研究所、各関係者、そしてそれぞれの考えかたのあいだに生まれていた緊張感はしだいに高まり、さらにＥＮＩＡＣの特許権に関する大学との論争が高じるに及んで、モークリーとエッカートは一九四六年三月三一日にムーア・スクールを去った。二人はその後すぐに自分たちのグループを作り、それが最終的にはエッカート・モークリー・コンピュータ・コーポレーションとなった。

のちにモークリーとエッカートは、ＥＤＶＡＣ報告書に書かれた主な構想は自分たち二人だけが考えたものだと主張し、ゴールドスタインの言葉を借りれば、「激しい反論」をゴールドスタインとフォン・ノイマンから浴びた。亀裂は生涯消せない確執になった。ゴールドスタインがフォン・ノイマン寄りに偏った視点の持ち主であることは明白だったが、彼は一九七二年の著書の中で、報告書にはフォン・ノイマンの貢献があったことをきっぱりと指摘している（14）。

まず第一に、フォン・ノイマンの報告書は全体がひとつにまとまったものであり、EDVACのみならず将来の論理学的設計の研究すべてに対し、実質的に大きな貢献と深い影響を与えるものであった。第二に、あの報告書の中で彼は、神経系の研究に使われたマクロッックとピッツの記号論理学の表示法を紹介している。この記号法は当時から広く使用されるようになり、現在でもその修正版の形で、コンピュータ回路が論理学的な視点からどう働くのかということを絵に描いたように示してくれる、重要で必要不可欠なものとなっている。

第三に、この有名な報告書において彼は、EDVACの命令のレパートリーを提案し、これに続く文書の中で〝分類とファイル作成〟の手順の詳細なプログラムを作り上げた。今や周知のものとなったプログラム内蔵方式の概念を、初めて実例をあげて完璧に説明したものとして、これは画期的な功績であった。

第四に彼は、近代コンピュータの逐次的な作動方式、言い換えれば、一度にひとつの命令を受け取って実行するという方法を、ここで明らかにしている。これは、たくさんの作業を一度に実行できるENIACの並行的な操作とは、まったく異なるものである。

モークリーとエッカートがコンピュータ技術の商業的応用を確立しはじめたころ、ゴールドスタインとフォン・ノイマン、それにアーサー・バークスというもうひとりの数学者が、プリンストン高等研究所やラジオ・コーポレーション・オブ・アメリカ（RCA）、陸軍兵器局などに向けた提案をまとめ、さらに進んだ電子デジタル・コンピュータを作るために百万ドルの援助を要請した。この報告書に述べられている考えのいくつかも、ENIACプロジェクトとして生まれたものの延長線上にあったことは確かだ。しかし、この『暫定報告書』がフォン・ノイマンの主導権のもとに作成されたことは明らかで、『第一草案』にあったEDV

ACの概念を大胆なまでに超越したものでもあった。

最新の提案書は、EDVACよりもさらに洗練された機械を作ることを目的としたものだったが、ここに書かれたことは機械に関する記述にとどまるものではなかった。報告書の筆者たちは、この機械の仕様書が、未来のコンピュータすべてにおける論理構造と操作の基本的手法の総括的な計画となるべきだと、強く主張したのだった。彼らの目論見は正しかった。それから一九八〇年代までの四十年ばかり、〈非フォン・ノイマン型マシン〉を作ろうと試みた人間はひとりもいなかったのだ。

電子計算機設計の近代科学の基礎を作ったとされる『暫定報告書・電子式計算装置の論理的設計』は、一九四六年六月二十八日に提出されたものだが、一九六二年に『データメーション』誌に要約版が掲載されるまでは、兵器局の原本を謄写版にしたものしか存在しなかった(15)。

この文書は主に、記憶装置のメカニズムの論理的使用と、のちに〈論理アーキテクチャ〉として知られるようになる全体的な設計について記述している。この基本設計思想が持つ特徴のひとつは、計算の最中でも人間が直接介入することなしにデータと命令を変更できるという、独創的なものだ。

こうした可変性は、数値データを記憶装置の特定の場所に割り当てることのできる〈値《ヴァリュー》〉というものとして扱うことで可能になる。EDVAC型コンピュータを構成する基本的な記憶装置は、記憶内容の集合体である〈レジスタ〉を使っていて、数値をオンまたはオフの連続した形として格納する。それぞれの数値は記憶装置の〈アドレス〉に割り当てられ、どのアドレスもデータか命令のどちらかを保有でき、制御装置が必要なときにはデータや命令のある場所を特定することができる。

このように、アドレスに格納されている操作の結果によって、あるいはその場所にあるものに対してコンピュータに操作をおこなわせるよう命令することによって、独立した特定のデータに代数における x のような可変性を持たせることができる。

計算のための一連の命令というものの特徴のひとつは、データの参照である。命令が機械に対してどのように計算をおこなうかを伝える場合、どのデータに対する計算なのかを特定しなければならない。特定の数値ではなく、記憶装置の特定の場所の内容を参照することで、計算の最中でも、前の段階の結果に従ってデータを変更することが可能になる。こうして、記憶装置に格納された数字は、数値でなく量を示す記号になり、代数で数値を特定することなくxやyのような記号を使うのと、同じような操作ができることになる。

この論理的な概要をイメージするには、記憶装置のアドレスを、番号のついた部屋や私書箱のようなものと考えるとわかりやすくなる。それぞれのアドレスは、メッセージの保管された場所を示している。アドレスとは、中に入った（可変的な）数値（つまり〈メッセージ〉）を簡単に見つけるための器のようなものだ。ナンバー1という番号のついた箱には数値が入っていて、ナンバー2の箱にも別の数値が入っているかもしれない。ナンバー3の箱には、1の箱と2の箱の数値を見つけて算術操作をしろという命令が入っているかもしれない。ナンバー4の箱には、3の箱の命令による操作の結果が入っているかもしれない。最初の二つの箱に入っているのは定数かもしれないし、ほかの操作の結果によって決まる変数かもしれない。

命令と生のデータを同じ記憶装置の中におさめることで、計算の速度はENIACよりもずっと速くなった。しかし一方で、どのアドレスに命令が入っていて、命令が操作すべき数値はどのアドレスに入っているのかということを、機械に明確に指示してやる必要も生じてきた。

フォン・ノイマンは、『第一草案』においては、プログラムのコーディングのときに、命令は数字の1、数値（データ）は数字の0から始めることで、区別をつけていた。『暫定報告書』では、命令とデータとを区別する方法をさらに拡大して、コンピュータがこの二種類の情報を、二つの異なる〈タイムサイクル〉で操作することによっても判別ができるようにする、としている。

すべての命令は、内蔵時計の動作に従った同調機構によって実行される。〈命令〉サイクルと〈実行〉サイクルは交互に繰り返される。まず命令サイクルにおいて、機械の制御装置が数値を命令として読み取り、命令に従って特定の操作を実行サイクルで実行する準備をおこなう。そして実行サイクルが始まると、制御装置は入力されたものを操作するデータとして読み取るのである。

左からジュリアン・ビジロウ、ハーマン・H・ゴールドスタイン、J・ロバート・オッペンハイマー、ジョン・フォン・ノイマン。高等研究所のコンピュータの前で撮影
オッペンハイマーはマンハッタン計画のリーダーとして、フォン・ノイマンの上司だった。ビジロウはノーバート・ウィーナーの弟子だった。
（Courtesy of the Institute for Advanced Study.）

汎用コンピュータの新しい開発領域の計画においては、この同調機構のほか、のちにコンピュータの〈アーキテクチャ〉として知られるようになった、物理的構成要素の論理的機能部分に関するものが定められている。この仕組みは、バベッジとチューリングの両方の構想と似たものをもっている。『暫定報告書』によれば、すべての機械は、算術的・論理的操作がおこなわれる装置（実際の計算がおこなわれる処理装置、バベッジの〈ミル〉」に当たる）と、解題中の問題に関わる命令やデータを格納できる記憶装置（バベッジの〈ストア〉、一時的な記憶装置）、ある一連の命令を実行する装置（チューリングの仮想機械における〈読み取り／書き込みヘッド」〉、それに人間が生の情報を入力したり、計算結果を見たりする装置（今でいう〈入出力装置〉）をそなえてなければならない、と明記されている。

物理的にどのような技術が使われているのであれ、この原理に従っていれば、すべて〈フォン・ノイマン型アーキテクチャ〉のマシンだということになる。ギヤとスプリングで組み立てられていようと、真空管やトランジスタが使われていようと、その操作が論理的な連続性に従っておこなわれている限りは、関係がない。この論理構成によるマシンは、まず最初はアメリカの高等調査研究所（ＩＡＳ）で製作された。そしてその修正版マシンが、短い歴史の中で急速に発展した核兵器開発の目標を維持するために空軍の〝シンクタンク〟として生まれたランド・コーポレーションのために、そしてロスアラモス研究所のために、作られた。

フォン・ノイマンはおだやかに反対したようだが、ランド社のマシンはＪＯＨＮＮＩＡＣと名付けられた。ロスアラモスのほうのマシンは、核兵器関連の計算をおこなう機械の名前としてはおそろしく率直な、ＭＡＮＩＡＣという名がつけられた。

ちなみに、ＥＤＶＡＣもＩＡＳのマシンも、ロスアラモスやランド社のマシンも、世界初のプログラム内蔵式コンピュータとしての実稼働機とはならなかった。同様の研究をおこない、フォン・ノイマンの考えも察知していたイギリスのコンピュータ開発者たちが、フォン・ノイマンの論理的原理に基づいて、アメリカ人に先んじてマシンを製作したのだ。この初の機械は、二進法の逐次処理型でプログラム内蔵記憶装置を持ち、ＥＤＳＡＣ（Electronic Delay Storage Automatic Calculator）という名で英国ケンブリッジ大学の数学研究所で製作された。

〈フォン・ノイマン型マシン〉では、システムの基本的操作をおこなう場所として、算術的・論理的装置が組み込まれている。すべての命令は、これらの基本回路のさまざまな組み合わせによって構成される。原理的には、ごく少数の非常に簡単な、内蔵された命令を持っているような機器を作ることが可能である。たとえば、プログラムによって乗算の操作が要求されているときには、加算を何度も繰り返せば実行できる。どうしても必要な操作というのは、〈ノット（not）〉と〈アンド（and）〉の二つだけだ。少数の簡単な内蔵命令だけで構成された複雑なソフトウェアを使う場合の問題点は、コンピュータの処理速度が落ちるということである。命令は、内蔵時計に従って一度にひとつずつ〈逐次的に〉実行されるので、プログラムに含まれる基本命令の数が、そのプログラムをコンピュータで実行する時間を左右することになる。

『暫定草案』で述べられている制御装置は、命令の実行を管理する構成要素だが、エミール・Ｌ・ポストとチューリングが考えだした形式論理学的装置を具現化

EDSAC I（レンウィックとウィルクスとともに）
（Copyright Computer Laboratory, University of Cambridge. Reproduced by permission.）

したものだ。ポストとチューリングは、明確に記述できる問題ならどんなものでも、機械が解けるように数字を使ったコードを作るのが可能だということを証明した。これによって記号《シンボル》と信号《シグナル》とが結びつき、回路のオンとオフ、無限のテープ上の一区画にあるXとO、そしてプログラマーのコードの数字の羅列とが組みあわさって、人間が理論的に生みだしたコンピュータは、実際に動くコンピューティング・マシンとなったのである。

電子的スイッチを基本とした記憶装置や演算装置、制御装置が格段に向上したのに比べ、いちばん進歩の歩みが遅かったのは、入出力装置だった。ＥＮＩＡＣが作られてからの十年以上ものあいだは、ずっとパンチカードが入力装置の主流であり、テレタイプがもっとも一般的な出力装置だった時代は二十年以上続いた。

それでも、入出力装置の将来の躍進や役割の意味までが、見過ごされていたわけではない。一九四五年十一月にフォン・ノイマンが書いた、ＩＡＳのマシンに関する初期の提案メモには、出力装置はいずれもっと視覚的なものとして作られることになるだろうという予測が述べられている（16）。

> おおかたの場合、本当に求められる出力形態というのは、（多くは印刷物としての）数字によるものではなく、図（またはグラフ）で描かれたものだ。そうした状況では、作図は電子的操作でおこなうことができるため、印刷よりも速いので、機械に直接に図を描かせるべきだろう。こういうケースにおいては、オシロスコープ、つまり蛍光スクリーン上に図示するのがいい。図を保管しておきたいという場合もあるだろうが、……視覚的な検討のみが必要だという場合もあるだろう。どちらの選択肢も選べるようにするべきだ。

だが、個人用の対話型コンピュータというものは、フォン・ノイマンのような研究者に役立つ機械とはなるかもしれないが、彼の興味をひく対象にはならなかった。また、恒星の中心で起きている現象についての興味深い問題が解明され、その成果として生まれた科学技術上の大作、つまり原爆は、科学者たちの手先によって広島で披露され、二度と引き返せない歴史上の転換点をつくってしまった。

その後もフォン・ノイマンは、コンピュータの作成に関する別の問題を解き明かし、そうしているあいだもずっと、世界にもっとも強い影響力を持つ外交政策の渦中にいて、歴史上もっとも活気あふれる時代のアメリカの指導者たちと、もったいぶった会話のできる立場に君臨しつづけた。そして今度は、これ以上はないという深遠な謎に興味を向けたのだった。一九四〇年代後半から五〇年代前半にかけて、もっとも科学者たちの関心をひいていたのは、「生命とは何か?」という謎だった。

ニューメキシコ州アラモゴード（世界初の原爆実験がおこなわれた場所）やムーア・スクールにいた人間にとって、この知的な挑戦に勝てば永遠の肉体がもたらされるかもしれないという発想は、さほど無茶な考えではなかった。自然界でもっとも畏敬すべき謎を解決できるかどうかを知るためには、自ら生命の秘密に取り組むしかない。フォン・ノイマンはその道を選んだ。いつものようにフォン・ノイマンは、頼みにしてきた自分の本能と、強みとしてきた能力がもっともひきつけられている局面に焦点を絞り、自然の〝コード〟に対して純粋に論理的かつ数学的な実証を試みようとした。特にフォン・ノイマンが関心を寄せたのは、チューリング・マシンに代表されるような、〈オートマトン〉（自動装置）と呼ばれる理論上の装置の論理的特性だった。

とりわけフォン・ノイマンは、〈自己再生《セルフ・リプロデューシング》〉のオートマトン、つまり、自分自身を再生産できるという特性を持つ、空間と時間における数学的なパターンのアイデアに興味を示していた。これまでのコンピュータの知識に加え、フォン・ノイマンには神経生理学や生物学への理解もそなわりつつあり、そしてまた、自己再生オートマトンの本質を論理的なものと見なすことで、何よりも論理学に対する深い造詣を研究に活用できた。地球上にある有機体が自己再生をおこなう方法は、たったひとつしかない。原理的には、設計図に従うような機械には自己再生が可能だということになる。これまで神秘とされてきた、生命と無生物とを区別する特別な特性をそなえたシステムというものの一部をなしているのは、その設計図を実行する機械のメカニズムではなく、実行される設計図そのものだからだ。

フォン・ノイマンは、チューリングの仮想マシンのような抽象的なレベルで、〈セルオートマトン〉というものにアプローチを試みた。そして一九四八年には、どんな自己複製《セルフ・レプリケーティング》システムにも、素材、命令を供給するプログラム、命令に従ってチューリング型マシンの区画に記号を並べ替えてくれるオートマトン、命令を複製するシステム、そして管理装置が必要であるということを示した。結果としてそれは、生物細胞《セル》の中でDNAによっておこなわれるたんぱく質合成を、見事に記述したことにもなった。

もうひとつフォン・ノイマンが関心を示したのは、世界をゲーム的視点から見るというアプローチだった。こうした視点から、彼は自己再生オートマトンの方法論を、一種のゲームのように見なしていた（17）。

同僚のスタニスラフ・ウーラムの研究を活用し、フォン・ノイマンは自分の計算を洗練して、より一般的な応用がきくようにした。フォン・ノイマンの仮想実験は、ゲームの形でやってみることができる。まず均質化された空間を区画に細分し、その区画をゲーム盤のマス目と考える。決められたいくつかの状態（マス目が空である、埋まっている、特定の色が塗られている、など）がそれぞれのマス目に割り当てられている。それと同時に、それぞれのマス目に対して隣接するマス目の条件も定められている。隣接するマス目とは、上下左右に接した四つのマス目か、あるいはこれに斜め四方向に接したマス目を加えた八つとしてもよい。

このように分割された空間において、移動のルールを各マス目に同時に適用する。どのマス目も、マス目自体の状態と、隣接するマス目の状態によって動きを決められるものとする。フォン・ノイマンは、約二十万個のマス目で構成されたゲーム盤について、各マス目と、その上下左右に隣接する四つのマス目とが二十九通りの状態を与えられた場合に、自己再生オートマトンの条件を満たすことができると証明してみせた。これだけたくさんの構成要素を必要とするのは、フォン・ノイマンのモデルがチューリング・マシンをもシミュレートするように設計されていたからだ。フォン・ノイマンのマシンは、理論上ではどのような数学的演算もおこなうことができる。

一九五〇年、コンピュータ・テクノロジーが技術面において素晴らしい成果をあげていたころ、フォン・ノイマンは、〝ファクトリー〟と呼ばれるシステムの構想を練っていた。ファクトリーとは、与えられた素材から、ファクトリー自身やその設計図と同一のファクトリー（と同一の設計図）を作りだすことのできるシステムである。さらに複雑な方法をとることができれば、人の手をわずらわせることなく環境の中から自分でファクトリーの素材を見つけだしてくれるサブシステムの設計書などを、このシステムの詳細に含めることもできる。

さらに複雑な領域にまでこの発想をファンタジーとして発展させていけば、あるファクトリーの命令や能力を定義して宇宙船を建設するファクトリーを作り、その宇宙船がほかの惑星にファクトリーを送りこみ、その惑星からファクトリーが必要な素材を見つけだして、宇宙船発射台システムを建設することもできる。あるいは、複数の複合システムを作るファクトリーを作れるのなら、宇宙全体が無秩序化しつつあることへの対抗手段として、（見境のない）ファクトリー建造ファクトリーを、大量に宇宙へ送りだせばいい。バッタの大群よろしくエントロピーを食い尽くしながら、つまりエントロピーを減少させながら、銀河を突き進んでいってくれることだろう。

こんな話はSF小説のように聞こえるだろうし、人によっては、非人間的で「悪魔的な」アイデアだと言うかもしれない。が、オートマトンの分野では、こうした発想はいたって合理的なもので、このようなシステムは〈フォン・ノイマン・マシン〉として知られている（フォン・ノイマンの作ったデジタル・コンピュータの論理アーキテクチャである〈フォン・ノイマン型マシン〉とは別物である）。

フォン・ノイマンは、オートマトン分野で大きな功績を果たす前に、一九五七年に亡くなった。エイダと同様にガンだったが、これもエイダと同様に、ガンそのものの痛みにだけでなく、自分の知的能力が失われていくことにひどい苦しみを味わっていたと言われている。フォン・ノイマンは最後のもっとも興味深い研究テーマをやり残したまま世を去ったが、そこまでの業績によって、彼の生きた世界は大幅に再編されたのであった。

第五章
かつての天才たちと高射砲

現在、DNA分子の〝コーディング〟を話題にする分子生物学者も、〝頭脳のソフトウェア〟について議論する認知科学者も、〝古い習慣の再プログラミング〟に関する論文を書く行動心理学者も、誰もがコンピュータ技術から派生した科学用語をそのまたとえに使っているわけだが、これらの隠喩は単なる計算機器のメカニックよりもずっと広い意味を含んでいる。〈サイバネティックス〉とは、物理学と生物学体系の通信と制御についての研究であり、戦争という状況下で否応なくソフトウェアの探求に巻き込まれた、もうひとりの非凡な研究者によって生みだされたものだ。

ノーバート・ウィーナーとその同僚たちによる発見は、ある特定の計算機関が戦争時の必要に迫られることによって促されたものだが、その発見によってソフトウェアは、デジタル・コンピュータにさまざまな課題を達成させるための命令という以上の意味をもつようになった。通信と制御の原理は、生命の神秘から世界の究極的な運命にいたるまで、今の時代におけるもっとも重要な科学上の難問にも、巧みに応用できるようになっている。これらの原理は奇妙な出来事の連続の中で発見されたのだが、その発見に関わった人々もまた、彼らに先立つソフトウェアの開祖たちに負けない、一風変わった人間たちだった。

コンピュータ史の早い時期には、幸福な例から苦悶に満ちた例までさまざまではあるが、エキセントリックな天才たちが数多く登場する。エイダ・ラヴレイス、ジョージ・ブール、ジョン・フォン・ノイマン、アラン・チューリング、そしてプレスパー・エッカートらは、全員が二十代前半かそれより若い時期に重要な研究をおこなっている。そして、エッカート以外はみな、少し奇矯なところのある人物ばかりだ。しかし、想像力豊かでエキセントリックな、世慣れしない天才というこ とになると、サイバネティックス発展の舵とり役を務めたノーバート・ウィーナーは、あまり普通ではないコンピュータ史の登場人物たちの中にあっても、ひときわ異彩を放つ人物であった。

ノーバートの父親はハーヴァード大学の教授で、こちらもまた派手やかな人物だった。教育についてはっきりとした意見をもっていて、自分の息子の知性は自分が磨き上げてやるつもりだと世の中に宣言までしていた。ノーバートは、愛情に基づきながらも体系的な教育技術のもとに作られた天才児だったのだ。一九一一年に、ある全国誌が、この父親の教育計画を記事として掲載している（1）。

ハーヴァード大学のレオ・ウィーナー教授は……

（略）……子どもの心理的発達を早くから進めるためには、早いうちからの訓練をすべきだと考えている。……（略）……教授は四歳から十六歳までの四人の子どもの父親であり、その信念に基づいて教育的実験を子どもたちにほどこしてきた。その結果は……（略）……驚くべきもので、特に長男ノーバートのケースには目を見張るものがある。

この少年は十一歳でタフツ大学に入学し、十四歳となった一九〇九年に卒業している。その後はハーヴァードの大学院で学んでいる。

ノーバートが数理論理学の試験と博士論文を終えたのが十八歳のときで、その後はケンブリッジ大学でバートランド・ラッセルに、ゲッチンゲンでダーフィト・ヒルベルトに学んだ。のちにゲッチンゲンでは、同じくヒルベルトの生徒でもあり、ウィーナー自身も興味をもっていたいくつかの分野での世界的権威として名を知られていた、九歳年下のフォン・ノイマンとも出会う。両者ともまだ経歴の早い時期にあったものの、この二人の天才のあいだに対照的ともいえる性格の違いがあることは、誰が見ても明らかだった。

フォン・ノイマンに魅了されない教師や生徒は、ほとんどいなかった。彼は人間離れした頭脳をもちながらも、自分はほかの誰もと同じ人間であり、いずれは死すべき運命にあるのだということを、わざと印象づけるようなところがあった。一方のウィーナーは、不安げで世慣れせず、時としてうぬぼれた態度をとり、極度に感受性が鋭かった。傲慢なまでに数学に自信があったが、その分野の外へ出ていこうとはまったくしないため、ほかの世界ではあまり名を知られなかった。バートランド・ラッセルは、友人に宛てた手紙でウィーナーのことをこんなふうに書いている（2）。

> 九月の終わりに、ウィーナーという名のハーヴァードの博士号をもった十八歳の天才青年が、父親と一緒にやってきた。父親はハーヴァードでスラヴ語の教授をしており、アメリカへ渡ってきた当初の目的はヴェジタリアンのコミュニスト居住地を建設するためだったが、農場経営はあきらめて、教師としていろいろな科目を教えていたらしい。……（略）……息子のほうは、ほめそやされながら育てられたせいなのか、自分を全能の神と信じているようだ。私とこの青年とのあいだには、どちらが教える立場なのかということをめぐって、終わりなき闘いが繰り広げられている。

バベッジと同じように、ウィーナーも争いを起こすことで有名だった。ゲッチンゲンで学んでいたとき、大学の事務総長リヒャルト・クーラントに気に入られていたが、ウィーナーはクーラントが自分の数学に関する発案を盗用し、自分の名前で発表したと言って非難した。ケンブリッジに戻ったあとも若き天才の怒りはおさまらず、そのエネルギーは発表されることのなかった小説の執筆に向けられた。明らかにクーラントをモデルにしたと思われる人物が、若い天才のアイデアを盗む男として描かれている物語だ。

第一次世界大戦前には、『エンサイクロペディア・アメリカーナ』のためにいくつかの項目を執筆したり、ハーヴァードで哲学を、メイン大学では数学を教えたりもしている。第一次大戦が始まると、ウィーナー兵士はメリーランドの米国陸軍アバディーン兵器試験場に配属され、発射表の計算にたずさわる数学者として働いた。この一九一八年の軍務経験があったために、それから三十年後、連合国軍の高射砲レーダー誘導照準機構にじかに発射表を組み込む試みがおこなわれたとき、友人のヴァネヴァー・ブッシュがウィーナーの名をあげたのも自然のなりゆきだったといえる。

第一次大戦後、ウィーナーはMITの数学講師となった。このときから、ウィーナーの生涯を通じたMITとの協力関係が始まる。一九二〇年代前半には、大西洋の向こうにいる博識家の仲間たちと同様に、世界的な評価を受ける数学や論理学や理論物理学などの論文を発表していった。MITではヴァネヴァー・ブッシュとの友情を温めるようになった。ブッシュは、一九三〇年代初めには計算機製作にも深く関わり、一九四〇年代には歴史上最大規模ともいえる応用科学の研究を指揮した人物である。

それから何十年もたったころ、ウィーナーは、二人の同僚と争いごとを起こしたとき、ブッシュがあまり肩をもってくれなかったことに腹を立て、この生涯の友とも仲違いをした。ウィーナーには、科学的な問題で反対意見を述べられるのを個人的な攻撃ととる傾向があり、もっとも親しい友人が相手であっても、それは変わらなかった。バベッジと同じで、ウィーナーも豊かな想像力の持ち主でありながら、判断力には欠けるところがあったのだ。

ただし、一度も気まずい関係にならなかった生涯の友人もたくさんいた、ということは言っておくべきだろう。気まぐれで偏執狂的なところはあったが、ウィーナーは「人間の人間的な生かしかた」(のちの彼のサイバネティックスに関する著書の題名ともなっている表現)に心からの関心をもっていたし、自分たちの作りだした兵器が世界の破滅を招きかねないことへの特別な責任というものを、科学界に向けて熱心に説きつづけたりもした。同僚たちとうまくやっていける質《たち》ではなかったにもかかわらず、科学事業の未来は多分野にわたる協力にあるという信条が揺らぐことはなかった。生理学者のアートゥロ・ローゼンブルートと友情をはぐくみ、学際的な研究を押し進めるという夢を共有しあったことが、サイバネティックス誕生のきっかけとなったのだ。だが、英国本土上空でドイツ空軍との決戦となった〝バトル・オブ・ブリテン〟がなかったら、ウィーナーがローゼンブルートと一緒に研究するということはなかっただろう。

フォン・ノイマンのように、ウィーナーも常に面白い問題を求めてやまない人間だった。そしてフォン・

ノイマンと同じように、ウィーナーもまた、量子力学の革命が一九二〇年代でもっとも面白い問題だということを知っていた。彼は量子力学に影響を受け、数学における純粋に理論的な問題のいくつかが、現実世界に対しても応用できるはずだという確信をもったのだ。

量子力学が与えたもうひとつの影響は、不確定な情報に基づいた現象を扱うために、確率と統計が重要だと考えられるようになったということだ。こうした概念に慣れ親しんでいたおかげで、ウィーナーは予想もしなかった状況下で成果をあげることになる。フォン・ノイマンやゴールドスタイン、あるいはモークリーやエッカートのように、一九三〇年代後半のウィーナーの場合も、弾道学が自分の確率論や統計学の知識をもっとも実用的な問題と結びつける道となり、最後には驚くべき結果を生むことになるとは気づいていなかった。だがその四人と同様、ウィーナーもすぐに、戦争関連の課題が重要な科学的成果を生み、弾道学の範囲をはるかに超えたものとなるのだということを、理解するようになった。

ウィーナーの驚くべき研究成果は、科学的な過程の結果としてではなく、一九四〇年代初めの政治的な状況によってもたらされた。ヨーロッパで戦争が始まったとき、ヴァネヴァー・ブッシュにMITの高射砲制御プロジェクトに参加するよう命じられたウィーナーは、著名な数学者であるウォレン・ウィーヴァーの下につくことになった。初期の弾道計算を第一次大戦時にアバディーンで経験していたウィーナーにとっては、この参加はごく当然のなりゆきだったといえる。

コンピュータに結びつく重要なアイデアのいくつかは、超数学やその他の難解な知的分野というまだ希薄な世界の中にではあったが、一九三〇年代にぼんやりと姿を現しつつあった。戦争時の必要に迫られたことと、そのために科学研究の協調態勢が求められたことのおかげで、こうした重要なアイデアは、それを理解できる少数の人間たちによって、平時よりも迅速に、緊急性をもってひとつにまとめられたのだった。

フォン・ノイマンとゴールドスタインのアバディーンでの再会は、思いがけないものであり、そうそうあることではないが、絶対ありえないというほどのことではない。だが、ウィーナーが高射砲の問題と関わることになった状況は、実に奇妙なめぐりあわせだった。バトル・オブ・ブリテン当時における技術的ターニングポイントと、機械と生物の通信システム科学における決定的な進歩は、アメリカのベル研究所の若い研究員が見た奇妙な夢がきっかけとなってもたらされた。その夢とは、数学やコンピュータに関する技術的な問題とは何の関係もなく、高射砲の技術的な問題に関わる夢だった。急降下爆撃機をどう扱うかという、二次的ではあるが緊急性の高いこの問題が、ウィーナーののちの洞察にも結びついたのだった。

軍事政策と科学理論を結ぶ道はひどく遠回りな道のりであり、偶然の出来事が多い。それは前もって予想のつかないもので、あとになってようやく見えてくることが多い。サイバネティックス誕生の物語は、科学雑誌よりも小説の中に出てきそうな点が多く見受けられる。歴史的な偶然のひとつは、ヴァネヴァー・ブッシュがアメリカの戦争関連研究のリーダーという立場にあったことだ。研究管理者の立場から、ブッシュは高射砲技術がいちばんの優先課題だと考えていた。自身も科学者であり、MITの研究者であり、ノーバート・ウィーナーの友人でもあるブッシュは、高速度計算機の製作の必要にも迫られていたのだった。

第二次大戦初期、連合国側がもっとも対策を迫られていた問題は、北大西洋でのUボートと、イギリスを攻撃するドイツ空軍《ルフトヴァッフェ》の破壊力だった。チューリングがドイツ軍のエニグマ暗号機の暗号を秘密裏に解読したおかげで、Uボートの問題はおおかた解決しつつあった。だが、チューリングが対処したのが暗号解読という問題であり、不明確なメッセージから数学的な手法を使って意味を探りだすというものだったのに対し、ドイツ空軍の問題は、未来の予測というテーマをはらんだものだった。つまり、弾よりも速い飛行機を弾で撃ち落とすにはどうすればよいか、ということだ。

レーダーは敵機の位置を追跡することができるが、レーダーのつかんだ情報を弾道学的な公式に当てはめ、何かしら役に立つような情報とするには、それだけの速い操作ができる手段が何もなかった。しかも、攻撃してくる敵機は、わざとあいまいな動きをしてこちらを攪乱したりもする。ベル研究所は、すでに計算の問題には十分精通していたヴァネヴァー・ブッシュに、電子的操作による照準装置という興味深いアイデアをもちかけてきた。若い研究員が見たおかしな夢が登場するのは、この時点でのことだ。

若い研究員の名はD・B・パーキンソンといい、べル研究所の技術者グループとともに、電話送信に関する正確な計測をおこなうための自動レベル・レコーダー、〈制御電位差計〉と呼ばれるものの開発に取り組んでいた。一九四〇年の春、パーキンソンはこんな夢を見た（3）。

私は高射砲手たちと一緒に塹壕か防壁のようなところにいた。……（略）……そこには高射砲があった。高射砲というものに深く関わったことはないが、兵器についての一般的な知識はいくらかあったので、三インチ砲だということぐらいはわかった。ときどき砲弾が発射されたが、驚いたことに、撃つたびに必ず敵機が撃ち落とされていくのだ！　何度か撃ったあとで、砲手のひとりが私に笑いかけ、高射砲のそばへ手まねきした。私が近づくと、砲手は左の砲耳の端の、むきだしになっている部分を指さした。なんとそこに取りつけられているのは、私が作っているレベル・レコーダーの制御電位差計ではないか！　見間違うはずがない——まったく同じものだった。

自動照準装置の製作の糸口を開くものとして、制御電位差計は図らずも望ましい機器だったのである。だが、実際にこうした装置を作ろうとしてみたとき、制御装置が命令を送受する方法において、理論的および数学的に深刻な問題がもち上がった。ブッシュがウォレン・ウィーヴァーとノーバート・ウィーナーに声をかけたのは、そのときだ。

戦時中にレーダー誘導の高射砲発射装置に関わる数学的な研究をおこなう中で、ウィーナーは二つの基本的な問題、すなわち通信と制御のあいだの基礎的な関係を、認識するようになった。初期のレーダー装置は、チューニングの悪い無線受信機のような通信の問題を抱えていた。敵機の信号が、ほかの原因で生じる別の信号、つまりノイズによってかき消されてしまうのだ。ウィーナーは、敵機の位置をほかのノイズの中から突きとめるべきメッセージと見なせば、これもまた暗号解読のようなものだと考えた。

ノイズの多いレーダーというのは、よくある〝面白い問題〟以上のものだった。ノイズの中のメッセージを、無秩序と不確定性の中の秩序と情報という観点で理解し、過去のメッセージに関する情報に基づいて、統計学を適用して未来のメッセージを予測できれば、この問題は世界の秩序と無秩序というものの基本的過程と関係があるということが（ウィーナーほどの数学者にとっては）明らかだからだ。いったん統計学と数学の視点でとらえてしまうと、通信の問題は、〝情報理論〟と呼ばれるさらに重要なものへとつながっていく。しかしこの分野については、ウィーナーよりもクロード・シャノンの物語の中で語るべきだろう。

　制御の問題については、ウィーナーと、彼の若き助手で明晰な頭脳の持ち主、ジュリアン・ビジロウという技術者が、フィードバック・ループの汎用的な重要性を偶然に発見した。高射砲の照準装置に敵機の航路情報を送ることができると仮定した場合、おおよその敵機の位置を予測するために、この情報をどう使うことができるだろうか？　その鍵は統計学と確率論にあった。最初の情報に基づいて最終的なメッセージを予測する方法も、ひとつのヒントとなった。パーキンソンの夢に出てきた装置も、もうひとつのヒントだった。

　そうしてウィーナーとビジロウは、人間の組織というものが、今直面している問題をすでに解決しているのだということに気づいたのだった。人間、いや、チンパンジーでもかまわないのだが、人間はいかにしてそこにある鉛筆に手を伸ばし、それを取ることができるのだろう？　人間はいかにして片方の足をもう一方の足の前に出し、体を前方に傾けながら短い距離を進み、一歩を刻むことができるのか？　どちらのプロセスも、筋肉（高射砲においては砲身を動かす自動制御装置がこれに当たる）によって連続的で精密な調整が繰り返され、連続的な視覚情報（レーダー）に誘導されながら、連続的な軌跡の予測プロセスによって制御されているのだ。この予測と制御は、神経系（照準自動装置の制御回路）でおこなわれる。

　ウィーナーとビジロウはさらに、サーモスタットのような単純な自動操縦機器も含めたほかの自動制御装置に注目し、〈フィードバック〉とは、脳や自動的な兵器、蒸気機関、飛行機の自動操縦装置《オートパイロット》、そしてサーモスタットなどが機能する方法と結びついた概念だという結論を出した。これらのシステムでは、過去の出力の断片のいくつかが、中央処理装置に現在の入力としてフィードバックされ、未来の出力を制御する。たとえば、手と鉛筆のあいだにある距離の情報は、目によって与えられ、手を制御する筋肉にフィードバックされる。同様にして、高射砲の位置と標的の位置は、レーダーが感知し、自動照準装置にフィードバックされることになる。

MITのチームは、もっと神経生理学に通じた研究者の中に、やはり鉛筆と手の数学と似たようなテーマに行き当たり、同様の結論に行きついた人間もいたのではないかと考えた。これもまた偶然だが、ウィーナーとビジロウと同じく、神童と少し年上の天才という組み合わせのピッツとマカロックというチームがいて、別の方向からまったく同じ結論に行きつこうとしていた。こうしたアイデアの結集は、デジタル・コンピュータにおけるアイデアの結集とも関連はあるが、明らかに性格が異なる。だが、ここでも戦争という圧力によって、強制的かつ偶発的な考えの収れんというものが起きたのだった。

あのフォン・ノイマンも、ウィーナーの求めによってここに加わることになった――ウィーナーは戦後になってMITに、プリンストンよりいい条件を提示してフォン・ノイマンの関心をひくべきだと説得している。政治的にも軍事的にも、そして科学的な面からも、ウィーナーの計画は重要なものとなっていった。高射砲の問題、脳細胞がいかに機能するかの可能な限りの論説、デジタル・コンピュータの製作、ノイズからのメッセージ抽出――一見すると無関係なこれらの問題は、主要登場人物たちが戦争によって集まることで、ひとつにまとめられたのだった。

のちに〈サイバネティックス〉と呼ばれるようになる学際的な研究は、自動制御装置における過剰なフィードバックの問題に相当するプロセスが、人間の体内でも何かあるのではないか、とウィーナーとビジロウが考えはじめたことによって確立されたといっていい。二人は、メキシコシティのカルドロヒア国立研究所の生理学の権威に、この問題を訴えてみた。アートゥロ・ローゼンブルート博士によれば、〈目的身震い病〉という意味深長な名前で呼ばれる病理状態がまさにそれに当たるもので、小脳の損傷と関連があるということだった（脳の一部である小脳は、平衡と筋肉の共同作用に影響を及ぼす機能をもっている）。

数学者と神経生理学者、そして技術者たちの協力で、神経系のプロセスの新たなモデルの構想が練られた。このモデルによって、目的というものがメカニズムにおいてどのように具現化されるかを示そうというものだった――そのメカニズムが金属製であるか、生身の肉体のものであるかに関わりなくである。ウィーナーは自分の研究の成功を声を大にして語ることにためらうたちではなく、のちにこの構想について、「当時の神経生理学の研究をはるかに超越したものだった」と述べている(4)。

ウィーナーとビジロウ、そしてローゼンブルートの作ったモデルは、間接的には戦時の最高機密から生まれたものだったが、一般的にも遠大な意味合いをもっていたために、『行動、目的、および目的論』という題名で一九四三年に普通の真面目な雑誌である『科学の哲学』に掲載された(5)。しかしこのモデルが最初に少数の専門家の前で論じられたのは、ニューヨークで一九四二年におこなわれたプライベートな会合でのことで、ジョサイア・メイシー財団の後援によるものだった。この会合には、神経ネットワークの数学的な特性についてウィーナーらと情報をやりとりしていた、神経生理学者のウォレン・マカロックも参加していた。

イリノイ大学を拠点とするマカロックもまた、この場に加わるにふさわしく、異様なほどの才能に恵まれた派手な人物で、確かな数学的知識ももち合わせていた。マカロックは、クエーカー教徒の組織であるハヴァーフォード大学での学生時代を次のように回顧している。間違いなく輝かしい未来が待ち受ける若者だったマカロックに向かって、将来は何をしたいのかと教師が尋ねたときのことだ(6)。

「ウォレン、きみは将来何になるんだい?」と教師は尋ねた。私は「わかりません」と返事をした。「では、何かやろうと思っていることは?」「わかりません。ただ、答えを見つけたい疑問がひとつあります。人間が知っている数とは何か、そして、数を知っている人間とは何か、ということです」すると彼は笑ってこう言った。「ああウォレン、きみは生きている限りずっと忙しい毎日をすごすことになるよ」

そんなふうにしてマカロックは、数学者として、神経生理学上ではあいまいにしか見えないものや理論的に不確かなものを、数学の明確な正確さに置き換えるための手段を熱心に探し求めるようになった。先達であるチューリングやバートランド・ラッセル、さらにそれ以前のブールなども、おおよそ似たものを求めていたが、先達たちに欠けていたものは大脳生理学の知

サイバネティックス学者ウォレン・マカロック（1967年頃）
（Courtesy of the MIT Museum.）

識だった。マカロックの目標は、いくつかの神経細胞の組み合わせからなる脳の基本的な機能単位を見つけ、その基本単位がより複雑なシステムの中にどう組み入れられているのかを解明することだった。すでに〝神経ネットワーク〟のモデルを使った実験をおこなってきていて、このネットワークにはある種の数学的で論理学的な特性があることも発見していた。

やがてマカロックは、若い論理学者のウォルター・ピッツとともに研究するようになった。人工知能研究の歴史に詳しいパメラ・マコーダックによれば、ピッツがサイバネティックス分野に登場するきっかけとなった人物は、現在のカリフォルニア大学教授でマカロックの教え子である、マニュエル・ブラムだという。

ウォルター・ピッツは、父親に学校をやめて働けと言われた十五歳のときに家を飛び出した。シカゴにたどりついたピッツは、論理学の知識があるらしいひとりの男と公園で出会った。「バート」と名乗るその男は、カルナップという、シカゴで教鞭をとる論理学者の本を読むように勧めてきた。実はバートの正体はバートランド・ラッセルだったのだが、ピッツは本を読んでカルナップのところへ行き、この偉大な論理学者が著書の中でおかした誤りを指摘してみせた。

ピッツはカルナップに学び、そののち、神経生理学の研究のことで論理学者のアドヴァイスを聞こうとやってきたマカロックと出会うことになる。ある特定のネットワーク、すなわち、電気機器ばかりではなく神経ネットワークの重要な要素となる回路が、いかにしてチューリング・マシンとして知られる論理装置として実現できるかを、ピッツはマカロックに教授したのだった。

マカロックとピッツは、神経を全または無、オンまたはオフのスイッチ装置と見なし、そのネットワークを数学的にも論理学的にも表すことのできる回路として扱うという理論を発展させていった。『神経活動に内在する概念の論理的計算』という彼らの論文は一九四三年に発表されたが、ピッツはまだ十八歳だった(7)。そのときの二人は、やがては大脳生理学がどのように知識と結びつくのかという疑問にたどりつくことになる一連の研究の、そのスタート地点に来ただけだという思いを抱いていた。

ウィーナー、ビジロウ、そしてローゼンブルートが、一九四三年と四四年にマカロックとピッツの二人と合流することで、決定的ともいえる多くのアイデアが融合された。ピッツはMITでウィーナーに協力し、戦後はプリンストン高等研究所でフォン・ノイマンとも一緒に研究した。こうした学際的な相互交流が始まったころ、ENIACプロジェクトのデジタル・コンピュータ製作計画も熟成し、この壮大なアイデアの結集に加われる状態となっていた。

一九四四年にはいくつもの会合がもたれ、論理学、統計学、通信技術、神経生理学といった広い範囲から集められた数々の議題が、学際的に融合されていった。議題と同様に参加者もまた、多岐にわたる分野の学者たちが寄り集まっていた。フォン・ノイマンがゴールドスタインと知り合ったのもこのときで、それからさほど時間のたたないうちに、両者はアバディーンの駅で再会することになる。ローゼンブルートは四四年にメキシコシティに戻らなければならなかったが、その年の十二月までに、ウィーナー、ビジロウ、フォン・ノイマン、ハーヴァード大学・海軍・IBM共同のマークI計算機プロジェクトのハワード・エイケン、ゴールドスタイン、マカロック、そしてピッツといったメンバーによる〝目的論協会〟と称した交流がおこなわれ、「通信技術、制御装置の技術、統計学の時系列数理、神経系の通信と制御の側面」に関する議論がおこなわれた（8）。ひと言で言えば、それがサイバネティックスだった。

一九四五年と四六年における目的論協会の会合と、個人的なやりとりの中で、ウィーナーとフォン・ノイマンは神経生理学に依存しすぎることの是非を議論しあった。フォン・ノイマンは、マカロックとピッツが活用しているような手段は、大脳生理学にコンピュータを全部叩き壊させ、その残骸を研究することで、コンピュータ回路というものを解明させるようなものだと考えていた。

フォン・ノイマンは、バクテリオファージのような自己再生のできる無生物微小組織のほうが、研究対象としてははるかに見込みがあるのではないかと思っていた。脳の研究よりも、微小組織を自然界の暗号として調べるほうが、学ぶべきものが多いと考えたのだ。大脳生理学の神秘と生物の生殖との関係は、のちに情報の性質に関する理論においてさらに明確化され、フォン・ノイマンの考えが正しかったことが証明される。神経生理学における脳の機能という暗号の解明よりも、生物学における生物の生殖の暗号解読のほうが、研究の発展は速く進んだのだった。

目的論協会会合のスポンサーであるメイシー財団は、その後も自由な議論がおこなえる会合を支援した。フォン・ノイマンとウィーナーの二人が会合の競演スターのようなもので、両者の個性の違いが引き起こす激しくドラマティックな議論は、創成期のサイバネティックスを象徴する情景となった。伝記作家のスティーヴ・ヘイムズは、この二人に関する伝記『フォン・ノイマンとウィーナー――2人の天才の生涯』の中で、ことあるごとに見られた彼らの対照的な個性について、次のように述べている（9）。

機械と生物の類似点を探る年二回の会合において、ウィーナーとフォン・ノイマンはそれぞれにタイプの異なる際だった存在感をもち、そしてそれぞれの取り巻きを引き連れていた。フォン・ノイマンは小柄で丸々と太り、額が広くつるっとした卵形の顔の男だった。かすかに中央ヨーロッパなまりがあるが、流ちょうではっきりした英語を話し、いつも服装には気を使う。ベスト着用が普通で、ジャケットはきちんとボタンをかけ、胸ポケットにハンカチーフをのぞかせて、学者というよりは銀行家のようだった。上品で国際経験豊か、機知に富み、控えめな物腰で、親しみやすく話しかけやすい男だ。理論は慎重かつ正確だが、早口でしゃべるので、よどみなく出てくる彼の理論のスピードについていけない会合出席者も多かった。……（略）……

ウィーナーはこの会合の中心人物で、素晴らしいアイデアを出すが、無遠慮な子どものような男だった。ウィーナーの科学的な発想力や研究への熱意がなければ、こうした会合は実現されなかっただろうし、七年も継続しておこなわれることもなかっただろう。背が低く肉づきのよい体格で、太鼓腹と扁平足をもち、粗野な顔立ちに白く短いあごひげを生やしていた。分厚い眼鏡をかけ、短い指はいつも葉巻をはさんでいる。神童と呼ばれる人間にありがちな、病弱そうなところはなく、がっしりとした体つきをしている。会合に出ることも、そこで中心的役割を演じるのも、明らかにウィーナーの楽しみであるようだった。ときおり椅子から立ち上がって、アヒルのような歩き方で円形のテーブルのまわりをめぐりながら、葉巻を手に熱心な演説をおこない、その弁舌はとどまるところを知らなかった。他人の思惑をかえりみない面はあったが、自分の考えを相手に伝える方法は心得ていて、多くの参加者と親交を結んだ。ときどき議論の最中に寝入ってしまい、いびきをかくことすらあるので、参加者の失笑をかったり、うとましがられることもあった。しかし議論の内容は常に聞いていて、要点をつかんでもいたようで、目をさますとすぐさま鋭い意見を言ったりすることもしばしばだった。

神経ネットワーク理論は、神経生理学の研究が進み、一九四〇年代に神経細胞について知られていた以上の段階へ進むにつれ、以前ほど輝かしい実績とは見なされなくなったが、神経ネットワークのモデルがコンピュータ設計に及ぼした影響は大きかった（のちの研究により、スイッチ回路は人間の神経系の正確なモデルとはいえないことがわかった。厳密には、神経細胞は「全または無」形式のスイッチのような機能のしかたはしないのである）。脳機能の理論に疑念を表してはいたものの、フォン・ノイマンは一九四五年の『第一草案』で、マカロックとピッツが提示した論理的形式論を採用している。未来の汎用コンピュータのアーキテクチャの枠組みが最初に定められたとき、サイバネティックス研究の発見がその論理的設計に影響を与えていたのだ。

一九四四年と四五年に、ウィーナーはすでに、通信、情報、自己制御を含めた科学的なモデルを考案していた。コンピュータと脳、生物学と電子工学、論理と目的に関する解釈を含め、自然を研究するための包括的な手段のモデルである。のちにウィーナーはこのように書いている。「私にはごく初期の段階から明らかに思われていたことだが、通信と制御についての新たな概念とは、人間そのものや世界に関する人間の知識、そして社会というものの新しい解釈も含むものなのだ」(10)

ウィーナーは、生物学、あるいは社会学や人類学でさえ、電子工学理論やコンピュータ技術としてのサイバネティックスによって、大きな影響を受けるはずだということを確信していた。事実、人類学者のグレゴリー・ベイトソンは、ウィーナーとも、のちの人工知能研究の最初の世代となる研究者たちとも親しく交流していた。

マサチューセッツ工科大学におけるノーバート・ウィーナー
葉巻をかたときも離さなかった。(Courtesy of the MIT Museum.)

シャノンが情報理論をうちたて、フォン・ノイマンがコンピュータ技術の開発を押し進めていた一方で、ウィーナーは戦後世界の政治がからむ科学研究からは身を引き、壮大な構想の枠組みを作りはじめた。

戦後、フォン・ノイマンが高等研究所に提案したコンピュータ計画が動きだし、その主任技術者としてジュリアン・ビジロウが加わり、モークリーとエッカートが商業用のコンピュータ産業を始めるために独立の道を選んだころ、ウィーナーはメキシコシティのローゼンブルートのもとへおもむいていた。そして一九四七年の春、ウィーナーはイギリスにわたり、イギリスのコンピュータ製作プロジェクトを訪問して、アラン・チューリングとも会っている。

メキシコシティに戻ったウィーナーは本を書き、その題名を、ギリシャ語で「操舵手」という意味の『サイバネティックス』とし、新研究分野にも同じ名をつけた。著書の副題は『動物と機械における制御と通信』というものだ。サイバネティックスとは、無秩序な世界に秩序を維持するためのメカニズムを研究する一般的な科学であり、過去の情報と未来の予測に基づいて、物理的な任意の作用による方向性の舵をとるプロセスでもある。

操舵手が舵を動かせば、船は方向を変える。方向転換によって進路がずれたと思えば、舵は反対方向に動かされる。操舵手の感覚からのフィードバックが、船の針路を保つための制御力になるということだ。ウィーナーはこの研究分野の名前に、舵とりと通信のあいだには関連性があるという意味を込めようとしたのだった。「技術工学における制御理論は、それが人間であるか動物であるか機械であるかに関わりなく、通信理論の中の重要な部分をなす」とウィーナーは述べている(11)。

舵の操縦や高射砲や生物システムの機能調整の奥に横たわる数学の原理は、すべて同じものである。ウィーナーはそれを、運動や重力の法則のような一般法則と感じていた。ウィーナーの直感は正しかった。通信と制御、暗号と解読、操舵と予測といった概念は、大砲やコンピュータ機器などとはまったく関係ない現象に興味をもつ物理学者や生物学者にとって、より重要な概念となっていった。

一九四〇年代の終わりには、別の種類の学際的理論、のちに分子生物学として知られるようになる分野が台頭して、遺伝子の〈コーディング〉メカニズムの研究が始められた。量子力学の方面からも、ウィーナーやビジロウ、ローゼンブルートらがかつておこなったのと似たような研究課題に着目するようになっていた。このころのウィーナーは、情報とエネルギー、そして物質のあいだにある、より宇宙現象的なつながりに注目しているようだった。科学の転換点が今にもやってきそうな気配があり、ウィーナーの同僚の多くは、彼がさらに大きな発見をしようとしているのではないかという期待を寄せていた。一九四七年の秋ごろ、ウィーナーのサイバネティックスの著書は、四八年の発表に先立ち、手書き版のまま政府や学術専門家に回覧されている。

電気工学の教授で、のちにMITの電気工学部の学部長となり、MACの名で知られるMITコンピュータ開発プロジェクトの管理責任者ともなったロバート・ファノは、その時期のウィーナーが奇妙な行動をとるのを何度か目撃している。後年になってファノは、クロード・シャノンが著書を出版したときに、そのことを思い返すことになる。ファノが電気工学の博士論文を書いていたとき、ウィーナーはときどき学生オフィスにやってきては、「情報はエントロピーだ！」という謎めいた言葉を残し、また黙ってそこを出ていったのだという(12)。

一九四六年の終わりごろにウィーナーは、数学の素っ気ない形式主義と関わるのをやめ、兵器の開発に関わる仲間とは別の道をいくことを決意した。兵器関連研究には今後一切関与しないでいるために、(サイバネティックス理論と対峙するものとして)コンピュータ技術開発の中心から慎重に身を引き、こう宣言した。「今後の私の研究の中で、無責任な軍国主義者の手によって何らかの損害をもたらすかもしれないものについては、一切発表しないものとする」(13)。ウィーナーと科学界にとって幸運なことに、彼の発見は、軍事目的にばかり利用されるようなものではなかった。通信と制御のコードから作られるのは、兵器ばかりではなくほかの興味深いものもあるということが、すぐに明らかにされることとなるのだ。

四〇年代終わりから五〇年代初めにかけての時代は、のちに情報理論と名付けられる研究分野に関する、新しい科学的アイデアでわいていた時代だった。一九四五年、量子力学者のエルヴィン・シュレーディンガーがケンブリッジ大学で有名な講演をおこない、それはのちに「生命とは何か？」というテーマの論文として発表された。この講演の聴衆の中にフランシス・クリックという若い物理学者がいて、生物学に転向することを決意する。のちにクリックは、生物学界で科学史上もっとも重要なコードの解読に成功することとなる。かつてのフォン・ノイマンとウィーナーの議論は、フォン・ノイマンに軍配が上がった。神経系よりもバクテリオファージのほうが、次に解明すべき課題となったのだ。

自己再生オートマトンは自分の複製ができるほどに複雑で秩序だったパターンだが、それに関するフォン・ノイマンのアイデアも、同じ方向を示しているように思われた。秩序と無秩序、またはメッセージとノイズに関する何かが、生命の核心近くにあるらしかった。情報の操作とは、数学者の作ったゲームや、もっと新しい機能をもつ機械以上の何かなのだ。情報の数学的な表現がおこなわれるのは、一九四八年のクロード・シャノンまで待たなければならないが、それ以前から、情報は世界の機能を反映しているものではないかという考えはあった。これらの発想は、まずは科学者たちの、次いでその他大勢の人々の固定観念に、大幅な矯正を促すことになる。

二十世紀初めの科学者は、宇宙のことを、複雑だが秩序あるパターンで相互作用しあう粒子とエネルギーと見なして、原理的には完全に予測可能な対象であると考えていた。重要なのは、しだいに機械化されていく文明社会に暮らす科学者以外の人々もまた、宇宙を粒子とエネルギーと見なし、規則正しく作られているものと考えていたことだ。今から六十年ほど前、量子力学理論によって、この規則正しく予測可能な宇宙という考えかたは排除された。そして今から三十年ほど前に、ノーバート・ウィーナーの言葉を借りれば、宇宙には「見る人が見れば無数のメッセージ」があると考える、少数の人々が登場しはじめたのだ。

物質やエネルギーと同じように、情報も宇宙の基礎的な要素であるという発想は、当時はまだ未完成なもので、より適切なモデルが生まれてくるまでには、さらに驚くべき発見や応用がなされる必要があった。一九五〇年代に入る前は、情報が何かに役立つものをもっていると考えていたのは科学者だけだった。〈コミュニケーション〉、〈メッセージ〉といった一般的な言葉に、ウィーナーやクロード・シャノンは新しい専門的な意味を与えた。両者とも、個別にではあるがほぼ同時に、原子内粒子の不規則な動きから、電気スイッチネットワークの動きや人間の会話の理解力といったものまで、すべては一定の基本的な数式で表現できるようなものなのだということを提唱したのである。

情報関連の数式は、コンピュータ・ネットワークや電話ネットワークを作るのにも役立ったが、あらゆる分野の科学に対して、著しい影響を与えた。情報と通信のモデルによって触発された研究は、DNA分子内の原子配列に織り込まれた細胞から生命体への命令の方法から、脳細胞が記憶をコーディングするプロセスまで、宇宙の基本的な様相を探るヒントとなった。このモデルはやがて、トーマス・クーンによって〈科学的パラダイム〉と呼ばれるようになる。このパラダイムの基本的な二本の柱となるのが、クロード・シャノンの情報理論、そしてウィーナーのサイバネティックスなのである。

二つの理論的枠組みの重要性は、一九四〇年代後半になって科学者の注目を集め、一九五〇年代には一般人の目にも触れるようになった。それにともなって世間の考えかたが変化したことについて、パメラ・マコーダックは、人工知能研究史に関する著書の中で次のように述べている(14)。

> サイバネティックスは、ひとつの支配的モデル、もしくは現象の説明方法を、別のモデルに切り替えるものといえる。ニュートン力学の中心概念である〈エネルギー〉は、今や〈情報〉に置き換えられたのだ。情報理論におけるコーディング、記憶《ストレージ》、ノイズなどの発想は、電子回路の動きから細胞の複製まで、さまざまな現象の全体像を巧みに説明する方法を与えてくれる。……(略)……これらの専門用語は、人々が親しんでいるその言葉の意味とたいして変わらない。〈コーディング〉は「送信されたメッセージの中で文字や数字を表現するために使われた信号のシステム」であり、〈記憶〉とは、必要なときまでこれらの信号をとっておくという意味だ。〈ノイズ〉は送信中の信号(またはメッセージ)の内容をあいまいにしたり、意味をわからなくしたりする妨害手段である。

コーディングと保存は、くしくもコンピュータ機器の論理学的な設計やソフトウェアの製作において、問題の中心となる部分でもある。しかし、情報理論として結実した基本的な科学の研究は、コンピュータ研究から生まれたものではなく、通信の解析から生まれたものだ。チューリングより数年下のクロード・シャノンは、チューリングが超数学において大きな発見をした一年後に、こちらもまたみごとな学位論文を書いている。理論と技術、哲学、そして機械を結びつける研究をテーマにしたものだ。

第六章
情報の中にあるものは何か

　一輪車のみごとな乗りこなしはともかくとしても、クロード・シャノンは決して言動の派手な人物ではなかった。しかしその才能は、年上の仲間たちの誰にも劣らないものだった。ウィーナーのようにおのれの才覚を喧伝するわけでもなく、フォン・ノイマンのように次々と画期的な発見をしては科学界に衝撃を与えるというのでもなく、発表論文もたまにしか書かないのだが、その業績は、数こそ少ないが途方もないものだ。しかし本人は、そうやってできあがってしまった自分の神話に色づけをほどこすより、むしろ目立たなく見せるために心をくだくようなところがある。謙虚だが、小心というのではない。シャノンが何かを発表するとき、いつも世界は変革を迫られるのだ。

　クロード・シャノンは真の神童であり、電気回路の構成と論理的形式主義を結びつけた有名なＭＩＴの修士論文（一九三七年）を書いたとき、まだ二十一歳の若さだった。チューリングやウィーナー、フォン・ノイマンと同列に語られるべきパイオニアであり、人工知能研究の最初の世代であるジョン・マッカーシーやマーヴィン・ミンスキーらの師でもあり、現代のインフォノートに属するもっとも重要な設計者といわれるアイヴァン・サザーランドの指導者でもある。

　情報理論を確立することになる論文を一九四八年に発表したときは三十二歳だった。シャノンが自分の経歴の中で科学界に与えたインパクトは、これら二つの論文だけでも計り知れないものがあるが、そのうえ一九五〇年にも、ゲーム・マシンの人工知能に関する疑問を提示する、草分け的な論文を発表している。一九五三年には、フォン・ノイマンやチューリングが自己再生オートマトンの数学的な可能性について考えていたのと同じ時期に、これら特殊な自動装置についての重要な研究を発表してもいる。

四十歳となった一九五六年には、ダートマスにおいて、人工知能分野誕生のきっかけとなる会議の主催者のひとりとして名を連ねた。ウィーナーやフォン・ノイマンを出し抜いた戦前期の発見から、人工知能やマルチアクセス・コンピュータ・システムにつながる一九五〇年代の研究にいたるまで、シャノンの歩んだ人生やその発想は、戦中に生まれたサイバネティックスやデジタル・コンピュータと、現在の人工知能やパーソナル・コンピュータ時代とを結びつける、もっとも大きな架け橋と呼んでもいいかもしれない。

一九三七年のシャノンの論文は、その一世紀前にジョージ・ブールが記述した論理代数を基盤とする、機械設計の手法を提示するものだった。ブールは『思考の法則の研究』の中で、人間の思考の過程を、精密な数学的記号のもつ力と結びつけることに成功したと述べている。

ブールの提示した論理計算体系には、1と0の二つの値しか存在しない。命題が真ならば1の記号で、偽なら0の記号で表すことができる。この体系においては、〈真理値表〉が体系の中で考えられるさまざまな論理的状態を記述する。入力が与えられて演算がおこなわれると、真理値表によって適切な出力が決定される。言い換えれば、テープの開始状態を与えれば、真理値表がテープの最終状態を決定するということだ。

ブール代数では、基本的な論理演算は〈ノット（NOT）〉である。入力を反対の値にする操作であり、したがって「ノット」の出力は入力の反対の値になる（ここでは二つの記号または状態しか存在しないことに注意）。もうひとつの基本的演算は〈アンド（AND）〉で、すべての入力が真（または「オン」あるいは「1」）であるなら、出力も真（「オン」「1」）とするというものだ。たとえば、「Aは真、かつ（アンド）Bは真」の表には、Aも「1」、Bも「1」の場合に「1」がセットされ、その他の場合はすべて「0」がセットされる。真理値表から答えを求めるには、AもBも入力が1のところを見ればよい。

真理値表の中の適切な行と列を合わせることで答え

NOT			AND		
入力	出力		入力 A	入力 B	出力
0	1		0	0	0
1	0		0	1	0
			1	0	0
			1	1	1

真理値表

が決まるという、完全に自動的な手順を踏むこの方法は、チューリングが提唱した「命令表」によく似ているともいえる。

ブール代数の重要な特徴のひとつに、論理演算を組み合わせて新しい演算を形成したり、論理演算の集合によって算術的操作をおこなうことができるというものがある。論理学における三段論法は、ひとつの真理値表の出力を別の真理値表の入力として使えるようにすることで、0や1を使った演算によって組み立てることができる。たとえば、すべての「アンド」入力の前に「ノット」を起き、その出力のあとにもうひとつの「ノット」を置けば、「オア（OR）」の演算が可能になる。このようにして、「アンド」「ノット」の二つの演算のみをさまざまに組み合わせれば、加算、減算、乗算、除算の演算手順を作ることができる。論理と算術は、こうして緊密で簡潔な形に関連づけられた。シャノンが指摘するまで誰も気づかなかったことだが、この代数によって、電気スイッチ回路の動きも記述できるようになったのだった。

もうひとつの重要な点は、こうした論理的および算術的演算の組み合わせは、「記憶」の操作の構築にも使えるということだ。ブール代数は、データであれ演算であれ、特定の情報を保存できる「状態」手順の作成、つまりは機器の構築を可能にする。電気回路が論理的かつ数学的演算をおこない、その演算の結果を保存できるのであれば、電子デジタル・コンピュータの設計が可能になるということだ。

シャノンがこうしたことに気づくまでほぼ一世紀ものあいだ、ブール代数は数学の本流からもはずれてほとんど忘れ去られた奇妙な考えと見なされていて、より実務的な物理学や電気工学の世界でもまったく知られていなかった。シャノンの論文は電気工学に関するものであり、数理論理学についてのものではなかったことを思えば、彼の再発見の能力がいかにすばらしいかがうかがえる。論文の研究対象は、思考の過程などではなく、多数の電気スイッチによって接続される電話システム回路の働きだったのである。

シャノンは、〈リレー〉と呼ばれる簡略な部品から作られる、複雑な電気システムの特性に興味を抱いていた。リレーとはスイッチの一種で、回路を開閉することで電気の流れを通したり遮ったりする装置であり、通常の電気器具のスイッチとそう変わらないが、人の手ではなく、電流によってスイッチのオンオフがおこなわれるものだ。

リレーには電磁石が使われている。リレーに少量の電流が流れると電磁石が動作し、リレー制御の回路は電流が切れるまでのあいだ閉じられる。要するに電磁石は、電気回路の開閉をおこなうための、小さなもうひとつの電気回路として働くということだ。ひとつのリレー回路は次のリレーの電磁石を制御できるので、リレーからリレーへとつなげていけばスイッチだけでできた回路が構築でき、最初の設定と新たな入力によってそれぞれのスイッチが制御しあうようにできる。

それぞれのリレーと、そのリレーが制御している回路には、オンかオフの二つの状態しかない。スイッチ回路のこうした特質が電気と論理を結びつけるのである。リレーによって制御されたそれぞれの回路は、特定の入力条件が満たされた場合のみ出力の電流が流される真理値表と見なすことができ、入力スイッチがオンまたはオフ、あるいは特定の組み合わせだった場合にのみ、物理的機器の形で論理演算が出力パルスを送信するということになる。

一九三〇年代、電話システムはいまだかつてなく大規模で複雑になり、リレーで制御された回路の迷宮に発展していた。電話交換手がスイッチボードのプラグにジャックをさしこむかわりに、特定の入力条件が満たされたときにリレーが回路を閉じるという方式を利用したのだ。リレーを使うことで、自動ダイヤルやルーティングという便利な方式の実現ができるようになった。しかし、今度は回路の複雑化が問題となってきた。膨大な数のスイッチの集積がいったい何をしているのか、それを見極めるのはどんどん困難なことになっていった。

シャノンはリレー回路の動きをうまく説明できるような数学的手段を探していた。シャノンの論文には、ジョージ・ブールの代数を用いることで、こうした複雑な回路の動きをいかに説明できるかということが示されている。電気回路に論理と算術の演算をおこなわせる設計ができるという事実がもつ意味は、シャノンもまったく気づいていなかったわけではない(1)。

もし論理学が人間の思考の働きにいちばん近い形式的体系であり、思考をシミュレーションする形式的体系をブールの真理値表が実現してくれるのだとすれば、チューリングの論じたような「命令表」として真理値表を使い、マシン(もしくはテープの区画)の「状態」を表すものとしてリレーのようなスイッチ機器を用いれば、人間の思考の論理的操作を部分的にでも模倣することのできる電気回路の構築は可能だということになる。

デジタル・コンピュータの開発者たちが、コンピュータ・テクノロジーの将来的な発展を期して集まったとき、シャノンもその中心にいた。自分たちが作ろうとしているものは人工知能の第一歩でもあるのだということを、仲間たちにはっきり指摘したのもシャノンだった。だが、最初の大きな発見から十年のあいだに、シャノンはこの新しい分野に対して異なる認識をもつようになった。シャノンはベル研究所に所属し、電気的・電子的な情報通信を専門としていた。ベル研究所の親会社は世界トップクラスの通信企業であるAT&T社で、研究所が通信の基本的な特質に関するシャノンの探求を支援しようと考えたのも、ごく自然のなりゆきだったといえる。何らかの通信がおこなわれるとき、一方から他方に送られるものは実際のところ何なのか? 通信がノイズや暗号化によってさまたげられるとき、何が伝達されないのか? シャノンはこうした疑問を追求するよう研究所から奨励された。

こうした疑問は、ウィーナーが指摘した通信と制御の問題における、通信の部分の問題だといえるだろう。戦争中にベル研究所の極秘防衛プロジェクトに参加していたシャノンは、暗号解読の研究にも関わり、チューリングとも出会った。戦後のシャノンは、論理的回路と数学的回路において、通信や操作を行っているものの特質を明らかにする研究に専念した。

この時点において、情報とは何かを正確に理解している人間は誰もいなかった。リレー回路を説明するために格好のツールを見つけたときと同じように、戦後のシャノンは、コンピュータという新しい機械が処理している、目には見えないが有用な何かを正確に定義づける、数学的なツールを見つけたいと考えていた。そうしてシャノンが発見したツールは、ブール代数のように数学の世界の片隅に埋もれたものではなく、エネルギーを支配する基本法則の中にあるものだった。

チューリングと同様に、シャノンは何世紀も科学者たちが研究しつづけてきた問題に、驚くべき決定的な仕上げをほどこしてみせたのだった。シャノンがやろうとしたのは、記号システムの特質を理解するといったことではなく、エネルギーの性質と、その情報との関わりについて、より実用的な関係性を明らかにすることだった。シャノンは特に、人間の作ったシステムにおけるメッセージ通信の奥に横たわる法則や、メッセージとノイズの違いというものに興味を示していたのだが、最終的には、宇宙のエネルギーの流れを支配する法則というものを研究の対象とするようになった。電話交換網の解明手段も、蒸気機関の熱エネルギーの法則を発見した過去の科学者の業績の中で見いだされたものだ。

産業革命が始まった当時は蒸気機関の活用が大流行し、このエネルギー変換装置の効率性に関する実用的な法則を見いだす必要が生じた。その過程の中で、どんな機械でも熱のもつ何らかの基本的な特質によって、熱エネルギーのすべてを利用することはできないということが判明した。蒸気機関内の熱移動の研究が熱力学という分野になり、一八五〇年にルドルフ・クラウシウスによって、二つの熱力学の法則が厳密な形で論じられた。

熱力学の第一の法則では、閉じられたシステムの中のエネルギーは一定であるとしている。つまり、こうしたシステムの中では、エネルギーは増えも減りもせず、ただ転換されるだけだということだ。しかし第二の法則では、実際にはこの不変のエネルギーは、転換が起きるたびに部分的に少しずつ使えなくなっていくものだと述べている。熱い湯を冷たい水に注いでしまえば、それを（さらにほかのエネルギーを使うことなしに）再び湯と水にわけることはできない。〈エントロピー〉とは「転換《トランスフォーメーション》」という意味だが、のちにクラウシウスが使用可能なエネルギーの損失量として用いるために提唱した言葉である。

　クラウシウスが定義したエントロピーとは、蒸気機関や水の入ったグラスでしか起きない現象だというわけではない。ストーブの上のやかんで起きるのと同じように、空の星のエネルギー処理においても起きる、全宇宙的な特質である。宇宙もひとつの閉じたシステムと考えられるので、クラウシウスが示したように、このようなシステムではエントロピーは時間の経過とともに増加していくことになる。したがって、「宇宙の熱的な死」という悲観的な予言も、はるか先の話ではあるが不可避なものだということを、熱力学の第二法則が不穏にも暗示していることになる。「熱的な死」という言葉が使われるのは、熱エネルギーがもっともエントロピー的な形をしているためだ。

　だが、エントロピーという概念は、何も世界の終末という陰鬱なニュースを暗示するためばかりのものではない。熱が分子集団の平均的な運動を示す尺度であることが発見され、エントロピーという考えもシステムの中の秩序と無秩序の尺度と結びつけられるようになった。「熱」「平均的運動」そして「秩序と無秩序」という、一見無関係そうな概念の結びつきが理解できなければ、十九世紀の物理学の範疇を出ることはできない。これまで長いあいだ、熱とはひとつの物体から別の物体に移される、目には見えない流体のようなものと考えられていた。しかし、分子が「冷たい」物質の中でよりも平均して速い速度で動いているとき、熱はその状態を示す尺度となるということが発見されてから、多数の構成要素（この場合は分子をさす）からできたシステムを観察するための新しい方法がわかってきた。システムの構成要素の配列を見る新しい方法によって、結果的にはエントロピーと情報の関連性が導きだされたのだった。

　なぜなら、分子の「平均的運動」とは統計的尺度であり、それがシステム内の熱量を示すのであれば、そのシステムの構成要素の配列についても示すことになるからだ。ある気体の入った容器を例にあげてみよう。この場合のシステムとは、容器内部のすべて、そして容器外部のすべてである。容器内部の分子の平均的エネルギーが、容器外部の分子の平均的エネルギーよりも大きいのであれば、中の気体の温度は高いと考えることができる。実際には、容器の中にある分子のいくつかは、外の分子より活動的でない（冷たい）こともあるだろう。だが、内部の分子の集合的な活動量は、平均すれば外部の分子の集合的な活動量よりも多いということになる。

ここにはある種の秩序というものがある。活動的な分子は容器内部に多く見られることだろうし、活動的でない分子はより外側に見受けられるだろう。もしここに容器というものがなければ、活動量の多い分子もそうでない分子も混合され、システムの熱い部分と冷たい部分の明確な区別は失われる。

高いエントロピーをもつシステムほど、秩序の程度が低いということだ。低いエントロピーのシステムでは、より明確な秩序があることになる。蒸気機関では、ひとつの場所（ボイラー）に熱があり、熱は冷たい場所（復水器）に散逸していく。こうした形は秩序だった（低エントロピーの）システムということができ、蒸気機関のどの部分に活動的な分子があるかを言い当てることも簡単にできる。だが、蒸気機関全体が同じ温度になったとき、活動的な分子はボイラーにも復水器にも同じくらい見つかると思われ（つまりはエントロピーが高い状態になり）、蒸気機関は機能しなくなる。

もうひとりの物理学者ボルツマンは、エントロピーとは、システムの構成要素を配列することのできる方法の数と比較したとき、そのシステムの構成要素が配列されている方法の関数になることを示した。ここで分子の話を中断して、一組のトランプのことを考えてみよう。五十二枚のトランプの配列方法は膨大な数にのぼる。トランプが工場出荷された時点では、どの組のカードも札の種類と数字の順番に並べられている。ちょっと考えてみれば、上から五番目のカードが何であるかは容易に当てることができる。いったんトランプを切ってしまえば、その予測可能性と規則性は失われる。

切られていないトランプは、エネルギーによって不自然な形に配列されているため、エントロピーが低い状態にある。これをもっと自然な、雑然として予測しにくい配列にして、高いエントロピーとするためのエネルギーは、もっと少なくてすむ。熱力学の第二法則に従えば、世界にあるすべてのトランプは、最終的には切られて混ざることになる。すべての分子が、最後には等しいエネルギー量になるのと同じことだ。

もうひとりの十九世紀の科学者、ジェームズ・クラーク・マックスウェルは、このエントロピーという名のとらえどころのない特性に関して、エネルギー、情報、秩序、そして予測可能性という、一見異なる尺度を関係づけているかのように見える、ひとつのパラドックスを提起した。このパラドックスは、物理学者のあいだでは「マックスウェルの悪魔」として知られるようになった。容器の中を仕切で分け、そこに一度にひとつの分子しか移動できないような小さな穴をあけておくとする。容器内の片方の空間には、分子の活動量が大きい熱い気体を入れ、もう片方にはより分子の活動量が小さい冷たい気体を入れる。第二法則によって、活動量の大きい熱い分子は、最終的には容器のもう一方に移動し、より活動量の小さい分子とぶつかって エネルギーを失い、やがて容器の中は一定の温度に達することになる。

マックスウェルはここで、もし分子の通り穴に極小の悪魔を置き、システムにエネルギーを与えることなく、ただ容器の仕切にある穴の扉を開閉してくれるとしたらどうだろうという疑問を投げかけた。もしこの悪魔が、たまたま近づいてきた冷たくて活動量の小さい分子を、熱い側にどんどん通してやったらどうなるのだろう？　このやりかたをずっと続けると、熱い側はさらに熱く、冷たい側はさらに冷たくなり、システムにエネルギーが与えられないにもかかわらず、エントロピーは増えずに減少することになってしまう。

一九二二年、ついにこのパラドックスを解決したのは、当時ベルリンにいた物理学科の学生、レオ・スチラートという名のハンガリー人だった（彼はのちにフォン・ノイマンとともにマンハッタン計画にも参加している）。悪魔は実際にはシステムにエネルギーを与えているのだが、あたかも巧みなマジシャンのごとく、目に見える動き、つまり扉の開閉という作業にはエネルギーを使わず、システムについて〈知っていること〉にエネルギーを費やしているのだ、とスチラートは主張した。悪魔もまたシステムの構成要素なのであり、熱い分子と冷たい分子を区別しつつ、適切なときに扉を開閉するために何かしらの作業をおこなっているはずだ。つまり、扉を開閉するためには分子に関する情報があればよく、そのことによって悪魔は、システムからエントロピーをさしひくのではなく、与えているということになる。

スチラートのこの考えは、情報とエントロピーが密接に関連していることを示しはしたが、両者がどのように関わっているのかの明確な詳細や、関連性をあらわす数式、電気回路や遺伝子コードのようなさまざまな現象における一般的な両者の関連性などについては、まだわかっていなかった。情報という言葉を学術用語にしたのはクロード・シャノンであり、以来、その言葉のもつ一般的な意味も変わったのである。

一九四五年にある物理学者が提示したエントロピーに関する別の問題、そしてそれに対する部分的な解答も、エントロピーと情報のつながりを明らかにする第二の鍵となった。問題はいたって単純である。もし宇宙がエントロピー増加の方向へ向かうものだとしたら、高度に秩序だてられて多くのエネルギーを消費する、反エントロピー的な現象である生命体はどうやって存在しつづけているのだろうか？　宇宙というものが無秩序に向かって流れていく中で、いかに単細胞生物が複雑化し、人間の神経系を作り上げるまでに進化したのだろうか？

量子力学者のエルヴィン・シュレーディンガーは、地球上の生命は、太陽のおかげで宇宙エネルギーの波をしのぐことができると指摘している。太陽が輝きつづける限り、地球は閉ざされたシステムではない。地球上の光化学反応は太陽の放射エネルギーの断片をとらえ、生物を複雑化するのに使うのだ。一九四五年の有名な『生命とは何か？』という講演においてシュレーディンガーは、「生命組織は負のエントロピーを食う」と発言している。負のエントロピーと情報の関係はブール代数のように難解なものだったが、シャノンが無秩序状態のレベルが高い媒体の中でメッセージがどのようにして秩序を保とうとするのかを研究しはじめた時点で、謎解きはあと一歩というところまで来ていたのだった。

イギリスの暗号解読者にとって、簡単なコードを考案して安全にメッセージを送信する方法というのは重要な関心事で、シャノン自身も暗号解読の研究をおこなっていた。シャノンは、そういったコードでできたメッセージを送信するために使う、電気回路の動きを予測することにも興味をひかれていた。これらの研究成果をまとめ、メッセージがどのようにしてノイズから区別できるかという考察をおこなってみて、クロード・シャノンは、宇宙が「二十の扉」、つまり二十の質問でひとつの答えを当てるゲームをしているのだという事実に気づいた。

情報理論の基礎ができたのは、一九四八年の二つの論文が世に出たときとされている。ボルツマンの示したエントロピーとシステムの秩序を結びつける数式と明確な関連をもつ、基礎的な数式を中心に論じられたものだ。だが、数式の背景となる考えかたの概要は単純なもので、シャノンはコーディングと通信の定量的な側面を理解する方法として、ひとつのゲームを提案したのだった。

そのゲームとは、「二十の扉」のありふれたバリエーションで、アルファベット文字を使って「五つの扉」ゲームにアレンジしたものだ。まず、ひとりがアルファベットの一文字を思い浮かべる。もうひとりはその文字を当てるための質問をするが、「その文字はアルファベット順でいくとLよりも前にあるものですか?」といったものに限られる。厳密なイエスかノーかのゲームであり、一度の質問に対しその二つの返答のうちのひとつで答えなければならない。

シャノンは、英文を書くのに必要な三十の文字のうちのひとつを特定するためには、最高で五つの質問が必要であることを指摘している。文字を特定するために必要なイエスかノーかの返答の組み合わせを、0と1の組み合わせやオンとオフのインパルスの組み合わせなどの二進法の記号に変換すれば、アルファベットの文字を表すコードを得ることができる――実際にこれは、タイプライターによるメッセージ送信に使われるコードの基礎ともなった。

このゲームは、幹から枝、枝から小枝へと枝分かれする木のようなもので表すことができ、アルファベット文字はその葉の一枚一枚である。あるいは、枝分かれしていく庭の小道と考えてもいい。それぞれの分岐点では必ずどちらへ行くかという決定がなされていき、どの終点の位置も道をたどりながらおこなわれる決定の組み合わせによってコード化ができる。この方法は、コンピュータのメモリ上のアドレスを決めたり、その場所に格納する命令をエンコードするのにもよい方法である。こうした、ゲームと木とコードの基本的な要素となる二元的な決定は、シャノンの情報の基本的単位である〈ビット〉として表された。コンピュータ・マニアが「ビット」を語るとき念頭にあるものは、このような枝分かれの小道なのだと考えていい。

小道の分岐や二十の扉ゲームの数字、あるいは容器の中の分子のエネルギー状態を特定しようという場合、それぞれの決定、つまりビットが、状況のあいまいさを減らしていくものとなることは間違いない。だが、正解を得るために異なる方法を使った場合はどうだろうか？　もし答えとなる可能性がある文字を一度にひとつずつ順番に、あるいは当てずっぽうに言っていった場合はどうなるだろう？　こうした当て推量が正解にいたる可能性はどのぐらいなのだろうか？　こうした疑問は、大きな数の集団から小さなサンプルを無作為に選ぶ場合の数学的原理、確率論と深い関わりをもっている。

ひとつの事象が起きる相対的な可能性は、それが分子が熱いかどうかであれ、どれが正しいアルファベットの一文字かであれ、その集団で起こりうる事象の総数と、特定の事象の頻度によって決まる。その集団に二つの事象しか考えられなければ、イエスかノーかの一度の決定であいまいさは0となる。四つであれば、特定には二度の決定が必要となる。一兆なら少しばかりは考えなければならない。大きな数に対する予測をたてる場合には、集団に属する個々の個体の動きに基づくひとつひとつの精密な計算よりも、集団全体の動きに基づいた平均という数値を考えたほうがいいだろう。

統計的平均というものの特質のひとつは、ある集団の特徴を平均値によって表した場合、その数値が集団の個々の要素のどれにも当てはまらないということがありえるということである。たとえば、三人の人間の集団があり、ひとりの身長が三フィート、別のひとりが五フィート、もうひとりが六フィートだということがわかっていれば、その集団についての精密な情報を得たことになり、身長によって個人を識別することもできる。だが、その集団の平均身長が四フィート八インチだということしかわかっていない場合、三人の個人の誰についても有益な情報はないということになる。システムが平均で示される場合、情報の一部は必然的に失われる。二つのエネルギー状態が均一化される過程で、常に少量のエネルギーが失われるのと同じことである。

平均という尺度ではなく個々の正確な尺度を使おうとすれば、集団におけるあいまいさを減らしていくことになる。あいまいさの低減は、分子集団の動きを決める統計的な特質を、二進コードの統計的特質と結びつける部分であり、エントロピーと情報が出会う地点でもある。あいまいさが二進コードといかにして結びつくのかは、二十の扉のゲームについて考えるとわかりやすい。一から百までのうちのひとつの数字を当てるのがゲームの目的として、その数字が五十より大きいかを尋ねれば、(その答えがイエスであれノーであれ)あいまいさは二分の一になる。この質問をする前は、選択肢は百あった。イエスかノーで答えられる簡単なひとつの質問によって、その数字が五十より大きいか小さいかがわかり、選択肢は五十となる。

一九四八年にシャノンが示したことのひとつは、あるシステムのエントロピーとは、そのシステムで起こりうる状態の組み合わせの数の対数によって表現できるということだ。この対数は、ひとつの事象を特定するためにイエスかノーかを尋ねる質問の数と同じである。シャノンが再定義したエントロピーとは、記号のある組み合わせを特定するために必要な、二元的決定の数と同じものだ。以上をまとめると、イエスかノーかのゲームの返答のような二元的決定は、そのシステムに関する情報の明確な量を構成するといえる。

こと分子の配列においては、生命組織はどうやって基礎的な物質を取り入れ、それを複雑に組み合わせていくのかの、大量の情報をもっていると思われる。生きた細胞は、どうにかして環境の中から取り入れたごたまぜ状態の分子を配列し、生命組織を維持していくために必要な物質に変えていく。無秩序な環境から、生物は何とかして自分の内部に秩序を構成しようとする。こうした注目すべき特性は、マックスウェルの悪魔と同様、いくぶん疑わしげにも聞こえる。しかし今となっては明らかになっているように、この解答はDNA分子が元素を配列する方法の中にも見いだされているのである——そうした方法をとることによって、新陳代謝と生殖のために必要なプロセスがコード化されているのだ。シュレーディンガーの言う「負のエントロピー」とは、すべての生命を育てるものは情報だということであり、シャノンはそのコーディング方法を、分子であれメッセージであれ交換網についてであれ、正確に示したのである。

余談ではあるが、シャノンはこの「エントロピー」という言葉を、自分の数式によって意味づけられた尺度の表現として使うことに難色を示していたようだ。しかしフォン・ノイマンは、シャノンにとにかくこの言葉を使うよう勧め、「誰もエントロピーが何なのかわかっていないから、議論になったら君のほうが有利だ」と助言したといわれる。

シャノンにとってのエントロピーとは研究の結論であって、出発点ではなかったことを忘れてはならない。熱い分子であるとか、DNAのコードであるとかいった話は、シャノンの最初の目的とはかけ離れたものだった。数当てゲームやビットの概念、あいまいさとエントロピーとの関係といったことは、シャノンがメッセージというものについてじっくりと考えた結果にほかならない。情報を伝える信号は、そのほかに起きるすべてのことからどう識別できるのか？　空電障害やその他の電波障害があっても、無線を通した音声を理解可能にするには、どのくらいのエネルギーが必要なのか？　シャノンが答えを求めたのはこうした疑問に対するものだった。

シャノンが一九四八年に発表した『情報の数学的理論』は、ノイズの多い媒体でのメッセージ送信の経済性と効率性に直接関連する原理、そして間接的にではあるが、エネルギーと情報の接点に関わる基本的な原理を提示している（2）。シャノンの研究は、第二次大戦以降ずっと重要な問題だった技術的な問題、すなわち、ある程度のノイズに妨害される媒体においてメッセージを確実に送受信するには、どのようなコード化をすべきかという問題の直接の解答となった。

シャノンは、適切なコードを考案できれば、どんなメッセージも望ましい信頼性をもって送信できることを示した。本質的な制限は、すべて通信路に関連する制限のみである。通信路というものがあれば、それがどれほど雑音の多いものだとしても、ある程度の信頼性をもってどんなメッセージも送信できるコードを考えだせる。エントロピーは、コードの複雑さと信頼性の程度の関連を示す尺度になる。これらの原理は無線や電話通信の技術者に大きな影響を与え、カラーテレビの発明や月からの通信を実現する土台ともなったが、シャノンが論じたことは単なる電気工学の領域を超え、その普遍性を論証するものでもあった。

実際のところ、その五年後には、生命そのものの鍵となるのは情報だということがはっきりする。シュレーディンガーの講演を聞いて物理学から生物学に転向した若い学者、フランシス・クリックがジェームズ・ワトソンと組み、DNAの螺旋状の遺伝子コードを解読したのだった。これによって、科学的にも大衆意識のレベルにおいても、エネルギーを基礎とした宇宙観から情報のモデルへの移行は、あまりにも性急に進んでしまった。情報理論をあらゆる科学の領域に強引に押し進めようとした結果、科学的価値が疑わしい研究も出現し、シャノンみずからがこの「便乗効果」に苦言を呈することにまでなった。彼は、情報理論は「実際の業績を超えた重要度にふくれあがってしまったようだ。……いくつかの自然界の謎がこんなに一度に明らかになることなど、そうそうあるものではない」と述べている(3)。

シャノンの否定にもかかわらず、多くの重要な現象はメッセージの形で見られることがわかるにつれ、情報および通信を基礎としたモデルは、科学においてはたいへんに有用なものであることが証明された。人体組織も、機械的なものとしてよりも、複雑な通信ネットワークとしてのより深い理解ができるようになった。シャノンが「雑音の多い通信路」と呼んだ原理による誤り訂正コードは、たんぱく質合成の遺伝子的制御にも、コンピュータネットワークの通信プロトコルにも役立った。シャノンのMITの同僚ノーム・チョムスキーは、同様のツールを言語の「深層構造」の研究に利用している(4)。

このような高度な抽象概念の研究に関わってはいたが、シャノンはデジタル・コンピュータの可能性に関する考えをすべて捨ててしまったわけではなかった。ウィーナーはコンピュータを自己制御マシンと見なし、フォン・ノイマンは数学的特性とともに論理的特性もそなえた機器と考えていたが、シャノンはENIACやUNIVACを情報処理機器として見ていた。

チューリングやそれ以降のほかの数学者たちと同様に、シャノンもまた、チェスのように洗練された、本質的には人間の作業である何かを、将来これらの機械に模倣させることは、理論上可能なのではないかという考えに魅了されていた。一九五〇年二月、シャノンは『サイエンティフィック・アメリカン』誌に「チェスをする機械」という論文を発表した。これは〝人工知能研究〟という呼称が出てくる五年も前のことで、シャノンは当時ごくわずかの人間しか認識していなかったこと、すなわち、電子デジタル・コンピュータは「単語や命題、その他概念を示す要素を、記号として扱うことができる」ということを指摘してみせたのだった。

チェスゲームはチューリング・マシンである。万能チューリング・マシンは、正しくコード化されたルールを与えてやりさえすれば、チェスができるはずだ。シャノンは、チェスをする機械を設計するときに多くの人が陥りがちなことを指摘した。考えられる駒の動きをひとつひとつ機械的に調べ上げて評価する方法、いわゆる手当たり次第的な方法をとるのは、考えられるどんなに速いコンピュータを使っても実質的には不可能である。シャノンによれば、普通のチェス・ゲームで考えられる動きというのはおよそ10の120乗通りあり、「百万分の一秒にひとつの動きを計算できる機械を使っても、最初の一手を決めるまでに10の95乗年かかることになる!」ということらしい。

この「組み合わせの爆発」、つまり、それぞれの選択が次の段階につながり、さらに次の段階へと進むようなシステムにおいては、選択肢は急激に圧倒的な数でふくれあがっていく現象のことだが、これもシャノンが例によってたまたま発見した自然の謎のひとつである。決定の選択肢の数の爆発的拡大は、枝分かれ構造を徹底的に精査しようとするとどうしても突き当たる障害であり、問題空間の調査によって認知機能の模倣をおこなわせようと試みるプログラマーがいまだに直面する問題でもある。

チューリングもシャノンも、チェスには真剣な関心を寄せていた。ルールが簡単なわりに複雑なゲームであり、こうした時間のかかる探索方法を短縮することが、脳のおこなうあらゆる種類の問題解決方法を解明するヒントとなるのではないかと考えてもいたからだ。

また、チェス・プログラムのもうひとつの興味深い点は、フォン・ノイマンやチューリングも扱ったことのある、〈オートマトン〉として知られる情報の本質的な存在と同質のものだということだ。繰り返しになるが、万能チューリング・マシンと同様に、オートマトンはその当時存在していなかった理論上の装置だが、シャノンは原理的には構築が可能と考えられていた。

ベル研究所時代のクロード・シャノン
機械ネズミをテストのため迷路に置いているところ
(Courtesy of AT&T Bell Laboratories.)

何年ものあいだ、ほとんど子どもだましのような簡単な手製の道具、つまり単純な迷路を通り抜けることのできる機械ネズミを使って実験を繰り返していた。

一九五三年にシャノンは『コンピュータとオートマトン』という論文を書き、その中で、いまだにコンピュータ研究者ばかりでなく心理学者にも強い関心をひきつづけている問題を提起したのだった(5)。チェス・ゲームのプログラムは自分のおかした間違いから学習することができるか？　自分の故障を診断して治すことのできる機械というものを作るのは可能だろうか？　人間が指定したとおりのソフトウェアをコンピュータが自分で書けるような、コンピュータプログラム(〈仮想マシン〉)を作ることは可能か？　人間の脳が情報を処理する方法(先進的な人工知能研究の世界では〈ウェットウェア〉と呼ばれる)を、ハードウェアとソフトウェアとで効果的にシミュレーションするのは、果たして可能なのだろうか？

一九五三年の夏、これらの問題を研究する中で、シャノンはミンスキーとマッカーシーという二名の研究助手を雇った。二人ともすばらしい数学の才能に恵まれた若き天才で、コンピュータでなにか大きなことをしたいという夢を抱いていた。彼らは生粋のコンピュータ科学者と呼べる最初の世代であり、すでに電子工学やサイバネティックス、情報理論や大脳生理学の知識をもち、そのすべてを利用して野心的なことをなしとげようと考えていた。そうしてベル研究所の中でシャノンという存在を探り当て、来るべき場所へ落ちついたというわけだった。

シャノンは長いこと、もっと洗練された未来のコンピュータ・ハードウェアが、人間の認知機能の一部をシミュレーションできるソフトウェアを構築することも可能になるのではないかという気持ちを抱いていた。だが、この二人の若者たちは、頭からそれを確信していた。彼らは知能を生みだすことに力を注ぎ、そのことを公言するのもはばからなかった。シャノンはマッカーシーとともにオートマトンに関する本を編集し、三年後の一九五六年には、ミンスキーやマッカーシー、IBMのコンピュータ研究者のナサニエル・ロチェスターらとダートマス大学の夏期会議を主催して、この新分野の目標を定めた。この会議の討論テーマとなった新しい科学分野はまだ名前もなかったが、科学界ではもっとも複雑なシステムとして知られる人間の知能の人工版は、コンピュータの存在によって実現可能となるという仮定のもとに確立されたのであった。

マッカーシーが〈人工知能（AI）〉という言葉を使いはじめたのは、一九五六年ごろのことだ。ダートマス会議は人工知能派の結成集会と呼ぶべきものであり、当時無名だったアラン・ニューウェルとハーバート・サイモンというランド社のプログラマーが、クリフ・ショウと一緒に作ったソフトウェアをもち込んで、サンタモニカから新風を吹き込んだのもこの会議でのことだ。会議の参加者を驚愕させたのは、のちに〈ロジックセオリスト〉として有名になったこのプログラムが、ラッセルとホワイトヘッドの『プリンキピア・マテマティカ』にある定理を実際に証明したことだ。会議の参加者が今後やりたいこととして計画していたことのひとつを、このプログラムはすでになしとげていたのだった。

一九五六年と五七年には、人工知能開発者に対する期待は大きく高まった。大がかりな研究が始まり、野心的な目標も視界の内に入ってきた。ごく少数の異端派の学者たちは、かつてはSFの世界としか見なされなかったようなコンピュータ科学の一分野が、これまで人類が試みたどんなことよりも重要なものになるだろうという確信を得て、自分のキャリアをその研究に賭けていた。ミンスキーはMITに残り、知識がどのように人の心や機械において表現されるのかという研究に焦点をしぼった。ニューウェルとサイモン（現在ではノーベル賞受賞者である）は、その後長きにわたって続くことになるカーネギー・メロン大学での共同研究を開始し、心理学と人工知能設計への情報処理アプローチについて探求した。マッカーシーは、人工知能研究を支援するための特別なコンピュータ言語LISPを考案し、MITを去ってスタンフォード大学の人工知能研究所の所長に就任した。

クロード・シャノンはチェスゲーム・マシンの研究に戻り、単純な迷路をクリアする事を学習する機械ネズミの開発を続けていた。一九五六年には、四七年の夏にノーバート・ウィーナーの「エントロピーは情報だ！」という叫びを耳にした、あの電気工学科の学生ロバート・ファノが、シャノンをベル研究所からMITに招聘した。

専門分野におけるシャノンの地位は非常に高かった。たまにMITの講堂を一輪車で走り回ったりすることや、講義や論文発表にあまり積極的でないことを非難されることはあっても、彼の評判がそこなわれることはほとんどなかった。実際のところ、その名声はもはや神話の域にまで達してしまい、本人がそれを否定する文章を書くはめになったほどだ。シャノンにとっての名声とは、ほしいものでもなければ必要なものでもなかった。一九六〇年ごろには、ほとんど研究室にさえ姿を現さなくなった。

一九六〇年代、シャノンは確率論の実社会的実験としての株式市場に興味を示し、そこそこもうけているらしいという噂も流れた。通信とメッセージの分析を、英語という言語に対しても真剣に展開しだした。シャノン本人以外、その発見の全体像は誰も把握していない。プロジェクトMACの管理責任者となったロバート・ファノは、最近シャノンについて次のように語っている（6）。

> 一九五〇年代の彼の意義深い研究の根幹は、発表されないままとなっている。論文の代筆をさせることも好まず、だからといって自分で書くこともしなかった。単にそれだけといえばそれだけだが、そのぶんいろいろ難しい問題もあった。教えることも好きではなかった。講義をするのにも乗り気ではなかった。しかし彼の講義は、すべてすばらしい宝のようなものであった。一見気ままにやっているように見えるが、実はとても慎重に準備されたものだったのだ。

シャノンが個人的に面倒を見ていたごくわずかな学生のひとりで、MIT出身の天才アイヴァン・サザーランドが、六〇年代の初めにコンピュータ科学界をあっと言わせるような功績をあげる。七〇年代半ばごろにもなると、六十代となったシャノンは文字通り大御所と呼ばれる立場となった。八〇年代の初めになってもまださまざまなことを考えつづけていて、これまでのシャノンの道のりを見る限りでも、彼のもっとも大きな発見が出てくるのはこれからかもしれないと考えることは、あながち不自然なことではないようにも思える。

一九五〇年代終わりにシャノンが世間から身を引きはじめていたのと同じころ、人工知能のパイオニアたちは、自分たちの野心的な研究の領域を明確に区画しはじめた。自動定理証明プログラム、知識表現言語、あるいはロボット工学のような目標を打ちたてていき、さらに新しい種類の人工知能プログラムでの実験用に使うコンピュータの実現も可能にした。このあたりの話でも、またちょっとした運命のいたずらが登場してくる。

今回は戦争ではなく、戦争の脅威によるものだ。宇宙開発競争とコンピュータ革命は、一九五七年にまさに始まろうとしていて、第二次大戦中のコンピュータ開発者によって作られた情報処理機器は、研究室を離れ、現実世界へ入っていこうとしていた。例によって話の始まりは、MITの教授がたまたま大きな何かに出くわしたことであった。

第七章

ともに考える機械

一九五七年の春、J・C・R・リックライダー博士は、MITの研究者および教授として日中にこなした仕事をすべてメモに書きとり、それぞれどのくらいの時間を要したか記録をつけていた。本人はそのときに気づいていなかったのだが、この非公式な実験が、対話型《インタラクティブ》コンピューティング技術の開発につながる道を開いたのだ——単に数字だけをざくざく計算していく旧式の計算機が、未来の〝心の増幅装置《マインド・アンプリファイアー》〟になるための道を。

　リックライダーの専門は〈音響心理学〉で、第二次世界大戦中は、人間のコミュニケーションを理解するために、電子工学を応用する方法を研究していた。特に、人間の耳と脳が空気中の震動をどうやって音として認識できるように変換するのかという研究をしたいと考えていた。戦後のMITは、神経系の部分的モデルを作るための、電子的メカニズムを利用したさまざまな試みの中心地点になっていた。ノーバート・ウィーナーらの学際的なサイバネティックス研究に触発されたのは、工学分野ばかりではなく生物学や心理学も同じだった。

　リックライダーもこのパラダイムに興味を示した研究者のひとりだったが、新しい機械を作りたいという欲求にかられたわけではなく、人間の脳の働きをシミュレートする新しい方法がほしかっただけだった。サイバネティックスによってこの必要が満たせれば、工学と心理学の二つの領域を同時に拡大できる。リックライダーの心の中には、コンピュータのことなどみじんもなかった――作りかけていた人間の知覚メカニズムの理論的モデルが、自分の手に負えなくなるまでは。

一九五〇年代後半にリックライダーが作ろうとしていたのは、脳が音の知覚を処理するときの、数学的および電子工学的なモデルだった。初期のサイバネティックス研究がブームとなったのは、生体組織のメカニズムモデルを研究することによって、その組織がどう機能するかという理論的モデルを作る助けになるのではないか、あるいはその逆も可能なのではないかという見方が出てきたことにもよる。リックライダーには音の高さを知覚する神経系の複雑なモデルを作ろうという着想があったが、すぐに現実に直面して愕然とした。その数学的モデルがあまりに複雑なものになったために、その時代の最新アナログ・コンピュータを使ってさえ、それなりの時間内ではとても算定できないことがわかったのだ。そしてこの計算が終わらないことには、音の高低の知覚メカニズムのモデルはとても構築できそうになかった。

脳の数学的モデルや電子工学的モデルというのは、本来は脳の複雑さを「理解しやすくする」ための手順であり、収集したデータでグラフを作って重要な関連性を見いだそうとするのと同様の作業である。だが、そのモデル自体が、いまや手に負えないほど複雑になってしまった。その二十年前にモークリーが気象データの処理で経験したように、リックライダーの場合も、モデル構築のための計算に費やす時間が増えていき、本来の重要な仕事、つまり、それらの情報が何を意味するかを考えるために使いたい時間は、そのぶんだけ少なくなっていった。彼の探求の目的、すなわち人間のコミュニケーションの理論的土台といったものは、こうした大量の数値やグラフの奥底にあるはずだったのだ。

最初は脳の音声情報処理が興味の中心だったリックライダーだが、ほどなくして、増えるばかりの数値データの処理と資料の出し入れや整理などに、自分の大半の時間が費やされているような気がしてきた。研究者がどんなふうに自分の時間を使うかに興味を感じたリックライダーは、それを調査した人間が同僚の中にいないかどうか確かめてみた。

情報関連の研究者の時間配分と行動について研究した人間はいなかった。そこで、日常の研究をおこなう中で、自分自身の行動の記録をつけていくことにした。のちにリックライダーは、「サンプリングとして適切でないのはわかっていたが、自分を被験者として選んだということだ」と、仲間内に知られる謙虚さとユーモアをまじえながら記している（1）。

すぐに明らかになったことは、この行動記録作業自体は含めないとしても、彼の研究活動時間の多くは、さまざまな記録をとることに費やされているということだった。リックライダーのような自尊心の高い科学者にとっては驚くべきことだったに違いないが、この調査によって、本来「考える」ための時間の八五パーセントが、実際には「考え、決定し、何かについて知るために学ぶという姿勢に入る前のこと」に使われていて、「じっくり考える時間よりも、情報を探したり入手したりするために費やす時間のほうが長い」ことがわかったのだった（2）。

ほとんどの実験主義者と同様リックライダーも、音響心理学のデータはグラフの形をとってみなければ意味がないものだと考えていた。グラフの作成には何日もかかる。助手にグラフの作りかたを教えるだけでも、何時間もかかってしまう。グラフさえ仕上げてしまえば、そこから関連性を見いだすのは容易なことなのだ。解釈に大した時間のかからないグラフを何日もかけて作るのは、ひどく非効率的で退屈な作業だった。

リックライダーは、解釈と評価こそ科学者のいちばん重要な役目だと信じていたのだが、この行動調査の分析により、自分の研究の多くの時間が「一連の推測や仮説の論理的または動的結論を、検索し、計算し、作図し、変形し、決定するため、あるいは、決定や洞察の方法を準備するための」事務的で機械的な仕事にとられていることを、認めざるをえなかった。そして、「そのうえやっかいなことに、何を試みるべきか、何を試みるべきでないか、といったことについての自分の選択は、知的能力にではなく、事務処理実行の可能性というものによって制限されていたのだ」という結論に達したのだった（3）。

リックライダーがたどりついたこの結論は、今となってはそう革新的なものではないが、一九五七年当時としては衝撃的なものだった。彼ぐらいの謙虚さを持ちあわせない人間だったら、この結論からは目をそむけたかもしれない。しかしリックライダーは、この非公式な自己調査の結果から、技術研究者が時間をとられている作業の多くは、機械を使ってもっと効率的におこなわれるべきだと考えるようになった。

同時期の研究者の中にも、同じことを考えていた人物は少数ながらいた。特に、カリフォルニアのダグ・エンゲルバートなどがそうだ。だが、一九五〇年代のMITでおこなわれていた軍出資の研究プロジェクトと関わりを持ったことで、リックライダーは、コンピュータをある種の心の増幅装置に変えようと夢見ていたほかの研究者たちにはない、決定的な強みを手にすることとなる。リックライダーが自分の結論に達してからまもなく周囲の状況が変わり、彼はまったく新しい技術の創造を支えるだけの資金力を持つ、とある組織の中心に置かれることになったのだった。

このころのリックライダーは、本業からの寄り道としてコンピュータ技術というものに関わったにすぎない。この時代のコンピュータ科学者の中で、コンピュータ技術をすべて一新し、コンピュータを科学者のデータ追跡調査や研究対象の理論的モデルの構築の助けになるような機械にすべきだなどと、あえて提案するような人物はひとりもいなかった。そしてそんな度胸のありそうな人間たち、とりわけその時期にMITで人工知能分野の礎を築こうとしていた若い一匹狼たちにとっては、そんな発想はむしろ当たり前すぎて、探求材料としてはあまりにちっぽけなものにしか見えなかった。人工知能研究者にとっては、科学者の事務仕事を機械にやらせることよりも、科学者そのものを機械に置き換えることのほうがずっと興味深いことだったのだ。しかしリックライダーは、コンピュータ科学の権威でもなければ一匹狼でもなく、電子工学に多少の専門知識がある心理学者だった。そして、有能な研究者なら誰でもそうするように、彼はただデータの示した道にしたがったのだった。

一九五〇年代後半のリックライダーに、デジタル・コンピュータ設計の経験はほとんどなかった。自分の必要とするものを与えてくれるのはコンピュータ以外にないということはわかっていたが、当時あったコンピュータも、コンピュータの使われていた用途も、彼の考える〝電子ファイル事務員〟を作るのに適したものと思ってはいなかった。〈データ処理《プロセッシング》〉は、リックライダーの求めるものではなかったのである。

たとえば二、三億人ばかりの人々の情報であふれかえる国勢調査局で、何らかの理由によりアメリカのサンベルト地帯に住む六十歳以上の離婚経験者が何人いるかを知りたいということだったら、ＵＮＩＶＡＣに分類と計算を任せれば、必要な情報を手に入れることができる。こうした作業がデータ処理だ。隔週金曜日に一万人の従業員に支払う給与を計算し、タイムカードの内容を台帳に記載して、小切手を全部印刷しなければならないのなら、近所のＩＢＭ代理店に行ってデータ処理ツールを買えばいい、ということなのである。

データ処理では、コンピュータで「何ができるか」、あるいは「どんなふうにできるか」という点からの制約がともなう。給与計算、数学的計算、国勢調査データなどがこうした処理に適した作業であり、〈バッチ処理（一括処理）〉と呼ばれるものが、適した方法だ。解きたい問題が何かあったら、プログラム自体とそのプログラムに処理させるデータをコード化する必要があり、普通は二大コンピュータ言語であるＦＯＲＴＲＡＮとＣＯＢＯＬのどちらかを使う。コード化されたプログラムとデータは、〈ＩＢＭカード〉として世界的に有名になったカードのひとかたまりとして変換される。卓上メモ刺しに刺したり折り曲げたりすることのないこのカードは、大学のコンピュータ・センターや企業のデータ処理センターのシステム管理者の手元に送られる。こうしたセンターの専門家だけがプログラムをコンピュータに入力する権限を持ち、何時間もしくは何日か待つと、その専門家から出力結果を受け取ることができるわけだ。

だが、一万個の点を一直線に描きたいとか、数値表から飛行機の翼周辺の気流パターンのグラフィックモデルを作りたいと思うなら、こうしたバッチ処理では何の役にもたたない。必要なのは〈モデリング〉、つまり当時飛行機の設計者たちが使っていたような、変則的で新しいコンピュータの使いかたなのだ。最初にリックライダーが必要としたのは、モデル構築にともなう事務仕事や計算を任せることのできる、機械でできた使用人だった。だが、まもなく彼は、コンピュータにもモデルの計算だけでなく、モデルの構築そのものを助けることもできるのではないかと考えるようになったのである。

その年の後半に教授職に就いたリックライダーは、ケンブリッジの近くにあるボルト・ベラネク・アンド・ニューマン（ＢＢ＆Ｎ）というコンサルティング会社と協力することにした。この会社がリックライダーに音響心理学の研究の機会を与え、デジタル・コンピュータを学ぶ場も提供してくれた。

「BB&N社は、ディジタル・イクイップメント社（DEC）が作った最初のコンピュータ、PDP—1を持っていた」と、一九八三年にリックライダーは語っている。価格二十五万ドルほどのこのコンピュータは、六〇年代半ば風にいえば〈ミニコンピュータ〉と呼ばれるシリーズの、最初のものだった。何百万ドルもしてひと部屋を占領してしまうようなものとは違い、新しくて小型だが能力のあるこのコンピュータは、何十万ドル程度の単位で、冷蔵庫数個ほどの場所しかとらないですむ。しかし操作のほうは、依然として専門家を必要とした。このためリックライダーは、大学は中退したがコンピュータの知識が豊富で有能な青年をひとり、研究助手として雇うことにした。のちに人工知能研究の権威となるエド・フレドキンという名のこの青年は、リックライダーが新しい種類のコンピュータ機器とコンピュータ利用のスタイルを作ろうと働きかけていく中で、彼が集めていく才能あふれる若い研究者の、最初のひとりだった。

　フレドキンとBB&N社によって、PDP—1はリックライダーが直接操作できるようにセットアップされた。箱に詰まったパンチカードを使って何日もかけてプログラミングするかわりに、プログラムとデータを高速度の紙テープ装置経由でコンピュータに送ることができるようになった。プログラムの実行中に紙テープを交換することも可能となった。これにより、コンピュータを操作する人間は、初めて機械と〈対話《インタラクト》〉できるようになったのである（こうした対話《インタラクション》の実現可能性については、のちのコンピュータ史に影響を与えたような人物の中からも、相応の指摘がおこなわれていた。MITの別の若いコンピュータ科学者、ジョン・マッカーシーとマーヴィン・ミンスキーも、PDP—1を本来とは異なる方法で使用していたのである）。

　PDP—1は、現在のコンピュータと比較すればいかにも原始的なものだが、一九六〇年当時においては大きな技術革新だった。リックライダーが最初に考えていたモデル構築の手段も、ここにあったのだ。データからグラフを描くのに費やす労力によって人の思考能力が制約を受けるという結論にいたったとき、リッククライダーがMITの音響心理学研究室で夢見た機械は、速くて安価で対話のできるこのコンピュータによ

J・C・R・リックライダー教授とコンピュータの前身の電子装置。ARPAに入る数年前。
(Courtesy of the MIT Museum.)

って、だんだん実現されてきているように思われた。
「一種の宗教的目覚めとでも呼ぶべきものだったかもしれない」

四半世紀前に初めて対話型コンピュータにふれたときの気持ちを、今のリックライダーはそう表現する。

彼が考えていたとおり、実験データを使ってモデルを構築したり、複雑な情報の集まりから何かの意味を見いだすために、コンピュータをその助けとして使うというのは、十分に実現可能だったということだ。

その後リックライダーは、モデル構築に必要なのは確かに「コンピュータという機械」なのだが、自分の研究している現象のモデルを作るためには、PDP―1でさえも未熟すぎるということに気づきはじめた。

一九六〇年型のコンピュータにとって、自然はあまりにも複雑すぎた。もっとたくさんの記憶装置と、大量の計算を高速にこなせる処理能力が必要だ。コンピュータと人の脳それぞれの長所と短所について考えているうちに、リックライダーは、本当に必要なのは、これまでの人間とコンピュータの関係を変えるような何かを見いだすことではないのか、ということに思い当たったのだった。

一九五六年夏のダートマスにおける人工知能分野立ち上げ会議から、リックライダーの知るMITの若いコンピュータ科学者や情報通信学者たちは、機械が人間の知性の限界をしのぐという漠然とした遠い未来の話に花を咲かせていた。しかしリックライダーには、もっと短期的なコンピュータと人間の関係についての可能性のほうが、ずっと重要なことに思われていた。

彼が一九五七年に気づきはじめたのと同じ問題に、あらゆる分野の科学技術者たちが突き当たりだしたということも、早い時期から感じていた。チェスゲーム機や言語翻訳機を作るのは、人工知能科学者に任せておけばいい。自分たちが必要としているのは、知的な助手の力なのだ。

リックライダーは、「対話型コンピューティングに対する宗教的目覚め」（この言葉は、その後彼の試みに加わった人々によって繰り返し使われた）というものに確信を抱いてはいたが、実際に知的な研究助手を作りだすために必要なコンピュータ技術の経済面に関する知識は、ほとんど持っていなかった。ただ、コンピュータがいつどうやって「考えるための道具《シンキング・ツール》」になれるほどパワフルでかつ安価になるかはわからなかったものの、もし汎用コンピュータが人間と直接対話できるようになれば、一九五〇年代のデータ処理機やたんなる計算機などとは、まったく違ったものに発展させられるのではないかと考えていた。個人的に使える道具としてとなると、さすがに経済的に不可能に思われたが、図書館のような公共の情報資源を近代化するという考えは、リックライダーの関心をひいた。一九四五年にヴァネヴァー・ブッシュが提唱した、世界の新しい知識システムに適合する新たな図書館という概念も、興味深いものだった。

「PDP–1は、将来このような機械が人間とどんなふうに協力していくようになるのかという考えに、目を向けさせてくれた」とリックライダーは一九八三年に振り返っている。「だが、誰でも自分のコンピュータを持てるというようなことが経済的に可能だとは、最初は考えていなかった」

そうして彼は、この新しいコンピュータこそがヴァネヴァー・ブッシュが予言した超機械化図書館というものにうってつけの候補だと気づいたのだった。一九五九年、リックライダーは『未来の図書館』という著書の中で、コンピュータによって作られたシステムが、どのようにして新種の〝思考センター〟となりうるかを描写している。

リックライダーの著書に出てくるコンピュータ化された図書館には、ユーザーひとりひとりにコンピュータを丸ごと一台与えるなどといった、ぜいたくな話は出てこない。そのかわり、技術的な詳細は抜きにして、それぞれの人間が同時にセントラル・コンピュータを利用できるような、遠隔操作端末の仕組みというものを示したのだった。

この著書を出したのち、スプートニク・ショック以降の時代のコンピュータ研究が華々しく加速しだしたころ、リックライダーはひとつの法則を発見した。彼や電子工学の発展にたずさわった人々が『二の法則』と呼んだもので、コンピュータの主要構成部分の小型化が続くことにより、コンピュータ・ハードウェアの費用効果は二年ごとに二倍になるという法則である。一九五〇年当時にこの法則はそっくり当てはまり、六〇年も同様で、トランジスタ革命論者のもっとも大胆な予想までも超え、一九八〇年においてもまだこの法則は有効だ。この現象が過去三十年間の電子工学革命をいかにあおったかについては、小さい図書館ならい

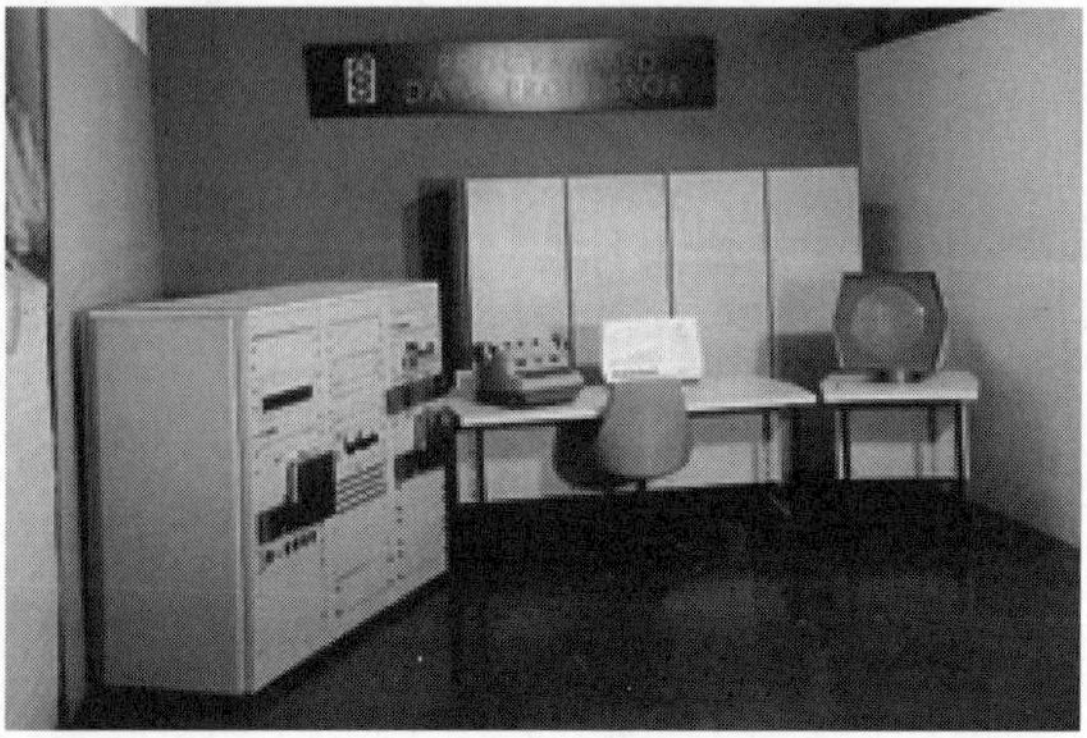

PDP-1
(日本ヒューレット・パッカード株式会社提供)

っぱいになるほどの本や記事が書かれている。どうやら一九九〇年になってもこの現象は続きそうで、そのころにはENIACの数百万倍の能力を持つコンピュータが、個人で買えるほどの値段になっていることだろう。

その後リックライダーは、コンピュータ化された図書館よりもはるかに革命的な何かを創りだせる可能性について考えはじめた。この容赦ない急激なコストダウン現象によって、PDP－1の百倍の能力を持ち、十分の一の値段しかしないコンピュータが十五年以内に出てくるということがわかってくると、コンピュータの電子的な能力と、人間の大脳皮質の能力の双方を備えたシステムというものについて考えるようになった。人間とPDP－1の稚拙な対話などは、人間とコンピュータの新しいパートナーシップが持つ可能性の、そのほんの一歩にすぎないのだった。

人間と機械のあいだのさらに高いレベルの対話を可能にするためには、新しいコンピュータが開発されなければならない。人の機械操作自体も変化することになるだろうし、機械そのものももっと高速で高い能力を持つものになる必要がある。デジタル・コンピュータの設計についてはいまだ初心者のリックライダーだったが、真空管回路には精通しており、〈人間工学〉という複合的分野にも専門知識があったので、彼の求める研究助手機械というものが、近い将来に出現するはずの超高速コンピュータでなければ実現できないような能力を必要としていることは認識していた。

人間工学の研究で使われている方法を、自分のような研究者の情報通信活動に適用するようになってのち、リックライダーは、モデルを〝構築〟するばかりでなく、〝定式化《プロッティング》〟するための助けになるような、より機能的で対話可能なコンピュータという発想にも興味をひかれていった。一九六〇年には、新たな種類のコンピュータとその操作の新しい考えかたに関する詳述を発表しているが、四半世紀がすぎた現在も、この内容が十分に認識されるようになったとはいいがたいものがある(4)。

情報処理装置の役割は、仮説を検証可能なモデルに変換し、データによってそのモデルを検証することにある(人間のオペレータは、おおまかなモデル指定をおこなったり、機械が人の承認を求めたときには確認したりする)。また、そうした装置は質問に返答する。メカニズムやモデルのシミュレーションをおこない、手順を実行し、結果をオペレータに提示する。データの変換や作図もおこなう(オペレータが指定した方法にしたがって「図を操作」する。もしくは、オペレータが確信が持てない場合には、いくつかの選択肢の中から方法を選ぶ)。また、内挿《インターポレート》や外挿《エクストラポレート》、変換《トランスフォーム》などをおこなう。静的な方程式や論理的命題を動的モデルに変換し、オペレータがそのはたらきを精査できるようにする。つまりこの装置は、ひとつの決定から次の決定にいたるまでのあいだにある、日常的で事務的な操作を実行するということだ。

さらにコンピュータは、形式的統計分析に必要な基盤が与えられれば、示された動きの基本的評価をおこなうための統計的推論マシン、あるいは決定理論やゲーム理論のマシンとして使われるだろう。そして最終的には、原因分析やパターン照合《マッチング》、関連性認識なども可能になるだろうが、それらはあくまでも二次的な意味における存在として受け入れられることになる。

一九五〇年代、複雑なシステムを制御するためにコンピュータ装置を人間の助手にしようという試みがあったが、実際には新しい防空命令系統を作る必要に迫られて始まったものだった。人間工学の専門家であるリックライダーは、初期の防空通信システムの計画に関わっていた。二十世紀からさらにその先にわたって、人間の解決すべき最大の課題は、複雑さの制御なのだということが、リックライダーや同時代のごく少数の人々には見えていた。地球上の文明を維持し育成する複雑な情報を記録していくためには、機械が人間を助けなければならない。そして人間は、人類が存続し成長する中で生まれてくる、大きな問題に立ち向かうための新しい方法を持つ必要があるのだ、と。

それが生物であれテクノロジーの産物であれ、生存することとそれなりの生活レベルの維持というものは、すべての正常かつ知的な有機体の基本的欲求だといえるだろう。だとすれば、地球上の人間と、その人間が創造した記号処理体の双方にとっていちばんいいのは、主人と奴隷の関係や、停戦を装う敵同士の緊張関係でなく、〝協力関係《パートナーシップ》〟なのではないかと、リックライダーは考えた。

そして彼は、一九五七年から五八年にかけて経験した対話型コンピューティングへの〝宗教的目覚め〟や、五八年から六〇年のミニコンピュータとの出会いの中で予感するようになった、未来の可能性というものの完璧な事例を、自然の中に見いだした。これが将来の〈情報生態学《インフォメーション・エコロジー》〉に目を向けるきっかけともなった。この事例は、科学技術者の時間配分というリックライダーの謙虚な発見に、その後のコンピュータ経験をどう適用すべきかを物語っているものにも見える。もしその結果として生まれた発想が正しいと証明されれば、この考えはあまりに大胆で広範囲な理論に発展するので、人間の歴史のみならず、人間の進化まで変化させてしまいかねないものなのだ。

一九六〇年、機械を理論的モデルの構築だけではなく形式化の助けとしても使うべきだと論じた論文の中で、リックライダーは人間とコンピュータの関係のありかたに関する概念にもふれているが、これはのちに彼自身が広めていく考えの基本となっていった（5）。

イチジクはイチジクコバチという虫によってのみ授粉する。そのイチジクコバチの幼虫はイチジクの

子房に住み、そこで食べ物を得る。このように、イチジクとイチジクコバチは密接な相互依存の関係にある。木は虫なくして生殖できず、虫は木なくして食物を得ることができない。双方とも、生存のためだけでなく、生殖や成長においても協力関係にある。このような「密接な関係の中で、あるいは結合に近い状態で、二つの異なる生物がともに生きる」協力態勢のことを、〝共生《シムビオシス》〟と呼ぶ。

「人間とコンピュータの共生」とは、マン＝マシン・システムの下位概念である。マン＝マシン・システムは数多く存在する。しかし現在、人間とコンピュータの共生という概念は存在していない。……（中略）……何年もたたないうちに、人間の脳とコンピューティング・マシンは固く連結され、その結果生まれる協力関係により、人間はこれまで誰も考えたことのなかった方法で考えることが、マシンはこれまでのどんな情報処理マシンでも到達できないようなデータ処理をおこなうことが、可能となるだろう。

こうした協力関係を作り上げるうえで乗り越えるべき問題は、より性能のいいコンピュータを作らなければならないということであり、人間がどのように情報と関わるかを学ばねばならないということでもある。しかしもっとも重要な問題は、脳や技術のことではなく、双方がどのように連結されるかという点にある。

リックライダーには、より性能のいいコンピュータを作るためのツールとして、コンピュータそのものを使えるのではないかとの予見があり、一九六〇年という年は、人間とのコミュニケーションを学ぶ能力のある機械を作る試みの第一歩の年になると考えた。機械は最終的に、人類がより効率的なコミュニケーションをおこなえるような、そしてもっと深く知り合うことができるような力を、与えてくれるはずだと。

このころのリックライダーは、すでに本来の音響心理学の研究の道からはずれ、当初は研究データの解釈を助けるツールとしてしか考えていなかった機器を完成させたいという野望そのものに、心を奪われてしまっていた。最初は正確な対数表を作る方法を求めていたバベッジのように、あるいは精密な発射表を求めたゴールドスタインや、数学や暗号の問題を解くのに必要な確定的方法を求めたチューリングのように、リックライダーももとの目的から離れ、必要な道具を作りたいという高揚感にとらわれていったのだ。

リックライダーは、バベッジのような口うるさい天文学者でもなければゴールドスタインのような弾道学者でもなく、チューリングのような数学者でも暗号解読者でもなく、実用的な電子工学の経験が多少あるにすぎない実験心理学者であった。彼の場合は、音の高低の認識を人間がどう知覚するかの小さなモデルを作ろうとしたことがきっかけで、モデルを作る助けとなる機械を夢想しだしたのだった。

リックライダー以前、そして以降にいたるまでのソフトウェア夢想家はみな同じことを認識していただろうが、いくら壮大なビジョンを持っていても、それだけでは実現の保証にはならない。たとえMITの教授であろうとも、一実験心理学者の立場では、未来の対話型コンピュータのために開発者部隊を編成することはできないのだ。だが、フォン・ノイマンがアバディーンの駅でゴールドスタインに再会したように、あるいはモークリーとエッカートがムーア・スクールの電子工学クラスで出会ったように、リックライダーにも偶然の状況下で運命的な出来事が訪れることになる。

そもそもは、情報処理の歴史が決定的な転換期にある時期に、防衛の最高機密を研究するリンカーン研究所というMITの施設で、リックライダーが顧問を務めていたことがきっかけだった。

今まで夢見るだけだったアイデアの中から、リックライダーが何か大きなことを実現できる立場に身を置くことができたのは、まさに彼が専門とするところの、人間と機械の対話に関する知識のおかげだった。MITとIBMが、IBM AN/FSQ—7というこれまでで最大のコンピュータを作ろうとしていたときで、これがアメリカの新しい本土防空システムの制御センターとなる予定だった。SAGE（半自動式防空システム）は、核爆弾攻撃をしかけられる可能性という新しい問題に対し、空軍が提示したひとつの対処策だった。このコンピュータは重さ三百トンにもなり、二万平方フィートの面積を占め、十八台の大型トラックを使わなければ運搬できないようなものだが、最終的に空軍は、このコンピュータを五十六台も購入した。

MITは、マサチューセッツ州レキシントンにリンカーン研究所を設置し、SAGEの設計を始めた。そして北米大陸の西の端では、航空機産業のメッカであるサンタモニカで、SAGEのソフトウェアを作るためにシステム・ディベロップメント社が設立された。このプロジェクトが直面したもっとも困難な問題は、人間が判断を下すための大量の情報を、いかに速く人間に理解できる形に変換するかということだった。爆撃機がアメリカに向かっているときに、レーダーや無線送信のデータをコンピュータが三日もかけて分析してから防空司令部に知らせているようでは、まったく意味がないのである。

これらの問題のいくつかは、MITコンピューティング・センターの『ホワールウィンド（つむじ風）計画』で検討され、航空機の制御装置に似たコンピュータ制御装置に高速計算が組みこまれた。残った問題は、知覚の専門家（つまりはリックライダーのような研究者）に託され、コンピュータが人間に情報を提供する新しい方法を生みだすことで解決されていった。初期のホワールウィンド計画に加わっていた少数の関係者をのぞけば、初めて情報をディスプレイ画面で見たコンピュータ・ユーザーは、SAGEのオペレータだということになる。さらに、〈ライトペン〉と呼ばれる器具で画面にふれることにより、表示された図形を変更することもできるようになった。SAGEのシステムはごく簡単な意志決定能力も持っていて、コンピュータはモデル構築の過程に応じ、次に何をするかの提案をおこなうことまでできたのである。

ディスプレイ画面の開発は電子工学の分野からしだいに離れ、人間の知覚や認知の領域に関わってくるようになり、リックライダーがコンピュータ開発に関わるきっかけとなった。実際リックライダーは、リンカーン研究所が一九五三年から五四年にかけて動きだす以前からも、コンピュータ画面で情報を見る新しい技術に関し、防空能力向上の観点からどんな可能性があるか、助言を求められるようになっていたのだ。人間とコンピュータの共生というその後のリックライダーの発想は、〝プレゼンテーション・グループ〟と呼ばれた集団の中にまじって、防空司令センターが必要とするコンピュータ画面を作るために仲間とあれこれ検討していくうちに、最初の種がまかれたものだったに違いない。

このプレゼンテーション・グループでリックライダーは、MITでも最先端をいくコンピュータ設計者のひとり、ウェスリー・クラークと出会った。クラークは、SAGE計画の先駆けとなるもっとも先進的なシステム、ホワールウィンドの中心設計者だった。ホワールウィンドは、飛行シミュレーションのようなことをおこなう目的で設計されたものだが、テストパイロットが単独で操作するよう設計されていたことから、いろいろな意味でパーソナル・コンピュータ・ハードウェアの元祖と考えることができる。空気力学の方程式のモデリングにも使われた。リックライダーの夢見た機械と比べればかろうじて対話型と呼べる程度ではあったが、空気力学の方程式をリアルタイムに解く、つまりモデリングされた事象が実際に起きているあいだに方程式を解けるだけのスピードをそなえた、初のコンピュータだった。リアルタイム計算の実用は、複雑さを増していく高速ジェット機の設計に必要なばかりでなく、技術面ではジェット機の後継となっていくはずの、ロケットの誘導システムを作るのにも不可欠な条件だった。

皮肉なことに、SAGEが完全な状態で動きだした一九五八年には、爆撃機の攻撃に対する地上からの防衛という考えは時代遅れのものになっていた。一九五七年十月、〝スプートニク〟というおかしな名前の、ビービーと発信音を発するバスケットボール・サイズの物体がもたらした衝撃のおかげで、アメリカの軍部、科学、教育の体制は大混乱に陥ったのだ。ロシア人が爆弾を軌道に乗せることができるという事実にアメリカが直面したことで、平時の軍事計画としては歴史上もっとも熱のこもった研究がスタートすることになった。のちに旧ソ連が、またしてもアメリカに先んじてユーリ・ガガーリンを宇宙に送りだしたときにも、似たような勢いでアメリカの有人宇宙飛行計画が始まることになる。

弾道計算の必要性が間接的に汎用デジタル・コンピュータの発明を促したように、スプートニク・ショックの余波は対話型コンピュータの発展を助け、それが最終的にはパーソナル・コンピュータと呼ばれる機器への直接の道筋となったのだった。フォン・ノイマンがENIACの時代に政治と科学技術の渦中にいたように、リックライダーもまた、のちに〝ARPA時代〟と呼ばれるようになる時期の、中心的役割を果たすことになっていくのである。

〝宇宙開発競争〟は、アメリカの官僚主義的な防衛研究に革新的な揺さぶりを与えた。防衛研究では、研究側が提案を出すときにその分野の学識者の匿名審査を通さなければならないという、旧式でまだるっこしい評価方法（研究援助団体においては同僚審査（ピアーズレビュー）と呼ばれ、今でも伝統的な儀式として見なされている）がおこなわれていたが、防衛のトップレベルは、こうしたことが宇宙関連研究の進捗を遅めている要因のひとつだと考えた。

ヴェトナム戦争以前の希望に満ちた時期に、シンクタンクや大学、産業界などからマクナマラ国防長官によって集められたケネディ時代の若き天才たちは、スプートニク・ショックが引き起こした流れを利用して、国防省の官僚主義的な科学技術研究にも宇宙時代というものを到来させようと考えた。国家の安全を守る重要な研究分野において、技術進歩の過程を合理化するために必要なことをしなければならない。その答えのひとつがNASA（米航空宇宙局）だった。NASAはもとは小さな補助機関だったが、体制の科学技術部門として権威を与えられることになった。さらに国防省は、高等研究計画局（ARPA）を設立する。ARPAの使命は、アメリカの防衛関連技術を大きく進歩させるような果敢な研究を見いだし、資金を与え、さらに研究管理者を研究者と直接接触させて、審査の過程を省くことにあった。

ウェスリー・クラークをはじめ、それまでの防空計画にたずさわっていたリックライダーのリンカーン研究所での友人たち何人かも、迅速かつ先進的、資金力があり結果重視という、ARPAのやりかたに影響を受けていった。クラークはMITとリンカーンとで、TX―0、TX―2というコンピュータを設計した。TX―0は、のちのプロジェクトMACの伝説的な中心グループ、〝二六号館〟にいる〝ハッカー〟たちのお気に入りコンピュータとして有名になった。TX―2のほうは、グラフィック・ディスプレイ研究のための特別に設計されたものだ。

グラフィック・ディスプレイは、一九六〇年ごろはまだ、限られた研究所や防衛施設にしか知られていない装置だった。PDP―1をのぞいたほとんどのコンピュータは、テレタイプ機を通じて情報を表示させていた。しかしリンカーン研究所では、空域監視に使用するような大型のコンピュータでなくても、SAGEに使われたようなディスプレイは、もっと多くのコンピュータに使えるのではないかという考えも広まりだしていた。一九六一年ごろには、グラフィック・ディスプレイに関する心理学というものが、リックライダーの専門分野のひとつと呼べるものになりつつあった。BB&N社とリンカーン研究所とで、彼は心理学者たちとよりも、むしろ電気工学技術者たちと多く関わるようになっていったのである。

やがてリックライダーは、コンピュータ関連の同僚を通じて、一九六〇年代初期にARPAの局長を務めたジャック・ルイーナと知り合った。ルイーナは、防空のみならず、すべての領域にわたる軍事指令制御システムをコンピュータ化したいと考え、ARPAの中に新しい情報処理技術を開発する特別部署を設置しようとしていた。ARPAの目的は、型どおりの研究を飛び越して、開発の重要な突破口を開くような研究に資金を投入することにある。バッチ処理や紙テープの入力に頼らない、キーボードやディスプレイを通じた、人間のオペレータが直接に対話できるような新しいコンピュータの開発というリックライダーのアイデアを知ったルイーナは、コンピュータ研究の中でも少数派の意見であるこのような考えが、ARPAが求めるような重要な突破口を導くものだということを確信したのだった。

「私はジャック・ルイーナに、対話型コンピューティング技術というものが単に軍事指令制御にばかりでなく、全世界の日々の仕事にも使えるのだということを説明した」とリックライダーは回顧する。「そして一九六二年十月、私は国防総省に移り、情報処理技術部（IPTO）の部長になった」。このことは、この時代におけるほかのさまざまな変化発展と並び、パーソナル・コンピュータ時代の幕開けを記す重要な出来事となった。

スプートニク・ショック後の技術動員に始まり、その十年あまりのちにニール・アームストロングが刻んだ月での第一歩をクライマックスとする前代未聞の技術革新は、コンピュータの使用方法で同じような革新が起きたことによって可能になった面も大きい。宇宙開発時代のもっとも華々しい見せ物となったのは巨大なロケットであり、ロケット先端のカプセルの中の人物が人間ドラマの焦点となった。だが、宇宙計画の成功を確かなものとした影の主役は、新たなコンピュータ使用法を導きだした人物たちだったのだ。

ロケット発射成功のときには宇宙飛行士管制センターで大歓声をあげていた連中が、十九時間後の予期せぬ故障によって宇宙飛行士と飛行そのものの命運を握ることになったとき、いかに冷静にふるまっていたかを記憶している人も多いだろう。ケープ・カナベラルからの初の打ち上げのとき、テレビにはコンピュータ画面の前にいる聡明な顔だちをした若者たちの姿も映しだされたが、全米の目に映った彼らの職場環境は、リックライダーとプレゼンテーション・グループの研究成果をそのまま反映したものだったはずだ。つまり、北米航空宇宙防衛司令部（NORAD）が必要としたディスプレイは、NASAのものとさして変わりはない種類のもので、どちらも空間に存在する多数の物体の軌跡を追うのにコンピュータを使っていた。NASAもARPAも、コンピュータ分野の研究成果を同じように享受できたということだ。スプートニク・ショック以前の時代には、こうした協力関係はどちらかといえばまれなことであった。

巨大なブースター・ロケットの開発は旧ソ連のほうがずっと技術が進んでいたため、アメリカはあまり馬力のないロケットのための誘導システムと、超軽量（すなわち超小型）装置の開発に的をしぼることになった。こうした政策は、その数年前、フォン・ノイマンがICBM委員会の委員だった時期に確立された基本思想に基づいている。その結果、宇宙計画、ミサイル計画の両方とも、超小型で信頼性に優れたコンピュータを早急に開発する必要が出てきたのである。

歴史上もっとも財力と能力とを持った国家が、その力量を電子工学に基づく技術の開発に注ぐことを決意したのは、電子工学史の観点から見ても、結果的にはこれ以上ないほどに適切な時期のことだった。小型化革命を可能にするような基礎的な科学の発見、すなわち半導体研究という新しい分野から生まれたトランジスタやICといったものにより、一九六〇年がコンピュータの急激な発展の元年になることは明らかだった。コンピュータの基本となるスイッチ装置の大きさ、速度、コスト、必要な電力などは、一九四〇年代の終わりにリレーが真空管に、五〇年代に真空管がトランジスタに、そして六〇年代にトランジスタがICに取って代わられようとするたびに大きな発展をとげてきている。技術者よりも夢想家の数がまさっているような研究室レベルの空想の中では、すでに〈LSI（大規模集積回路）〉が論じられるようにまでなっていた。

基礎的な科学がこのようなペースで進歩していき、

技術開発も慎重におこなわれていった場合、いちばん重要なのは「何が可能か、次に何をするのが望ましいか」を見極めることができるかどうかということだ。長い目で目標を見すえる能力、そして、目標達成の助けとなるすべての関係分野で大胆さと現実主義を適度にとりまぜていく姿勢とが、リックライダーがコンピュータ分野に持ち込んだ特殊な才能だった。そうしてリックライダーとともに、スプートニク・ショック以前の正統派コンピュータ研究者ならSFの世界の話として片づけたようなものを視界にとらえていた設計者や技術者、プログラマーなどの新たな世代が出現してきた。人間とコンピュータの共生という考えは、技術雑誌に載せるような難解な仮説ではなく、突然に国家的な目標になったのだった。

リックライダーがARPAに移ると、与えられたのは研究室ではなく、情報処理の技術レベルを向上させるためのオフィス、予算、そして権限だった。彼はまず、国中にある十三の研究グループを支援することにし、MITを中心に、システム・ディベロップメント社(SDC)、カリフォルニア大学バークレー校・サンタバーバラ校・ロサンゼルス校、南カリフォルニア大学、ランド社、スタンフォード研究所(現SRIインターナショナル)、カーネギー・メロン大学、そしてユタ大学などの援助を始めた。リックライダーのオフィスの援助を受けるということは、研究者たちが普通受ける援助金の三〇倍から四〇倍の支給が約束されるということであり、さらに最先端の研究技術に接する機会と、思い切った進歩的な発想を提示していく使命が与えられるということであった。

〈対話型コンピューティング技術〉と呼ぶ、広い意味での新しいコンピュータ機能を開発することが彼の究極の目的だったが、まずその第一歩となったのが、のちに〈タイムシェアリング〉として知られるようになる新しい刺激的な概念であった。タイムシェアリングは、バッチ処理からパーソナル・コンピュータ(オペレータひとりに対し一台のコンピュータという形式を持つ)操作へと移行する、最初にしてもっとも重要なステップとなるものだった。その基本的な発想は、同時に多数のプログラマーと相互作用しあえるコンピュータ・システムを作りだすことによって、カードやテープを手にしたプログラマーの長い列ができることを避けようというものだ。

ARPAがこの研究に関与する以前から、海軍研究局と空軍科学研究局とが、タイムシェアリングというものが実現可能かどうかの技術予備調査の支援をおこなっていた。リックライダーは、人工知能研究者が自分たちで〈マルチアクセス・コンピューティング〉に対するアプローチをおこなっている、MITケンブリッジ研究所への援助を強化することにした。こうした分野が知られるにつれ、人工知能研究とコンピュータシステム設計とが道を分けるよりも、むしろ研究ネットワークとして協力していく場として、プロジェクトMACと呼ばれる部署が、その後数年のあいだお互いをつなぐ唯一の結節点となったのだった。

プロジェクトMACは、マッカーシー、ミンスキー、パパート、フレドキン、ワイゼンバウムなどの人工知能研究のパイオニアたちから、〝ハッカー〟を自称する毛色の変わったプログラマーのグループにいたるまで、数々の伝説を生む集団となった。ハッカーたちは、夜な夜なPDP―1の周りに集まっては、オシロスコープの画面上にロケット飛行のシミュレーションをおこない、それを互いに光の点で撃ちあう〈スペースウォー〉というゲームを作りだしたりしていた。一九七〇年代の人工知能研究の天才と、八〇年代のソフトウェア設計者とが出会うことのできるもっとも重要な場、それがプロジェクトMACだった。しかし、ARPA援助の最盛期が終わろうとするころには、人工知能研究者とコンピュータ・システム設計者とは、もはや同じ路線に戻ることはなかった。

一九六二年から六三年にかけてリックライダーがまずおこなったのは、マサチューセッツのMITとBB&NのグループがサンタモニカのSDCと協力して、SAGEをベースにしたタイムシェアリングのプロトタイプ版を、古い真空管技術からトランジスタに切り替えて作るという試みだった。その第一段階として、対話型コンピュータとして研究者全員が使用できる程度のものをまず作り、そこからさらに進歩した対話型の形を作っていく必要があった。こうしたブートストラップ的プロセス、すなわち、まず手近な一歩から始めようという姿勢は、その後リックライダーや彼の後継者たちの着実な基本手法となった。その結果、国中の大学研究所やシンクタンクは、まだ実現段階にない技術やソフトウェアの開発案に根ざしたシステム・コンポーネントについて、研究を開始することになった。

結果的にタイムシェアリングの研究は、技術のみならず文化的な分岐点となった。リックライダーが予言していたように、この新しいツールは情報処理の方法を変えたばかりでなく、人々の思考方法までも変えたのだった。のちにパーソナル・コンピュータ技術の創造に加わった研究者の多くが、高度な要求に耐えられる技術や対話型コンピュータの設計技術というものを初めて経験したのは、ARPAが最初に援助をおこなったタイムシェアリング計画においてであった。

リックライダーと、しだいに増えていく対話型コンピューティングへの〝転向者〟たちとが予期していた開発上の障害のひとつは、一九五〇年型の記憶装置では対話型コンピュータとしては速度も能力も足りないだろうということだった。こうしたハードウェアの問題は、ホワールウィンド計画の管理者だったジェイ・フォレスターが〈磁気コア記憶装置〉を発明した時点で、部分的には解決された。トランジスタ化されたコンピュータの出現により、近い将来にはさらに記憶装置の容量が増え、アクセス・スピードも上がるだろうとも思われた。別の問題として、コンピュータがオペレータの入力を受け入れる方法が原因で生じる、バッチ処理の渋滞と言われる現象もあったが、ハードウェアとソフトウェアを刷新することにより、入力はキーボードからコンピュータへ直接おこなわれるようになった。

対話型コンピューティングの全体目標への到達を妨げるもうひとつの障害は、タイムシェアリングの研究過程でも問題として検討されだしたコンピュータの情報処理の方法ではなく、コンピュータがオペレータに対して情報を表示する方法の稚拙さだった。リンカーン研究所はグラフィックスの集中的な研究をおこなうのにちょうどいい場所となり、ユタ大学でもグラフィックスに焦点を当てた研究が始められていた。プレゼンテーション・グループは、これまでのベテランメンバーに加え、トランジスタをベースにしたコンピュータ設計という生まれての技術の専門家を補充し、ディスプレイ装置の問題を集中的に研究するようになった。

対話型グラフィックスについての最初の公式会議のことは、今もリックライダーの記憶に新しい。この会議は、予備研究の最初の報告を発表するため、そして、新型コンピュータの内部から情報をディスプレイ画面に持ってくる過程での主要な問題点を、いかに解決していくかを議論するために開かれたものだった。リックライダーの記憶によると、アイヴァン・サザーランドが華々しく人々の前に登場したのも、この会議でのことだったたという。

「当時のサザーランドは大学院生だった」とリックライダーは振り返る。「論文を発表するために招かれていたわけでもなかった」。サザーランドは、博士論文を書くためにグラフィック・プログラムを作ったことや、クロード・シャノンの弟子であることに加え、ARPAの求める天才的な人材だという噂されたことも手伝って、その会議に招待されていたのだった。リックライダーによれば、「ひとつの会合が終わりに近づいていたとき、サザーランドが立ち上がって発表者に質問をした」という。その質問は、ひょっとしたらこの無名の若者が権威ある研究者集団の前でも何か面白いことを言うのではないかと、期待させるようなたぐいのものだった。

そこでリックライダーは、翌日の会合で研究発表をおこなう機会をサザーランドに与えた。「当然ながら彼は何枚かのスライドを持参してきたが、それを見た人たちはみな、彼の研究がこれまでの会合で正式に発表されたものよりずっと優れたものであることを悟った」。サザーランドの論文は、リンカーン研究所のTX−2というコンピュータ上で開発されたプログラムについて書かれたもので、コンピュータ・グラフィックスの斬新な処理方法を論証するものであり、なおかつコンピュータの操作命令の新しい方法も示したものだった。〈スケッチパッド〉と名づけられたそのプログラムは、そこに集まった専門家たちでも開発に何年もかかるようなもので、いかに野心的な研究者でも簡単に手をつけられるものではないことは明らかだった。

スケッチパッドは、コンピュータを操作することで、テレビに似たディスプレイ画面上に、洗練された視覚的モデルをすばやく作りだせるようにするものだ。視覚的なパターーンは、ほかのデータと同様にコンピュータの記憶装置に格納でき、コンピュータの処理装置で操作することもできる。リックライダーの求めつづけた高速なモデル構築機器というものに対する、実に劇的な解答だったといえる。ただしスケッチパッドは、視覚的な表示をおこなう道具というだけのものではなかった。抽象的なものをコンピュータによってわかりやすい具体的な形式に変換できるようにするための、シミュレーション言語とでも呼ぶべきものだ。ディスプレイ画面上で何かを変更することで、コンピュータの記憶装置にあるものまでスケッチパッド経由で変更できるというのは、まったく新しいコンピュータの操作方法だった。

「あれを作るのがどんなに大変か最初からわかっていたら、たぶん手をつけたりはしなかったろうね」。今や伝説となっているこのプログラムについて、サザーランドはそう語っていたとアラン・ケイが述べている。スケッチパッドは、技術論としてだけでも大胆さや斬新さ、それに堅実さをかねそなえていたが、実際にプログラムとしても稼働に成功した。ライトペンとキーボードとディスプレイ画面を使い、一九六二年当時の比較的素朴なコンピュータ上でスケッチパッド・プログラムを動かしてみたとき、それを見た誰もが、コンピュータはデータ処理以外のことにも利用できるのだということを理解したのだった。まさに百聞は一見にしかずである。

一九六四年にARPAを離れることになったとき、リックライダーはサザーランドを次のIPTO部長に推薦した。「あれだけ若い人間を推薦するには、多少のためらいもあった」とリックライダーは回想する。「だが、ルイーナの後任としてARPAの局長を務めていたボブ・スプロールが、サザーランドが本当にそれだけ優秀だというなら、若いことは問題にはならないと言ってくれたんだ」。当時サザーランドはまだ二十代前半だったが、すでに実績を確立していた。オーソドックスな考えかたをすればとても無理だと思うような、あるいは最初から思いつかないようなことを、技術の最先端で達成していこうという、まさにARPAの思想の実現であった。

サザーランドがあとを引き継いだころには、タイムシェアリング、グラフィックス、人工知能、オペレーティング・システム、プログラム言語などのさまざまな計画がどれも波に乗り、ARPAのオフィスは急速に拡張し、宇宙時代の研究成果で隆盛を誇った産業界と同様に活況を呈していた。サザーランドが助手として雇ったNASAの研究援助部門にいた若手のボブ・テイラーは、最終的には一九六五年にサザーランドがIPTOを去るときにその後任となる。リックライダーは一九六四年にIBM研究センターへ行き、六八年にはMITに戻って、プロジェクトMACの管理をおとなった。

日々の研究活動を分析しようと思いたった春の日から四半世紀以上がすぎ、一九八三年の現在でも、リックライダーは精力的に情報処理技術開発者の相談にのっている。『二の法則』が三十年間も効力を保っているのを見てきたリックライダーには、情報技術というものが本当に情報の保存や処理の物理的限界というものに近づこうとしているのか、だんだん確信が持てなくなっているようだ。

自分たちがこうした研究を始めたばかりのころにはわからなかった、今では科学者も技術者も認識していることとして、リックライダーは次のような点を指摘している。「自然は、一九五〇年代に考えられていたよりもはるかに、情報処理というものを歓迎してくれていたのだ。分子生物学者が示した、とてつもなく有能で信頼性のある情報処理メカニズムの存在に、われわれは気づいていなかった。つまり、人間の遺伝システムの分子的コードのことだ。世界全体の知識のたくわえに匹敵するような情報が、一立方センチメートルもないDNAに格納されているかもしれないことを考えると、情報処理技術の物理的限界というものに、われわれはまだ近づこうとさえしていないのだろう」

タイムシェアリング・システムのコミュニティ、そしてその後出てきたネットワーク・コミュニティというものは、世界中のコンピュータ同士をつなぐことで、コンピュータの専門家ばかりでなく、研究者、芸術家、企業家にまで広がるコミュニティを作りだそうという、もうひとつの夢世界の一端をになっている。リックライダーは、自分が夢見たオンラインの対話型コンピュータ・コミュニティの実現は、ここ十年のうちにも技術的に可能になるだろうと信じている。一九六〇年代と七〇年代にアイデアの骨組みとハードウェア技術の初歩ができたとき、それが単に、これからやらなければならないたくさんの仕事のほんの基礎を作ったにすぎないということも、最初からわかっていたことだった。

そして、より性能がよく安価な実験的対話型情報処理システムを構築しようという独自のプロセスが、電子工学的な性能の上昇線とコンピュータのコストの下降線とに交差したあかつきには、千や二千という数ではなく何百万という数の人間が、ARPAに支援されたインフォノートたちの視野にある情報環境というものを体験できるようになるだろう。

一九八〇年代初めの時点ですでに、何百万人もの人間がパーソナル・コンピュータを所有しているが、今の値段の半額で、百倍速く千倍の記憶容量があるものが出てくれれば、それもすぐに時代遅れのものになってしまうだろう。何千万人の人間が十分な機能のあるコンピュータを手に入れ、それが接続可能になったとしても、自分の仕事はまだ始まったばかりだとリックライダーは考えている。

六〇年代半ばに思いを馳せていた〝銀河系間ネットワーク〟が実現する日を見すえながらも、リックライダーは、人間の文化的な可能性の増大は必ず起きると確信しているが、〝誰でも〟が使えるようなもっと機能的なシステムを作るためには、そのシステム以前の段階のバージョンを、たくさんの人々に使ってみてもらいたいと考えている。「たくさんの人間がシステムの改良に関わってくれれば、それだけ新しいアイデアも出てくるし、普及もしやすくなる」と彼は述べる。おそらくは、対話型コンピューティングというものが、まだ異端派の集団による型破りな冒険だと考えられていた時代のことを念頭においているのだろう。今でもリックライダーは、対話型コンピュータという媒体が本当に〝万能《ユニヴァーサル》〟なものになれるかどうかということが、いちばん重要なことだと考えている。

「全人口のうちのどのくらいがこのコミュニティに参加できるようになるか。それがいまだに重要な問題だ」とリックライダーは結論する。この新しい媒体が、依然として限られた集団の独占的な所有物のままで、それにアクセスできる人間たちだけがほかの人間に対して不当ともいえるような特権を享受することになるのか、それとも言語能力のような文化全体の共有財産となってくれるのか、それは彼にもまだはっきりわかっていない。

第八章
ソフトウェア史の証人――プロジェクトMACのマスコットボーイ

　ノブに手をかけて鍵がかかっていないことがわかると、二六号館の扉を開けて首を突っ込んでみた。部屋はチョコレートバーを手にしてコンピュータ・プログラムに群がる、ひどく楽しげな変人じみた若者でいっぱいで、どうやら面白いものがここにはあるらしい、とデイヴィッド・ロッドマンは考えた。一九六〇年のことだ。デイヴィッド・ロッドマンは十歳。そして一九六〇年という年は、たとえ大学のキャンパスであっても変人は珍奇な存在でしかなく、その状況が変わるまでにはあと四年ほどが必要だった。

　その部屋の中にいた、青白い顔と落ちくぼんだ目をして、専門用語を吐きちらすようにペチャクチャとまくしたてる若者たちは、みずからを〝ハッカー〟と称する落ちこぼれ天才プログラマー集団の最初の世代だった。MITの人工知能プロジェクト、プロジェクトMACのために集められた有能なプログラマーたちは、全員が六〇年代前半にテクノロジー・スクウェア五四五番地の九階に移動するまでは、この二六号館にかごの鳥のように閉じこめられていたのである。

　テクノロジー・スクウェアは、宇宙時代におけるMITの〝科学技術の殿堂〟のような場所だった。辺境の植民地を思わせる二六号館から、科学技術の最高峰とされる場所への地理的な移動は、マン＝マシン・システム分野全体の重要性が増したことを物語っている。プロジェクトMACは、最初にリックライダーが立ち上げ、その後はファノ、ミンスキー、パパートらが管理していたプロジェクトで、「MAC」という名前の意味がはっきり定められていないのも意図的だった。ハッカーたちを雇っている人間のあいだでは、MACは「マシン支援による認知（Machine-Aided Cognition)」と「マルチアクセス・コンピューティング（Multi-Access Computing)」の両方の意味を持つとされていた。一九六〇年代初頭の段階では、コンピュータ・システム設計と人工知能研究とは、まだはっきり分離されていなかったのだ。

卓越した才能を持つプログラマーたちが雑多に寄せ集められた二六号館のような現場では、プログラマーたちが機械の論理的はらわたに指を突っ込んでは、自分たちの使いやすいように変えてしまうということが普通におこなわれていた。こうした場では、MACは「コンピュータ狂と道化師（Maniacs And Clowns)」や「コンピュータに勝負を挑む人間たち（Men Against Computers)」など、あまり表沙汰にはしたくないさまざまな略語にされていた。ハッカーは御しにくい連中だったが、マッカーシーやミンスキーの指揮とリックライダーの援助のもとにあるこのプロジェクトでは、欠くことのできない雇われ職人だった。彼らの仕事は、いわばソフトウェアという探査ロケットを作ることであり、彼らの雇い主たちは、それを機械知能という未知の宇宙に打ち上げていったのだった。

デイヴィッド・ロッドマンが二六号館の部屋に足を踏み入れたのは、リチャード・グリーンブラットという青年が、彼の雇い主であるコンピュータ科学者の何人かも含め、畏敬と賞賛のまなざしで集まっている人々に向けて、自分がいかに人間を負かせる賢いチェスプログラムを作ろうとしているかを説明しているときだった。このグリーンブラット青年は、典型的ハッカーが好むダイエット飲料やチョコレートバー、それに胃薬で生きているような人間で、休んだり眠ったりすることもごくわずか、ましてシャワーを浴びたり着替えたりはほとんどしていなかった。グリーンブラットの論文指導者はマーヴィン・ミンスキーで、チェスプログラム改善の余地はもうあまりないからと、グリーンブラットに思いとどまるよう説得していたところだった。

二六号館の住人たちに初めて出くわしたときから六年後、十六歳となったデイヴィッド・ロッドマンは、人工知能の落ちこぼれのLSD常用者でありながら、プログラマーとなってささやかな評価を得ていた。グリーンブラットの〈マックハック〉というプログラムが、人工知能分野評論の第一人者ヒューバート・ドレイファスをチェスで負かしたとき、ロッドマンはそれを見ていた集団の中のひとりだった。マックハックとは、当時非常に先進的だった、高度に記号化されたチェスゲームだ。マックハック対ドレイファスの一騎打ちはハッカーの伝説のひとつとなっており、マックハックはコンピュータ・プログラムとしては初めて、米国チェス連盟の名誉会員として認められたのだった。

二六号館のマスコットボーイとして、その後はプログラマー見習いとして、さらにその後は一人前のハッカーとしてプロジェクトMACの最盛期に雇われていたデイヴィッドは、その立場のおかげで、ドレイファスのチェスゲームの敗戦を含め、一九六〇年から六七年にかけての人工知能研究における歴史的な出来事を数々目撃した。彼の仲間の寄せ集めプログラマー集団が、のちに対話型コンピューティング時代に突入する契機となるプログラミング・システムやオペレーティング・システムをTX―0やPDP―1のために作りだしたときも、デイヴィッドはそこにいた。ジョゼフ・ワイゼンバウムが、のちに本人の後悔の種となるELIZAを公にしたときも、やはりその場にいた。ELIZAは、おそらく歴史上もっとも広く引き合いに出されてきたプログラムだが、もっともひどく誤解されているプログラムでもある。異常に鋭敏な精神科医みたいなプログラムなのだが、実際にはプログラマーが仕掛けた意味論的トリックなのだ。

デイヴィッドがハッカーたちと出会ったのは、いたずら心と偶然のおかげだった。彼はその先何年も自分の頭脳を子どもの体に閉じこめておかなければならないことに腹をたてているような、天才児だった。六歳のころからすばらしい音楽の才能を発揮していたが、大人のために演奏することに嫌気がさし、十歳でピアノをやめた。一匹狼の放浪者で、ドアの隙間から中をのぞいて歩く、都会の探検者のようだった。のぞくのは好きだったが、泥棒をするわけではない――複雑に入り組んだ場所にどう入りこむかという方法を手に入れることも盗みと見なされるのであれば、別だが。デイヴィッドが十五歳のころには、地下のトンネルをどう通ればMITのどの建物に行けるかということを、仲間と一緒に突きとめていた。

プロジェクトMACのプログラマーたち（1959-1960年頃）
このころはまだハッカーをほかのMIT学生と区別することができなかった。
（Photo by J. Ph. Charbonnier. Courtesy of the MIT Museum.）

父親がＭＩＴの医学部で働いていたデイヴィッドにとって、大学の建物をうろつき回るのは、お気に入りの娯楽のひとつだった。鍵のかかっていないドアを開けてみては、中で何が起こっているのかをのぞいてみた。そうしてデイヴィッドは、見知らぬ男たちがケーブルの飛びだした妙な形のテレビのまわりに集まっているのを見つけ、やがて彼らがやっている〈スペース・ウォー〉というゲームに加わって、葉巻の箱でできたコントロール・パネルを使って遊んでみた。誰も自分が十歳だということに気づいてもいないようだ――デイヴィッドは、新しい知性の拠点を見つけだしたのだった。

「彼らは、ぼくに対して巧みな扱いをした。ある意味、ぼくを認めてくれていたのだと思う。みんなひと通りの知識は持っていたはずだが、ぼくが自分で学びとるまでは、何も教えてくれようとしなかった」と、デイヴィッドは二十年前のことを振り返る。デイヴィッドが座ると、目の前にキーボードがあり、誰かがゲームをスタートさせてくれた。彼は自分の賢さを大げさに騒ぎたてない人間というものに初めて出会ったわけだが、ハッカーたちは彼の飲み込みの速さにきちんと気づいてくれていた。

デイヴィッドが何度かそこへやってきて、自分にもコンピュータを使いこなせる能力があることを見せると、ハッカーたちは彼をマスコットボーイとして扱うようになり、やがて正規の新入りとして昇格させ（「そのことは彼らが『おい坊や』ではなく『ロッドマン』と名前で呼びはじめたことでわかった」）、マシン語のちょっとした課題を与えてくれるようになった。そして最終的には、プロジェクトMAC立案者のひとりであるジョン・マッカーシーが人工知能プログラマーのために特別に作った、LISPという名のしゃれた新プログラミング言語について、手ほどきをしてくれたのである。

マーヴィン・ミンスキーの秘書は、普通の子どもがチェスやテニスやバレエに熱中するのと同じようにプログラミングに熱中している、この小生意気な十歳の少年がお気に入りだった。MITのコンピュータ研究者の中では常にハッカーたちの後援者でいたミンスキーも、デイヴィッドに自分のパスワードを使わせてくれた。

ハッカーと人工知能研究の初期の時代やARPAネットの時代に育ち、コンサルタントや秘密情報を扱う仕事などを経て収入が定期的に上昇し、そのあいだにコンピュータ・プログラマーの社会的地位も変わり者の門外漢から百万長者の文化的英雄と変化して、現在のデイヴィッド・ロッドマンは、自分で書いたシステム・プログラムを中心に扱うマイクロコンピュータ・ソフトウェア会社の社長である。デイヴィッドが人工知能分野のハッカー界の聖地を出て、マイクロコンピュータ・ソフト産業の荒唐無稽な資本主義に巻き込まれていくまでの冒険は、研究所の珍品から家庭用電気製品へと変わっていく対話型コンピュータの、奇妙な長旅の歴史をそのまま要約しているようでもある。

だが、三十代半ばになってもスーツとブリーフケースが似合ったためしがないほかのプログラマーと同じように、デイヴィッドの若き日もまた、華やかではあったが少なからず痛ましいところがあった。「十歳のころは、内に向かってきつく巻かれたバネのようだった——孤独で、いらいらして、怒りっぽく、皮肉屋だった。自分の知性と外の世界とのバランスをとることができなかった。そんなときに突然、自分と似たところのある人間たちと出会って、プログラムしてやれば自分に返答してくれる機械のことを教えてもらえた。彼らにも、ぼくに何が起きているかが『わかった』のだと思う。ぼくがプログラムを書きはじめるようになると、みんなが励ましてくれた」

先に説明しておくと、MITというのは工科系大学の中でも最高峰の大学であり、毎年学部生が「キャンパス一の醜男」コンテストを開くような学校でもある。外見を気にしない、自称〝究極のオタク〟の国立避難所のような場所なのだ。キャンパスには国中から学生が集まってきているが、誰もみな、ほかの友だちがソックホップダンスなどに興じているときに、家にこもって積分の勉強をしたり、アマチュア無線機を作ったりしているような若者たちである。そんなふうに、型にはまった若者文化をみずから拒むような、教養はあるが時代遅れな学生の雰囲気の中にあってさえ、コンピュータ・マニアはさらに浮いた変人のように思われていた。彼らの物の見方はまったく独特だった。コンピュータ・マニアとコンピュータ、そしてARPA内部の少数の人たちだけが、優れたハッカーはアウトサイダーよりもむしろインサイダー、すなわち自分の内側に目を向ける人間なのだということを知っていた。広い社会からも仲間の技術者からも、そしてほかの多くのコンピュータ科学者からさえも捨ておかれていたハッカーたちだが、未来のコンピュータ、すなわち初のタイムシェアリング・システムを創造したのは、そのハッカーにほかならないのである。

ハッカーたちは、将来的に最先端のものになるとわかっている技術を使って、わざと自分たちの不快なイメージをあおりたてるようないたずらばかりしていた。ハッカーとは、ただハッカーだと名乗ればなれるというものではない。当然、ハックしなければならないわけだ。ハックするというのは要するに、コンピュータを作った人間が考えてもいなかったようなことをコンピュータにやらせるということだ(そのためのプログラミングのことを、ハッカーは〝黒魔術《ブラックマジック》〟と呼んでいる)。そして同時に、ほかのハッカーが自分のプログラムに手出ししてきたときには、うまく回避するために賢く立ち回らなければならない。

要は知的スタイルの問題である。こと「コードをカットする」(複雑なマシン語や高級言語の命令表を作ってコンピュータ・ユーザーのやりたいことをプログラムにやらせる)という行為においては、大胆さとスピードと力わざというものが、優雅さや効率性と同じくらい重要なのだ（ハッカー評論家なら「ずっと重要」と言うかもしれない）。ハッカーという言葉の普通の意味は、「斧を使って家具を作る人」だ。こうした人種は、オーソドックスなプログラミング・スタイルを使わない。普通のコンピュータ専門家なら別の方法をとるか、あるいはまったく使おうとしない、そんな賢い方法を考えだすことが、ハッカーにとっての挑戦なのだ。プログラムの走らせかたの基準は風変わりでとらえどころがないが、もっとも重要視される部分でもある。ハッカーは、ほかの世界の人間には理解さえできないような基準でお互いを評価しており、そのやりかたを変えようとする気持ちも持っていなかった。

本人の意志でそうなったかどうかは別としても、ハッカーたちは社会的アウトサイダーであるうえに、別の意味のアウトサイダーでもあった。彼らは独自の価値基準というものを持っていた。学術や商業での成功などはとるに足らないことで、行動の動機としてそそられないのだ。最高水準の装置をたずさえた同好の士とともに働く機会をもつことが、彼らには最高の楽しみだった。自分たちの文化、自分たちの倫理観というものをもつばかりか、自分たちにしか通用しない言葉までももっていた。デイヴィッド・ロッドマンが張りあおうとした落ちこぼれの十八歳たちは、うわべだけはヒッピーや政治的過激派と似ていたものの、明らかに異質の存在だった。彼らは、当時から現在にいたるまでいまだ特別な価値とされる才能、つまり、プログラマーでない人々でも使えるようなコンピュータを作るためのコードが書けるという能力をもっていたのだ。

そうして、元クラスメートが博士号をとったり、助教授や企業の研究職の地位に就いたりしているのを見ているうちに、落ちこぼれたちはある日突然、自分のほうがいわゆる成功した仲間たちよりも多くの金を稼ぎだしていることに気づく。自分たちの仕事の場合、いくらコンピュータ関連の仕事とはいえ、左遷されて給与計算や航空券予約サービスのシステムを作らされるようなことはありえない。ほかには誰ひとり理解していなかったが、ハッカーたちは、自分たちこそが――つまり、コンピュータ科学者の中でも正統派の〝FORTRANタイプ〟の連中でなく、自分たちハッカーこそが――それぞれの世代の新しいハードウェアを使って限界を押し広げる、コンピュータ開拓のテストパイロットなのだと信じていたのである。

彼らの任務はコンピュータにやらせる新しい何かを考えだすことであり、その過程でまったく新しいコンピュータ・システムやコンピュータ・ベースの小社会が生まれ、これまで正統派とされてきたコンピュータ科学者とは別の、彼ら自身の仲間同士のもつ技術や社会秩序が生まれ、その内部の謎を知る特権も手にした。世の中がハッカーの存在に気づいたとき、ハッカーたちは、外部から見る限り謎めいたものにしか見えない何かに夢中になっているところだった。コンピュータ中毒と言われることも、意に介さなかった。デイヴィッドが初めて二六号館の部屋に入っていったときそこにいた人間の何人かは、四半世紀が過ぎた今でも、テクノロジー・スクウェア五四五番地のどこかで、端末の前に座りつづけていることだろう。

ハッカーの上司に当たる人物たちは、本当に優れたハッカーなら、専用の機器を与えて放っておけば見事な仕事をしてくれるということを、よく知っていた。MITからほかの大学のコンピュータ・センターへ広がっていった〈スペース・ウォー〉などは、ハッカーのたまり場の特徴を示す通過儀礼のようなものだ。このゲームは、プロジェクトMACに加わっていたハッカーのひとりで、仲間うちでは〃スラグ（なまけ者）〃と呼ばれていたラッセルという人物が作ったものだが、各世代のハッカーたちの協力で完成された。このゲームが耐抗生物質性の微生物のようにどこへ行っても生きのびることができたのは、どのコンピュータ研究所でも、〈スペース・ウォー〉を禁止するとプログラマーの生産効率が落ち、禁止を解くと元に戻るという現象が起きたせいだった。

〈スペース・ウォー〉に影響を受けたノーラン・ブッシュネルは、それから十年以上ものちになって、〈ポン〉という名のもっと簡単なゲームを作って売りだしたが、これがアタリ社の設立と、十億ドル産業となる初のビデオゲーム産業の始まりとなった。実はブッシュネルは、〈スペース・ウォー〉をもっと複雑にしたゲームを以前にも売りだしているのだが、これはあまり成功しなかった。当時のバーやゲームセンターでコインゲームに興じるような人々は、まだビデオゲームというものに対する感受性がなく、七〇年代後半から八〇年代前半にかけて起きた〈スペース・インベーダー〉や〈パックマン〉のような現象を巻き起こすには至らなか

プロジェクトMACのリーダー、ロバート・ファノ教授（左）とマーヴィン・ミンスキー教授（右）
PDP-1とライトペンで、ごく初期のコンピュータ・グラフィックス・プログラムを使っている
（Courtesy of the MIT Museum.）

ったのだ。

しかし、気晴らしの遊びはしょせん気晴らしの遊びでしかない。デイヴィッドが現れたころ、実際にハッカーたちが作ろうとしていたものは、世界初のタイムシェアリング・システムのひとつだった。いわば彼らは、ハッカーの歴史上もっとももとんでもないいたずら行為や、もっとも驚くべきプログラミングの妙技を示すためのものとして、タイムシェアリングのオペレーティング・システムを設計していたのだ。コンピュータをまったく新しい方法で使えるように開発して、最終的には専門家ではない人間にもその世界に入って来られるようにしようというのは、実はハッカーたちの第一の目的ではなかった。ハッカーたちが自分たちでこのシステムを使いたいと思っていたからこそ、開発も記録的速さで進んだのだ。

実際MITでは、二つのタイムシェアリング開発プロジェクトが進行していた。比較的着実におこなわれていたのはCTSS（互換タイムシェアリング・システム）のプロジェクトのほうで、ほかのどんなシステムとでも互換性を持つような設計が進められていた。プロジェクトMACのハッカーたちは、ITS（非互換タイムシェアリング・システム）の設計をおこなっていた。彼らにとって、一般人にコンピュータが使いやすくなるかどうかはどうでもいいことだった。面白いハッカー行為が完成するまでは寝食も忘れるというようなプログラマーだからこそ、こんなお楽しみを共有したいという気にもなれるというものだ。

ハッカーの中にも、ただのハッカーと、スーパーハッカーとがいた。たとえばリチャード・グリーンブラットなどは、チェスプログラムでドレイファスにおさめた勝利や、自分でもよくわからないまま即興ですごいプログラムを作ってしまう才能などにより、ハッカー世界のトップに君臨していた。グリーンブラットも中退組で、「ペプシをがぶ飲みし、不眠で働く一途なプログラム中毒者で、自動販売機で買えるものしか食べず、三年ばかりのあいだ蛍光灯の光しか浴びなかった男」と、デイヴィッド・ロッドマンが三十年後に情をこめて語っている。だが、グリーンブラットの仲間たちはみな、彼がLISPプログラム界のニジンスキーかフランク・ロイド・ライト、あるいはヨハン・セバスチャン・バッハであることをよく知っていた。

ハッカーたちが〝ホイールウォーズ〟と呼ぶいたずら《ブランク》、

つまり、お互いのファイルをめちゃくちゃにしたり、仕事の邪魔をしたり、オペレーティング・システムを〝クラッシュ〟させたりするたぐいの行為は、仕事の一環だった。処理不能で自己消滅的なプログラムを走らせることによって、システムはプログラマーが想定していなかった事態に陥り、システムのクラッシュなどが引き起こされる。この手のいたずらが成功すると、そのシステムに接続していた全員が一度に重要なデータを失うということもありうる。だが、六〇年代前半のプロジェクトMACのような研究現場では、クラッシュを引き起こすハッカー行為は、好ましくない副作用をもたらすかもしれないことは承知のうえで、システムの重要な弱点を見つけだすためのテストとして許されていたのだった。

二十年後、いたずら好きで破壊的な、自分のパソコンを持ったティーンエージャーたちが〝ハッカー〟と名乗り、電話回線を経由して一般人のファイルなどをクラッシュさせるようになると、かつてプロジェクトMACでおこなわれていた初期のハッカーの無法行為とは、表向きは似ていても、最終的な意味合いはまったく違うものになっていった。プロジェクトMAC当時のハッカー行為はシステムの興味深い弱点を〝探す〟という口実でおこなわれたが、ハッカーたちが新しいタイムシェアリング・システムを作ったりテストしたりするうえで、彼らの専門技術が公共的な目的に使われようとしていたことを考えれば、その口実にもある程度の正当性がある。しかし、一九八三年にすんでのところで起きるところだったシステム・クラッシュのように、病院の患者の治療記録を蓄積しているコンピュータにそうした事態が引き起こされるとなれば、話はまったく別だ。因習打破をもくろむ同じ名目のいたずらは、一九六〇年代と八〇年代とではまったく意味が違うものになってしまったのである。

〈フォーン・ハッキング〉もプロジェクトMACのハッカーによって六〇年代初期に開発されたいたずら《プランク》のひとつで、七〇年代に無法なバリエーションを生みだしていった。複雑な技術を独学で身につけるというのはハッカーの持つこだわりの特色であり、すべての情報（と情報伝達の技術）は誰でも自由に利用できるようにすべきだという信念は、ハッカーの倫理観の中心にある教義である。全世界の電話回線ネットワークは、卓越した複雑な技術システムであり、特殊な世界規模のコンピュータともいえるものだった。トーン・ジェネレータとスイッチング回路の知識があれば、長距離通話にもたやすく無料でアクセスできたために、数々のフォーン・ハッキング行為の伝説が生まれた。しかし、神話はそこで終わらなかった。

カリフォルニアでは一九七〇年代に、スタンフォード人工知能研究所（ＳＡＩＬ）とシリコン・ヴァレーの近くで、キャプテン・クランチと名乗る男が率いる〈フォーン・フリーク〉という電話回線ハッカー・グループが現れた。すきっ歯で、憑かれたような目をしたひげもじゃのクランチは、現在でこそまっとうなソフトウェアを作り、不法行為もやめているが、六〇年代後半から七〇年代前半には、電子機器をいっぱいに積み込んだバンでハイウェイを走り回り、道路わきの公衆電話から名人芸ともいえるいたずらをして回った――そして最後は捕まって起訴され、判決を受けて服役することになった。不法行為時代のクランチの仲間のひとり、スティーヴ・ウォズニアックは、のちに最初のアップル・コンピュータを発明し、一躍名をあげることになる。キャプテン・クランチ、本名ジョン・ドレイパーは、今ではキャプテン・ソフトウェアというマイクロコンピュータ・ソフトの会社で、唯一のプログラマーとして合法的に金を稼いでいる。

プロジェクトＭＡＣのハッカー連中、そしてスタンフォードの似たようなサブカルチャー集団（ここのハッカーの行動様式には、カリフォルニア的なクレイジーさがブレンドされつつあった）や、そのほかのどんなグループにおいても、ハッカーとしてさらに上のもっと面白いレベルを目指したいと思ったら、自分で悩み苦しまなければならない。閉鎖的なサブカルチャー世界はどこでもそうだが、ハッカーにも誰もが通らされる通過儀礼というものがあった。デイヴィッドは年若い新入りだったが、ほかの新参者と同じように容赦ない扱いを受けた。プロジェクトＭＡＣのしきたりでは、今や伝説となっている〝クッキーモンスター〟やその意地悪な仲間たちに出会うまでは、一人前のメンバーとしては認めてもらえない。

システム破壊は逃れられない人生の現実というものであり、ハッカーの世界でより高いレベルに進むために不可欠な挑戦目標でもあった。ハッカーがコンピュータを停止させ、誰かの仕事を何時間も何週間も中断させるということは、プログラマーが対策を講じなかったシステムの弱点を見つけだせるぐらい能力を持っているこことの証明であり、それをやったハッカーは名誉に思っていいのであって、無礼なふるまいでも何でもないのだ。クッキーモンスターのいたずらなどは、まだ生やさしいほうだ。オペレーティング・システムそのものをクラッシュさせるのと違い、クッキーモンスターは特定の個人しか襲わないので、クラッシュが起きたときにそのシステムを使っていた全員が犠牲になるというようなことはない。

クッキーモンスターは、たいてい朝の四時ごろに襲ってくる（タイムシェアリング・システムによって可能になったオールナイトのハッカー行為は、ハッカーたちの変人的セルフ・イメージにいかにもマッチした行為に思われるが、単にそれだけではない。タイムシェアリング・システムは、夜のほうが動作が速い。現実世界に住む一般人にとっての夜という時間は、デートをしたり詩を書いたり眠ったりするためのものだからだ）。誰かがコンピュータに向かって、プログラムの二〇〇〇行目あたりのどこかにあるバグを探しているとしよう。突然、何の警告もなく、「クッキーほしいよ！！」という文字が画面に現れる――そうして、苦心して作りあげたプログラムは容赦なくむしゃむしゃと食べられ、消えていってしまうのだ。「クッキー！！」という文字は何度でもくりかえし現れ、こちらから「クッキー！！」とキーボードで入力してやればいいということに自分で気づくか、あるいは（最悪の場合）誰かにそう教えてもらうまでは、止めることができないようになっている。

プロジェクトMACのハッカーたちは、一九六〇年代終わりに大学のキャンパスに現れた精神的な無法者の、違う形での先駆けだったといえるかもしれない。中産階級的な価値観を軽蔑し、自分の心の働きにつねに興味を抱くという二つの傾向は、その後コンピュータとは何の関係もないところに生まれてきた反体制グループにも共通する点だ。六〇年代にはハッカーの世界にどっぷりとはまっていたデイヴィッド・ロッドマンも、そのころケンブリッジの学生社会に湧きだしてきた、一見まったく違うようには見えるが奇妙に自分と共通するところのある無法者的反体制文化に、だんだんと手を出すようになっていった。

「初めてのLSD体験は、自分自身の心の内部にものすごい勢いで飛び込んだような感じだった」と今のデイヴィッドは振り返る。「突然、自分の内側に——自分がいる。どうやってたどりついたかはわからない、とにかくそこに自分がいた。自分がギターを弾いたり、プログラムを書いているのを観察して、何か即興的なことをするたび、『どこへ向かっているんだろう、どうしてそこへ向かっているのがわかるんだろう? 本当に表現しようとしているものは何なんだろう?』と考えていた。あれがトリップの中でもいちばんすごいやつだった」

デイヴィッドは次のようにも語っている。「ぼくの特殊な認識スタイルにとって、プログラミングというのは幻覚の完璧な準備作業だった。プログラミングは、ぼくのパーソナリティの小さな断片を機械の中に作っていくようなもので、それと対話することも可能だ。年上のハッカーたちに『メインプログラムが何をするかは気にしなくていい、きみにはチェスの駒をボードの上で動かすプログラムを書いてほしい』と言われて、ユーティリティ・パッケージの中のちょっとした部分的なプログラムを書くと、それがチェスプログラムの一部になった。初めてLSDでトリップしたとき、ぼくはその小さな部分構造のひとつの中に自分がいるのを見つけたんだ」

デイヴィッドの作った小さな〝部分構造〟は、グリーンブラットのマックハックの初期バージョンに組み入れられたものだ。マックハックが一九六七年にドレイファスをチェスの勝負で敗ったことで、このプログラムはハッカーたちが人工知能の世界の主導権を握っていることの象徴となった。ことの始まりは、ヒューバート・ドレイファスが無謀にも、人工知能研究の成功ばかりでなく、研究そのものの正当性にまで疑問を呈したことだった。人工知能分野全体を詐欺であるかのようにこきおろし、ミンスキーらの愚かな研究に資金を投入するのを阻止せよとばかりに、普通の学術的議論を超えた辛らつな批判を浴びせたのだ。このドレイファス事件が始まったのは、一九六五年の夏のことだ。ヒューバート・ドレイファスは、コンピュータ科学者ではなく哲学者であり、ランド社で数カ月をすごしていた。その夏の終わりにドレイファスの書いた論文は、『錬金術と人工知能』という題名で、ランド社に関する報告書として非公式に回覧されたものだ。

ドレイファスは、人工知能はうそっぱちだと考えた。特に、人工知能信奉者たちがこの分野の未来に関して述べた、いくつかの発言を攻撃しだした。人工知能研究者の連中が例証する「進歩」などはすべて幻想だと言いきり、その目的とするところはすべて妄想にすぎないということを証明しようとしたのだ。ゲームプログラムも手ひどく非難した。その当時、IBMの研究者アーサー・サミュエルズがチェッカーゲームのプログラムを作ったばかりで、これがなかなかよくできた、チャンピオンになれるぐらいの能力を持つプログラムだった。しかしドレイファスは、チェッカーのプログラムが真の人間的な機械知能を目指す第一歩になるのなら、猿が木のてっぺんに登ることだって月への第一歩と呼べなくもないだろうと一蹴した。

そしてドレイファスは、これまでに本当によくできたチェスのプログラムがあったかは疑わしいとも述べ、一九五七年のハーバート・サイモンの「ここ十年以内に無敵のチェスプログラムができるだろう」という予言を指摘して、そろそろ時間切れだと言い放った。そこへ、慎重に作りあげたチェスプログラムを手に、グリーンブラットがどこからともなく現れたのだ。そして当時のプロジェクトMACの管理者のひとりだったシーモア・パパートが、ドレイファスを公開試合におびき出すことに成功した。

デイヴィッドやほかの立会人によれば、その勝負はたいへんにドラマティックで、先の読めないものだったという。最後まで勝負の行方がわからないスリリングで独創的な展開で、誰もが予想したような機械的な感じはなかった。この勝負は、親睦というたぐいのものではなかった。そもそも、彼らの資金源が攻撃を受け、この哲学者だか何だかよくわからない人物が人々をあおりたてたおかげで、彼らの大切な端末は全部片づけられかねない状況だったのだ。遺恨試合となったことだけは間違いない。

マックハックは勝った。米国計算機学会（ACM）の中の人工知能専門部会（SIGART）は、大喜びで試合の結果を会報に載せた。SIGARTの会報編集者は、ドレイファスの論文の一節から引用した「十歳児だって機械を負かせる――ドレイファス」という見出しをつけ、さらに自分たちで副題をつけ加えた。「しかし、機械はドレイファスを負かした」。この記事が火付け役となって、編集部には非難と賛同の手紙がどちらも山ほど届いた。その後ドレイファスは、『コンピュータにできないこと』という著書の中で、以下のように認めている。「熱意に不釣り合いな成果を私に暴露されたことで、人工知能研究者もさすがに恥ずかしくなったのか、ようやくそこそこ有能なプログラムを作ってきた。R・グリーンブラットのマックハックというプログラムは、チェスにはずぶの素人の著者を実際に負かしたのだ」(1)

マックハックは米国チェス連盟の名誉会員として迎えられた。ドレイファス対人工知能研究の論争は、一九六七年のつかみ合いの格闘まがいの議論には発展しないまでも、その後もずっと尾を引いた。伝説的プログラムを手に自分たちの研究を見事に擁護した当のハッカーたちは、その手際のあざやかさをほかの人間たちが議論しているあいだに、早々に自分の端末の前に引き上げていった。この出来事は、象徴的な意味を持つ出来事という以上のものだ。グリーンブラットがこのプログラムについて正式に書いた論文は、チューリングやフォン・ノイマン、そしてシャノンのような、真の天才チェスマシンと勝負してみたいという夢を抱く人間にとっては、歴史的にもたいへんな価値のあるものだった(2)。

デイヴィッド・ロッドマンがプロジェクトMACの見習いであったころ、マックハック以前にももうひとつ、誕生を目撃した歴史的ソフトウェアというものがある。一九六三年にMITにやってきたジョゼフ・ワイゼンバウムは、六四年から六六年にかけてELIZAというプログラムを開発したが、彼はこれによって、コンピュータにできることとできないことの一般的認識を変えることとなった。このためにワイゼンバウムは、コンピュータと人工知能の事業がこれからどこへ向かうかという、自分の心の中にあった考えまでも変えることになったのだ。ELIZAは、コンピュータに人間の対話を巧みに模倣させることで、人間とコンピュータとの会話を成立させる。発明者自身も予期していなかったことだが、このまねごとの会話に、人間はあっさりとりこまれてしまうのだった――このからくりが認識できそうな人間でさえもだ。ワイゼンバウムはこのプログラムに対する人々の反応を見て衝撃を受け、世に喧伝されているコンピュータ革命というものには、何かとても危険なものがひそんでいるという確信をもちはじめた。

ELIZAへの人々の反応を見た結果として、ワイゼンバウムは、コンピュータが一般の人間にもたらす変化というものが、本当に価値あるものなのかという疑念を持つようになる。つまりこの変化は、人間がいつか後悔するようになるものなのではないかと感じられたのだった。また、コンピュータがすべきこととそうでないことを区別するために、人が重要な判断を迫られるのも、そう遠い日のことではないだろうとも思った。特にハッカーについては、コンピュータ社会というものの中心に存在する病の徴候だと述べている。ワイゼンバウムは一九七六年の著書『コンピュータ・パワー——その驚異と脅威』の中で、コンピュータ文化におけるもっとも基本的な前提のいくつかを非難し、これが長きにわたって何度も激論を呼ぶことになる、ワイゼンバウムと人工知能研究者とのあいだの公開論争の引き金となったのだった。

ドレイファスと人工知能研究者との論争の大半は技術的な話で、マックハックの技術的な大勝利によって解決の糸口がつかめるようなことだった。しかしワイゼンバウムとの論争は倫理に関わることであり、現象学の観点から論じるヒューバート・ドレイファスをカリフォルニアから飛んでこさせたような激情とは、まったく異質な感情を含む議論だった。まして、人工知能はうそっぱちなどでないし、だからこそコンピュータには慎重になるべきで、ハッカーの動向にも注意したほうがいい、といったことを主張しているのは、ほかならぬＭＩＴのコンピュータ科学の名誉教授、ジョゼフ・ワイゼンバウムなのだ。

一九六〇年代初め、「コンピュータ・レター」なる奇妙なものが小切手の下のほうに現れるようになったのを覚えている人も多いことだろう。ワイゼンバウムがＭＩＴに来る以前におこなった仕事のひとつだ。かつて彼は、ゼネラルエレクトリック社のソフトウェア専門家として、世界の銀行システムの記念碑的研究であるバンクオブアメリカのＥＲＭＡ計画に加わっていた。ワイゼンバウムがコンピュータ使用の倫理というものを語るとき、何百万人の生活を変えてしまうかもしれないという彼の視点は、すべて自分自身の経験から語られることだった。自分の作ったプログラムが、賢くて何でも知っているコンピュータの精神科医であるかのような幻想を与えたこと、そして、コンピュータには精通しているはずの同僚たちでさえも喜んでこの幻想にとりこまれていくのを目の当たりにしたことで、ワイゼンバウムはひどい衝撃を受け、それが意見の衝突を引き起こしたのだった。

ワイゼンバウムはまず最初に、質問すると英語で答えてくれる簡単なプログラム上のトリックを使ったプログラムを、あくまで抽象的な興味から考えだした。これをハッカーたちが面白がりそうな形で実際に使えるように作り、ごく初歩的なものではなあったが、言語理解プログラムの第一歩として考えてみようとしたのだった。単純な文章を解析しているだけで、意味を本当に理解しているわけではないとわかっているにもかかわらず、ハッカーたちはコンピュータとの見せかけの「会話」を面白がった。

この質問返答プログラムをさらに精巧なものにして、最初のバージョンよりも文章解析能力のあるものにしようと考えていたとき、ワイゼンバウムはスタンフォードの精神科医、ケネス・コルビーと知り合った。コルビーは、コンピュータで精神状態や精神障害のモデルを作り、それによってより効果的なセラピーの手がかりを得たいと考えていたところで、ワイゼンバウムのＥＬＩＺＡの特別バージョン、ＤＯＣＴＯＲを作る手助けをしてくれた。一九七六年のワイゼンバウムの著書の前書きには、いちばん成功はしたがいちばん不安をかきたててくれたこのＥＬＩＺＡの改訂版のことが書かれていて、「ＥＬＩＺＡ効果」というのがどんなものだったかの一端を伝えている（3）。

> これを作ったのは一九六四年から六六年のあいだのことで、その報告は六六年一月と六七年八月のコンピュータ科学誌で行っている。簡単にいうと、英語で〝会話〟ができるコンピュータ・プログラムを作ったのだ。人間の会話者がコンピュータに接続されたタイプライターで会話の一部を打ちこむと、コンピュータがプログラムの制御に従い、送信されてきたメッセージを解析して、返答を英語で構成し、コンピュータ側のタイプライターに返事を打ちだすというものだ。
>
> 言語解析プログラムにＥＬＩＺＡという名前をつけたのは、バーナード・ショウの『ピグマリオン』（ミュージカル『マイフェアレディ』の原作）に出てくるイライザのように、〝話す〟ことがだんだん上手になっていくものとしての意味を込めたのである。……（中略）
>
> 最初の実験で、私はＥＬＩＺＡに、ロジャーズ派のセラピストが最初に患者におこなうインタビュー

のような会話（厳密にはそういう会話のパロディ）をおこなうための筋書きを与えた。ロジャーズ派のセラピーは、患者の言ったことをそのままくりかえすことで反応を引き出すという手法をとっているので、比較的まねるのが簡単なのである。次に記述するのは若い婦人と医者役のELIZAの会話であり、患者をしゃべらせつづけるロジャーズ派のテクニックと、コンピュータ・プログラムとしてのELIZAがどのように動作しているかを示す。最初に〝話す〟ほうが若い婦人である。コンピュータの返答は、すべて『　』でくくって示す。

「男ってみんな同じね」
『どんなふうに』
「あれやこれや、いろんなことで人をいらいらさせるの」
『例をあげてみてください』
「ボーイフレンドが私をここへ来させたのよ」
『あなたのボーイフレンドがあなたをここへ来させたのですね』
「彼は、私がいつも滅入っていると言うの」
『あなたが滅入っているというのはお気の毒なことです』

ワイゼンバウムがまず不安を感じたのは、コンピュータをよく知っているはずの人々までがコンピュータとの会話に引き込まれ、人生に関する真剣な会話まで始めてしまうことだった。ワイゼンバウムの秘書でさえ、この会話が毎日の習慣となってしまった。さらには、個人的なことを打ち明けたいから、マシンと二人きりにしてほしいと言い出す人間まで出てきた。ワイゼンバウムは思わずぞっとして、自分が信じていたことをすべて考え直さずにはいられなくなった。だが、そうはいってもここまではまだ、巧妙なプログラムだとわかっていながら、いかに人間が簡単にだまされてしまうかを示す徴候にすぎないともいえる。

ワイゼンバウム流の考えによれば、もっと深刻なのは、コルビーやほかの人間たちが、〝コンピュータ・セラピスト〟というものを〝自動精神療法〟の形で実用できるかもしれないと考えたことで、それはワイゼンバウムにとっては〝忌むべき〟考えでしかなかった。ワイゼンバウムの倫理に関する議論は、本来は人工知能やコンピュータ設計における数多くの重要な革新を生みだしてきたのと同じ研究所から生まれたものではあるが、ここでは多くは述べない。ワイゼンバウムが著書などで主張してきた考えや批判は、それだけでも十分考察に値するものである。

デイヴィッド・ロッドマンも、研究助手として雇われたころ、まだ初期の段階のELIZAとの会話に時間を費やしたひとりだった。デイヴィッドが最初のころ作ったLISPのプログラムにはは、ELIZAをまねたものもある。そして、ワイゼンバウムは知らなかったことだが、デイヴィッドはELIZAと〝会話〟しながら、LSDのトリップを経験するようになったのだった。

ミンスキーはハッカー王国のパトロンであり、グリーンブラットが荒っぽい英雄、マッカーシーは人工知能研究の天才という称号を持っていた。しかしワイゼンバウムは、自分の職場の一角を共有するそうしたハッカーたちのことを、控えめな表現で言っても好ましく考えていたわけではなかった。著書の中でワイゼンバウムは、筋金入りのハッカーの内部グループに対して、かなり直接的な攻撃を加えている（4）。

アメリカ合衆国中の数え切れないほど多くの場所や、世界中の産業地帯などでコンピュータ・センターが設立されると、頭はいいが格好のだらしない、落ちくぼんだ目のぎらぎらした若い男たちが、必ずそこにいる。コンピュータの前に座り、腕をぴんとこわばらせて構え、キーボードの上で指のバランスをとりながら開始の合図を待つ姿は、まるで今にも振られようとするサイコロに気持ちを集中している賭博師のようだ。彼らはしばしば、釘付けになるというほどではないにしても、難解な教科書に取り憑かれた学生のように、テーブルの上に散らばったコンピュータの出力用紙を熟読している。ほとんど倒れそうになるまで、二十時間、三十時間と働く。手配が可能なら、コーヒー、コーラ、サンドイッチなどの食べ物は運んでもらう。コンピュータのそばにある簡易ベッドで眠ることもあるが、せいぜい二、三時間という程度だ——それからまたコンピュータや出力用紙に戻る。しわくちゃの服、洗わずひげも剃らない顔、とかすこともない髪などを見ると、彼らがいかに自分の見てくれや、属する社会に対して興味がないかがわかる。少なくとも仕事に従事している限り、彼らはコンピュータだけを通じ、コンピュータのためだけに存在している。それがコンピュータ狂であり、強迫神経症的プログラマーというものだ。これは今や世界的現象となってきている。

ワイゼンバウムは、ハッカーの中でもとりわけ偏執狂的な変人を攻撃し、普通でない外見や飲食の習慣のほかにもいくつかの理由をあげて、〝強迫神経症的プログラマー〟という呼びかたをしている。しかし一方で、括弧つきの但し書きではあるが、「(ハッカーなら誰でも異常で強迫神経症的プログラマーだというわけではない、ということは述べておくべきだろう。確かに、自ら誇らしげに〝ハッカー〟と名乗る人々が言うように、すべてがそうだというのではないにせよ、今日の洗練されたタイムシェアリング・システムや、言語翻訳機、グラフィック・システムなどは、彼らの高度に創造的な労働がなければ存在しなかったかもしれないのだ)」という注釈もつけてはいる(5)。

ワイゼンバウムの基準による強迫神経症的プログラマーは、仕事の問題を解決するためにコンピュータを使う時間よりも、遊びのためにコンピュータを使う時間のほうが長い。確かに優れた技術者たちであることはワイゼンバウムも認めてはいるが、自分のプログラムを文書にまとめても間違いだらけでわかりにくく、ほかのプログラマーがあとでプログラムを使ったり修正したりしようとしても、何をやっているかがわからないことが多い、と非難している。

強迫神経症的プログラマーにとってモチベーションになるものは、問題解決などではなく、コンピュータと対話することの生々しいスリルであり、ワイゼンバウムによれば、それは天賦の才の現れではなく病の徴候なのだという。「強迫神経症的プログラマーは、コンピュータという名の劇場を与えられた、いわゆるマッド・サイエンティストにすぎないのである。その劇場では空想したことがいくらでも実現可能で、本当に実現もでき、演じきることも可能なのだ」

これに対しミンスキーらもハッカーの擁護に立ち上がり、ハッカーに対しても一部の芸術家と同様に、通常の社会的基準を当てはめることを手控えるべきだと指摘している。目のくぼんだ落ちこぼれの群れというのは確かに見ていて楽しいものではないし、その多くが他者と関わるよりマシンと関わるほうが楽だと考えていることも事実だろうが、それにしても不当な中傷はされるべきではないはずだと。

ハッカーは、彼らのふるまいよりもその創造物で評価されるべきだろう。ゴッホの服装習慣だとか、モーツァルトが何日も寝ないで作曲したことだとか、そんなことを非難する人間など、まずいない。ハッカーたちはたまたまプログラミングに対する情熱を持っていただけであり、それがバイオリンやバスケットボールや金儲けの才能ではないからといって、世間が彼らを型にはめようとしたり、不当に非難していいはずがない。そうした状況を、ミンスキーは非常に残念に感じていた。

世界を全能の神のように制御したいという幻想は、コンピュータを使えばそのシミュレーションも可能になるもので、それが人間にとって大きな誘惑になるというワイゼンバウムの考えは、まったくもって正しい。精巧なコンピュータを執拗なまでにおもちゃやゲームに変えようとする人々をどう見なすかは、さらに視野の広い議論が必要になるだろう。ハッカーがファンタジー好きだということは誰も否定できない。〝霧深き小人の館、XYZZYと悪名高き宝庫〟という名で知られるプログラムは、ウィル・クロウザーとドン・ウッズによって作られたもので、今は〈アドベンチャー〉として一般に知られているが、これがプロジェクトMACやSAIL（スタンフォード人工知能研究所）に登場して以来、ハッカーの好きなファンタジーがハッカー以外の人間をも夢中にさせるということは、長らく秘密となっていた。

ハッカーになぜコンピュータに取り憑かれたのかと尋ねてみれば、きっと彼らはELIZAを見せてくれ、それから〈アドベンチャー〉のことも教えてくれるだろう。何度か必要なキーを押してもらい、画面とキーボードの前に二、三時間も座らせてもらえたなら、今度はそこから離れられなくなって、最後は力ずくで引きずりだされることになるかもしれない。コンピュータ・グラフィックスなどによって目をくらますような官能的な刺激が与えられる今の時代でも、コンピュータに隠されたファンタジーを探索したいという純粋な誘惑は、依然として強力なものだ。

〈アドベンチャー〉では、「剣を落とせ」「上にのぼれ」「橋を渡れ」といった単純な命令ができるという説明があったあとで、いまはどこの大学のコンピュータ・センターでも有名な、次の文句が画面に現れる。「あなたは道のはずれに立っていて、目の前には小さなれんが作りの建物があります。ここは森の中です。細い小川が建物から流れていて、そのまま渓谷に流れ込んでいきます……」

何の警告もなく、そして高解像度のグラフィックスや音声もなく、ゲームのプレイヤーはいきなりコロッサル・ケーブ（巨大な洞窟）に引きずり込まれる。そこはいくつもの部屋にわかれた迷宮となっていて、宝物、小人、魔術、策略、そして危険などが隠され、プレイヤーの指示を待っている。ゲームを終わらせるまでに何週間もかかることがある。時事解説者の中には、〈アドベンチャー〉をハッカー行為の比喩と考える人間も少なくない。コンピュータの内部も、複雑に入り組んだ道が隠されている場所のようなものであり、自分の技術や知識、魔術などを使いながら宝物を探しだし、それを持ち帰ることができるかどうかはプレイヤーの能力しだいだからだ。

プログラミング技術への強い敬意、いたずら好きな性質、ゲームへの偏愛などは、〈スペース・ウォー〉や〈アドベンチャー〉といったゲームとともに広がった、ハッカーの文化というものとセットになっているようだ。こうした物の考えかたが危険な影響をもたらすかもしれないことを指摘したコンピュータ科学者は、ワイゼンバウムが最初ではあったが、その後も何人か現れた。

ワイゼンバウムの最初の痛烈な批判から何年もたって、今度はスタンフォード大学で、のちに有名になった議論が勃発した。これまで西海岸では、カリフォルニア大学バークレー校、ロサンジェルス校、サンディエゴ校、サンタバーバラ校、それにスタンフォード研究所、エルスバーグ事件の起きる前のランド社などがハッカーの前哨基地のようになっていたが、一九六〇年代の半ばからは、スタンフォード大がその中心を占めるようになっていた。スタンフォードのLOTS（ロー・オーバーヘッド・タイムシェアリング・システム）には、大学院生がよく出入りしていた。ハッカーに関するもっと大きな別の論争が、七〇年代半ばに〈電子メール〉と呼ばれるようになる伝達媒体を使った会話の形で浮上してきたのは、このLOTSでのことだ。LOTSの利用者は誰でも、メール・プログラムの一形式である〈掲示板《ブルティン・ボード》〉を使い、特定の個人やグループ、あるいは共通の話題に興味のある人に向けて、メッセージを掲示したり、掲示されたメッセージを読んだりできる。コンピュータにログオンさえすれば、いつでもメッセージを読んだり、自分からのメッセージを追加したりできるのだ。

　こうした手段を利用して、ときには真面目な問題が議論されることもあったし、長々と熱のこもった落書き（こうしたあおり行為を〝フレーム〟と呼ぶ）がさまざまな標的に向けて送信されることもあり、深遠な話題から取るに足らないいいかげんなものまで、いろいろだった。ごく真面目な話題がフレームを装って書き込まれることもあれば、その逆もあった。このような話題の交換は、次々と枝分かれしながら何カ月も続き、電子的に刻まれた即興文学のようなものを生みだした。『ハッカー文書《ペーパーズ》』が出てきたのはここからである。

　ハッカー自身がハッカーについて書いたこの敵対的なフレームは、スタンフォード大学の心理学教授フィリップ・ジムバードの目にとまり、コメントつきで一九八〇年の『サイコロジー・トゥデイ』誌に発表されたため、〝実社会〟の注目も浴びることとなった。ロッドマンが二六号館でグリーンブラットやそのほかの仲間たちに出会ってから、二十年後のことだった。

　このフレームのやりとりは、たとえて言うなら、ハッカー版ルターの九十五カ条が電子工学の神殿の扉に打ちつけられたことから始まった。自称・元ハッカーの〝G・ガンダルフ〟と名乗る人物（公開メール・チャンネルでは、市民バンド無線の〝ハンドル〟のように、ペンネームのようなものを使うのがしきたりになっている）が、『ハッカー行為についてのエッセイ』というタイトルの文章を掲示板に書き込んだのだ。それは次のようなものだった（6）。

　スタンフォード大学の真ん中にコンクリートとガラスでできた大きな建物があり、中にはコンピュータ端末がずらりと並んでいる。ガラスのドアを開けて一歩入ると、そこは違う文化の世界だ。五十人の人間が端末の画面を凝視している。五十の顔は五十の胴体に据えられ、五十の胴体は五十組の指とつながり、その五十組の指が五十セットのキーボードを叩き、五十セットのキーボードの行きつく先は一台のコンピュータである。……（中略）……彼らは、外部の世界と相容れず、みずから壁を作るだけでなく、彼らを理解できない人間からも逆に壁を作られてしまうような文化世界の一員である。壁はどちらの側からも同時に築きあげられている。

　こうした人々は解説に値する。人並みな面はほとんどない。まず第一に、彼らはみな頭がよく、実のところ非常に聡明だといってもいいほどで、コンピュータに興味を持つようになる以前から社会的な問題を経験している。第二に、彼らは自己完結的である。その社会生活の大半は、コンピュータとの交流で占められている。……（中略）……第三に、彼らの生活は、すべての面にわたってコンピュータとの支えあいで成り立っている。コンピュータを学ぶために学校へ行き、プログラミングやメンテナンスの仕事に就き、社会生活はハッカー同士ですごすのみだ。学術的にも、社会的も、そして金銭的な見地からも、コンピュータは彼らの生活の中心なのだ。

　案の定、この痛烈な批判が反論を受けずにすむはずはなかった。例によって激しい賛否両論が飛び交った。中には、もちろん少数ではあったが、この異端的な意見に心から賛同する人間もいた。集団としてのハッカーは、えてして異端であることや因習打破の思想を好むもので、何が異端かそうでないかという議論が好きであり、ときには議題がハッカー自身のことであったとしても――いや、ハッカー自身のことならなおさら――そうした論争に熱を上げるものなのだ。ガンダルフに反駁した〝A・アノニマス（匿名）〟という人物は、西海岸版の〝ミンスキー流ハッカー弁護〟を試みている（7）。

　われわれは、とてつもなく柔軟な能力を持つ道具を扱っている。その道具を開発したり利用したりすることを選んだ人間には、それが仕事であれ遊びであれ、あるいはその両方であれ、そうすることを選ぶ権利があり、そのことは否定されるべきではない。音楽家になることを選んだ人間ならば、毎日何時間もかけて必要な専門技能を身につけなければならない。コンピュータ・ハッカーが、そうした人間よりも創造性において劣っているなどと決めつけられるのだろうか？　そうは思わない。コンピュータは、単に便利な機械というだけではなく、創造的な能力を育てるためのキャンバスでもある。したがって、ハッカーが自分の世界を制限しているともまったく思えない。むしろハッカーは、この無限の力を持つ道具を使って、自分の知的限界を広げようとしているのだ。

　ハッカーの社会的生活が破綻しているという非難については、ある程度は賛同できるところもある。だがそれは、個人がいかに自分をコントロールできるかにもよると思う。ハッカーも、いつでも普通の生活に戻ることはできるのだ。なぜそうしないか？　理由は明らかだ。無限の力を持つ機械は限界というものを知らないので、どんどん高いレベルに到達してしまい、そのためにハッカーはコンピュータにさらに多くの時間を捧げるようになるからだ。それの何が悪い？　九時から五時まで拘束される通常の仕事から解放され、限界を超えて自分のやりたいことができるというのは、間違いなく素晴らしい楽しみのはずだ。

　話を人間対機械という部分に持ってこよう。ガンダルフは、人間的な交流の必要性と、機械固有の害毒を強調している。では、音楽家の楽器、研究員の実験道具、作家のタイプライターにも弊害があるのだろうか？　こういう職業をきわめるためにも、やはり大変な長さの時間が必要とされるものだ。が、どの分野と比較しても、コンピュータ研究の分野ほど、人間と機械が相互交流をはかっているような世界はあるまい。人間的な交流の機会を減らすからという理由でコンピュータをけなす人々は、コンピュータの本当の重要性を少しも理解していないと思う。コンピュータは、無限の力を持つ道具だというだけではなく、きわめて流動的なコミュニケーション媒体でもあるのだ。

　この論争を公表したところ、ＡＲＰＡネットや地域のコンピュータ・センターには、電子メールがなだれのように殺到した。ハッカーについての議論は、アマチュアの電子掲示板にも広がり、一九八三年ごろまで続いた。この年『ウォーゲーム』という映画が公開され、現実社会の若者の中からコンピュータ・システムの〝クラッカー（不正アクセス者）〟が現れるようになり、ハッカーという言葉は広く世間の注目を集め、あまり喜ばしくない狭義の新しい意味でとらえられるようになった。ハッカーたちのゲームのもっとも古いルールに、「汝、ほかのハッカーに為すことを、普通のコンピュータ・ユーザーに為すなかれ」というものがある。昔ながらのハッカーのほとんどは、若いコンピュータ侵入者やシステム破壊者のやっていること、いわゆる〝暗黒面のハッカー行為〟というものを嘆かわしく思っている。もっとも、少数の無法行為支持者たちは、究極の自由とは、コンピュータ・コミュニケーション・システムがいかに機能するかを明らかにする自由であると主張し、侵入から身を守るために努力しなければならないのは、守るべきファイルを持っているプログラマーのほうであって、深夜にネットワークをうろついているうちに、たまたまシステムに入り込んでしまった探索者に責任があるわけではない、と明言している。

本当のコンピュータ犯罪者についての議論はともかくとしても、コンピュータと無関係な人々がハッカーに関する議論をくりひろげるのは、少しばかり奇妙に見えなくもない。結局のところ、ハッカーと呼ばれる人々は乱暴者でもなければ放火魔でもなく、ただコンピュータの操作に関しては優れた知識を持っているというだけのことだ。コンピュータは人間より賢いとか、普通の人には複雑すぎてわからないなどと考える人間が多いほど、その文化社会でハッカーがスケープゴートにされる可能性は高くなる。ジムバードとともにスタンフォード大学で研究をおこなっていたジェームズ・ミロイコビッチは、マイクロコンピュータの認知や動機に対する影響について心理学の博士論文を書き、ハッカーの擁護に回った。

一九八二年のインタビューでミロイコビッチは、自分もハッカーと長年すごしているが、その行動には何も病的なものは見受けられないと語っている。世間がこれについても、「明らかにナンセンスだ。おそらく世間は、ハッカーがマシンを使って自分たちに何か攻撃的なことをしてくるかもしれないということに、ある種の脅威を感じているのだろう」と述べている。A・アノニマスと同じようにミロイコビッチも、何かを学ぶことに少しぐらい取り憑かれたからといって何が悪いのか、と問いかけている。「知識を愛するということは、まったくもって自然なことだと思う。ハッカーたちは、自分を熱中させてくれるコンピュータについての知識というものを、深く愛しているだけなのだ」(8)

デイヴィッド・ロッドマンはその好例だ。マックハック対ドレイファスのチェスマッチに立ち会ったこの落ちこぼれハッカーは、そのままいけば間違いなく、目の落ちくぼんだコンピュータ狂の王道をまっしぐらというところだったが、実際にはまったく逆の道を進むこととなる。十六歳のときにはすでに、フリーのプログラマーとして成功していた。さらに社会福祉関連の官庁からコンピュータ・システム立ち上げのオファーを受け、二十代前半のうちにワシントンＤＣへ移ることとなった。

一九七二年ごろのデイヴィッドは、ハーマン・ホレリスがわずらわされたのと同じ問題にどっぷりとつかっていた。すなわち、大量のデータベースの管理である。アメリカの国勢調査局の情報は磁気テープに保存されるようになっていたが、その検索システムの設計がデイヴィッドの仕事だった。コストをかけずに大量のデータの中から情報を抽出することにかけて、デイヴィッドは熟練した腕前を持っていた。その後はケンブリッジに戻ってソフトウェアのシンクタンクで働き、彼が団体名を明らかにしたがらない政府機関の仕事を複数こなしたのち、七八年ごろになると、そろそろ自分の得た知識で市場に出せるような物を作ろうと考えるようになった。

そうしてついにデイヴィッド・ロッドマンは、マイクロコンピュータ使用者にも使えるように設計した、データベースを管理するためのプログラムを作って市場に送りだした。かくしてデイヴィッドは、プログラマーが即座に事業家になれたパーソナル・コンピュータ・ブームの初期にソフトウェア・ビジネスに参戦し、成功することのできた元引きこもりプログラマーのひとりとなった。デイヴィッドよりも年長のＭＩＴハッカーの中には、一九七八年にビジカルク（VisiCalc）というソフトウェアの作者となった人物もいる。ビジカルクは、ユーザーが数値データに関する「もし～ならば」という質問を重ねながら作っていく〈電子スプレッドシート〉である。このソフトによって、キーボードにさわったこともないような何百万人の人々が、かつては大型コンピュータのプログラマーがやる仕事とされていたようなことに取り組むようになった。

私が初めてデイヴィッド・ロッドマンと出会ったのは、八〇年代の初めごろで、彼の奇妙なにやけ笑いがきっかけだった。名前は襟にとめてあるプラスチックの名札でわかった。くたびれたスーツや会議参加者と書かれたバッジから、この男がギャンブラーでないことはうかがえたが、その笑顔にはほとんど狂信的と思われるほどに強烈な自信が見てとれた。ヒルトンホテルのロビーと、ラスベガス・コンベンションセンターに続く屋内通路とのあいだという便のいい場所にある、豪勢なカジノでのことだ。マイクロコンピュータ産業の全国会議であるCOMDEXのために集まった五万人以上の人々が、毎日ぞろぞろとこのカジノに通っていた。ここへやってくるコンピュータ関係者は、金を落としていくことに頓着しない、愛想のいい客ばかりだった。その多くは、あからさまなまでにハッピーな顔をしている。デイヴィッド・ロッドマンも、サイコロ賭博のテーブルを離れてからも、ずっとにこにこしていた。

「ずいぶんとご機嫌なようですね?」私はそうたずねてみずにはいられなかった。

「サイコロではしくじりましたよ」と彼は答えた。「でも、もうかってはいるから文句はないといったところでね」

「ギャンブルで?」

「データベースの管理システムで」

「ぼくの専門じゃないな。どんな製品です?」

「四十ページばかりの0と1でできてる製品」

「0と1の市場はもうかるんですか?」

「今のソフトウェア市場ほど、とんでもなくもうかる業界はほかにないよ」

この男が十秒たらずのうちに百ドルすっていたことを思うと、彼がこの会議で金をもうけるのに要した時間は、金を失うのに使った時間よりもずっと短かったのに違いない。サイコロ賭博のテーブルでも見せていた、いくぶんクレイジーな感じのゆがんだにやけ笑いは、自分のビジネスについて話すのはいっこうにかまわないと言いたげだった。

おたがいに自己紹介したのち、私はこの相手が、ソフトウェア会社を立ち上げてそこの主要メンバーとなる以前に、どのような人生を送ってきたかを知った。元プロジェクトMACのハッカーにしてLSD常習者、そして明かすことのできない政府諜報機関のコンサルタントをしていたなどという様子は、外見上からはみじんも見られない。そばかすがあり額ははげあがっていたが、残った髪は短く切りそろえてくしを入れてあった。ひげもていねいにそっていて、その服装も、会計士か機械部品のセールスマンだと言われても決しておかしくはない。しかしデイヴィッドは、心のうちでは依然としてハッカーであり、ハッカーの伝道者でありたいと思っているようだった。

デイヴィッドの話が今作っている製品のことに及ぶころには、彼がプログラマーという聖職に背を向けたがっているわけではなく、むしろその世界を広げたがっているということが明らかに感じられた。デイヴィッドは、自分の利益のためにも、かつて二六号館でとらわれたのと同じ興奮を、何百万という人間に直接感じてもらいたいと考えている。

「ジャズのアドリブ演奏をできるようになったときのことはよく覚えているけれど、あれがぼくのプログラミングに影響を与えたな。最初にアドリブを学びはじめたときは、よく『今がこのコードで、それからあのコードに移って』というふうに自分の中で考えたものだ。移行する部分、つまり、音符から音符へ飛んだり、手続きから手続きへ変数を受け渡ししたりすること――そこに、ミュージシャンでもプログラマーでも、自分のスタイルというものが出てくる。しばらくは何ごとも起きなかった。そうしてるうちに、先生がぼくの気づかなかったような何かを見せてくれて、たとえばこの音を使えばこんな効果が出るんだとか、思ってもいなかったようなことを指摘してくれた。ぼくはショックを受けながらそのことを理解した。そしてそれからは、移行部分にくるとあまり意識的に考えないようにして、そのショックを思いだすようにした。そうすると、必要な音や、プログラムの一行が自然と浮かんでくるんだ。

コンピュータの前に座っている人間を思い浮かべてみてほしい。その人が今必要としてるのは、損益計算書かもしれないし、売上報告の情報かもしれないし、在庫の内訳表かもしれない。ぼくの役目は、その人が必要とするものを自然でしかも簡単に変換して、計算書や売上報告書や内訳表にしてくれるような環境を作りだすことで、さらにその方法に添って進めれば、アドリブ的なものも作れると示してやるということだ。コンピュータという道具は、鉛筆や紙や電卓やファイルキャビネットよりも役にたつだけじゃなく、ユーザーにちょっとした嬉しいショックを与えることもできる。ぼくのファイル管理システムを、ユーザーがジャズミュージシャンみたいに使いこなしてくれると嬉しいと思っている。

本当に優れたプログラム設計者というものは、コンピュータを使う人を芸術家にすることができる。『これがキーボードでこれがディスプレイだ。あとは基本的なコミュニケーション方法を覚えれば、きみは今日からスーパースターにだってなれる』という世界を作りだしてやればいいんだ」

LISPのハッカーからソフトウェアの行商人に転じた人物から聞く言葉としては意外なものだったが、かといって不似合いな哲学というのでもないだろう。ビル・ゲイツやスティーヴ・ジョブズのような帝国を築きあげたわけではないが、デイヴィッド・ロッドマンは、マイクロコンピュータ・ソフトウェアの潜在的消費者の多くが、まだ重度のソフト中毒には至らない、ほんの初期段階にいるのだということをよく知っている。デイヴィッドのような人間は、すべての人間がプログラムの芸術家となれるような道を開くために、道具を作ったりその道を開拓したりする仕事が自分にふさわしいと考える。彼らにとって、プログラミングは芸術表現なのだ。

だが、ハッカーたちが自分のコンピュータを、知識のアドリブ演奏をするための道具として考えるようになるはるか前から——デイヴィッド・ロッドマンがまだ生まれてもいなかったころから、実はカリフォルニアにいたとある夢想家が、すでに自分自身の心の増幅装置《マインド・アンプリファイアー》というものの設計を手がけはじめていたのである。

第九章

長距離考者の孤独

文字や画像をレーダー・スクリーンに表示し、それをコンピュータ内部に保管して、レバーやボタンやキーボードだけで操作する。ダグラス（ダグ）・エンゲルバートがそんなことを考え始めたのは、ハリー・トルーマンが大統領で、スプートニクという言葉はロシア語学者ぐらいしか知らないという時代のことだった。それから三十年以上ものあいだ、エンゲルバートは、印刷機以来の文化的躍進だと信じてきた改革の実現に努めてきた。

〝心の増幅装置《マインド・アンプリファイアー》〟としてのコンピュータの技術や能力は、機械がいかに働くかではなく、機械で増幅された思考が何をなしとげるかによってその価値が決まるものなのだが、今のエンゲルバートの話を聞いていると、コンピュータ界の主流派も革新派も、いまだにそのことが理解できていないように思えてくる。

一九四五年、日本が降伏したばかりの夏の終わり、米国海軍のレーダー技師だった二十歳のエンゲルバートは、フィリピンから母国へ戻るための船を待ちながら日々を過ごしていた。ある蒸し暑い日、彼はふらりと赤十字の図書館へ立ち寄った。そこは現地式の、支柱に支えられた高床の小屋のような場所だった。

「静かで風通しのいい涼しい場所で、みがかれた竹の柱と本でいっぱいだった。ヴァネヴァー・ブッシュの論文に出会ったのは、そこでのことだ」とエンゲルバートは振り返る。その後の人生を捧げることになる夢との出会いを語るとき、三十年以上がすぎた今でも、エンゲルバートの表情はとても優しげなものになる。

ヴァネヴァー・ブッシュ
(SciencePhotoLibrary/PPS)

広島での原爆投下のニュースが、まだ生々しく鮮烈な印象を残していた時期のことだ。核爆弾を作りだす発明の才が人間にあるのなら、その才能を将来の大量破壊を回避するために使うことはできないものかという思いが、そのころエンゲルバートの心の中に芽生えていた。彼がコンピュータを基盤とした問題解決システムの設計を始めたのは、一九五一年のことだ。以来、その夢は今も生き続けている。

一九四五年にエンゲルバートが図書館で見つけた、『われわれが思考するごとく』という論文は、情報処理技術を人間の記憶や思考を増幅させる手段として使うという考えを、もっとも早い時期に明確な形で示したものだ。戦争の終わりごろに『アトランティック・マンスリー』誌に掲載されたこの論文は、アメリカの科学開発の最高管理者という立場にある、ヴァネヴァー・ブッシュによって書かれたものだった。

ブッシュは、ニューイングランドの牧師の子として生まれたが、祖父までは代々船乗りだった。彼は第四章で触れた、一九三〇年代にMITでアナログ計算機を開発した数学者である。第二次大戦中は研究開発局の局長として、六千人以上ものアメリカ人科学者の管理に当たった。マンハッタン計画を開始させること、そしてドイツの爆撃をくい止める手段を見つけることが、ブッシュの二つの重要な目標であり、どちらに関する研究も直接的にコンピュータ機器の発明を助けることとなった。皮肉なことだが、ブッシュのこの論文の中では、情報処理機器としての初期のコンピュータの可能性には触れられていない。彼が示したのは、すでにある知識の蓄積を助けるためのSF的な汎用ツールという考えであり、これはずっとのちになってから実を結ぶことになる。

戦後の世界に目を向けたブッシュは、科学技術の最新の発明が、それ自体また新たな問題を引き起こすのではないかという予感を感じていた。科学者たちは前代未聞のスピードで続々と新しい知識を生みだしているが、その知識の全体像をきちんと把握できている人間はいるのだろうか？　人間の知識量がどれだけのスピードでふくれあがっていこうとも、必要な情報をそこから手に入れる方法がわかっていなければ、そんな知識がいったい何の役にたつというのだろう？

「人間の経験の総量はとてつもない速度で増加している。そして、知識の迷路を通り抜けて必要な情報にたどりつくための手段といえば、帆船時代と何ら変わりがない」とブッシュは書いている（1）。科学に関わる人間たちは、増えていくばかりの知識を、個人にももっと利用しやすいものにするよう努力すべきだと呼びかけているのだ。

だがブッシュの考えた未来の情報技術は、科学の枠を超えて一般社会にまで波及していくことになる。たえず複雑化する情報世界をくぐり抜けるための技術は、科学者ばかりでなく、一般市民にも必要とされる時代になっていたのだ。ブッシュは『アトランティック・マンスリー』の論文で、人間の思考の質を高めるような機器を開発すべきだと提案した。そして、その機器の機能のひとつが人間の記憶《メモリ》（memory）を拡張させることであるため、その仮想マシンに〈メメックス（memex）〉という名をつけた。

一方でブッシュは、大量の情報への高速なアクセスが可能になれば、単なる記憶の拡張以上のことが実現できると、かなり早い時期から考えていた人物のひとりでもあった。一九四〇年代の初歩的な情報技術に基づいて考えられたものでありながら、メメックスの機能は、現在パーソナル・コンピュータとして知られるものと似たところがある――あるいはそれ以上のものかもしれない。

アイデアというものは、植物の種のような役割を果たすことがある。いや、ウイルスといってもいい。タイミングよく空中にばらまいておけば、そのアイデアに生涯を捧げてしまうような人間を見つけ出し、感染させてしまうのだ。知識拡張《ナレッジ・エクステンディング》の技術というアイデアも、そんなウイルスの役目を果たしたのだった。J・C・R・リックライダーが、コンピュータをコミュニケーションの媒体にするという論文を発表したのは、ブッシュが『アトランティック・マンスリー』誌に論文を発表してから十五年後のことだ。だが、思考拡張《マインド・エクステンディング》ツールの創造というアイデアに感染させられたダグ・エンゲルバートは、ブッシュの論文の五年後にはすでに、人間の知性を増強するためにどうやって機械を使うか、自分自身の考えを生みだしつつあった。

戦後のエンゲルバートは、電気工学の学位とレーダー技術の経験を生かし、カリフォルニア州にあるエームズ研究所に職を得て、NASAの前身組織のひとつであるNACA（米国航空諮問委員会）で嘱託として働いた。エームズで何年かすごしたのち、エンゲルバートはそこで出会った女性に求婚した。

「婚約してから最初の月曜日、出勤するため車を運転していたんだが」とエンゲルバートは当時を回想する。「そのときになって、『自分にはもはや人生の目標というものがない』というショッキングな事実に気づいた。大恐慌時代に少年時代をすごした私には、三つの人生の目標というものが身体にしみついていた――教育を受けること、安定した職を得ること、そして結婚することだ。どの目標も果たしてしまった。もう何も残っていなかった」

考えてみる価値があると思う何かを見つけたときのダグ・エンゲルバートは、どこまでも真剣に考え込んでしまうところがある。まして自分自身の人生についての問題を、真剣に考えることの対象からはずせるわけがない。今では高速道路になっているが、当時は二車線の舗装道路だった道を車で走りながら、エンゲルバートは自分が人生であとどれだけ働くのかを計算し、およそ五百五十万分という時間をはじきだした。この時間を投資するだけの価値があるような、自分が本当にやりたいと思うことは何だろう？　一九五〇年十二月、当時二十五歳のエンゲルバートは、新しい人生の目標にどんなものを設定すべきか考え始めた。

「金銭的な目標をたてようなどということは、最初からあまり考えなかった。何とかやっていけるぐらいの金があればそれでいいという育ちかたをしてきたし、金持ちの知り合いを持ったこともない。一九五〇年ごろは、世界がすごい速さで変化していたときで、世の中の問題もどんどん大きくなっているときだったから、自分の人生の目標は、人類の問題に解決をもたらすようなものにしようと決めたんだ」

人道的な事業に献身しようと決意してから数カ月のあいだ、彼は目標としてふさわしいものを探しつづけた。自分の状況や身につけた技術をじっくりとかえりみて、どんな活動に参加できるかといろいろ考えた。レーダー技術の経験と学びはじめたばかりのコンピュータの知識が生かせて、一度受けた工学教育をやり直さなくてもすむような目標。そして、新しい家庭から遠く離れたりしなくてもいいような目標がほしかった。今の仕事は、やりがいがあり、やる気もある。当時のサンタクララ・ヴァレーは世界有数のプルーン産地で、エレクトロニクス産業のほうはといえば、ようやくパロアルトのガレージを出発したといったところだった。車での通勤は、エンゲルバートに考える時間を与えてくれた。

興味をひかれた活動はいくつかあったが、結局はどれも、目標としてエンゲルバートを満足させるようなものではなかった。活動を始めるに当たって、考えを組織化するための明確な手段がなかなか見つからなかった。自分は技術者であって、政治的なまとめ役タイプの人間ではない。世の中はますます複雑化していて、きちんと組織化された改革運動でもないかぎり、何か動きを起こすのは難しい。そうしてエンゲルバートは、同じ根本的な問題に、自分が何度もくりかえし突き当たっていることに気がついた。

エンゲルバートもまた、ヴァネヴァー・ブッシュと同様、人類は地球レベルの複雑で危急の問題を抱えた時代に突入していて、昔ながらの社会が利用してきた問題解決手段では手に負えなくなっていると感じるようになっていた。そして、数年後にリックライダーが気づいたように、問題解決のためにどう情報を扱うかという副次的な面が、すべての問題解決に対する鍵となることも理解しはじめた。いちばん重要な課題は、もはや人間の知識の量を増やすための新しい方法を発明することではなく、蓄えられた知識のどこかにすでにあるはずの、問題解決の答えをいかにして探すかだった。

「複雑な問題を扱う人間の能力を向上させることができれば、人類にとって大きな助けとなるはずだ。それこそ自分がやりたいことだと気づいたから、その仕事に着手することにした」

こまかい技術開発は何十年もかかるようなものだったが、達成したいと思う根本原理の全体像は即座にわいてきた。

「初めてコンピュータのことを知ったとき、自分のレーダー技術の経験から考えて、マシンがパンチカードや出力用紙に情報を表示できるのなら、それをスクリーンに表示することもできないはずがないと思ったんだ。ブラウン管や情報処理装置と、記号を人間に表示する媒体とのつながりがわかると、あとは短時間ですべてイメージできた。

それから私は、コンピュータがスクリーン上で記号を描いたり、つまみやレバーや変換器などを使って、違うタイプの情報領域を作りだせるようなシステムの、概要を練りはじめた。ヴァネヴァー・ブッシュが提案したようなシステムがあったら、それで何をやってみたいか考えた――たとえば、仲間といっしょに座って、そこで情報を交換できるような、劇場みたいな空間にしてみるとか。そんなことができたら、問題解決がどれだけ自由にできるようになると思う？」

コンピュータ産業にも長らく無視されてきた夢を、ときにはいらだちながらも追求しつづけて三十年。ダグ・エンゲルバートが二十五歳のときに見いだし、それ以来追いつづけてきた未来を語るとき、彼のやわらかい声は、いまだ抑えきれない高ぶりをおび、まなざしはうっとりとしたものになる。だが、エンゲルバートの目に映る現在のコンピュータ界は、ハードウェアこそ派手なものをそろえてはいるが、現実の問題には少しも近づけていないように見えるようだ。

エンゲルバートの未来へのビジョンが正しかったことは歴史が証明したが、開発計画や人材の管理者としての彼は、あまり適任とは言えなかった。友人たちでさえ、エンゲルバートの理論へのアプローチ姿勢を〝頑固〟と表現するぐらいだ。それでもエンゲルバートには、物静かで強い存在感のようなものがある。長年思い描いてきた夢の持つ魅力は、それを語るエンゲルバートの顔を今でも輝かせることができるほどに強力だ。一九七一年、友人のニロ・リンドグレンは、『イノベーション』誌でエンゲルバートのことを次のように語っている（2）。

笑ったときのダグ・エンゲルバートは多感な少年のようだが、前進の意志をさえぎられたり、立ち止まって考え直す必要に迫られたりすると、その淡いブルーの瞳は悲しみと孤独の色を浮かべる。挨拶の声も低くやわらかで、まるで長旅に疲れた旅人のような小声は、瞑想の中から出てくるかのようにかぼそい。遠慮がちだが温かさのある男で、性格はおだやかだが頑固。人から敬意を払われるようなところがある。

「割れた紅海の前に立つモーゼを思わせる」

アラン・ケイは、エンゲルバートのおだやかだが人をひきつける魅力についてこう語っている。もちろん、本当のモーゼは〝約束の地〟に足を踏み入れることはできなかった。いっしょに働いて楽しい人物だという評判をとったこともない。

一九五一年、エンゲルバートはエームズでの仕事を辞め、カリフォルニア大学バークレー校の大学院に通うようになる。そこでは、初のフォン・ノイマン型アーキテクチャのコンピュータのひとつが製作されているところだった。そのころから彼は、人々が自分の主張を理解できないばかりでなく、いわゆる〝客観的〟な科学者の中には、自分に明らかな敵意を示す者もいることに気づきはじめた。エンゲルバートは、自分のキャリアに影響を与えるような人々を相手にしてまで、言うべきでないことを言うようになった。ほかの電気工学者にとっては、奇妙にしか聞こえないようなことだった。

「コンピュータを完成させることができたら」と、若きエンゲルバートは人々に問いかけつづけた。「それを使って人々を〝教育〟することはできるだろうか？ コンピュータにキーボードをつないで、人間と対話させるというのはどうだろう？ もしかしたらコンピュータが、タイピングを教えることも可能じゃないだろうか？」

心理学者たちは実現すればすごいことだと考えたが、

コンピュータは彼らの専門ではなかった。技術畑の人間たちには、「そんなことが実現するはずがない」とつっぱねられた。

対話という発想はあまりに突拍子のないもので、コンピュータを知る人間はむしろ耳を貸そうとはしなかった。当時は、たとえプログラマーであろうと、コンピュータとの対話などできない時代だったのだ。コンピュータから何か答えをもらおうと思ったら、箱いっぱいのパンチカードを使い、絶対に間違いのないように記述した質問を提出しなければならない。コンピュータは、直接対話ができるようには作られていなかった。そして、コンピュータを人々の〝学習〟の助けにしようなどというのは、当時は冒涜的ともいえる考えだったのである。

博士号をとったエンゲルバートは、夢の実現を追求したいという気持ちを持ちつづけながら、再び内面的な人生の岐路に立つことになった。学部の中には、複雑な問題を解決する手段を構築するという考えに興味を示す人間はなく、自分の本当にやりたい研究を始める前に、自分自身で新しい学術原理を確立しなければならないのではとさえ感じられた。エンゲルバートは、大学はあくまで資格をとるところで、ビジョンの追求には不向きな場所だと判断をくだした。

こうして若きエンゲルバート博士は、商業界へと飛び出していくことになった。人間の知性を増大させる《オーグメント》という見地から自分のやりたいことをやり、なおかつ市場に出せるような機器を開発して生活費を稼ぐことができるような、電子システム開発の職を得たいと考えたのだ。エンゲルバートは、設立して間もないが先進的な企業をパロアルトに見つけ、そこへ自分のアイデアを持ちこんだ。いつもとは違い、ここには未来に目を向けようとする人間たちがいた。電気工学の学校を出てせいぜい十年ほどしかたっていない経営陣、ビル・ヒューレット、デイヴィッド・パッカード、そしてバーニー・オリヴァー（研究開発の長は彼だった）たちは、エンゲルバートのアイデアに熱心な興味を示した。契約が提示された。エンゲルバートは大得意で車に乗り、自宅に向かった。そしてその帰り道、いつものように考えをめぐらせはじめた。

「公衆電話を見かけて車を停めると、バーニー・オリヴァーに電話をかけて、ひとつ確認させてほしいと言った。彼らの会社が、デジタル技術とコンピュータに将来性を見ているかを確かめたかったのだ。電子機器メーカーがその分野に追随するということは、私には当然のなりゆきのように思えていた。その日の午後に私が提示したアイデアは、デジタル電子技術への架け橋にほかならないということを、彼らが理解しているはずだと思っていた。しかしバーニーの返事はノーだった。コンピュータ市場に参入するつもりはない、と言われた。それで私は、『残念ですが契約はとりやめましょう。私がやりたいことを追求するためには、デジタル面からのアプローチが必要なので』と申し出たんだ」

「それでヒューレット・パッカード社との契約はだめになったんだ」とエンゲルバートは、かの有名な苦笑いの表情で思い出話を締めくくった。それから、「最近聞いた話では、あの会社はコンピュータ業界で世界五位だそうだよ」とつけ加えた。

エンゲルバートはもっと自分にふさわしい企業を探しつづけた。一九五七年十月、スプートニクが飛行したまさにその月に、パロアルトの「小川の向こう」のメンロパークにある、当時はスタンフォード研究所（SRI）として知られていた組織からオファーが来た。SRIは、科学、軍事、商業面でのコンピュータ応用に関する研究の指揮をとろうと考えていた。SRIでの面接のとき、バークレーの博士課程でエンゲルバートの一、二年先輩だった人間がいた。エンゲルバートはその人物に、人間の知性を増大させるために、コンピュータを人間と対話させたいという自分のアイデアを話した。

「そのアイデアを、今まで何人の人間に話した？」とその先輩が聞いた。

「いえ、あなたが初めてです」とエンゲルバートは答えた。

「それならいい。もうほかの人間には話さないことだ。おかしなことを言うやつだと思われかねない。妙な偏見を持たれるよ」

それでエンゲルバートは口をつぐむことにした。一年半ばかりのあいだは黙々と働いて生活を立て、シンクタンクビジネスというもののコツを覚え、自分のアイデアのほうは文書にしていくことにした。それから自分の上司のところへ行って、この研究所で一生懸命働いてひと財産作ろうという気持ちもないわけではないが、やはり自分は、自分のアイデアを発展させるための枠組み作りをどうしてもやりたいのだと申し出た。つまり、人間と機械が知識を生みだしたり分かちあったりするための、新しい方法を実験する研究室を作るか、あるいは、少なくともそうした研究室を計画するためのプロジェクトをやらせてほしいと頼んだのだ。そして、多少の衝突はあったものの、最終的にはゴーサインをもらうことができた。

人間が機械を操作する手段について新しい情報をつねに求めてきた、空軍科学研究局が少額の援助金を出してくれることになった。エンゲルバートはついに求めていたものを手に入れた――いまだに仲間はいないが、自分のやりたいことを追求する自由を得たのだ。「意見を交換する相手もない研究というのは寂しいものだったが、とにかく一九六二年には論文を書き上げて、六三年に発表できた」

こうして、エンゲルバートが十年以上もかけて考え、表現しようとしてきた概念の枠組みはようやく発表されたのだが、コンピュータ科学界の反応はまったくの期待はずれだった。だが、耳を傾けてくれたほんの少数の人間の中に、たまたまうってつけの人物がいた。NASAの若い研究者で、スプートニク以後の優れた技術的先駆者のひとりでもある、ボブ・テイラーだ。テイラーは、革新的な考えというものを恐れない新しいタイプの資金提供責任者でもあったので、エンゲルバートのプロジェクトへの初期の資金提供をうながしてくれた。

幸いにしてそのころ、エンゲルバートのビジョンを理解できるもうひとりの人間が現れた。J・C・R・リックライダーである。彼もまた、ARPAの資金によって大々的な援助攻勢をかけてくれた。リックライダーの支援を受けることで、タイムシェアリング・システムが迅速に実現された。六〇年代初めには、エンゲルバートの夢見ていたハイレベルの方法論や概念の枠組みは、ローレベルのハードウェアやソフトウェアを使ったテストにまでこぎつけることができた。リックライダーもテイラーも、エンゲルバートこそが彼らの求めていた進歩的な研究者であり、自分たちの研究チームがコンピュータの新しく優れた使用法を見いだすのに必要な人材だと、考えていた。とりわけ彼らは、コンピュータ科学界の主流からまったく無視されたエンゲルバートの論文に、強い興味を示した。

このエンゲルバートの論文は、『ヒトの知性を増大《オーグメント》させるための概念的フレームワーク』という題名で、一九六三年に発表されたものだ。その序文の中でエンゲルバートは、人間の知識に関するまったく新しい分野の設立を宣言している(3)。

〝人間の知性を増大させる〟ということは、複雑な問題的状況への人間のアプローチ能力を増強し、必要に応じた理解力と、問題の解決策を引き出す能力を得るということである。こうした点で、増強された能力とは以下のようなものの混合であるといえよう。すなわち、より迅速な理解力の獲得、より良い理解力の獲得、かつては複雑すぎると思われた状況下でもある程度は役立つ理解力の獲得、より迅速な解決策の発見、より良い解決策の発見、そして、かつては解決できないと思われた状況下での解決策の発見である。そして、〝複雑な状況〟とは、外交、経営、社会科学、生命科学、物理学、法律、デザインなどの専門的な問題も含まれており、その問題の継続期間が二十分であるか二十年であるかといったことは問わない。特殊な問題にしか役立たないような、個々の賢い方策の話をしたいわけでもない。直感、試行、あいまいな考え、それに人間の〝そのときどきの勘〟などを、有用な構想、最新式の用語法や記号法、洗練された方法論、そして高度な能力を持つ電子機器の援助と巧みに共存させた、統合された領域における方策について述べているのである。

〝直感、試行、あいまいな考え〟などが先に来て、〝高度な能力を持つ電子機器の援助〟が最後に置かれているのは、偶然ではない。エンゲルバートにも、デジタル・コンピュータが広まることによってこそ、社会が知識増大システムを利用できるようになるということはわかっていたが、ハードウェアというものは、増大させようとするシステム全体の中でも下位に位置する構成要素だということも理解していた。このツールを〝使う〟のはあくまで人間の知性であるが、人の思考の力は、人の脳が生みだしたツールに制限されることはないのだ。

文化は、先人の学んだことの恩恵を生かし、問題を扱うための洗練された手順や、人間の生まれつきの学習能力を強化する手順を伝えてくれる。こうした手順は、いわば文明を創造するソフトウェアのようなものだ。たとえば、人里離れたニューギニア高地で生きる文字文化のない社会の一員も、欧米の都市生活者と同じように生まれつきの学習能力を持っている。しかし、ニューギニアの高地人が車を運転したり、図書館から本を借りだしたり、手紙を書いたりするためには、彼らの知っている生活手段以外の何かを与えてやらなければならない。

エンゲルバートは、〝何かを与える〟ことはツールの特性として必要ないと強調する。〝文明人〟と〝未開人〟を分けるのは、個々の神経系ではない。未開といわれる文化側の人間が洗練された都会人を見れば、未開文化の中で生き残るために必要な技術が全然ない連中だと思うに違いない。文化的状況が逆になるだけで、誰でもその世界では無知な人間になってしまうのだ。生まれつきのニューヨーカーがニューギニアの高地に置き去りにされたら、草ぶき小屋の作りかたも、熱帯性の暴風雨に対処する方法もわからないはずだ。だが、その社会での身の処しかたを知っている誰かからサバイバル術を教われば、新参者でも生来の能力を増強することはできる。人間の知性の増強とはそういうことなのだ――文化が個々の人間に、ツールと手順を提供していくのである（4）。

われわれの文化は、人間の基本的能力を体系づけ、役立つものにする方法を発展させることで、真に複雑な状況を理解し、問題解決の方法を考え、実行できるようにしてきた。このように人間の能力が拡大される方法を、ここでは〝増大《オーグメンテーション》の手段〟と呼び、四つの定義に分類する。

1　人工物――人間に快適さを与えたり、物や素材を使った作業、記号の操作をおこなうために設計された物体。

2　言語――個人が世界像を概念に分類し、その概念を世界のひな型としてとらえるための手段、または、そうした概念と結びつけられたり、意識的に操作された概念（〝思考〟）に使われる記号。

3　方法論――〝目標達成〟（問題解決）のための活動を体系づけるために個人がとる方法、手順、戦略。

4　訓練――1から3の増大手段を利用して、それが効力を発するようになるまでの、個人的な技術の条件づけ。

私たちが改良したいと考えるシステムは、これらの人工物、言語、方法論を持った、訓練された人間を含めたものとして考えることができる。この明らかに新しいシステムは、人工物としてのコンピュータであり、コンピュータに制御された情報保管装置、情報処理装置、情報表示装置でもある。ここで論じられる概念的な枠組みの側面は、基本的にはこうした統合システムの装置を有意義に利用するための、個人の能力と関連するものである。

文字文化のない社会の人間と、長除法の計算ができて電話がかけられる産業社会の住人との最大の違いは、脳という〝ハードウェア〟、つまり両者の神経系の違いにあるのではなく、それぞれの文化によって与えられた思考ツールの違いにある。読み書きや、ジャングルや都会で生きのびる手段などはみな、文化が送信する人間のためのソフトウェアなのだ。未開人を都会に移住させたとしても、車の運転や本の借りだしを学ぶための体系づけられたプログラムがあれば、着実にクリアしていけるはずだとエンゲルバートは指摘する。

では新しい思考方法に、人はどうやって順応するのだろうか？　エンゲルバートは〝ツールキット（道具箱）〟というたとえを用いて、人間が知的問題解決のツールを階層構造《ヒエラルキー》に体系づけていることを示している（5）。

それぞれの個人は、実行しようとする手段を構成する能力を選択し、それに適応するための処理能力貯蔵庫《レパートリー》のようなものを持っているようだ。この貯蔵庫は、ツールキットのようなものだと思ってもらえばいい。機械工が、自分の道具で何ができ、その道具をどう使えばいいかわかっているのと同様に、知識労働者は自分のツールの能力や、適切な使用法、戦略、経験からくるコツのようなものを知っていなければならない。個人の貯蔵庫の処理能力は、最終的には個人や個人の持つ人工物の基本的な能力にすべてかかってくるのであり、貯蔵庫全体は、統合され階層化された構造を持っている（これを〝貯蔵庫階層《レパートリー・ヒエラルキー》〟と呼ぶ）。

例としてエンゲルバートは、連絡メモの発行過程をあげている。連絡メモは、特定の情報をひとつの書式にまとめ、他者に配布するために作成されるものだ。メモを作成する理由、メモ作成者の組織内での役割、連絡対象人物、組織の目標に対するこのメモの主題の重要度——これらが階層構造の上層に存在しているものである。

中間層には、事実を整理する技術、意見の要請、熟考、考えのまとめ、選択肢の比較検討、予測、決断など、メモの内容を組み立てるための要素と、これらを決まった形式にするためのコミュニケーション技術とがある。階層構造の下層に進むと、メモを準備するために使われる人工物やコミュニケーション媒体、すなわち、タイプライター、鉛筆、紙、社内メールなどがある。

この階層構造の比較的下位の部分に革新的なテクノロジーを導入することで、システム全体の効率を押しあげるというのが、エンゲルバートの仮説だ。彼は「新型の執筆機械、たとえば、特殊な機能を持った高速電動タイプライターのたぐい」、つまり現在〈ワードプロセッサ〉と呼ばれているようなものを例にあげている。

そうした機械が、メモの作成過程にどのような影響を与えるのだろうか？　エンゲルバートが一九六三年に試みた推測は、まるで一九八〇年代のワードプロセッサの広告コピーのようでもある——いや、さらにそれ以上のことも述べている（6）。

この仮想タイプライターは、文章の構成に新しい方法を与えてくれる。たとえば、古い草稿からの抜粋を並べかえ、新たに言葉や文章をタイプして挿入することで、下書き原稿をすばやく仕上げることができる。最初の草稿というものは、考えが思いつくままにばらばらな順序で並べられていたりするので、たえずその見直しをはかることが、新しい考察や発想を引きだすきっかけになるかもしれない。草稿が複雑になってきて、考えの混乱が見られたときにも、すぐに編集のし直しができる。文書作成に必要な道筋を探す過程においては、こうした実用的な方法が、より複雑な思考の軌跡に順応することを可能にしてくれる。

作業記録をすばやく柔軟に変更できるなら、そのぶん新しいアイデアをまとめることも楽にできるようになり、それによって自分の創造力をたえず活用していくことができる。もし作業記録のあらゆる部分を簡単に更新できて、思考や状況の変化によって生まれる新しい発想を受け入れることができれば、物事をおこなう際の複雑な手順を取り入れていくことも、さらに簡単になっていくはずだ。……

ここで理解しておくべき重要な点は、特定の能力における直接的な新しい革新が、ほかの能力の階層構造の全体に対しても大きな影響を与えるということだ。下層での変革は、能力の階層構造の下位から上位に向かって伝わっていき、最初の変化が与えられた能力を利用する上位能力は、この変化と中間層の変化を利用するために再編成されることになる。あるいは、上位レベルでの新しい能力獲得の結果として、変化は階層構造を上位から下位へと伝わっていき、下層の潜在的な能力にも変化がもたらされる。こうした潜在能力は、これまでは階層構造の中でも利用されなかった部分だが、上位階層が新しい能力を獲得したために、利用可能になったものと考えることができる。

エンゲルバートが提示しているのは、コンピュータにはタイプ打ちのような下位レベルの仕事を自動化させることができるという例であるが、彼が本当に言いたかったのは、システム全体の変化という点に関してである。つまり、たとえばワープロのような人工物の能力が、もっと効率的で広範囲な、もっと明確で迅速で知識の深い〝思考〟への道を開くということなのだ。エンゲルバートがコンピュータの応用方法の新しいカテゴリーを提案するのに、〝オートメーション（自動操作）〟という広く知られた言葉でなく、〝オーグメンテーション（増大）〟という言葉を使って区別しようとしたのは、ここに理由がある。

エンゲルバートの視点によれば、ワードプロセッサというものが理解されるまでに十五年以上もかかったことなどよりも、人々があまりに近視眼的に下位レベルの自動化にばかりとらわれていて、もっと上位のレベルにもたらすことができる大きな影響というものを無視しているという事実のほうが、重大である。一九六三年の構想において、彼が提示した仮説の中で言おうとしたのは、コンピュータとは人間の知的能力の進化における新しい局面を意味するということだった。

まず脳の生物学的な能力に基づいた〝概念操作《コンセプト・マニピュレーション》〟の段階があり、続いて話し言葉や書き言葉による〝記号操作《シンボル・マニピュレーション》〟の段階がある。そして印刷技術によって、〝外部に対する手作業の記号操作《マニュアル・エクスターナル・シンボル・マニピュレーション》〟の段階がやってきた。コンピュータ・ベースのタイプライターは、〝外部に対する自動化された記号操作《オートメイテッド・エクスターナル・シンボル・マニピュレーション》〟という第四段階の具体例であり、思考と通信の過程におけるコンピュータの応用というところから生まれたものだが、それだけにとどまるものではない（7）。

この第四の段階においては、人間が操作した概念を表現するための記号が、人間の目の前で並べかえられたり、移動したり、保存されたり、呼びだされたりするようになり、非常に複雑なルールにのっとった操作が可能である——人間が最低限の情報を与えるだけですばやく反応し、すべては特殊で協同的《コウオペレイティヴ》な技術装置によって操作される。今われわれが想像できる限り、このコンピュータは個人と迅速で簡単な対話ができて、三次元のカラー・ディスプレイにつなげば〝非常に洗練された画像〟を構成でき、人間の指示に従って、画像の一部もしくは全体にさまざまな処理を自動的に実行することも可能である。ディスプレイや処理装置は人間に有用な援助を提供してくれ、従来なら想像できなかったような概念（グラフというものがなかった時代の人間が、棒グラフや長除法やカードファイル・システムというものを想像できなかったのと同じだと考えればいい）も登場してくることだろう。

……外部に対する記号操作の能力を増大させるための、直接的な方法手段をいくつか想像することによって、言語と思考方法に進化をもたらすような連続的変化というものを考えてみたい。たとえば、数世代前には生まれたてだったテクノロジーが、高速で半自動的な情報検索機器という人工物を開発し、それがほとんどすべての人間が入手可能なほどに安価になり、人の手で持ち運べるぐらい小型で軽量なものになったとする。製造者（出版者）が検索情報を入れたカートリッジを発売するようになり、ひとつのカートリッジには辞書の完全版に匹敵する情報がおさめられていて、人並みの訓練を受けた人間ならば、辞書の一節を検索してディスプレイに表示するのに三秒もかからないで済むとする。言語や方法論に変化が生じないはずがあるだろうか？　何かを探すのがそれほど簡単なことになるのであれば、われわれのボキャブラリーがどれほど増加するかわからないし、他者の知的領域を探索する手法にも変化があらわれ、実務的組織の仕事も洗練され（なにしろひとりひとりの人間がすばやく簡単に適用すべき規定を探すことができるのだ）、さらに教育システムも、学生や教師や管理者がこの新たな外部向けの記号操作能力を利用しようとすれば、やはり変化を迫られるに違いない。

一九六三年の論文の最後で、エンゲルバートは、ケンブリッジ、レキシントン、バークレー、サンタモニカで生まれたばかりのコンピュータ・システムによって可能になった、新たな言語、方法論、訓練などを研究するための情報処理人工物を使える場所として、オーグメンテーション研究室を設立し、そこでこの仮説をテストしたいと述べている。最終的には、専門家ばかりではなくすべての人間が使えるものを作るべきで、電子工学者やプログラマーたちとともに、編集やデザイン、そのほか知識関連の分野に詳しい人物も研究人材として集める必要があると主張した。研究の目的は人類の思考能力を拡大することであり、人間の組織にこの拡大手段を取り入れられるようにするには、心理学者の存在も必要である。

研究室そのものもまた、みずから発展するよう意識的に設計されたツールであるべきだ。この研究チームが最初に作ろうとするツールもまた、自分たちの仕事の効率を高めるようなものでなければならないからである。他人の仕事の処理能力を増大する以前に、まず自分たちの処理能力を増大してみせる必要がある。自己発展的《ブートストラッピング》ツール——つまり、別のもっと良いツールを作るために作られていて、仕事を進めるうちにみずからをテストしていくようなツールが、エンゲルバートの戦略の中心を成しており、予測されるコンピュータ技術発展のペースに合うよう意図されていた。しかしＳＲＩの管理側は、そうした計画を実行するために資金を与えるほど夢のある人間たちではなかった。

一九六四年、ＮＡＳＡからＡＲＰＡに移ってきていたボブ・テイラーが、エンゲルバートとＳＲＩに、新しいタイムシェアリング・システムの研究のためＩＰＴＯから初回百万ドルの資金を与え、その後のオーグメンテーション研究のためにも年間五十万ドルの援助金を用意すると、知らせてきた。エンゲルバートの上司たちはびっくりした。彼らも新しいコンピュータ技術を開発するための政府援助金がほしくてたまらなかったわけだが、大げさなだけだと思っていたこのエンゲルバートの計画が、これほど大きな援助の最有力候補になっているなどとは考えもしなかったのだ。ARPAが資金提供を知らせにきたあとで、SRIのお偉方があわてて組織図を引っぱり出し、ダグ・エンゲルバートという男がいったいどこの部署の誰なのかを調べる姿が目に浮かぶようだ。

こうしてエンゲルバートは、システムのための概念的な枠組みもすでに整い、必要な技術も動き出せる段階になってきたというまさに絶好のタイミングで、長年求めていた援助を勝ちとることができた。次にやるべきことは、最初の試作品を作るためのチームを集めることだった。

オーグメンテーション・リサーチ・センター（ARC）が次世代のコンピュータ文化に与えたもっとも大きな影響は、この研究室を通過点としてほかの注目すべき研究プロジェクトに進んだ人材の中に、有能な人物が数々いたということだろう。エンゲルバートとリックライダーがそれまで長年夢見てきたシステムを動かすために、数多くの才能あふれる研究者たちが、十年以上のあいだ、この研究に専心してくれたのだった。かつてエンゲルバートの弟子だった研究員たちの中には、現在は大学やコンピュータ・メーカーの研究開発部門などで、自分自身の研究チームのリーダーとして活躍中の人材がたくさんいる。

ARCは、〈エンジンルーム〉と〈知的ワークショップ〉から構成される。エンジンルームは、新しいタイムシェアリング・システムのコンピュータが設置された場所で、開発途上のコンピュータ・システムや実験的入出力機器の製作・保守をおこなうための、ハードウェア用の作業場である。

モデルとしての知的ワークショップは、円形劇場のような空間で、十人以上の研究員たちが大きなディスプレイの前に座り、〈NLS〉（oNLine System）と呼ばれるものを使って、ソフトウェアを作ったり、互いのコミュニケーションをとったり、情報の次元の中を動き回ったりできるようになっている。

NLSは、人を中毒にさせる魅力を持つARPA提供の新しいタイプの小道具と、ハイテクの結晶による自家製ソフトウェア、そして、一部は前もって設計され、一部は設計者の実験的試みが進む中で投入されていった、新たな知的技術との複合品である。四年のあいだ、つまづきと後退と飛躍的前進をくり返し、自信を得ては新しい段階へと前進し、ハードウェアやソフトウェアの重大局面も乗りこえ、実験と長い議論とを重ねていった結果、NLSはようやく製作者たちの要求を満たすような形をとり始めた。ここからが勝負のときだった。

胃の痛みを感じるたびに、ダグ・エンゲルバートは、これこそ一か八かの賭けというものだとしみじみ思った。サンフランシスコのステージの壇上にたったひとりで座り、彼の助手チームがはい回るようにしてつないだケーブルやカメラが、演壇を取り囲んでいくのを見守りながら、彼自身はそのとき、数千というコンピュータ専門家の聴衆と対面していた。想定されるあらゆる事故、たとえば雷雨だとか、不良品のケーブルだとか、ソフトウェアの連続トラブルなどが起きただけで、将来の研究資金の獲得チャンスは間違いなくとだえてしまうという場面である。

それでも、エンゲルバートの忍耐は、もう限界を超えはじめていた。世界が自分のオーグメンテーション研究を理解してくれるようになるまで、あと何十年も待つ気にはなれなくなっていたのだ。それに、人間と電子機器とソフトウェア、そしてアイデアの精密な合同体であるNLSシステムというものに対して、エンゲルバートが抱いてきた自信を、いつしか仲間たちも支持してくれるようになっていた。

エンゲルバートが骨身を惜しまず考え抜いた概念的な枠組みや、彼とビル・イングリッシュが開発したハードウェア・システムの試作品、そして、システム・プログラマー、コンピュータ開発者、心理学者、マスメディアの専門家などのための自己発展的研究室などは、エンゲルバートには何年も前からわかっていたこと、つまり、コンピュータは知識労働者がより良く〝考える〟ための助けとなれる、ということを裏づけただけのものにすぎない。一九六〇年代の後半になると、むしろ彼にとっての問題は、自分のアイデアや自分のチームがなしとげたことの意味を、コンピュータ界のもっと広い範囲にまで知ってもらうにはどうしたらいいか、ということになっていた。

ARCのメンバーは、一九六八年には計画にしたがって十七名にまで増えた。そのころのメンバーは、コンピュータ・システムの第三開発段階に関わっていて、ソフトウェアのほうも粗野で実験的な最初のバージョンから、実際に動作する情報専門家のためのツールキットへと発展しつつあった。ここ何カ月かのうちにARCは、ARPAの長距離コンピュータ接続実験のネットワーク情報センターとなるべく予定されていた――すなわち、あの伝説的なARPAネットである。

一九六八年秋、秋季合同コンピュータ会議という大きな集まりがサンフランシスコの近くで開催されることになり、エンゲルバートは、自分がメンロパークのオーグメンテーション研究室で長きにわたっておこなってきた、文字どおりライフワークと呼んでもいい研究成果を、世間の評価にかけようと決意した。斬新で直接的なデモンストレーションをおこなうことで、長年この研究を理解できないでいたコンピュータ科学者もついに受け入れる気になるような、決定的なきっかけとなるものを発表しようと考えたのだった。

その日の午後に市民ホールにいた聴衆は、そこで見聞きしたことを忘れることはないだろう。デモンストレーションをおこなったエンゲルバートの物静かだが説得力のある声は、数千人のハイレベルなハッカーや技術者たちの注目を、二時間近くにわたってひきつけた。そしてこのデモが終わったとき、コンピュータ界のように競争が激しく辛らつなサブカルチャーにおいては、めったに起きないようなことが起きた――聴衆が、エンゲルバートとその仲間たちに、スタンディング・オベーションを送ったのである。

数年後に自家製《ホームブルー》マイクロコンピュータ製作者が初の〝コンピュータ・フェア〟を催すことになるそのホールで聴衆が目撃したのは、コンピュータの世界において誰も経験したこともないような、ある種のメディア・プレゼンテーションであった。プレゼンテーション・チームの要請で、最新式の視聴覚装置が世界中から集められていた。このチームの中には、これに先立つこと数年前、ごく内輪の企画に端を発した〈アシッド・テスト〉という幻惑的なマルチメディア・ショーの経験を持つ、スチュワート・ブランドも含まれていた。

エンゲルバートのコントロール・パネルとディスプレイは、メンロパークの丘の上の仮設マイクロ波アンテナを通じて、ホストコンピュータとも、SRIに残

1969年10月、全米情報サービス協会の年次総会でARCがおこなったプレゼンテーションにおける、壇上のダグ・エンゲルバート。本文で言及したのは前年の秋季合同コンピュータ会議でのプレゼンテーションだが、ほぼ同じものだった。
(Courtesy of Douglas C. Engelbart.)

っているメンバーたちともつながれていた。壇上のコックピットにはエンゲルバートがひとりで座っていたものの、その裏では、ビル・イングリッシュの指示のもと、十数名の人間が血眼になって動き回り、細心の注意を払って持ちこまれたこのシステムが、この大事なテスト飛行のあいだだけでもきちんと動いてくれるように気を配っていた。

このときだけは、運命は彼らに味方した。散発的に起きる小さなアクシデントも大きな問題にはならず、完璧なロケット発射をなしとげることができたのだ。十七年前のこの日の二時間を使って、ダグ・エンゲルバートはついに、彼の仲間たち——オーグメンテーションのパイオニアも単なるコンピュータ開発者もすべて含めた仲間たちを、情報空間という宇宙への飛行に連れ出したのだった。

コンピュータ史の観点から見るに、このイベントがフィルムに撮影されていたのは幸運なことだった。ただ、この集まりにいあわせた人々に言わせると、この十六ミリフィルムに残された映像は、実際に彼らが体験したすばらしいショーのみすぼらしいコピーでしかないようだ。実際のプレゼンテーションでは、最新の電子式プロジェクター・システムによって、実物の二十倍の映像が鮮明に大型スクリーンに投影されていたという。ステージの上では、レーダー操作員やジェット・パイロットが使うマイク付きヘッドフォンをしたエンゲルバートが、上方に浮かぶように設置されているスクリーンを背に、CRTディスプレイに向き合って座り、椅子に取りつけられた見慣れない制御装置に手を置いていた。

特別設計の入力制御装置は、ぐるっと回して膝の上に引き寄せることができる。標準のタイプライター・キーボードが真ん中にあり、その両脇は六インチほどの小さなプラットフォームになっている。左のプラットフォームには、コマンドを入力するための五つのキーの付いた装置があり、右のプラットフォームにはかの有名な〈マウス〉が置かれていた。マウスは最近になってようやくパーソナル・コンピュータ市場に入ってきたが、タバコの箱ほどの大きさの機器で、先端にボタンがあり、コードで制御装置とつながれている。エンゲルバートは、右手でそれを操作していた。

エンゲルバートのすぐ前にはディスプレイが置かれている。後方の大型スクリーンでは、エンゲルバートの手、顔、ディスプレイ上に表示された情報、メンロパークの仲間たちの顔やディスプレイの画面などを、交互に切り替えて映したり、画面を分割して並べて表示したりした。画面は複数の〈ウィンドウ〉に分割することができ、それぞれに文字や画像を表示できる。大型スクリーンに映される情報は、エンゲルバートが指先でおこなう五つキー装置へのコマンド入力や、マウスの動きによってコントロールされる。おそらくそれまでに何百回となくスライドによるプレゼンテーションを見てきた観衆は、エンゲルバートがスクリーン上の画像を操作してみせた最初の瞬間から、自分たちがかつて見てきたような視聴覚プレゼンテーションとはまったく違ったものだということを悟ったのだった。

　いわばエンゲルバートは、実際の空を飛ぶわけではないが、かつてコンピュータ科学者が〝情報空間〟と呼んだ抽象概念の空間を駆けめぐる、新しいタイプの乗り物のテストパイロットとなったのだった。ただパイロットに扮したのではなく、本当に操縦して見せたのだ。コンピュータ界のチャック・イエーガー（初めて音速の壁を破った米空軍の伝説的テストパイロット）は、地上で驚愕している聴衆たちに淡々と新しいシステムの能力を示しながら、おちついた物静かな声で説明を続けた。

　この新しい種類の乗り物には、実質的に時空の制限というものがない。幅広い選択肢の中から見たいものを選んだり、膨大な量の情報から必要なものをすぐに抽出することのできる、魔法の窓がついている。顕微鏡の世界から銀河の世界まで、ある図書館の蔵書の中の言葉から知識全体の総括にいたるまで、選べる情報も多岐にわたるのだ。

　この乗り物の窓から見る風景は、平原や樹木や海などのある普通の風景ではなく、言語、数字、グラフ、画像、概念、パラグラフ、議論、関連性、公式、図形、証明、文学、評論などといったものが登場する〝情報風景《インフォメーションスケープ》〟である。最初に与えた印象は、目もくらむようなものだった。エンゲルバートの言葉を借りれば、鉛筆や印刷術を使った方法ではなく、人間の思考が情報を処理するのと同じ方法にしたがって作られたシステムが出現することで、これまで誰もがやってきたような情報整理のやりかたは〝吹き飛んでしまう〟のだ。

　アラビア数字という名の新しい乗り物がヨーロッパにやってきたときも、これで面倒な思いをしてローマ

最初の〈マウス〉。1960年代中ごろに初期のARC研究室でエンゲルバートが作った画期的入力装置。
(Courtesy of Douglas C. Engelbart.)

数字で計算しなくてもすむと感じた数学者の解放感は、やはり目もくらむようなものだったに違いない。だが、エンゲルバートの与えた衝撃にはとても及ばなかっただろう。そこには、説明もなくただ体験するだけで理解できる、情報風景の躍動感というものがあった。だからこそエンゲルバートは、あえて大型スクリーンを使い、あとは聴衆の判断に任せようという方法を選んだのだ。

どうにかやっつけ仕事で間に合わせたとはいえ、エンゲルバートが一九六八年に離陸させた乗り物は、その窓から見えるものに新しい〝構造〟をすえつけるだけの力を持っていた。細かい項目から大まかな特質にいたるまでの記号領域は、この乗り物を操縦しながら窓をながめる情報飛行士の、思いのままに再編成できる。聴衆も、大型スクリーンでその一部始終を目撃した。情報の並べ替え、並列、削除、組み込み、結合、連鎖、細分化、挿入、修正、参照、拡大、要約などが、すべて指先の命令だけでできるのだ。文書の全体をそっくりそのまま呼びだすことも、各パラグラフの最初の一行や一語、あるいは各ページの最初のパラグラフだけを見ることもできる。

エンゲルバートがデモンストレーションで例としてあげたもののひとつに、この講演でする話の概略から、ホールに持ちこむ機材の構成にまでわたる、プレゼンテーションの準備計画というものがあった。スクリーンに表示された情報の内容は、エンゲルバートがその場で話していることに関連したもので、彼が話している内容は、画面上の情報から参照されている。一種の自己参照であり、プログラマーが〈再帰〉と呼ぶ手順でもある。

エンゲルバートは情報の〝風景〟を操作することで、聴衆の注意を講演の概略に向けさせた。スクリーンの表示と聴衆の意識を巧みに操りながら、情報のカテゴリーを一覧し、各小項目へと進み、それぞれをさらに細分化し、並べ替える。そして、もう一度話の概略の上位項目に戻って、ナレーターが話の要点を声に出すとき、スクリーンに表示された言葉と、ナレーションの声による同じ言葉がそこで融合し、そして再び細分項目に分け入っていく。当時としては奇抜なコンピュータの使いかたを披露するのにふさわしい、ドラマチックなプレゼンテーションだった。多くの聴衆にとってはまったく突然の革新的な出来事だっただろうが、ARCにとっては、十年にわたって慎重にくり返された実験作業の頂点を極めた瞬間だったのだ。

ショッキングとも思えるようなことなのだが、一九六八年の段階では、コンピュータを使って画面に文字を表示させるというのは、あくまで奇抜な発想だった。ワードプロセッサが普及している今の時代から考えると想像もつかないことだが、エンゲルバートのデモンストレーションを、未来のコンピュータ産業の先駆けととらえた人間は、ほとんどいなかった。一九六〇年代前半のタイムシェアリング・システムによって、初めてプログラマーとコンピュータが直接的に対話できるようになったときに、プログラムを書くための〈テキスト・エディタ〉と呼ばれるツールが開発されていた（MITにあった最初のマシンには、〝金のかかるタイプライター〟という手書きの貼り紙がしてあった）。だが、一般人向けの〈ワードプロセッサ〉ということになると、エンゲルバートのデモンストレーションがその可能性を広げはしたものの、依然として遠い未来の話だと考えられていたのだった。

一九六八年当時のビデオ表示端末（VDT）の技術もまた、今と比較するとびっくりするほど原始的なものだ。エンゲルバートが大型スクリーン上に表示する文字や数字は、まるで手書きのもののようだった。今のVDTで見慣れた鮮明な画面ではなく、レーダースクリーンに麦の穂か何かで〝塗った〟もののように見えた。

小さな成功が効率的よく開発を勢いづけ、よりスケールの大きな研究や開発につながっていくような分野を求めた結果、エンゲルバートは「月並みだが実用的で大事な仕事」であり、社会の人々が今後ますます関わっていく仕事を、サポートしたいと考えた。文書の作成、編集、発表という作業である。文書の準備や通信という領域は、エンゲルバートがイメージするコンピュータの応用範囲から見ればささいな部分ではあるが、オーグメンテーション・チーム自身が今すぐ必要としているものでもあり、いずれは世界中のあらゆる研究所やオフィスが欲しがるはずのものでもある――コンピュータが単なる計算機ではないということを、世間の人々が理解してくれさえすればだが。

一九六八年のデモンストレーションの中で、エンゲルバートは、今後ARCの十七人のメンバーは、ARPAのコンピュータ研究者にとって、そして最終的には情報に携わるすべての人間にとって、役立つような媒体を作るつもりだと述べている。プロジェクト・チームのメンバーは、設計者と被験者を兼ねることになるので、これはコンピュータ・システムの実験であると同時に、行動科学の実験でもある。コンピュータにやってほしいことをやらせることができるようになったというのは、ほんの初歩の段階にすぎない。本当に難しいのは、新しい作業や思考の方法に、人間のほうがどう馴染んでいくかということなのだ。

したがって、最初のプロジェクトの目的は、研究チームのメンバーにとって、そしていずれはほかの知識労働者にとっても使い勝手のいい、文字や数値やグラフの構成、保存、呼び出し、編集、そして通信などのできるシステムの開発を作ることだ。〈文書編集《テキスト・エディティング》〉は、もっと一般人の思うままに扱えて、考えの表現や文章の構成にも便利なものにする必要がある。

まずディスプレイ装置を考案し、コンピュータもそれに合わせて改良して、新しいプログラムを作る必要があった。その後は自分たちが作ったものを使って、システムの記述を進めていく。ハードウェアとソフトウェアの専門家は、画面上に記号を表示させ、コンピユータの記憶装置に保存する。通信の専門家は、いずれはこの新しいツールを使うことになる新規プロジェクト・メンバーへの指示として、テキスト・エディタを使ってマニュアルを書く。

文書編集システムの構築は、エンゲルバートの長期的プランの最初の段階だった。そして、作ったシステムを実際に使って、次世代のシステムを設計し記述していくことが次の段階だ。どちらの目標も、一九六八年のうちに達成された。六八年時点ですでに、NLSの用途は、今ワードプロセッサと呼ばれるシステムに限定されたものではなくなった。

第三の目標は、知的作業のためのツールキットの完成ということになった。使用者が個人であれグループであれ、このツールが実用に耐えるものとなり、それによって情報関連の仕事に関わる人々の作業効率を上げられるよう、手順や方法を開発していく必要がある。そうなればこのツールキットは、コンピュータに支援された人間の共同研究の新しい様式を向上させるものとなっていくことだろう。

文書編集システムと、特殊な電子ファイル装置とを結合するためのソフトウェアが作られ、個人の作業の記憶、記録、作業を支援する媒体を統合したものとしての役割を果たすことになった。この〈ジャーナル〉というソフトウェアは、個人またはグループが、意見を共有したりコミュニケートするための空間にアクセスできるようにするもので、一九六五年から六六年にかけて開発された。ジャーナルを使うと、オーグメンテーション実験のグループ記録に個人がコメントを入れたり（あるいはただ閲覧したり）でき、プログラマーはシステムの開発記録を追跡していくこともできる。このジャーナルと、リアルタイムの一対一の通信形態を拡張した〈共有スクリーン式電話〉とが、グループのコミュニケーションや意思決定をより効率的におこなう〈対話支援システム〉の一部に組み入れられた。

ジャーナルのアイデアは、コンピュータ・ネットワークや遠隔地間会議《テレカンファレンス》の開発に先駆けて出てきたもので、一台のマルチアクセス・コンピュータに複数の端末を接続するという発想とともに発展した。ツールキットを〝通じて〟、ほかにシステムを使っているコンピュータ・ユーザーとコミュニケートするという初めての試みは、たいへん重要な意味を持っていた。理論上では、一九七〇年代前半のARPAネットの稼働によって発達した〈電子メール〉の前身ともいえる。ARPAネットの登場によって、複数のコンピュータを異なる場所から共有のコンピュータ〝空間〟につなぐということが可能になったときも、もっと小規模で狭い範囲のものであったとはいえ、ネットワークを使って何年も作業してきたARCの開発者たちにとっては、さほど衝撃的なものではなかった。

ジャーナルは、対話や覚え書きの流れや、システム構築の過程で生まれた研究成果などを、順序だてて整理できるように設計されている。人間工学の専門家やシステム・プログラマーに役立つ電子研究日誌となるばかりでなく、ユーザー間でおこなわれる公の対話を通じ、一般の図書館や専門誌のように知識を送り出すことを目的とした媒体としても、設計されている――ただし、もっと独創的で、ずっと可能性のある手段となりえるものだ。

たとえば科学雑誌の場合、研究成果の論文は、事前審査を受けてから公表される。あとから出る論文が前の論文を引用できるようになるのは、前の論文の公表後になる。あらゆる科学分野に関する記録においても、重要な発見について論議されている公開討論会の場でも、

1968年、ダグ・エンゲルバートとプロジェクトの後援者たちが、会議の機能を拡張するオーグメンテーション技術を使っているところ。エンゲルバートが制御装置についている。手前は当時ARPA情報処理技術局でボブ・テイラーの助手をしていたバリー・ウェスラー。エンゲルバートのうしろはビル・イングリッシュ、ドン・アンドリュース、デイヴ・ホッパー。
(Courtesy of Douglas C. Engelbart.)

雑誌からの引用や、添付テキストのリストの量は増える傾向にある。新しい情報や論評が各方面へ伝わるのにも時間がかかるし、引用の履歴を個人レベルでたどっていくのも、労力を使う作業である。NLSなら、ひとつの記事から引用記事の本文へ直接飛んでいくことも、そこから元の記事に戻ることも簡単にできる——よほど効率化された通常の図書館や雑誌の参照システムを使っても、何時間、あるいは何カ月もかかるようなことが、ここでは数秒か数分でできてしまうのだ。

出版や情報流通のありかたは、コンピュータ化されたシステムによって劇的に変化することになるだろう。その人の関心に合う出版物を集めた文献リストを作り、自動的に本人に知らせるようなことが、今や簡単にできるようになっているのだ。メッセージを受け取るべき人間のリストを作っておけば、そのリストに記載された全員が同時にメッセージを受け取れることになる。メッセージや記事に引用リストを添えたり、文献目録や索引だけのメッセージを作成することもできる。ある分野に興味があるメンバーに対してアイデアや仮説を伝えようと思ったら、一定の順序で並べた引用記事リストを作り、それを読むように伝えておけばいい。

このように、より形式的で高度な構造を持った知的討論は、科学分野においては不可欠なものだが、一般人が日常の中で使う通常のコミュニケーションとなると、話は異なってくる。エンゲルバートの長年の同志であり支援者でもあるリックライダーやテイラーも一九六八年に指摘していることだが、新たな対話型コンピュータやコンピュータ相互ネットワークは、いずれNLSのようなツールを使い、コンピュータ支援による〝コミュニティ〟を作りだして、知性ばかりでなく〝コミュニケーション〟を増強することもできるようになるだろう。

もっとも基本的なレベルのコミュニケーションとは、複数の人間が情報を共有したり、ビジネスの取引をおこなったり、意思決定をしたり、意見の違いを調整したり、合意に結びつけたり、問題を解決したり、計画を伝えたりするところから始まる。NLSのソフトウエアの中でも、初期の段階に作られた基本的な仕組みの部分が、コミュニケーションを可能にするためのほかの能力をシステムにもたらした。ARCが開発した〈遠隔地間会議モード〉がそれである（8）。

……複数の人間が異なる場所でディスプレイを接続し装置の前に座り、それぞれのディスプレイ制御て、誰もが同じ画像が見られるようにし、随意にそれをコントロールする。電話で同時に話すことによって、特殊な効果をもたらすことができる。つまり、メモ書きや作業記録など、個人的な補助資料を集めて直接に持ち寄った、普通の会議と同じような集まりを可能にできるのである。……

だが、参加者の何人か――いや、ひとりだけでもいいが、参加者が関連資料やその処理にコンピュータ・ツールをうまく使えば、この会議の価値はさらに大きなものとなる。参加者は魔法の黒板の前で会議しているようなものだ。そこでは誰もが、自分の覚え書きやいつも使っている参考資料から、必要なものを簡単に抜き出すことができたり、ほかの参加者が提示した資料を、個人の作業スペースにコピーすることができる。

一九六九年、ARCは、全米の国防関連研究コンピュータをひとつのネットワークにつないだ、ARPAネットの中心拠点のひとつとなった。このネットワークはボブ・テイラーの発案によるもので、国内のあちこちにあるコンピュータを、公共電話通信網を使って相互に接続するものだ。個々のタイムシェアリング・コミュニティでは、データやプログラムやメッセージの交換がたえずおこなわれていたが、ARCのメンバーは、ネットワークへの参加というものを、自分たちの知識を役立て、SRIの研究室から国中のネットワーク参加者へと広げていく機会としてとらえていた。

ネットワークが大きくなっていくにつれて、ARCは、たえずネットワークを再設計するという最初の仕事から、もう少し別の作業にも進みはじめた。ARPAネット・ユーザーのコミュニティに、参照機能や一定のサービスなどを提供する、ネットワーク情報センターの役割を果たすようになっていったのだ。もう、広大なSRIの敷地のどこかで半ば忘れられながら、かまぼこ型兵舎のような建物の中で鬱々と研究を続ける必要はなかった。ARCは、最新のタイムシェアリング・システムのハードウェアを完備した研究室となり、一九七〇年ごろにはVIP客の見学ツアーにも大いばりで含めてもらえるようになった。

長年たったひとりで研究してきた時代がようやく終

わり、エンゲルバートもこの研究の究極的な重要性というものについて、ずっと楽観的な見かたをするようになっていった。一九七〇年の春におこなわれた、マルチアクセス・コンピュータ・ネットワークに関する学際会議において、彼は次のように述べている（9）。

……こうした概念と格闘することを自分の仕事とするようになって、もう二十年がたちますが、少なくとも私の印象では、人間の考えかたや作業のしかたに生じた変化は、〝私たちの誰も〟が考える以上に広く行き渡るものになるだろうという気がします――まるで、書き文字の発明と印刷機の発明が一挙に起きたような革命が起きているのです。……

この分野の特質が今の段階にまで明らかにされるには、何十年にもわたる研究者の努力が必要とされました。しかし、本当の活動はまだ始まっていません。この会議は、研究者の仕事に関心を持つ事業者のミーティングです。研究のあとに来る発展というものについては、私たちはまだ何も考えたことはありませんでした。

私の研究グループは、〝チーム・オーグメンテーション〟という新たな段階に進もうとしています。これは、個人が自分の仕事の中でおこなう探索、研究、思考および公式化などを容易にするというばかりではなく、私たちがやっているように、複数の端末やコンピュータ・ツール、作業ファイルなどを共有している〝知的に増幅された個人〟が、集団として共同作業をおこなうことを容易にしていこうというものです。

エンゲルバートが一九五〇年代にたったひとりで夢見ていた問題解決支援システムは、六三年の彼の提案で〝統合された作業環境〟となり、そこからの七年間は、この作業環境はツール製作者たちのためのツールキットとなり、エンゲルバートの小さな研究グループのメンバーたちが知的ワークショップを構築するために使用されるようになった。一九七〇年代の初めには、ARPAが援助するコンピュータ研究者や企業代表者の集団は、ますます大きなものとなり、この自己発展的な研究開発に加わるようになった。皮肉なことに、〝チーム・オーグメンテーション〟を研究目標に定めた当のグループのリーダーが、技術的、心理的、そして社会的なプレッシャーに対し、しだいに消極的な反応をしはじめるようになったのは、この時期のことだった。

エンゲルバートは、「大規模なオーグメンテーション・システムというものは、それを支える『サブシステム』よりもはるかに複雑なものだ」と常に警告してきたが、一九七〇年代は、エンゲルバートが言い続けてきたことに、ARCが実際に着手しはじめた時代だった。ARCができて最初の十年のあいだに、コンピュータ技術は驚くべきスピードで進化をとげ、SRIの研究者たちも、革新的な技術にできるだけ早く対応しようと努めるようになった。

〈二の法則〉(二年ごとにコンピュータの能力が二倍に向上するという法則、七章参照)と、エンゲルバートに触発されて生まれた熱意の後押しのせいで、オーグメンテーション・チームは常にみずから精進し、たえず最新のツールに適応するために努力を払わなければならなかった。こうした努力には、たいへんな集中力が求められるものだ。技術開発や調整に対する熱意は、少なくとも七〇年代初めまでは衰えることはなかったが、ハードウェアやソフトウェアの進歩にペースを合わせていると、システム構築にはどうしても「六カ月から八カ月ですぐ新しいアイデアが必要になる」ことになり、考えているだけのうちはいいが、実行するのには大きな労力が伴うようになってきた。思考を増大させる新システムを作ることはやりがいのある面白い仕事だが、その仕事のペース自体が強行軍並みに増幅されるのは、あまり楽しいものではなかった。

発展しつづけるこのプロジェクトに参加している研究者は、新旧問わず誰もがいつでも、システムに新しい機能ができたからというだけで、新しい役割を学び、古い考えを改め、今までと違う方法論を身につけなければならなかった。ARCの開発者兼被験者のメンバーたちが予想していた以上に、この冒険的な研究には困難がつきまとうようになってきた。電気回路やソフトウェアなどといったこと以外の側面、すなわち、システムの構築や使用に関わる人たちの思考や人間関係面などについての意見を聞くために、心理学者が加えられることになった。

ARCの観察をおこない、ときには刺激を与え、療法士としても役割を果たすことになったのは、ジェイムズ・ファディマン博士だった。新しい状況における人間の意識と行動の変化に関心を持っていたファディ

1973年のARC研究室にあった二台のワークステーション。手前に座っているのがスモーキー・ウォレス。今は髪を短く刈り、髭も刈り込んでアドビ・システムズの開発担当重役になっている。かがみ込んで画面を指しているのはビル・ファーガスンで、現在は弁護士。
(Courtesy of Douglas C. Engelbart.)

マンは、〝増大された〟プロセスというものが、何ら化学的な手段を使わずに、新しい意識の変化をもたらすものだということにすぐさま気づいたのだった。

この〝オーグメンテーション経験〟においてファディマンが学んだいくつかのことが、実際に一般人向けのコンピュータ設計者のあいだに浸透するには、それからさらに十年以上もかかった。ファディマンがすぐに気づいたことのひとつに、人間は変化に対して抵抗を示すものであり、特に仕事場においてはその傾向が強いが、こうした抵抗はどちらの方向にもはたらくというものがあった。つまり、オーグメンテーション・システムを学ぶことに抵抗を示した人間は、いったんそれを受け入れてしまうと、今度はそれを手放すことにも同じように抵抗する。最初に見られる抵抗は、未知のものに対する漠然とした恐怖にもとづいたものだ。

ダグ・エンゲルバートももちろん、自分自身の視点、つまり技術者としての目で状況をながめていた。当然ながら、研究のプロセスで厳しい局面はあったし、原因がソフトウェアのバグであれ人間関係であれ、論争や対立が何度も起きたのは事実だ。しかし、今までったひとりであれこれ考えていた時代を思えば、基本計画は順調に進んでいるといっていい。ツールキットはワークショップの段階となり、ほぼ十年ものあいだ自分たち自身を研究のモルモットにしてきたメンバーにとっては、このワークショップが有用なものであるということがよくわかっていた。

前述の、一九七〇年春の学際会議におけるスピーチの中で、エンゲルバートは「端末の前に長い時間座って仕事をする人間の数は、今後どんどん増加することだろう」と予言し、将来的には、拡散していった個人のオーグメンテーション・システムが、ネットワーク・コミュニティを通じてつながりあい、新しい種類の社会制度を作るかもしれないと推測している。「特に知識、サービス、情報、処理、保管などといった商品の無限の価値を提供する、新しい『市場』というものが登場してくることだろう」。

常に集団の先陣を切るいつものスタイルで、エンゲルバートは、すでにビジネス界から何人かの人間をARCの実験に参加させていた。企業の管理者や管理工学の研究者といった人々が、NLSツールを使って、大きくなっていくARCのプロジェクトを管理する実験をおこなっていた。さらに、相応の自己発展的なスタイルを用いて、自分たち自身の研究管理にもこのシステムを適用しこうという試みが、もうひとつの別の実験として進められていた。リチャード・ワトソンとジェイムズ・C・ノートンがARCと密接な関わりを持ち、実験で発見したことをシステムに組み入れ、コンピュータの専門知識はないが情報関連の仕事をしているという人々でも使いこなせるものへと、開発していったのだ。

一九七〇年代初め、エンゲルバートは、かつてブッシュやリックライダーの雑誌記事に熱狂したときと同じように、ある一冊の本からインスピレーションを得た。一九六〇年代終わりにピーター・ドラッカーというビジネス管理の専門家が提唱した理論だ。ドラッカーの定義によれば、知識とは情報の体系的な組織化である。知識労働者《ナレッジワーカー》とは、生産的な目的のために知識を生みだしたり適用したりする人間のことをいう。知識を中心基盤とする経済社会の急速な出現が、二十世紀最後の四半世紀におけるもっともきわだった社会変化となるだろう、とドラッカーは予言している（10）（11）。

ドラッカーがアメリカ経済における知識の未来について述べたことは、エンゲルバートが十年を経過したオーグメンテーション・プロジェクトの今後の方向性として考えていたことと似た考えであり、意外ではあったがまったく予想外というわけではないところから生まれたものだった。ドラッカーは、労働統計を分析することによって、将来は知識労働というものが大きな役割を果たすようになると証明できるはずだと主張した、当時増えつつあった社会科学者の先駆けのひとりである。

一九七三年、すなわち『ヒトの知性を増大させるための概念的フレームワーク』を単独で書いてから十年後に、エンゲルバートはワトソンやノートンとともに、『増大された《オーグメンテッド》知識ワークショップ』という論文を書き、全米コンピュータ会議（NCC）に提出している。この論文は、ドラッカーの考えを借用していることを認めつつ、ARCで開発されてきた特殊なコンピュータ・システムは、「知識及び知識労働が社会労働において占める比率が加速的に上がっていること」に関する問題を緩和するために設計されているのだということを指摘している（12）。

一九〇〇年当時のアメリカ社会においてもっとも

多数派だったのは、農業で生計をたてている人口層であった。一九四〇年においては、多数派は産業労働者へと移り、とりわけ半熟練の機械工が多かった。一九六〇年になると、専門職、管理職、あるいは技術職といった、いわゆる知識労働者が多数派となった。一九七五年から八〇年ごろには、アメリカ人の大多数がこの層に属することになるだろう。ドラッカーによれば、知識の生産力というものは、すでにこの国の生産力、競争力、経済的完成度などにおける重要な鍵を握っている。土地や原料、あるいは資本力などでなく、知識が生産力の中心要素になっていくものなのである。

エンゲルバート、ワトソン、ノートンの三人は、〝知識の組織化《ナレッジ・オーガナイゼーション》〟や〝知識技術《ナレッジ・テクノロジー》〟などといったドラッカー的な用語は使わず、増大された知識ワークショップというものが、〝知識部門《ナレッジ・センター》〟にたずさわるすべての人々のために設計された作業環境として最適だということを、明確にしている。オフィス、会議室、図書館、大学、工房などの普通の知識ワークショップが何世紀にもわたって存在してきたことの意義は、三人も認めている。一方で、増幅された知識ワークショップはまだ試作の段階であり、ARCで技術開発されたものが（さらに当時は、小川の向こうのパロアルト研究所という新しい場所でも開発は始まっていた）、オフィス用の機器として売ることができるぐらい安価になるまでは、広い範囲での使用は望めないということもわかっていた。このオフィス用機器というオリジナル・アイデアは、のちになって一部が省略され、〈未来のオフィス《オフィス・オブ・ザ・フューチャー》〉として知られるものに生かされることになる。

論文中では、彼らが構築し、個人・グループどちらにも関わらず、自分たち自身の知識労働を増幅するための技術が記述してあるが、システムの変革、すなわち方法論や作業姿勢、役割、ライフスタイル、そして労働慣習といったものを変化させるという総体的な視点から見れば、このツールはほんの初期段階でしかないことも強調されている。これらのシステムを既存の組織に紹介する際、心理的、あるいは社会的な調整というものが、いちばん緊張感や不安を誘う部分であるということを、彼らは自身の経験からよく認識していたのだ。

一九七五年、十二年間続いたARPAのARC援助が、ついに打ち切られることになった。スタッフの数はすぐに縮小され、いちばん多かったときの三十五名から十名ほどに減り、さらに数名にまで減らされ、最後にはダグ・エンゲルバートとたくさんのソフトウェアだけが残されることになった。有益ではあったが、研究が十年という長さに及んだという事実は、矢のような速さで進んでいくソフトウェア技術の世界においては、もはや弁明がきかないものとなっていた。しかし、自己発展型システムは、たえずNLSを進化させつづけ、その有用性を拡大させ、もっと容量が大きく処理速度の速い記憶装置を備えたマシンにも対応するようになった。ユーザーも数々の新しい試みを実現していくことができるようになったのだ。

ARPAの援助が全面的に切られてしまう以前から、ARCはオーグメンテーション・システムを試してみたいという意向を示したいくつかの企業を相手に、登録サービスを開始していた。エンゲルバートは、長きにわたったシステムの創成期はそろそろ終わりにして、このシステムを研究の世界から外に持ちだし、実社会のユーザーに試験的に使ってもらいたいと考えていた。そしてSRIのほうはおそらく、このプロジェクトが研究助成金を引き寄せる磁石になっていた時代はとうに終わっているのだから、こんな理解不能のシステムなどはさっさと売ってしまったほうがいいと考えたのだろう。SRIは一九七七年、オーグメンテーション・システムを丸ごとティムシェア社に売り払い、エンゲルバートもそこについていくことになった。オーグメンテーション・システムは〈オーグメント〉と名前を変え、現在、ティムシェア社のOAサービスのひとつとして出回っている。

コンピュータ科学史上もっとも波乱に富んだ二十年において、エンゲルバートが常に一貫した視点を持ち続けたことに、異論をはさむ人間はいないだろう。コンピュータの進歩におけるエンゲルバートの貢献の大きさを知るかつての仲間たちは、あまり不人情なことを言いたがらないが、どうやら、すたれつつある考えに熱中しつづけた夢想家、という評価が、ダグ・エンゲルバートに対する多くの人々の暗黙の見解であるらしい。NLSは、能力には富むが複雑なものだ。難解な言語を学んだ知識エリートこそが、この情報機器を操作できるという考えかたも、その後エンゲルバートの教え子たちが作った、さして高度ではないが平等主義的なパーソナル・コンピュータの世界においては、あまり訴えるものとはならなかった。

ARC全盛期の十二年間、一九六三年から七五年という時代は、コンピュータ技術の激動期だった。歴史や社会、そして文化における大変動の時代でもあった。ケネディ政権の時代に始まり、ヴェトナム戦争、大学紛争、大統領の暗殺、反体制文化の台頭、ウーマンリブの出現、ウォーターゲート事件などを経て、カーター政権下で終わりを告げたこの研究プロジェクトが、過ちや対立や行き詰まりなど、あらゆる困難を経験することになるのは、いわば宿命のようなものだったのかもしれない。

個々のメンバーとしてもグループ全体としても、ARCもまた、ほかの社会闘争の影響をまぬがれることはできなかった。そもそもARC自体が、そうした闘争の縮図を内部に抱えているようなものだった。マスコミが反体制文化について派手に書きたて、裕福なアメリカ家庭で育った若者たちの奇妙な行動や長髪が目立つようになる以前から、大型コンピュータのある場所には必ず、そうした場所特有の変わり者がたくさん見受けられるようになっていた——ハッカーである。コンピュータ・サブカルチャーの世界でハッカーという新しいサブカルチャーが出現したことは、ARCの没落の直接的な原因になったわけではないが、一九七〇年代にエンゲルバートが直面することになる問題の、初期症状のようなものだった。

エンゲルバートはいつしか、上司の保守主義と、有能な教え子の革新主義の板挟みとなるようになっていった。もともとARCは、常にSRIの伝統的なデータ処理技術から逸脱した研究ばかりおこなっていると見られていた。そこへ新手の文化をたずさえた若者たちが現れて研究室をうろつくようになったために、ただでさえぎくしゃくしていた人間関係は、文化的にも技術的にもますます違いをきわだたせてしまうことになった。なにしろ、「保守的な組織」という言葉でさえ、SRIを語るには控えめすぎる表現だ。SRIの研究員が扱っているテーマには、あまりオーソドックスではないものもあるにはあるが、クライアントとなっているのは、国防省、諜報機関、それに上位百社にランキングされる企業のような、堅物な組織ばかりなのだから。

ハッカーたちは、SRIの清潔で厳しい警備体制のしかれた長廊下を歩くことを、かろうじて許されているという風情だった。だが、反体制文化というものが知られるようになり、ハッカーたちがさまざまな手段で意識を〝増幅〟しているらしいという噂が流れるようになると、ＳＲＩのお偉方は気分を害するようになった。

　上との軋轢ばかりでなく、ＡＲＣ内部でも問題が生じてきた。エンゲルバートが進めていた〝新時代〟の社会の組織化という実験が、ＡＲＣを分裂させる恐れが出てきたのだった。グループは、コンピュータ技術の進歩ばかりを気にかける根っからの技術専門家と、オーグメンテーションを反体制的革命の一部と考える研究者とに分かれていた。さらに、かつては革新的で奇抜なものと見られていたエンゲルバートの技術的なアイデアに対してさえ、すでに時代遅れではないかと考える人間も出てきた。オーグメンテーションのグループ研究や高度なタイムシェアリング・システムというものは、パーソナル・コンピュータの可能性を探る若い世代にとっては、やや旧式なものになりはじめたのである。

　エンゲルバートが初期の段階でリクルートしてきた、最初のＮＬＳを作るために力を尽くしてくれたもっとも重要なメンバーたちの何人かが、一九七〇年代前半にＳＲＩを離れ、ゼロックス社が設立した新しい施設の、パロアルト研究所（ＰＡＲＣ）へと移っていった。ＰＡＲＣもまたオーグメンテーション的なアイデアに基づいた研究をおこなっている場所だったが、ＡＲＣとはひとつ大きな違いがあった。ＬＳＩ回路の出現によって、個人の机の上に置けるような高性能のコンピュータの考案が可能な時代となり、実際の設計さえ夢ではなくなっていた。一人一台のコンピュータという考えかたは、哲学的にも技術的にも、エンゲルバートのアプローチとは明らかに異なるものだったのだ。

　それでもしばらくのあいだＳＲＩに残ったエンゲルバートは、ゼロックス社に移った教え子たちと共同研究を続けたりもしていたが、最終的にＰＡＲＣとＡＲＣは離れていく結果となった。エンゲルバートは依然として、大学や企業にオーグメンテーション・センターを作り、情報にたずさわる仕事をしているすべての人々にサービスを提供することを夢見ていた。かつてのＡＲＣのメンバーはすでに、コンピュータ利用の可能性をさらに広げることを考えるようになっていた。

PARCでは、新しいIC技術を使って、以前のマイクロコンピュータよりも高性能のコンピュータを作ろうという発想が出てきていた——コンピュータを三十人、四十人のユーザーで共有するかわりに、各人で一台の機械を使えるようにしようというものだ。

次章でも詳しく述べるように、コンピュータを人間の知性の増幅ツールとして見ている人間にとって、その後コンピュータ研究の新しいメッカとなっていったのはPARCだった。ARCは結局のところ、〝約束の地〟となることはできなかったし、かつては革新的な技術に向かっていつも先頭を走りつづけていた人物も、今やつまらなくはないがあまり影響力もないひっそりした場所で、ますます孤立するばかりのように見える。だが、エンゲルバートのかつての夢が、別の組織で次々と実現されていることを思うと、彼に安易な評価を下すのは不当というものだろう。もしARCがなかったら、PARCが生まれていたかどうかも定かではないし、確かに小型化革命が技術面でパーソナル・コンピュータの実現を可能にしたとはいえ、エンゲルバートとその仲間たちの草分け的な仕事がおこなわれていなかったら、現在のようなパーソナル・コンピュータが開発されていたかどうかも疑問の残るところである。

ダグ・エンゲルバートとARCの仲間たちは、知識労働者のためのユートピア建設には成功しなかった。そしてハッカーたちが、病的なまでにコンピュータにひきつけられているとしか見えない人種であることに変わりはない。しかしそうした事実も、彼らが作ったツールの中から生まれてきたものを、ほかの人間がどう使うかとは何の関係もないことだ。実際のところ、奇抜でわけのわからないMACやARCのハッカー連中は、平凡な市民とは違う、伝統的なコンピュータ・マニアの気質の系譜をついでいるだけなのだ——バベッジやエイダやブール、チューリングやフォン・ノイマンらと同じ人種なのである。

MACやARCは、コンピュータをまったく新しいレベルにまで引き上げようとする試み全体から見れば、ほんの一部の努力にすぎない。ハッカーだけがこうした活動に加わった科学技術者だったというわけではないことも、記憶にとどめておくべきだろう。この前代未聞の開発計画を実行したハッカーたちの性質について、未来の歴史学者がどのような判断を下すとしても、一九六〇年代から七〇年代前半、タイムシェアリング・システムやコンピュータ・ネットワーク、そしてパーソナル・コンピュータを作ったハッカーの役割を考える場合には、病的な強迫観念だとか仲間うちの悪ふざけなどの側面からではなく、人間のコミュニケーションに役立つ新しい媒体を作ろうとしてきた、彼らの真摯な姿勢からとらえていくべきだろう。

現在のダグ・エンゲルバートは、相変わらず当初からの自分の目標に向かっている最中で、NLSの核となる部分を新種のコンピュータに適応させて、一九八〇年代中には実用化できるように努力を続けているところだ。ティムシェア社の顧客たちは、オーグメント・システムをSF的視点でとらえたりはせず、もっと現実的な現代のOAシステムと考えているようだ。エンゲルバートが何十年も前から言い続けていることに、ビジネス界の人間たちも今、ようやく注目しはじめたというところなのである。

それでもなおエンゲルバートは、裕福にも有名にもなったわけでなく、影響力も持ってはいない。そんなことは彼の目標ではないのだ。エンゲルバートは、かつて自分が求めてやまなかったものを今でも求めている——自分が人に与えたいと願いつづける、知的援助を実現できるような環境を。皮肉なことに、カリフォルニア州クパティーノにあるティムシェア社の彼のオフィスは、アイコン、マウス、ウィンドウ、ビットマップ画面など、もとはエンゲルバートが考案したアイデアのおかげで十億ドル企業の仲間入りを果たしたアップル社の本社と、わずか数ブロックしか離れていない。

第十章

ARPAネットの卒業生たち

ゼロックス社のパロアルト研究所（PARC）にあるロバート・テイラーのオフィスからは、スタンフォード大学の赤れんが屋根の高い建物や、地平線まで広がる研究開発工業団地の平たい屋根が見える。そしてテイラーの机の上にある電子の窓からは、また違った世界の風景が見えている。テイラーは、私と話をしているあいだにも、この建物の中、あるいは地球規模の情報コミュニティのどこかにいるほかの仲間と、相互通信のやりとりをしていた。

一九八三年において、管理職の人間、特にコンピュータ研究組織の管理者の立場にある人間が、オフィスでパーソナル・コンピュータを使うというのはさしてめずらしいことではない。このコンピュータがユニークなのは、史上初のパーソナル・コンピュータ、〈Alto〉だという点だ。テイラーと彼のグループは、一九七四年からこれを使っている。このAltoは、PARCの研究者たちや世界中のコンピュータ仲間を相互につなぐための媒体、〈イーサネット（Ethernet）〉にケーブルでつながれている。

Altoのディスプレイは普通のものより背が高く、離れたところから見てもほかのコンピュータと違っているのがわかる。画面いっぱいに表示されたひとつのフレームが数字や文字やグラフを表示するのでなく、Altoの画面はさまざまな大きさの四角いフレームをいくつか表示している。ゼロックス社ではこのフレームを〈ウィンドウ〉と呼んでいるが、まるで机の上に重ねら

ゼロックスPARCのAltoワークステーション。ビットマップの高解像度ディスプレイ、ポインティング・デヴァイスであるマウス、大容量の内部／外部メモリ、特別なソフトウェアを備えたこのマシンは、初めて作られた真のパーソナル・コンピュータだった。
(Courtesy of Xerox Corporation.)

れた書類のようだ。表示されている記号や画像も、通常のコンピュータのディスプレイ上に見慣れたものより、ずっと鮮明に見える。

エンゲルバートの発明品であるマウスの最新版が、細いコードでAltoに接続されている。テイラーがディスプレイの脇のマウスを机の上ですべらせるように動かすと、小さな黒っぽい矢の形をしたポインタが画面上で動く。マウス先端のボタンをクリックしたり、ポインタを余白の部分に動かしたりするとその形が変わり、画面の中でも何らかの動きが起きる。一九八四年には、アップル社がこうした電子デスクトップ処理のマッキントッシュ・コンピュータで市場を開拓したが、テイラーにとってはとりたてて未来的なものではなかった。PARCにおいては、Altoやイーサネットは一九七四年から当たり前に使われていたからだ。

この二十年で自分や少数の同志たちがなしとげたことに対して、一九八三年時点のテイラーは、せいぜい半分ぐらいしか満足していない。この新しいテクノロジー自体、まだ半分の完成度でしかないと見なしているからだ。テイラーが今いるオフィスで手近に使える電子ワークステーションや、彼をとりまいている研究組織は、ここ何十年もオーグメンテーション・コミュニティとして夢想されてきたものの実例として機能するようにはなっているが、ブッシュやリックライダーが予言したような対話的情報コミュニティというものが、もっと広い社会層にまで本当の影響を及ぼすようになるには、まだ十年か二十年は必要だろうとテイラーは考えている。

一九六五年、三十三歳のロバート・テイラーは、ペンタゴンのARPA情報処理技術部で副部長として働いていて、その後部長になった。テイラーの仕事は、タイムシェアリング、人工知能、プログラミング言語、グラフィック・ディスプレイ、オペレーティング・システム、その他コンピュータ科学の重要な分野に関わっている研究プロジェクトを見つけ、助成金を与えることだった。「情報処理技術のレベルを一挙に進歩させてくれそうな研究者に、援助金を与えるというのが大まかな方針だった」とテイラーは言う。

ARPAネット構築のきっかけを作ったのもテイラーである。ARPAネットとは、国防省が作ったコンピュータ(と思考)の試作ネットワーク・コミュニティで、その研究は一九六六年から始まった。現在のコンピュータ研究の最先端をいく人々の中にも、ＡＲＰＡネットを非公式の通過儀礼として経験した人間は多い。一九六九年にテイラーがＡＲＰＡを去ってからは、ラリー・ロバーツが彼のあとを引き継ぎ、このネットワークを作りあげ、動かす役割を担った。テイラーは一年間ユタ大学ですごしたのち、ゼロックス社がスタンフォード大学のそばに設立しようとしていた研究施設に加わることになった。

一九七〇年という年は、ヴェトナム戦争反対の気運が強まったことと、ＡＲＰＡが関わる研究が軍事色を帯びたことによって、コンピュータ・ネットワークや対話型コンピュータという新しい分野の有能な人間すべてが、もっといい研究の場はないかと考えはじめていたときだった。考えられる限り最高の研究の場を提供しようという企業が現れたのは、まさにそんな折のことだ。

一九六九年、ゼロックス社のＣＥＯ、ピーター・マッカローが、ゼロックス社を未来の「情報の創造者《アーキテクト》」にする、という声明を出した。この目標に向け、一九七〇年代初めにパロアルトに研究施設が作られた。マッカローは、この組織の管理をジョージ・ペイクという人物に任せた。このペイクが最初にやったことのひとつが、コンピュータに関する長期的展望を持ち、研究の組織化においても人材を集める能力においてもおよそ最高と呼べる人物、すなわち、ロバート・テイラーを雇い入れたことだった。最初のころ、新しく集められてきた技術者やハッカー、優秀な発想家たちは、パロアルトにあるスタンフォード大学近くの平らな土地に設置された仮本部で仕事をしていた。やがて七〇年代半ばには、〝スタンフォード工業団地〟と呼ばれる未来派研究者の文化圏の中から、シンテックス社の隣、ヒューレット・パッカード社を見下ろせる高台という一等地が選ばれ、施設の建設が始まったのだった。

もし〝知識部門《ナレッジ・セクター》〟（九章参照）の最先端技術を研究するのに理想的な環境があるとすれば、このＰＡＲＣこそがまさにそれだ。レーザー研究室の物理学者やカスタム・マイクロチップ製作所の技術職人から、コンピュータ言語の設計者、人工知能のプログラマー、認知心理学者、ビデオの操作係、音響技術者、機械工、図書室の司書、秘書、料理人、ビル管理人や警備員にいたるまで、この施設にいる人々のすべてから、心地よくうちとけたユートピアの住人のような雰囲気が感じられることだろう。

そもそも、この建物の構造自体が何とも革新的だ。ひょっとして逆さまに造られているのではないかという錯覚を呼ぶような、建物の造りなのである。ひな壇式のガラスとコンクリートの建築物は、コヨーテ・ヒルの斜面に途中まで埋め込まれており、ズーニー族スタイル（石や日干しレンガ造りのインディアンの集合住宅）になっていて、表玄関は建物の最上階にある。一階から二階に行くには、〝降りる〟ことになるのだ。オフィスや研究室、会議室などの入った四角い建物が、庭や中庭を縫うようにくねくねとつながっていて、カフェテリアからはパロアルトの街が一望に見わたせる。ランチのトレイをテラスに持ちだして、この二十一世紀の洞窟とでも呼ぶべき見晴らしのいい高台から、入り江の風景をながめてみることもできる。

建物をぐるりと取り巻くように並んでいるオフィスの多くは、ドアを開け放したままだ。その中にはさまざまな人々がいて、電話で話したり、一目でAltoとわかる縦長のディスプレイを見つめたりしている。観葉植物、ポスター、クッションチェア、ステレオ、自転車を置いている部屋などもある。どの部屋にも書棚があり、多数の本のほか、PARCの人間が外部への報告に使う青と白のバインダーが並んでいる。部屋にいる人間は、まだ若い世代が多い。女性も予想以上の数を占めているし、国籍も多岐にわたっている。

科学者、技術者、教授、ハッカー、長髪、若き天才などの詰め合わせのような部屋の中から、テイラーの姿を見分けるのは難しいことではなかった。微妙なものではあったが、ほかの人間との違いは見てすぐにわかった。周囲の人間がサンダル履きだったり、ダウンジャケットを着ていたり、テクノヒッピー風のポニーテールをしていたり、ブルージーンズだったり、しわくちゃのコーデュロイのズボンに自転車用の裾どめをつけっぱなしにしていたりする中で、テイラーはアイロンのかかったツイードのジャケットに、しわのないスラックスといういでたちでいることが多いのだ。

ブロンドの髪も、無頓着なようでいて、きちんとしている。相手が自分の話についてきているかどうかを見極めようとするときには、額を前方に傾けて、薄いブルーの瞳でじっと相手のことを見る。かけている眼鏡は、もしテイラーがオックスフォード生地でなくデニムのシャツでも着ていたら、おばあちゃんの形見と

スタンフォード工業団地のコヨーテ・ヒルに作られたPARCのビル。1970年代、この建物に極めて優秀な人材が集まってパーソナル・コンピュータ技術の基礎を築いた。
(Courtesy of Xerox Corporation.)

いっても通りそうなものだ。よくにっこりとする男で、句読点のたびに微笑んだりもする。たまにテキサスなまりが顔を出す。

パーソナル・コンピューティングのアイデアは、リックライダーが一九六〇年代の初めに創始した、タイムシェアリングの研究から直接的に派生してきたものだとテイラーは考えている。初期の高級言語と同様、タイムシェアリングは、コンピュータ科学やオーグメンテーション的アプローチの重要な分岐点となった。また、タイムシェアリングによって、軍事、科学、学術、ビジネスなどのためのコンピュータという域を越えた、共通関心事のコミュニティというものが、新しくコンピュータの世界に生まれたのだ。そうしたサブコミュニティは、コンピュータ科学者やシステム設計者のコミュニティの中では比較的小規模なものだ。コミュニティの参加者たちは、自分たちで使えるようなコンピュータがほしいという共通の欲求を持っており、十年ばかりのあいだ、当時使っていたコンピュータを開発することが目的でARPAの研究に協力したという経験を共有していた。プロジェクトMACに関わっていた大学生のハッカーや、カリフォルニア大学バークレー校やサンタモニカ校でARPAの支援を受けていた技術者たちなど、タイムシェアリングに長くかかわった人間の多くは、のちになって、研究の聖地ともいえるベル研究所やSRI、ランド・コーポレーション、そして（大多数は）PARCで出会うことになったのである。

タイムシェアリングによって、コンピュータの使用方法は人間の機能に適合させるべきであり、コンピュータを使う人間が機械の制約に従属させられるようであってはならない、という哲学が、早期にかつ効果的に実現された。六〇年代前半のマルチアクセス・コンピュータの開発なくしては、パーソナル・コンピュータも、夢のマシン以上のものにはなりえなかったはずだ。

一九六〇年代前半、コンピュータがやる仕事と見なされていたのはデータ処理の仕事であり、しかも直接的な処理はできなかった。まずはプログラムと生《なま》のデータを、靴箱いっぱいのパンチカードに変換しなければならない。このカードをデータ処理センターへ持っていくと、システム管理者がいつどうやってカードをメインのコンピュータに読み込ませるかを決める（こうした管理者はプログラミングが聖職だという神話に固執していて、今でもその信仰心から出てくる逸話には事欠かない連中だ）。一時間、一日、一週間、いずれにしてもしばらく待たされたのち、かなりの額の請求書とともに、分厚い出力用紙が渡される。この、キーパンチ―カード提出―結果を待つ―受け取り、という一連の儀式が、〈バッチ処理〉というものである。

一九六六年ごろ、カリフォルニアやマサチューセッツのグループは、コンピュータ・プログラミングの技術をもっと高いレベルに引きあげることによって、本当に面白いと思えるようなことをコンピュータでやってみようという方向に向かい出していた。リックライダーやその仲間たちは、もしコンピュータの能力をさらに上げることで、人間がプログラムを書いたり動かしたりといった作業をもっと直接的にできるようになれば、さらに新しい発想の良質なソフトウェアが、これまでよりもっと速く開発されるようになるのではないかと考えていた。

電子ハードウェアとソフトウェアがますます精巧なものになることで、モデリング、描画、膨大な情報の検索などの能力もレベルアップしてきた。十分な速度と記憶容量を備えたことで、コンピュータは創造的なコミュニケーションを支援するだけの能力を持つようになった。だが、人間がその能力を利用できるようになるまでには、まだ乗り越えなければならない深刻な障壁が残っていたのだ。

パンチカードの箱をカードリーダーに突っ込んでおいて、出てきた出力用紙の束を解読しているようでは、プログラムを相手に躍動感あふれる対話をおこなうことなど、まず不可能である。プログラム作りのプロセスの大半は、複雑な命令表の中にあるささいなエラーを見つけ出す作業にとられるため、プログラマーの仕事量や仕事の速さはバッチ処理の儀式に大きく左右されることになり、結局は仕事の質にも影響することになる。

バッチ処理には二つの問題がある。コンピュータは一度にひとつのプログラム（つまりはひとりのプログラマー）しか扱えないということと、プログラムが実行されている最中は、プログラマーは直接コンピュータと対話できないということだ。タイムシェアリングが実現できたのは、コンピュータの処理スピードと、人間がコンピュータと対話するために必要な情報転送速度とのあいだに、大きな差があったおかげである。

たとえばどんなに速いタイピストであろうと、コンピュータが何百万という処理をおこなうあいだに、打てる文字は一文字程度のものだ。ユーザーが二十人であろうと、五十人や百人であろうと、タイムシェアリングのおかげで、コンピュータは常にひとりのユーザーにのみ〝注意〟を払っているかのような錯覚を与えるが、その実コンピュータは、ひとりのユーザーの仕事から別のユーザーの仕事へと、数百万分の一秒ごとに処理を切り替えているだけなのだ。

対話型コンピュータへのアクセスが可能になったことで、プログラマーは、今までよりずっと優れたプログラムを作り、さらにその実行結果をすぐに見られるという自由を初めて獲得できた。六〇年代の最初のマルチアクセス・コンピュータ世代のプログラマーは、やりかたの良し悪しは別にしても、プログラム全体を一括してプログラミングするかわりに、プログラムを部分的に作っては実行結果を見るという方法をとることができるようになった。バッチ処理の〝結果を待つ〟という段階をなくしたことによって、タイムシェアリングはプログラマーの仕事を、すぐ結果の出る舞台芸術のようなものに変えたのである。

「ＡＲＰＡの情報処理技術部長になったとき、タイムシェアリングのプログラムはすでに動いていた」とテイラーは言う。「だが、まだ完成はしていなかった。私が部長のあいだは、タイムシェアリングの開発はずっと続いていた。それが情報処理技術における重要なブレイクスルーになることは明らかだったから、別々の実験的なシステム間で、技術移転《トランスファー》をする方法の研究に力を入れることにしたんだ。最終的には、軍事・民事双方のコンピュータ応用に関わるようになった。
　産業界の人間たちと話をしたときには、頑固な相手にも出くわしたよ。ＩＢＭは初め、ＡＲＰＡのスタッフの言うことを無視していた。真剣に考えようという気がなかったようだ。そうこうしているうちに、ゼネラルエレクトリック（ＧＥ）社がＭＩＴやベル研究所と協力して、大がかりなタイムシェアリング・システムを開発し、商品化していくことに合意した。さすがにＩＢＭも『あれ、何か起きているみたいだな』とでも感じたんだろう。すぐに突貫計画を立ち上げて、自分たちのシステム３６０にタイムシェアリングの機能を追加しようとした。だが、いくつか受注はあったものの、システムは失敗した。ＩＢＭが使い物になるソフトウェアを作れなかったのは、ＡＲＰＡの助成したグループが何年も前に通ってきた道を、近道して行こうとした結果だろうね」

　タイムシェアリング研究は、法人組織の研究に、ある種の分裂をもたらした。プログラミングを聖職と考える、システム管理者の第一世代に属する人間たちは、いつもと違って内部の動きを把握しそこなったようだった。タイムシェアリングに注意を払った企業が、長い目で見れば得をしたことになる。ディジタル・イクイップメント社（ＤＥＣ）が、この事業での〝一番手〟となった。ＤＥＣはＡＲＰＡ支援の研究に注目し、研究に関わった学生が卒業したときに自社に雇い入れることで、タイムシェアリングの恩恵を受けたのである。

　タイムシェアリングのプロジェクトが完成しそうな見込みになった時点で、テイラーが次におこなったのは、タイムシェアリング・コミュニティを相互に接続しようという試みだった。テイラーの仕事の大半は、大学やシンクタンクを訪問し、優れた研究者を見つけては援助するということであり、そのおかげで、当時は各自でばらばらにおこなわれていたコンピュータ研究の世界というものに対しても全体像をきっちりと把握できたのだった。一九六〇年代前半を通じて、コンピュータ研究の各分野は急速に進歩した。一九六六年ごろには、そろそろパズルのピースがはめ込まれるべき時がやってきた。それぞれの研究チームが、密接な交流を持つ必要性が高まってきたのである。

「それぞれのタイムシェアリング・コミュニティでは、さまざまな種類の異なったコンピュータ研究がおこなわれていた」とテイラーは語る。

「そのため、タイムシェアリング・システム構築の総合的なプロジェクトを進めるには、人工知能研究、ハードウェア・アーキテクチャ、プログラミング言語、グラフィックスなどの各コミュニティでおこなわれている個々の研究分野以上に、広い視野を持って進めていかなければならなかったんだ。

誰かの計画というのでもない、突発的に生まれてくるタイムシェアリング・システムの応用法には、何度も驚かされたものだ。タイムシェアリング・システム内でファイルや情報資源を共有しようという試みは、解決の難しい問題のひとつだった。その開発を進めていく過程で、相互にコミュニケーションをとる新しい方法が発見された。予期していなかったことだが、この方法はユニークな表現媒体として、研究コミュニティの中で使われていくようになった」

コミュニティで面白がられだしてから十五年後、その媒体は〈電子メール〉として商品化されたのだった。

テイラーは、リックライダーが種をまき、サザーランドが育てた研究コミュニティがばらばらに孤立していることに目を向け、相互のつながりを持たせる必要を感じた。関連分野でありながら異なる組織に属する研究者たちの中には、お互いのことをよく知らない人間も多かったのだ。一九六五年から六六年にかけて、国じゅうの非産業コンピュータ・システム研究の大半がARPAの援助を受けるようになっており、結果としてテイラーは、コンピュータ研究の現状について、いち早く包括的な情報を手に入れることができるようになった。

テイラーが助成していた研究者たちは、〈コンピュータ・ネットワーク〉の計画と構築に着手しはじめた。国内のさまざまな場所にあるコンピュータを、公共電話通信網で接続し、増えつつあるコンピュータ研究者のコミュニティと情報資源を共有したり、離れた場所から相互交流をはかったりできるようにするためのものだ。ネットワークを構築してそれを使おうという研究者たちは、それぞれに考えるようなやりかたで情報資源を結合するためにはどんな技術が必要か、直接に話し合うために集まるようになった。個別の開発をおこなうのでなく、各タイムシェアリング研究のリーダーが集まって小さなグループを作り、初のオンライン対話型コミュニティを設計するために、協力しあうようになったのだった。

個々のマシン同士の違いや地理的な制約を超え、自由に情報資源を共有できる、本当の意味での相互作用コミュニティ。電話線を通じてコンピュータを接続する、と言葉で説明するのはたやすいが、実際に作るのは簡単なことではない。ハードウェア面でもソフトウェア面でも、解決しておかなければならない大きな問題がいくつもあるし、〈ユーザー・インターフェース〉、すなわち人と機械の接点となる部分も、もっと人間に使いやすいものにしなければならないからだ。

リックライダーとサザーランドの作った伝統にしたがって、テイラーは一九六六年から毎年、すべての支援プロジェクトの主要研究者たちの会合を召集した。会合は、普段の研究現場であるケンブリッジ、バークレー、パロアルトといった場所から離れた、まったく違う雰囲気の場所でおこなわれることが多かった。テイラー自身は技術者でもプログラマーでもなかったが（専攻は哲学で、実験心理学の教育も受けている）、自身もこうした会合に関わって、アイデアを融合させたり選別したりという重要な仕事をおこない、まだ分散してはいるが大がかりで野心的なネットワーク計画をまとめる努力を始めたのだった。

「会合は、参加者全員がお互いのことを知り合い、私の目の前で技術的な議論をしてもらえるような形に構成した」とテイラーは振り返る。「参加者が、技術面の問題をじっくり考えざるをえないような質問をするようにした。こうした意見交換から、のちのちまで続く友情も芽生えていった。あえて難しい質問もしたよ。参加者がお互いに難しい質問をすることをためらわないようにね。そうやって彼らがそれぞれの研究所や大学に戻っていったあとも、お互いのことをよく知ったおかげで、研究者間の交流は質、量ともに向上していった」

テイラーはまた、年に一回、大学院生の会議も開催するようにした。ＡＲＰＡの研究者である優秀な大学院生たちも自分たちで会合を持ってはいたが、テイラーのような三十代半ばの〝年寄り〟の目の届かないところでおこなわれることが多かったのだ。ARPAの大学院生会議に参加したシステム設計者たちは、放浪しながらゴシック式の大聖堂を建てて回るヨーロッパの建築職人集団のように、やがてはスタンフォード大学人工知能研究所（SAIL）やPARCで顔を合わせ、さらにそののちには、アップル社やマイクロソフト社で合流するようになっていった。

コンピュータどうしを結びつけることによって研究者の人間関係も結ぼうというテイラーの考えは、一九六六年のリックライダーの論文に触発されたものだ。つまり、リックライダーの提唱する、〈銀河系間ネットワーク〉という巨大なタイムシェアリング・システムのアイデアである。テイラーはこれを、もう一歩踏み込んだ形でとらえた。もしコミュニケーションのネットワークが作れるのであれば、コンピュータのネットワークを作れないはずがない、と。

端末と中央タイムシェアリング・システムのあいだに長距離通信網を多数作るよりも、異なるタイムシェアリング・システム同士で長距離通信ができるような技術を生みだすことのほうが、結果的には有益な成果を生むのではないか。そうテイラーは考えていた。そのアイデアがARPAに受け入れられると、テイラーはリンカーン研究所の若い研究員、ラリー・ロバーツをプロジェクト管理者として雇い入れた。それから三年間、会合や個々の研究プロジェクトが続けられ、ついに一九六九年、最初の信号がARPAネットに送りだされた。ヴェトナム戦争に反対する気持ちが強まっていたテイラーは、その時点で自分が始めたプロジェクトが完成の域に近づきつつあると確信し、ARPAを去ったのだった。

数値計算、バッチ処理、電子簿記などの用途がコンピュータ産業を支配しつづける一方で、対話型コンピューティング・コミュニティの中心メンバーは、相互接続コンピュータ・コミュニティという新しい独自の試みを通じ、自分たちのコンピュータを自分たち自身で使うという形の実験を始めた。そしてこの実験的ネットワークは、研究情報の交換・共有、プログラムの転送、あるいはほかのコンピュータのプログラムを一時的に使用したりといったことまで可能にするような、非常に興味深い環境に発展させうるということが、参加者の期待や予想のとおり、すぐさま明白になったのだった。

コンピュータで結ばれた研究コミュニティから生じるようになった人間のコミュニケーションの意味については、一九六八年四月に発表された『通信装置としてのコンピュータ』という論文の中で論じられている。中心となった著者は、ほかならぬJ・C・R・リックライダーとロバート・テイラーだ（1）。

彼らのおこなう技術開発を促進することが国防省の関心事であることは明らかだったし、高度兵器研究の管理に相互接続のコンピュータが必要になることもわかりきっていた。にもかかわらず、リックライダーもテイラーも、戦略空軍や核兵器関連の研究に適用するためのネットワーク構想というものには一切ふれず、あくまで一般市民の日常的なコミュニケーションについて論じている。

論文では、コミュニケーションとコンピュータ技術の融合は、人間のコミュニケーションの性質を新たな段階に引き上げるだろうということが強調されている。リックライダーとテイラーは、コミュニティのメンバー間で情報を共有する能力や、個人で手に入れることができるようになる優れたコンピュータの機能が、近い将来実現することになるはずの、新しいコミュニケーションや思考環境を構成する要素となるだろうと述べている。その持つ意味は深遠で、すべてを予測することはできない。「心が対話するとき、新しい発想が訪れる」と彼らは言う。

この論文は、まずコンピュータの能力について論じるような書きかたはされていない。増幅したいと思われる人間の機能、特に集団の意思決定や問題解決の機能について検討することから始めている。増幅を実現するための道具は、人間の機能が必要とするものに合わせて作られるべきだということも強調されている。コンピュータを複数の人間のコミュニケーション増幅装置として使うためには、新たな通信媒体が求められるのだ（2）。

「創造的な相互交流のコミュニケーションというものには、自由な形成が可能で、仮説を容易に結論に結びつけることができる動的な媒体が必要であり、それは何よりも、誰もが関与でき、誰もが試してみることのできる媒体でなければならない」

すべての人間が関わることができ、自由な形成が可能な動的媒体が必要だという発想は、情報〝モデル〟の構築や比較が人間のコミュニケーションの中心をなす、というテイラーやリックライダーの考えから出ているものだ。「もっとも洗練された重要なモデルは、ほかの何よりも人間の思考の中に多数存在している」と彼らは主張する。

事実、記憶、知覚、観念、連想、予測、先入観といったものの集積が、人間の心のモデルを構成していると考えるなら、人はそれぞれに独自の心のモデルを持っていることになる。人の頭の中に作りあげられたモデルは本質的に個人だけのもので、常に変わっていくものなので、他者の理解や賛同を得るためには、別の形にして外部に示さなければならない。集合体としての社会は、個人の心の中でだけ作られたモデルをそのまま信用したりしないので、そのモデルが事実に妥当なものとして受け入れられるためには、他者の同意が必要だからだ。

したがって、コミュニケーションの過程とは、心のモデルの外面化の過程である。話し言葉、文字、数字、印刷物などはどれも、モデルを外面化し他者の同意を得るための人間の能力を大きく進歩させた。これらの進歩により、人間の文化は変容し、環境に対する人間の制御能力も向上した。二十世紀に入ると、新しい有能なモデリング媒体として、電話システムが人間のコミュニケーションのツールキットに加えられた。リックライダーとテイラーは、コンピュータと通信技術の結合がおこなわれ、誰もがそれを自由に利用できるようになるのであれば、これまで発明された中でももっとも高い能力を持つモデリング・ツールとなるだろう、と断言している。

コンピュータによるコミュニケーション・システムが、どのようにグループの意思決定プロセスを支援できるかの試用例として、リックライダーとテイラーは、実際にそのようなシステムを使った、コンピュータ科学研究チームのメンバーによるプロジェクト・ミーティングの例を示している。ミーティングの参加者はひとつの部屋の中に集まっていたが、討論のあいだにメンバーがずっと見ていたのは、さまざまな図表、文章、数値、グラフなどが次々と映しだされるディスプレイ画面だった。

実はこのミーティングがおこなわれたのは、ダグ・エンゲルバートのいたＡＲＣでのことだ。このミーティングを実現した別室のコンピュータは、タイムシェアリング研究によって生まれた最新型のマルチアクセス・コンピュータだった。

このプロジェクト・ミーティングを例にして、リックライダーとテイラーは、コンピュータがどのようにしてグループの情報維持管理をおこなうことができるか示してみせた。さらに重要なのは、こうしたコミュニケーションを巧妙に増強することで、創造的な情報活動の幅が押し広げられると実証したことだ。情報を微視的な詳細から宇宙レベルの概観にすぐさま切り替えたり、モデルを何度も組み立てなおしたり、必要なファイルを探したり置き換えたり、切り貼りや入れ替えをおこなったり、情報を公表する一方で個人的なメモをとったり、誰かの発言中に発言者のファイルをざっと読んだり引用を確認したりといったことが可能になったおかげで、参加者はこのコンピュータ・システムを通じ、これまでのミーティング方式はできなかったような綿密なコミュニケーションをとることができたのだった。

「一、二年のうちに、人間が機械を通じてかわす会話のほうが、直接の会話より効率的なものとなるだろう」と、論文の冒頭で著者たちは予言している。論文で例示したSRIでの技術ミーティングに関して、リックライダーとテイラーは、「このグループ・ミーティングでは、普通なら一週間かかるようなことが、コンピュータの支援により二日間で達成できた」と述べている(3)。

この少人数ミーティングのグループは、リックライダーとテイラーが考えていた、地理的に分散して配置された大規模なコンピュータ・ネットワークというもののの〝ノード〟(結節点)のサンプルとでもいうべきもので、マルチアクセス・コンピュータのハードウェアとソフトウェアをたずさえた人間たちによって構成されている。テイラーやリックライダーの記憶によれば、中心となる構想は、テイラーが構築しようとしていたネットワークに関する一九六六年のミーティングの折、ワシントンDCのダレス国際空港に向かう帰りのタクシーの中で、ウェスリー・クラークが提案したものだ。問題となったのは、互換性のないマシンやソフトウェア同士を結合させるために、既存のコンピュータや通信システムのどこを変える必要があるのかということだった。

このネットワーク計画関係者の多くは、国の中心に配置された特別設計の巨大な〈ホスト〉コンピュータが、交換器と翻訳機の役割を果たせるようにすべきだと考えていた。だがクラークは、各ノードにある小型の汎用コンピュータを〈メッセージ・プロセッサ〉にすることを提案したのだった。この〈インターフェース・メッセージ・プロセッサ〉（のちに〈IMP〉と呼ばれるようになる）と各地のマルチアクセス・コンピュータ・コミュニティとは、長距離公共電話通信網を通じたスーパーコミュニティとして統合される。正確なデータ送信（これ自体も難題だ）を保証するため、裏方としてトラフィック・コントロールとエラーチェック機能を引き受けるのがIMPである。これで各ユーザーは、見たいファイルや使いたいプログラムが千マイル離れた場所にあるのかすぐそこの部屋にあるのかを、いちいち気にしなくてすむようになる。

その結果、こうした通信システムは、どのコンピュータにも制約されない、新しい種類のコンピューティング・システムとなる。ARPA支援の科学者チームは、カリフォルニア州バークレーにあるコンピュータの中のプログラムを呼び出し、ロサンジェルスのコンピュータにあるデータをそのプログラムに読み込んで、出力結果をマサチューセッツ州ケンブリッジで表示させることに成功した。個々のコンピュータが地理的に分散したスーパーコンピュータの〈ノード〉となるため、ネットワークの存在は、コンピュータそのものよりも急速に重要性をおびることになった。

こうして、どこか一カ所からの集中的な制御を受けずに、トラフィック・コントロールとデータ通信、表に出ない部分での必要な計算処理などが、ハードウェアではなくソフトウェア上でおこなわれるようなコンピュータ・ネットワークを考えることが可能になりはじめた。中心にある巨大なホスト・コンピュータが一台のコンピュータからの情報の流れを受け取り、翻訳してほかのコンピュータに解読できるような形にし、それを別のコンピュータに転送するという形をとるかわりに、発信側コンピュータのIMPによって共通の形式に翻訳された情報のパケットを、各ノードにある小型のIMPが受け取ったり転送したりということができるようになったのだ。

ARPAネットのような〝パケット交換〟ネットワークを制御するエージェントは、どこかの中央コンピュータでもなければ、コンピュータ同士を取り次ぐメッセージ・プロセッサでもなく、メッセージそのもの、すなわち情報のパケットの役割だ。送信する情報をコードによってパッケージ化し、必要な情報を各パケットにすべて入れておけば、コードが手紙の宛先のように発信地から目的地へとメッセージを届ける役割を果たしてくれ、異なるコンピュータやコンピュータ言語のあいだでも送受信できるように翻訳してくれるのである。

ネットワーク技術が急速に発展する一方で、コンピュータ端末の数も激増し、コンピュータの使用方法も変化しはじめた。一九六八年ごろになると、六〇年代のパンチカードや出力用紙は、コンピュータを使った今までになかったような相互通信手段にとってかわられるようになった。キーボード、テレタイプ・プリンターなどの装備が一般的になり、さらに実験的な何カ所かの施設では、グラフィック・ディスプレイ画面がプログラマーの標準的な入出力装置として使われるようになった。

パンチカードで入力し、ラインプリンタで大量の連続用紙に印刷されたマシン語を読むことに慣れていた古くからのプログラマーにとって、キーボードからコマンドを打ち込むとすぐ自分のプリンタでコンピュータの反応を見られるということは、奇跡以外の何ものでもなかった。タイムシェアリングの利用が急速に広がることで、多数の人間が個々の端末を使い、じかに大型コンピュータと対話ができるようになった。自分たちのタイムシェアリング・コミュニティをスーパーコミュニティとして接続しようと計画していた人々にとって、一九六八年は急激な変化の起きたエキサイティングな年だったが、それでもこうした研究分野は、外の世界にはまだほとんど知られていなかった。

新しい種類のコンピュータ・システムを構築することで〝コミュニティ〟を生みだそうという発想は、前述の一九六八年の論文に登場するもっとも革新的な提言ではないだろうか。ARPAネットが正式にオンラインになったのは一九六九年のことだが、タイムシェアリング開発グループは六八年の時点ですでに、概要を世間に十分知らしめることができる程度まで、この新しいネットワークの構築を完成させつつあった。

テイラーとリックライダーは、この試験的ネットワークを進歩的なコミュニケーションのためにもっと成長させたいと考えていて、兵器研究の管理をおこなうための軍用システムとしてのみ役立てたいと思っていたわけではなかった。ARPAネットが一年以内に動き出すことがわかっていて、なおかつ、そうなっても国防省やコンピュータ科学界の外で知られるようになることはないだろうと思いつつも、彼らは以下のような指摘をおこなっている(4)。

……対話型のマルチアクセス・コンピュータ・システムがさらに導入されつつある現在、来年までにはこれらシステムを使おうと計画しているグループもどんどん増えているが、今のところ、対話型マルチアクセス・コンピュータ・〃コミュニティ〃というものは、せいぜい数グループしか存在しない。

これらのコミュニティは、いくつかの点において、コンピュータ界の先をいく社会技術的なパイオニアとでも呼ぶべきものである。どのような点がそうなのだろうか? まず第一に、そのメンバーとなっているのは、人間とコンピュータの対話や対話型マルチアクセス・システムの技術をよく知っている、コンピュータ科学者や技術者が多い。第二に、そのほかのメンバーの中には、自分の研究や仕事におけるコンピュータの有用性や、対話型マルチアクセス・コンピュータというものの持つ重要な意義を理解している、ほかの分野や学問領域の創造的人間たちも含まれている。第三に、コミュニティは大型マルチアクセス・コンピュータを備え、その使いかたを会得している。そして第四に、メンバーたちの努力が革新的な方向へと向かおうとしている、ということである。

リックライダーとテイラーは、ここ二、三十年のうちに、当時のネットワークやすでに商品化されているコンピュータ・システムというものを超えた、さらに大きなスケールで実現される技術が出てくるだろうと考えていた。自分たちが仲間とともに創りだした技術や、その技術を基盤として生じたコンピュータ・ユーザーのコミュニティは、さらに高い能力を持ち、広い範囲で役立つシステムの先駆けとなるものだと確信していた彼らは、ある一定レベルのタイムシェアリング・システムを、人間のコミュニケーションのツールとして発展させることを試みたのだった(5)。

……ここに述べる新しいコンピュータ・システムは、対話型、タイムシェアリング、マルチアクセス、などと銘打たれたほかのコンピュータとは一線を画する。より自由で制約がなく、さらに多様なサービスを提供し、そして何よりも、実際に動いているコミュニティに参加している実感をユーザーに与えるような機能を備えたものだ。サンタモニカのシステム・ディベロップメント社や、カリフォルニア大学バークレー校、ケンブリッジやレキシントンのマサチューセッツ工科大学などは、ここ数年で約千人のユーザーに、対話型マルチアクセス・システムによるサービスをおこなってきた。こうしたシステムのソフトウェア・リソースの能力や柔軟性（つまりは汎用性）は、現在商品化されているタイムシェアリング・サービスでは、まだまだ提供することのできないものだ。

この約千人のユーザーの中には、コンピュータ界で進行中の革新的な研究に関わる、数多くのリーダーたちも含まれている。彼らはここ一年以上にわたり、ハード面でもソフト面でも革命的な、新しい組織への移行を準備しつづけてきている。現行のシステムよりも多くのユーザーを同時にサポートし、新しい言語、新しいファイル処理システム、新しいグラフィック・ディスプレイなどを通じ、人間とコンピュータの相互関係を真に効果的なものとするのに必要な、よりスピーディでスムーズな対話を実現しようとしているのだ。

タイムシェアリングは、プログラマーにとってとてつもなくエキサイティングなものではあったが、コミュニケーション増幅装置《アンプリファイアー》を作ろうとする人間たちにとっては、ひとつの通過地点にすぎない手段となりつつあった。テイラーとリックライダーは、未来のマルチアクセス・コンピュータを熱烈に夢見る人々に対し、自分たちが始めた数々の計画の、その究極の目的を伝えようとした。それはつまり、個人の思考を拡張し、人々のコミュニケーションを増幅するツールの創造ということであった。

ＳＲＩのエンゲルバートのグループや、ＭＩＴとハーバードでコンピュータ・グラフィックスの研究をおこなうアイヴァン・サザーランド、ユタ大学のデイヴィッド・エヴァンスとその教え子たち、ＭＩＴのプロジェクトMACのハッカーたち、そのほか大勢の研究グループは、国じゅうに散った状態で、新しい技術を構成する各部分の構築を進めていた。こうしたシステムが大規模な形で実現するときのことを見越したリックライダーとテイラーは、この新しい情報処理技術が、研究センターや大学ばかりでなく、一般のオフィス、工場、ひいては学校や家庭にまで革命を与えるかもしれないことを、研究者は忘れるべきではないとも述べている。

また、当時はまだまだ先のこととされていた未来のありようを予測するにあたって、リックライダーとテイラーは、コンピュータ科学者やプログラマーのみならず、主婦や子どもたち、一般事務職員や芸術家などに対し、スーパーコミュニティが与えるかもしれない社会的なインパクトについても、肯定的な態度を示している（6）。

しかしわれわれは楽観的に考えたい。オンライン対話型コミュニティとは、果たしてどのようなものになるだろうか？　多くの場合、コミュニティは地理的に分散したメンバーによって構成され、個々のメンバーは小集団にまとまっていることもあれば、まったく個人で参加していることもある。共通の場所にいるメンバーのコミュニティではなく、共通の関心によって結びつけられたコミュニティである。それぞれに同じ関心を持つコミュニティは、いずれその分野に根ざしたプログラムやデータの包括的なシステムを、十分に支援できるような規模に成長していくことだろう。

それぞれの地域においては、すべての関心分野全体でのユーザーの総数は、広範な汎用情報の処理や蓄積の機能を支えられるぐらいに増えるだろう。これらはすべて、遠隔通信回線を通じて相互に接続される。コミュニティ全体は柔軟性のある複数のネットワークで構成された大ネットワークとなり、内容や形はたえず変化していくことになる。

筆者たちは、相互接続システムを「投資の手引き、税金相談、専門分野に応じた精選情報や、文化・娯楽・エンターテインメントなどの個人の関心に応じた情報など」を提供する、ソフトウェアを基盤としたツールとして考えている。「個人の関心に応じた情報には、辞書、百科事典、索引、目録、編集プログラム、教育プログラム、テストプログラム、プログラム、プログラミング・システム、データベースなど、そして何より重要な、コミュニケーション、ディスプレイ、モデリングのためのプログラムも含まれるだろう」

彼らはPARCの施設における生活から、十年後のことを語ることができたわけである。

リックライダーとテイラーが特に強調したのは、一九六八年時点では想像するだけにとどまっていたこれらのシステムが現実に完成されたとき、個人と組織の双方にもたらす変化は非常に大きなものとなるだろうということだった(7)。

第一に、オンラインによって個人の生活の満足度は高まるだろう。なぜなら、自分が相互交流を結ぶための相手を、たまたま近くにいる人間の中からではなく、共通の関心事や目的を持つ人間の中から選べるようになるからだ。第二に、コミュニケーションをより効果的なものにできるので、コミュニケーション自体がさらに楽しいものとなる。第三に、コミュニケーションの多くは、以下のような能力を備えたプログラムや、プログラミングされたモデルを用いておこなわれる。(a)反応が速い。(b)ユーザーの能力に競合せず、むしろ補完的な機能を持つ。(c)よりこみいったアイデアを進展に応じて提示できるが、ほかのすべての段階での不必要なアイデアまで同時に提示したりはしない。したがって、コミュニケーションをおこなう価値もより高まることになる。そして第四に、自分に必要なことを見つけようとしているすべてのコンピュータ・ユーザーや、さまざまな分野や学問領域におけるすべての情報世界にとって、このシステムは開かれたチャンスとなることだろう。プログラムを使うことで、システムが探求を導いたり助けたりしてくれるからだ。

社会にとってこの変化がいいことになるか悪いことになるかは、〝オンラインへの参加〟が特権か権利か、ということに大きく左右されるだろう。一部の人間にしか〝知性の増幅〟の利点を楽しむ機会が与えられないとすれば、ネットワークは知的情報を得る場に断絶を生じさせることになりかねない。

その一方で、現在一部の人間が期待していることでもあるが、ネットワークが教育に役立つものだということを、具体的な詳細計画を示さずとも証明できるのであれば、そして、それがすべての人間にとっても有効なことなのであれば、人類にとって間違いなく、はかりしれないほどの利益となることだろう。

ペンタゴンでコンピュータ研究を管理していた二人の人間から出た言葉としては、奇妙なほどに情熱的で、驚くほどにロマンティックなようにも見える。だが、テイラーが五、六十人の優れた研究者をPARCのコンピュータ科学研究室に集めていた一九七一年当時には、対話型コンピュータ設計者のトップメンバーたちは、タイムシェアリングやARPAネットの計画過程で十分な技術研究やソフトウェア研究をおこなっていて、こうした理想郷的な発想も実現可能だと考えるほどに自信を深めていたのだ。まして、ゼロックス社のような資金のある企業が大博打を打つ意志を持っているのなら、なおさらである。

初の対話型マルチアクセス・コンピュータや知性増幅システム、そして初のパケット交換コンピュータ・ネットワークを作った人々は、自分たちの夢の道具をできるだけ早く試作段階にまで持っていくため、初めてひとつの場所に集まった。バトラー・ランプソン、チャック・サッカー、ジム・ミッチェル、エド・マックライト、ボブ・スプロール、ジム・モリス、チャック・ゲシキ、アラン・ケイ、ボブ・メトカーフ、ピーター・ドイチュ、ビル・イングリッシュ——コンピュータ設計界の奥義を心得た人物たちが集められ、PARCのコンピュータ科学研究室は前代未聞の才能集団となった。

そこは、古い階級制度や序列などが通用する仕事場ではない。こうした組織を仕切ることなど無理というもので、調和を保たせるぐらいが関の山である。そして、テイラーの介入の余地もそこにあった。彼らが作ろうとしている物にも、作る側の人間にも、理想と現実のバランスは不可欠であり、そのようなバランスは人為的な権威を押しつければ生まれるというものではない。

一流のソフトウェア研究施設の力を借りながら、自分たちで何を作りあげたいのかという点において、全員の気持ちは一致していた。個人で使えるツールとしてのコンピュータが持つ潜在能力、コンピュータを相互につなぐことで開かれるコミュニケーションの可能性、そうしたものがPARCチームの原動力だった。個人レベルのコミュニケーションにコンピュータを使用するという理論が、PARCのような実際の仕事場において機能するかどうかを、証明するべき時が来ていた。もしこうした装置によって自分たちの研究をスピードアップできたなら、タイムシェアリングの時代から彼らが描いていた夢を、世間に向けてもアピールできることになるのだ。

情報関連の作業を再編するに当たって最初に必要だったのは、個人使用向けに設計されたコンピュータだったが、結果的には、当初彼らが作ろうと試みたものの能力をはるかに超えたものができあがった。人間の感覚の中でもっとも精密に情報を受け入れる役割を果たすのが視覚だということはわかっていたため、コンピュータ・パワーをできるだけ発揮させるためには、精密なグラフィック・ディスプレイが必要だとPARCの研究者たちは考えたのだった。複雑で動きのある視覚モデルには、かなり高いレベルのコンピュータ・パワーが求められるので、視覚表示の向上を重視するということになれば、当然ハードウェアのほうも、これまでの個人使用コンピュータのどんなものよりも大きな記憶容量と、処理能力の速さを備えていなければならない。

「およそ使える限りの資金を使って、できるだけ高性能のハードウェアを作りたかった」とテイラーは言う。「どうやって作るか誰にも見当がつかないようなソフトウェア・アーキテクチャを設計して構築するためには、どうしても高性能なコンピュータ・ツールが必要だ。情報にたずさわるどんな人間も必ずほしくなるような機器が、私たちにも必要だった。金はかかるが柔軟性と成長力があり、いずれはもっと安あがりになって性能は向上していく、そんなコンピュータ機器と研究環境をそろえたかったんだ。Altoを設計していたときに使おうと考えていたメインメモリ（主記憶装置）は、生産の始まる一九七四年時点では七千ドルぐらいかかることがわかっていたが、十年もすれば三十五ドルにまで値が下がるということも予測していた」

PARCのハードウェア製作部門は、設計者のためにちょっとしたものを作れる程度の設備しかなかったが、そこで最終的には千五百台のAltoが製作され、ゼロックス社の上層部や研究者、SAILやSRIの同業者、そして合衆国上下院やその他の政府機関、さら

PARCにあるボブ・テイラーのオフィスに座る、テイラーとウェスリー・クラーク。Altoやイーサネットなど、数々の革新的なプロトタイプがテイラーのコンピュータ科学研究室で開発された。クラークはMITで『ホワールウィンド（つむじ風）計画』とTX-2コンピュータの設計者をしていた人物で、パーソナル・コンピュータを作ろうとする初の試みであるLINCの設計者でもあり、コンピュータ・ネットワークを実現させた〈インターフェース・メッセージ・プロセッサ〉のアイデアを出した人物でもある。
(Courtesy of Bob Taylor.)

にはホワイトハウスの関係者の手元にわたっていった。コンピュータとしては相当の能力を備えつつも、なおかつ個人の机の上に乗せることができるような機器というのは、これが初めてだった。

一九七三年にAltoの設計者たちがなしとげた成果の素晴らしさは、その何年かのちに〈パーソナル・コンピュータ〉として登場したものと比較してみるとよくわかる。一九七五年のAltairは自作コンピュータの祖ともいうべきマシンだが、メインメモリは二五六バイトしかなかった（メインメモリはRAMとも呼ばれる。コンピュータが〝ワーキングメモリ〟としてどのくらいの記憶スペースを提供できるかを表す数値であり、これによって、通常のスピードでどの程度の作業が可能かというおおよその見当をつけることができる）。一九七七年に出たアップル社の最初の市販モデルは八キロバイトだった。IBM社が一九八一年にパーソナル・コンピュータとして発表したものは、標準モデルで十六キロバイトだ。一方、一九七四年のAltoほうは、まず六四キロバイトから始めて、すぐに二五六キロバイトへとグレードアップした。独特のビットマップ画面やマウスは、一九八三年にアップル社がLisaを生産するまでは、ゼロックス社以外の商品には見られないものだった。

とはいえもちろん、ハードウェアは話の脇役にすぎない。こうした装置が作られたのは、壮大なソフトウェア革命をもくろむ人間のためでもあるからだ。ARPAネットのようなコミュニティを切望する人間にとっては、パーソナル・コンピュータができたというだけでは十分ではないのである。

「まずこうしたシステムで自分が何をしたいかを話してから、ハードウェアやソフトウェアの話に入ることにしていた」とテイラー。「技術的な問題がいろいろあることはわかっていたし、それにもいずれは手をつけなければならなかった。まず考えなければならないのは、人間のどんな能力を増幅させたいかということだった。たとえば、人間が情報を理解するのに、目の果たす役割は大きい。特にディスプレイの品質にこだわったのはそのせいだ。そのうちに、タイムシェアリング時代を知るメンバーから、夜だけ速くなるようなコンピュータはそろそろ願い下げにしたいという声が出るようになった」

テイラーが言っているのは、一九六〇年代半ばのタイムシェアリング時代のプログラマーのことである。大がかりな情報処理に余計な時間をかけないため、中央コンピュータへのアクセスが少なくて動作が速い真夜中に重要な計算をおこなうのが、当時のプログラマーの習慣だった。まず基本的な点で全員の意見が一致したのが、Altoの備えるメインメモリは、ほんの数年前のタイムシェアリング・システムで使われていた中央コンピュータと同等ぐらいのものであるべきだということだった。そしてもちろん、処理速度の速いものでなければならない。

「人間は、記憶によってタイプ入力するよりも、目で見ながらポインタで指示するほうがずっと速く簡単に命令を送ることができるものだ。それでマウスを採用することにした」とテイラーは続ける。

「人間が人工言語を覚えるのも難しいことだが、機械が自然言語を学ぶのはさらに難しい。当時のコンピュータ言語を使うと、初心者のユーザーと経験を積んだプログラマーとでは、コンピュータとの対話能力にどうしても差が出る。だから新しい言語を作ることにしたんだ。

人間はときには〝グループ〟として仕事をしなければ

ばならない、というのも重要な点だった。Altoを個人のツールとして使いたいこともあれば、コミュニケーション媒体として使いたいときもあり、どちらの機能も同時に使いたいということもある。コンピュータの能力を可能な限り個人にもたらしたいというのがわれわれの目的だが、それは個人を孤立させるという意味ではない。新しい情報空間への出入り口と、その空間を自由に飛び回るための手段、そしてコミュニティを創造する媒体を、すべて同時に人々に提供したいというのがわれわれの望みだった」

タイムシェアリング・システムが最初に動きだし、深夜の大学のコンピュータ部門の片隅でハッカーが増殖しはじめたころ、コンピュータマニア集団が気づいたのは、誰もが同時に中央コンピュータと通信することはできるのに、お互いに通信しあったり、各自のプログラムやファイルを共有することはできないということだった。手のかかる難問ではあったが、タイムシェアリング・システムのプログラマーたちは、ついにこの問題を解決した。

異なるマルチアクセス・コンピュータのユーザー間で情報資源を共有したいという難題の解決策を、たとえばARPAネットに参加しているコンピュータどうしのように、同じような能力を持つがばらばらの場所にあって互換性のないマシンどうしの情報共有という問題に応用するのも、そう容易なことではなかった。タイムシェアリング・システムの接続は周到に設計されているため、新しいシステムの改良にそのまま適用することはできなかった。

PARCのネットワークは、パーソナル・ワークステーションや、ファイル保存・印刷・メールなどのための共有〈サーバー〉などの形に沿って、徹底的に再構築される必要があった。サーバーという概念を取り入れることによって、各機器がネットワーク・サービスを制御するのではなく、いくつかの異なるAltoのストックモデルがこの作業を請け負うようにプログラミングされることになった。この発想はのちにイーサネットのコンセプトとして結実していくが、ネットワークそのものを個人ユーザーの命令によって動作するツールとして扱おうという考えから派生したものである。

PARCの研究者たちは優れたパーソナル・コンピュータを欲しがっていたが、ARPAネットを通じて知った知性増幅コミュニティも得がたいものであり、手放したくないものであった。元ＳＲＩの研究者で早い時期からＰＡＲＣに加わっていたダン・スワインハートは、こう述べている。

「Altoの製作が提案された最初のころから、バトラー・ランプソンとボブ・メトカーフは、もしＰＡＲＣが中央タイムシェアリング・システムにアクセスするという方法でなく、研究者ひとりひとりに一台ずつのコンピュータを与えるという方法をとるのであれば、それぞれのパーソナル・ワークステーションがお互いに孤立しないよう、十分にコミュニケーションがとれて情報資源の共有もできるようなネットワークを作る必要がある、と指摘していた」

　こうして、Alto の姉妹プロジェクトとして、初の〈ローカルエリア・ネットワーク〉、イーサネットの研究がスタートした。こうしたネットワークは、小型のボックスで個々のコンピュータと物理的に接続されるだけの比較的簡単なハードウェア構成と、それぞれの機器が通信回路を通じて相互作用できるようにするための、〈プロトコル〉と呼ばれる一連の精密なソフトウェア構成を持っている。このような技術の登場で、ハードウェアよりもソフトウェアの重要性がさらに増すこととなった。

　ティーンエージャーのハッカーが国防省のコンピュータにアクセスしようとするときに使ったような公共電話通信網では、〈モデム〉と呼ぶ小型ボックスが、コンピュータのデジタル信号を公共電話システムの情報通信に使っているトーンに変換する。しかしローカルエリア・ネットワークでは、違うタイプの小型ボックスを用いて、コンピュータのデータを公共通信網用の音声トーンでなく電気パルスに変換し、短距離ケーブルを通じてコンピュータからコンピュータへと移動させる。

　ローカルエリア・ネットワークは、ＰＡＲＣのような環境、すなわち、大学のキャンパスや研究所やオフィスといった、多数のコンピュータが狭い範囲に配置されている環境を想定したものだ。しかし、ネットワークの領域は、必ずしも局地的《ローカル》なものである必要はない。複数のローカルネットワークを〈ゲートウェイ〉と呼ばれるメッセージ・プロセッサを通じて公共回線に接続できるので、長距離離間接続の相互通信ネットワークを作ることもできる。こうした仕組みによって、ローカル・ネットワークはより包括的なスーパーネットワークの中に組み込まれることになる。

現在のネットワーク技術は、もともとはARPAネット計画の中で生まれたパケット交換技術を適用しているが、これはまさに一九四八年にシャノンが予言した、情報のコーディングにほかならない。情報は、オン／オフにコード化されたパルスの連射、つまりパケットの形で伝送され処理される。パケットは、メッセージの主要データのほか、このメッセージをどのように送受信するかという情報も含んでいる。コンピュータが変換に適切なハードウェアとソフトウェアを備えていれば、データはパケットの中に埋め込まれている制御と伝送ルートの情報にしたがって、みずからネットワークをたどって正しい道筋を探しだすことができるのだ。

パケット交換技術の詳細などは、将来ネットワークシステムを使うことになる人々の大多数にとってはあまり関係ないことかもしれないが、〝分散処理〟という概念は、コンピュータの進歩に新たな変化をもたらすことになるかもしれない。分散システムとは、それぞれに優れた能力を持つパーソナル・コンピュータをたずさえた多数の人間が集合することで、さらに有能なコンピュータ・コミュニティを作りあげるという考えかただが、そこには、中央の制御によって極度に制限されたかつてのコンピュータとは、まったく違うコンピュータの姿がある。

これらのシステムは、仕組みは比較的簡単なものだが、オフィスワーク変革としては非常に革命的なものだ。こうしたシステムにアクセスするすべを与えられた人間が、この先どんな道を選ぶことになるのか、あるいは、人類の習性や歴史的条件などによってどんな道を強いられることになるのかは、まったく見当がつかない。オーグメンテーションのパイオニアたちは、これらシステムの今の状況を説明するのに、必ずといっていいほど初期の自動車を引き合いに出す。エンゲルバートもテイラーも、現在何百万人というコンピュータマニアが使っているパーソナル・コンピュータは、自動車産業史におけるT型フォード（一九一〇年代に全盛を誇ったフォード社の車種）時代の段階にも及ばないと述べている。さらに重大なのは、統一され一般的に普及しているような個人間のメッセージ伝送のための支援構造が、いまだに存在していないことである。

情報共有の手段とは、発明されたばかりで、組み立てたり運転したりするための標準的な方法論がまだ確立されていない自動車のようなものだ。既存の大規模な高帯域の情報交通網は、地方のすみずみにまではりめぐらされているわけではない。ガソリンスタンドや道路地図も整備されていない。知識時代におけるタイヤ産業もガソリン産業も、まだ生まれてはいない。思考を拡張するための技術のプロトタイプは、たとえばＰＡＲＣのような場所には見られるが、広く社会に普及するためのインフラのようなものはできあがっていないのである。

ＰＡＲＣの研究者は、企業や消費者の受け入れ態勢が整う何年も前に、優れたパーソナル・コンピュータを作ることに大きな成功をおさめたわけだが、ゼロックス社のマーケティング部門は、研究開発チームが試作品を早々と商品の域にまで押し上げてくれた利点を生かすことができなかった。ＰＡＲＣのブレイクスルーにゼロックス社が乗じることができなかったわけだが、この原因のひとつは、自動車産業のアナロジーに見られるインフラの欠如にあった。マイクロエレクトロニクス機器のような急成長分野における技術移転というのは、それだけでも大きなギャンブルなのだ。そうした機器が人々の思考に影響を与えるとなれば、問題はますます複雑になる。システムをゼロから作り上げ、それをきちんと動かしてみせることと、実際に働いている人間に今までのやりかたを変えなければならないことを納得させるのとは、まったく別の話である。

一九七〇年代半ばにおいては、ＡＲＰＡ支援のタイムシェアリング計画が十年前になしとげた対話型コンピュータにおける革命的な実績は、ＰＡＲＣで作られたAlto、イーサネット、Smalltalk（進歩的という意味でAltoやイーサネットと肩を並べるコンピュータ言語）によってさらにずっと先まで押し進められたというのが、当時のトップクラスのコンピュータ研究者たちの一致した見解だった。一九七〇年代末には、ゼロックス社の経営陣も、ＰＡＲＣの成功を商品として売り出すことを考えはじめていた。

ＰＡＲＣの天才児たちが情報関連研究の先頭を走りつづけているあいだに、〈Star〉とイーサネットが市場に出る準備が整った。StarはAltoの生産モデルという以上の機能を備えた製品であった。メインメモリは五一二キロバイトで拡張版Altoの二倍あり、プロセッサはAltoの三倍の速さだった。Starのソフトウェアには、

Mesaというコンピュータ言語（テイラーの研究室で作られたもの）のほか、編集、ファイリング、計算、情報処理演算、グラフィックス処理、電子メールなどのプログラムを集めたツールキットが含まれていた。

一九八〇年代前半のコンピュータ業界でよく言われたのは、「もしゼロックスが技術的に機の熟した時点でStarを市場に送りだせていたら、現在ＩＢＭやアップルが支配するこの産業は彼らのものになっていただろう」ということだった。一九八一年四月、実際にStar 8010情報システムが発表された時点では、事務職のプロの大多数が、自分が情報労働者だという認識を持つにはいたっていなかった。ゼロックスの販売担当者たちは、このワークステーションが個人向けのツールを供給するだけのものでなく、電子メール、印刷、ファイリング・サービスなどの機能を共有する、相互連結の統合オフィス・システムなのだと力説した。だが、少数の特殊研究施設以外では、その意味はほとんど理解されなかったのだった。

一九八〇年代の初め、どこからともなく（と事務員の目には映ったに違いない）ワードプロセッサが現れて、タイピストの仕事を奪うのを目の当たりにするまでは、コンピュータと事務員とがすぐさまうちとけることができるかどうか、企業のオフィス機器購入担当者たちはいまひとつ確信が持てなかった。だが、航空宇宙研究の企業や金融機関、技術系の出版社など、Starを試用したオフィスの知識労働者たちは、今まで自分たちがコンピュータとして使ってきたものとのあいだに大きな違いがあることを明確に理解したのである。

コンピュータ開発の最前線では長らく無視されてきた、人の思考と機械の出会いという領域は、ＡＲＣやＰＡＲＣで心理学とコンピュータ科学とを組み合わせて生みだされたユーザー・インターフェースの技術により、新しい段階へと進歩をとげた。オーグメンテーションのパイオニアたちが見た夢は、彼らの教え子たち、つまり、潜在ユーザーの目的にかなうようなマシンを作ろうという意志のもとにStarを作った開発者たちによって、ついに実現されたのだ。Starの設計者たちは、精密な視覚的描写と思考増幅能力との関連性について、次のようにくり返し述べている（８）。

意識的に思考しているあいだ、脳はいくつかの記憶レベルを駆使するが、もっとも重要なのは〝短期記憶〟であろう。短期記憶が思考の中で果たす役割については、数々の研究がなされている。特に興味深いのは以下の二つの結論である。（1）意識的な思考は短期記憶の中の諸概念を処理する。……（2）短期記憶の容量には限りがある。……もしコンピュータ・システム上の処理がすべて視覚化できる場合、ディスプレイはある種の〝視覚保管所《ヴィジュアル・キャッシュ》〟の役割を果たすことで、短期記憶の負担を軽減する。思考はより容易で、より生産的なものとなる。うまく設計されたコンピュータ・システムは、実際に人の思考の〝質〟を高めることができるのである。

すべてを視覚化することによって、何とも不思議な現象が生じる。〝ディスプレイ上に表示されたものが現実となる〟のだ。ユーザーのモデルがディスプレイ上にあるものと同一化される。視覚的特質の面から、対象は純粋に理解されるものとなるのである。……

ヴァネヴァー・ブッシュが種をまき、リックライダーとエンゲルバートが育てた考え、すなわち、適切に作られたコンピュータ・システムが人の思考に影響を与えるという考えは、ゼロックス社のインターフェース設計者の中からも失われることはなかった。彼らが〝一貫性〟と呼ぶ原理について、Star 開発チームは以下のように記述している（9）。

システムに一貫性を持たせるための唯一の方法は、操作のパラダイムを固守することである。ひとつの領域で成功した方法論をほかの領域に適用することで、システムは外見と内実の双方における統一性を獲得できる。……

これらのパラダイムは〝人の思考方法そのものを変化させる〟。より能力的で生産的な、新しい習慣や行動のモデルを導くことだろう。〝人間と機械の相乗作用〟を導きだすことも可能である。

十年の研究活動ののち、ＰＡＲＣは技術的な目標を達成し、それ以上のものも作りだした。Alto 計画とイーサネット計画はたいへんな成功だったといえるだろう。Mesa と Smalltalk の両言語も、ソフトウェア分野における大きな進歩だった。大胆で想像力豊かな研究が、企業の成功をもすべて約束するというのであれば、ゼロックス社は今ごろ、情報産業業界における支配者の座すら狙える地位にあったことだろう。しかし、ピーター・マッカローもＣＥＯの座を去った。ゼロックス社の技術研究部門が十年も時代の先を行っていたことの意味を、同社の経営陣には理解できなかったのだ。

一九八〇年代の初めには、ＰＡＲＣの設立当初からいた重要なメンバーの何人かが、ほかの企業へ移ったり自分の会社を立ち上げたりするために去っていった。電子産業やコンピュータ産業をさらに高い次元で変貌させていくような彼らの仕事が、シリコン・ヴァレーで知られずにいるはずがなかった。ＰＡＲＣは、一線級の科学者が異例ともいえる長期の研究をおこなえる場所として、似たような研究組織の中でも長年のあいだ抜きんでた存在だった。しかし、ゼロックス社が業界のトップの座の獲得に失敗し、一方でパーソナル・コンピュータ派がある程度まで成長してきて、ＰＡＲＣの科学者たちをリクルートして自分たちのパーソナル・コンピュータ帝国を築こうと画策しはじめたため、最初にＰＡＲＣを離れた優秀な研究者たちは、Star によって実現したユーザー・インターフェースの概念を、業界のほかの場所でも広めようと考えた。

イーサネット開発の責任者だったボブ・メトカーフは、ＰＡＲＣを去ったあと、ローカルエリア・ネットワーク技術の専門企業、スリーコム社を設立した。Smalltalk 開発チームで Star のインターフェースにも大きく貢献したアラン・ケイは、アタリ社のチーフ・サイエンティストとなった。Alto2 の開発に関わったジョン・エレンビーは、グリッド社の会長となった。一九八三年秋にはボブ・テイラーも、自分が作り、十三年間率いた研究チームから離れることになった。

ＰＡＲＣの卒業生のうちの何人かは、自家製《ホームブルー》コンピュータの時代に業界で台頭してきた新規参入者たちと協力することとなった。ＰＡＲＣに集まっていたかつての天才児たちは、いわば次世代の天才児たちと同盟を組む形になったのである。Alto のワードプロセッサ・ソフトの開発をおこなった、当時三十代前半のチャールズ・シモニーは、ＰＡＲＣをやめてから、当時二十七歳でマイクロソフト社の会長となっていたビル・ゲイツと手を組んだ。マイクロソフト社は、一九七五年の Altair の時代にパーソナル・コンピュータ・マニア向けのソフトウェア会社として起業し、現在マイクロコンピュータ・ソフトウェアの会社としては世界第二位の地位を誇る会社である。

アップル社の会長スティーヴ・ジョブズは、二十代後半だった一九七九年にPARCを訪問して、Altoのデモンストレーションを見せてもらっている。そのときのデモンストレーションをおこなったラリー・テスラーは、一九八〇年にPARCを去った。ジョブズがパーソナル・コンピュータ技術を再定義することになると断言した、アップル社の新しい極秘プロジェクトに参加することになったためだ。一九八三年、アップル社はLisaを発表した。Lisaは、マウス、ビットマップ・ディスプレイ、ウィンドウなどのStar-Alto-Smalltalkユーザー・インターフェースを基盤においたものだ。このシステムの価格は約一万ドルで、もっと高性能のStarよりも六千ドル安かったが、それでもまだ一般消費者には高嶺の花だった。一九八四年になると、アップル社はLisaの機能を縮小して価格を下げ、同じユーザー・インターフェースを備えたMacintoshを売り出したが、これがパーソナル・コンピュータ市場に一大革命を巻き起こした。

タイムシェアリング研究が非公式の入門儀式で、ARPAネットが通過儀礼だったとすれば、PARCの時代はさしずめ、オーグメンテーション・コミュニティの見習い期間の終焉だったといえるかもしれない。新しい世代の研究者や事業家が、この生まれたばかりのパーソナル・コンピュータ産業を通じて、ソフトウェア戦争に参入してくるようになった。一九八〇年前半には一般市場もパーソナル・コンピュータの可能性に気づきはじめ、コンピュータに詳しい予言者などでなくとも、この業界に大きなチャンスがごろごろしていることは容易に想像できるようになった。最初に世に出た何千万台のパーソナル・コンピュータは、ハード面でもソフト面でもPARCの研究者たちが作ろうとしていたものに遠く及ばなかったが、この業界が大型市場化したことで、賞金はつり上がったというわけだ。

コンピュータを使う人間の範囲が広がりはじめたということは、それと同時に、難解な用語や複雑な操作を要するソフトウェアの時代の終わりがきたということでもあった。StarやLisaによって示された設計原理は、そのまま未来のコンピュータ設計者が向かうべき方向を示唆したといっていい。PARCでもすでに、DoradoやDolphinなどStarの後継機種の開発が進められていた。真に高性能と呼べるようなハードウェアが入手可能となった現在、今後商業的に成功する見込みのあるソフトウェアとは、ユーザーがコンピュータ機器の能力を最大限に発揮させることができるようなものであるということも、より広く認識されるようになってきた。

驚くべきことに『二の法則』はいまだに通用していて、一九八〇年代の終わりごろには、さらに高性能で安価なハードウェアが登場してくることとだろう。一九八四年、DECに移っていたボブ・テイラーは、そこでも自分のいちばん得意なことを始めた。コンピュータ・システム研究のチームを作るために人を集め、最終目標に向けた攻撃態勢を整えはじめたのだ。このチームの主要メンバーには、ARPAがタイムシェアリングを支援していた当時の大学院生で、ARCやPARCの時代に研究に関わっていた人間も含まれている。自己発展的対話型コンピュータ技術を、本当の意味で高性能なパーソナル・コンピュータの域に押し上げるために作られた新しい活躍の場は、システム研究センター（Systems Research Center）と名づけられ、SRC（「サーク」と発音する）の名で呼ばれるようになった。

「五年たったらまたこのオフィスに来てみてほしい」オーグメンテーション研究の話をしめくくろうとする前に、テイラーは挑戦的な口調でそう言った。「そうすれば、今あるいちばん大型でいちばん値のはるスーパーコンピュータの、二倍の性能を持ったデスクトップ型コンピュータをお目にかけることができるはずだ。われわれが長年考えてきた、機器の能力を最大限に生かせるソフトウェアというものが、そのときやっと作れるようになるだろう」

テイラーは、これまで実現されてきた情報処理の水準をはるか高みにまで引き上げる要因は、三つあると考えている。第一に、新しいレベルのシステム・ソフトウェアが、内部で対等に作動する多数の並列プロセッサによって、各パーソナル・ワークステーションを小規模な分散型ネットワークのようなものにするというコンピュータ設計の利点を生かせるようになるということ。第二に、LSIプロセッサがさらに小型で安価なものとなり、デスクトップ・コンピュータの中に組み込めるような、高速で大容量の記憶装置が実現できること。第三に、これがもっとも重要なことだが、タイムシェアリング、グラフィックス、ネットワーク、パーソナル・コンピュータ、知的ユーザー・インターフェース、そして分散型コンピュータ技術などの開発

Lisa（上）とMacintosh 128k（下）
（アップルコンピュータ株式会社提供）

をおこなった人物たちは、今や最大限に力を発揮できる態勢を整えていて、新しいレベルのコンピュータ技術を実現するために、何十万人もの労働力を投じることができるということだ。

ネットワーク技術、グラフィックス、プログラミング言語、ユーザー・インターフェース、そして低価格で大容量になった記憶媒体などの進歩によって、最初のパーソナル・コンピュータ設計世代が夢見たようなコンピュータの基本的な能力は、今世紀末までには広範囲に実現しそうな気配である。人々がそれを賢く使いこなせることを祈るばかりだ。せっかくこの複雑な世界を処理する助けとして発明した機械なのに、その機械によってさらに複雑で手に負えない世界をもうひとつ作りだす結果になってしまったら、悲しい皮肉としか言いようがないからだ。

第十一章

ファンタジー増幅装置《アンプリファイアー》の誕生

　持ち運び可能で値段も手ごろなイマジネーション増幅装置が何百万台と出回って、八歳児の手にさえ入るようになることがあるとすれば、きっとアラン・ケイが一役買っているはずだ。

　誰かが自分のほしいものを持ってきてくれるまで待ってはいられない男、それがアラン・ケイである。ほしいものがこの世に存在しないのなら、自分でゼロから創る方法を探し出す。そんなケイが過去十五年にわたって手に入れようとしてきたのは、小型でフルカラー、立体音響設備と人工知能的な能力を持つ、情報表現玩具とでも呼ぶべきものだ。しかもそれを、何千万台単位で作ろうと考えている。当の玩具はまだ存在もせず、現在ケイは、製作を助けてくれそうな勇敢な盟友を募集しているところだ。

　かつてのアタリ社のチーフ・サイエンティスト、現アップル社の特別研究員《リサーチ・フェロー》であるケイ博士にとって、名声、財産、あるいは超一流のソフトウェア開発者としてもっと成功したいという野心などは、おのれを駆りたてる動機にはならないようだ。シリコン・ヴァレーの大富豪に仲間入りするとか、ＭＩＴの教授職のオファーを受けることなどは、教室ではみ出し者になるくらい賢い子どもたちの手に〝想像〟する力を与えてやりたいという夢に比べたら、大して興味をひくほどのことではない。

　二歳半にして字を読むことを覚えて以来、アラン・ケイはいつもまず自分の力で何かをやり、周囲にはあとから理解させるというやりかたをとってきた。『クイズキッズ』というテレビ番組に出て有名になった一方で、八年生のころには、反抗的な態度が理由で学校を追いだされそうになったこともある。〈パーソナル・コンピュータ〉という言葉を作る十年も前、アタリ社もＰＡＲＣもまだ存在せず、ウォズニアックとジョブズという別の頭のいい反抗者たちが〝Apple〟という古くからの英単語に新しい意味を持たせるよりもさらに前、アラン・ケイはすでにＡＲＰＡの大学院生会議において、実質的にはパーソナル・コンピュータの発想にほかならない、ＦＬＥＸ（後述）についての発表をおこなっていた。

ケイは現在四十代前半だが、パーソナル・コンピュータ革命における現代の預言者として、全世界の一般大衆とはいわないまでも、コンピュータ業界の人間たちには広く認められる存在となっている。現在のケイの目標は、〝ファンタジー増幅装置〟、すなわち〝創造的思考のためのダイナミックな媒体〟を作ることであり、高性能でコンパクトで使いやすく、世界中の小学生が一台ずつ持てるぐらいに安価なものにしたいという考えだ。彼の才能とこれまでの業績を考えれば、この目的を達する可能性は十分にある。

アラン・ケイは、傲慢で反社会的なハッカーだとか、競争社会を忙しく生きるコンピュータ成金だとか、現実離れした象牙の塔のコンピュータ科学者だとか、そうした世間一般のイメージにはあてはまらない人物である。ジョギングシューズとコーデュロイのズボンというのがお決まりのスタイルだ。小柄な体型、きちょうめんにそろえた口ひげ、乱れぎみの黒っぽい髪。印象が薄いので、たとえケイの職場の廊下ですれ違っても、今のがボスだとは気づかないかもしれない。とはいえ、ケイが自己主張もしない慎み深い人物かといわれれば、それも少し違う。自分自身を引き合いに出すのは好きだし、お説教を始めようというときには、「ケイの第一法則によれば、そういう場合は……」などと言い出すこともしばしばだ。

私がケイに初めて会ったのは、彼がゼロックス社のＰＡＲＣで伝説的な〝学習研究《ラーニング・リサーチ》グループ〟の責任者を務めていた時代と、現在アップル社で〝自由な空想家〟という立場を与えられる時代のはざまの時期、つまりアタリ社にいたころのことだ。ケイ博士とその精鋭チームは極秘の研究をおこなっており、予算は五千万ドルから一億ドルにものぼると噂されていて、社内の人間は決してその内容を外部にもらそうとはしなかった。それでも、ケイを直接知っている人間や、本人が自分の夢について書いたものを読んでいる人間には、アタリ社のプロジェクトの大まかな目的は推測することができたし、ケイがアップル社に移った今でも、その方向性はうかがうことができる。ひとつのプロジェクトから次のプロジェクトへ、試作品から別の試作品へ、ひとつの技術革新から新たな技術革新へと進む中で、ケイは大学院生時代から常に、自分の夢の実現に向けて歩みを進めている。

アラン・ケイのようなタイプの人間にとって、きちんと教育を受けるのはたやすいことではなかった。子どものころのケイは、クラスメイトの全員より、そして大半の教師よりも物知りで、本人もそのことをみずから声高に示すような少年だった。そのおかげで、教室を追い出されたり、校庭で体罰を受けるといった目にも遭わされたのだった。

ケイ自身、そして、いずれは彼が将来的に完成させる創造物の恩恵にあずかる私たちにとって幸運なことに、教師やクラスメイトがいくら抑えつけようとしても、ケイには自分の心の中や想像の世界という大切な場所があり、いざとなればそこに閉じこもるという自己防衛手段を身につけていた。ほかの誰よりも自分が抜きんでているという事実は、最初は喜びだったが、そのうち生き残るために必要な知恵となり、学校でもほかのどこでも、あまり頭のよさをひけらかさないようになった。だが十五歳の夏、「ニューヨーク州オネオンタでのミュージックキャンプによって、人生のすべてが変わった」のだった。

音楽が生活の中心となった。いろいろな意味で、今でもそうだ。ケイは三百マイル離れたブレントウッドの自宅からシリコン・ヴァレーまで通勤しているが、わざわざそんなことをしているのは、手製のパイプオルガンから長く離れていたくないからだ。ミュージックキャンプにも毎年参加している。そして、自分がいちばん好きな二種類の遊び道具、つまり、本と楽器を合体させて、音と文字の両方をひとつの媒体で扱うことができないものかと、よく考えていた。プロのギタリストとしても、ジャズとロックの両方で十年ほどやった。そのうちに徴兵されそうになってきたので、みずから米国空軍の士官候補生になった。空軍では「不服従の罰則のおかげで何足も靴を履きつぶした」が、自分にはコンピュータ・プログラミングの才能があることもわかったのだという。

空軍の兵役を終えると、ケイのプログラミングの才能に目をつけた米国大気研究センターが、コロラド大学の学費提供を申し出た。ケイは生物学の学位をとったが、例によって興味のある分野にしか集中力を発揮しなかったので、成績にはかなりムラがあった。しかし、アラン・ケイのような切れ者にも何か教えることができるほどに優れたある人物が、まるで成績証明書というよりは犯罪記録のような大学院成績にもかかわらず、ケイのことを大胆にも正当に評価してくれた。このことは、現在本人も認めるように、「ものすごい幸運」だったといえる。

ケイの才能に賭けたその人物とは、デイヴィッド・エヴァンスだった。エヴァンスは、一九六〇年代半ばにおいてオーグメンテーション・コミュニティ界の中心にあった、ユタ大学コンピュータ科学部の学部長を務めていた人物だ。対話型コンピュータ・システム設計の分野で指導者的立場にあったほかの研究者と同様、エヴァンスもまた、初期のコンピュータ産業の研究に従事し、タイムシェアリングを作ったARPA助成グループと関わりを結んでいた。

「ARPAのプロジェクトリーダーと、その下でやっていた大学院生たちとのあいだには、その後もさまざまなところで接点があった」とケイは言う。「何年にもわたってつみあげられた膨大な研究実績は、実はさまざまなところに顔を出す少数の人間によっておこなわれていたにすぎないんだ。研究者たちは、ARPAのプロジェクトから別のプロジェクトへと、何度も行き来を繰り返していた。ARPAの助成金は、プロジェクトに与えるというより研究者の資質に与えられているようなところがあって、その期間などについても、あまり干渉されることはなかった。リックライダーやボブ・スプロールが優れていた点は、研究者の動きによって、コミュニティを成長させていった部分にある」

エヴァンスがユタ大学に招き、アラン・ケイに影響を与えたのみならず、パーソナル・コンピューティング研究の行方に大きなインパクトを与えた人物に、アイヴァン・サザーランドがいた。クロード・シャノンとJ・C・R・リックライダーの愛弟子であり、MITの大学院生だったサザーランドは、博士論文のテー

1984年のアラン・ケイ。
(Courtesy of Apple Computer, Inc.)

マとしておこなった研究によって、コンピュータ・グラフィックスという分野を独力で生みだした——今では伝説のようにして語られるプログラム、〈Sketchpad〉を生み出したのだ。

アラン・ケイのような人物にSketchpadを語らせると、今でもたかぶった表情をする。「最初のコンピュータ・グラフィックス・プログラムだということばかりでなく、Sketchpadにはすばらしい面がたくさんあった。単に何かを描くための道具でなく、常に正しい法則に従って動くプログラムだったね。Sketchpadで正方形を描こうと思ったら、まずライトペンで一本の線を引き、『コピー・コピー・コピー、貼りつけ・貼りつけ・貼りつけ、角度は九〇度、四本の線は等しい』という指示を与える。そうするとSketchpadが、パッ！　と正方形を作ってくれるんだ」

Sketchpadの持つ意味や、パーソナル・コンピュータの深遠な驚異に目を向けた〝コンピュータ預言者〟は、ケイのほかにもいた。不遜で異端児的、反体制文化的な態度で知られ、風変わりで気むずかしくはあるが驚くほど鋭い未来のコンピュータ批評を書き、それを自費出版しつづけている、テッド・ネルソンという人物である。『ホームコンピュータ革命』の中の『これまででもっとも重要なプログラム』という章において、ネルソンはサザーランドの先駆的なプログラムについて次のように述べている（1）。

ライトペンを使ってディスプレイ上に描いた絵は、コンピュータの記憶装置にファイルしておくことができる。同じようにして、実にたくさんの絵を保存しておくことができるのだ。

そのあと、記憶装置にファイルした絵のコピーをいくつか呼び出して、一緒に並べて絵の合成をおこなうこともできる。

たとえば、ウサギの絵とロケットの絵を描いたとする。そのウサギを小さくして、大きなロケット全体にたくさん貼りつけることができる。あるいは、大きなウサギに小さなロケットをたくさん貼りつけることもできる。

絵を表示しているディスプレイは、必ずしも細部まで鮮明でなくてよい。重要なのは、細部にいたる部分までが、コンピュータの〝中に〟きちんと保存されているかどうかということだ。必要に応じて絵を拡大することで、細部は正しく表示されようになるはずだ。

　絵の拡大も縮小も、あっという間にやってのけることができる。ひとつのロケットにたくさんのウサギを詰め込み、それからウサギが見えなくなるくらいにまでロケットを縮小する。さらにそのコピーを作って、大きなウサギの絵の上に散らす。それからそのウサギを、体の一部しか見えないところまで拡大すると（実際にはウサギは家の広さぐらいにまで拡大されていることになるが、普通はディスプレイにそれだけの広さがないので表示できない）、ロケットの大きさもディスプレイ上で一フィートほどに拡大され、十セントコイン一枚ぐらいの大きさのウサギがそこにたくさん詰まっているのが見えるだろう。

　元の絵に変更を加えることもできる。たとえば、巨大ウサギに三つめの耳をつけてやったとしよう。すると、ほかのウサギのコピーにも全部同じように三つめの耳ができるのだ。

　このようにSketchpadは、絵全体を決定する前にさまざまなことを試してみることができる。一本の線の位置を最初から一定の方法で決めてしまう必要はなく、切り抜いた絵を簡単に移動することによって、いろいろな位置や角度を試すことができるようになっている。

　このプログラムは人間に対し、考えの曖昧な部分を吟味し、判断を下すための余地を与えてくれているのだ。これまでは、「そうしないとコンピュータが扱えないから」という理由によって、物事を厳密に分類したり、データを初めから正確なものにしておくという堅苦しい制約が求められてきたが、このプログラムでは、ユーザーの気のすむまでなりゆきに任せた試行錯誤が可能になった。どんなものが必要なのであれ、これというものができるまで、何度でも変更ができるのである。

　ライトペンやグラフィック・ディスプレイなどは、以前から軍で使用されていたものだが、Sketchpadは、その単純さ（念のためにつけ加えておくが、この単純さは、抜け目のない知性によって周到に作り上げられたものにほかならない）、ある特定の分野に縛られない汎用性などの点において、歴史に残るプログラムといえるだろう。そればかりか、人間が実際に使うとき常につきまとうプログラムの複雑さというものが、ここにはまったくないのだ。言いかえれば、もしコンピュータが本当の意味で人間を助けるように作られたなら、ここまで人間の作業は簡単になるのだということを示す、実に親切なプログラムだということができるだろう。

こんなふうに書いてみると、実作業に役立つプログラムとは思えないかもしれない。それが問題のひとつでもあった。Sketchpadは、サザーランドが新しい技術を盛り込んで作った、実に想像力豊かで奇抜なプログラムだ。ただし、その意味を理解する人間の側にも、想像力というものが必要なのである。

もちろん、ウサギとロケットというのは取るに足らないサンプルであって、イースターの時期にSF大会でもおこなわれない限り、役立つようなアイデアではない。だが、ほかのことに応用するとなると、その有用さは明らかである。設計図、電子回路図など、大判で正確な図案を要するような、さまざまな作業に役立つことだろう。ウサギの絵、いや、それがたとえトランジスタの図面であろうと、それを描けること自体がすばらしいというのではない。作業や判断の方法を一新したということが、優れた点なのである。

コンピュータのディスプレイ技術は、〝あらゆること〟に適用できる汎用性を持つ。ただし、ディスプレイ表示という観点から物事を考えるということに慣れなければ、その技術は何の意味も持たないのだ。

サザーランドがリックライダーの後任として情報処理技術部（IPTO）の部長となったのは、二十六歳のときだった。その後サザーランドは、部長の座をロバート・テイラーに引き継ぎ、一九六〇年代半ばにハーバード大学へ移って、眼鏡型3Dディスプレイ（眼鏡のフレームにとりつけたミニチュアテレビのようなもの）など、奇抜なグラフィックス・システムの研究をおこなった。デイヴィッド・エヴァンスがサザーランドをユタ大学に誘ったとき、サザーランドは、エヴァンスがビジネス・パートナーになってくれるのであれば承諾するという返事をした。こうして、コンピュータによるフライト・シュミレーションや画像生成の先駆け企業となる、エヴァンス・アンド・サザーランド社が誕生したのだった。

アラン・ケイがユタ大学にやってきたのは、一九六

デイヴィット・エヴァンス（右）とアイヴァン・サザーランド（左）
(Image courtesy of Evans & Sutherland Computer Corporation, Salt Lake City, Utah)

六年十一月のことだった。エヴァンスから与えられた最初の課題は、サザーランドの論文草稿の山を読むことだ。エヴァンスの大学院課程では、いつまでもだらだらとキャンパスにいすわって、研究を進めるようなやりかたはさせていなかった。プロフェッショナルとしてコンピュータ業界に送り込まれ、ハイレベルなコンサルティングを務めなければならないのだ。エヴァンスがケイのために見つけてきた仕事は、エド・チードルというハードウェアの天才との共同作業だった。チードルは、卓上用コンピュータというアイデアをあたためていた。ケイは一九六七年から六九年にかけて、彼の最初のパーソナル・コンピュータ設計構想となる、FLEXマシンの研究をおこなった。現在のパーソナル・コンピュータ業界を創設した人物たちの何人かがまだ高校生だった当時、ケイはパーソナル・コンピュータをいかにして設計するかを学んでいたのだである。

技術面ということであれば、パーソナル・コンピュータを作ろうと考えた人物は、チードルとケイ以前にもいた。『ホワールウィンド計画』やリンカーン研究所のTX―2コンピュータ、〈IMP〉などの開発に当たったウェスリー・クラークが、数年前に〈LINC〉というデスクサイズのマシンを作っていたのだ。

FLEXでは、実用化されたばかりの最新型電子部品を使うことによって、コンピュータの性能を高め、個人ユーザーとマシンとの相互作用をよりスムーズなものにしようという試みがなされた。FLEXの技術は革新的なものだったが、かなり複雑で精密なものだったため、ケイの言葉を借りれば「ユーザーが使いかたを覚える前に嫌になってしまう」ものだった。問題はマシンの側にあるというよりも、マシンに仕事の命令を与えるために特殊な言語が必要で、ユーザーがそれを覚えなければならないという点にあったのだ。このときケイは、自分でパーソナル・コンピュータを作るときには、少なくともそれを使う人間の身になって考えようと心に誓い、それを実現するためにはソフトウェア設計を的確にやらなければならないということを認識したのだった。

ケイ自身、はっきりと意識していたわけではないのだが、彼の頭の中には新しいプログラミング言語の構想が生まれはじめていた。ケイが作りたいと考えていたのは、コンピュータを万能シミュレーターとして使うためのツールとなる言語だ。問題は、頭がどうかしそうなほどプログラミング言語が難解だということだった。

「何かの道具を作ろうとするとき、そこには二つのやりかたがある」とケイは言う。「ひとつは、ヴァイオリンのように、才能に恵まれた芸術家にしか使えないようなものを作るというやりかただ。そしてもうひとつは、鉛筆のように、誰にでもすぐに簡単に使えて、アルファベットの学習からコンピュータ・プログラムの記述まで、何にでもつかえるようなものを作るというやりかただ」

ケイは、本当に使いやすいパーソナル・コンピュータを作るうえで解決すべき問題の九九パーセントまでは、ソフトウェア側の問題だと確信していた。「半導体がどうなっていくかは、すでに一九六六年の段階でみんなわかっていたしね」

ＦＬＥＸのほかにケイは、ユタ大学でソフトウェアに関するプロジェクトを手がけていた。ケイの机の上には磁気テープの入った缶が山と積まれていて、そこにはメモが貼りつけてあった。メモによれば、この磁気テープにはAlgol 60という科学プログラミング言語が入っているはずだが、うまく動作しないという。やがてケイは、それがAlgol 60ではなくて、ノルウェーで作られた〈Simula〉という言語であることをつきとめたが、それでもなお、このソフトウェア・パズルは腹立たしいほど難解で、解明に至るにはほど遠かった。この謎のテープに保管されていたプログラム・リストのプリントアウトにようやく成功し、中に入っていたのがどんなものだったのかを理解したときのことを、ケイは一九八四年のインタビューで次のように語っている（2）。

> プリントアウトされたのはノルウェー語の音を字訳したようなもので、ぼくらにはまったく理解できなかった。……プログラム・リストを広げ、最初からずっとマシン語をたどり、この言語が何をしようとしているのかを検討しつづけた。そして、突然気がついた。Simulaは、Sketchpadと同じようなことをするプログラミング言語だったんだ。それまでのぼくは、本当の意味でSketchpadとは何なのかを理解していなかったわけで、今でもそのことを思い返すと、ぞっとするほどだ。あのときから、ぼくの物の見方は一切変わってしまい、それまでとはまった

く違う次元のものになった。高級言語というものの目的が、唐突に飲み込めてしまったんだ。

アラン・ケイは、一九六八年のエンゲルバートのメディアショーに心奪われた聴衆のひとりでもあった。コンピュータに増強された表現システムに何ができるかということを目の当たりにして、ケイもまたひどく興奮した。その一方で、〝自分がやろうとは思わない〟ことが何なのかも、はっきりさせることができた。

「エンゲルバートのチームは、全員がNLSシステムのエース・パイロットのようなものだった」とケイは振り返る。「よくできたビデオゲームのように、どんな状況にも即時に反応することのできるメンバーだった。彼らには、広大な情報の世界を巧みに操縦して渡っていくことができる。でも、ぼくの目的からすれば、残念ながら手際がよくて精巧すぎるというか、彼らがいかにもそう演じようと学んだようにも見えた。ぼくの趣味としては少し複雑すぎるようにも思えたし、流ちょうにできなければ使いこなせたとは言えないとする考えかたに、興味はなかった」

博士論文の準備段階で、アラン・ケイは人工知能研究の領域にも探りを入れるようになり、その結果、自分の研究にも大きな影響を及ぼすことになる二人のコンピュータ科学者と、密接な関わりを持ちはじめた。当時のMITで人工知能研究プロジェクトの共同責任者を務めていた、マーヴィン・ミンスキーとシーモア・パパートである。特にパパートは、一九六〇年代後半、ケイの目標に影響を及ぼした。パパートは子ども向けの新しいコンピュータ言語を作ろうとしていたのだ。

数学者であり、数々の神話に彩られたプロジェクトMACの初期の功労者でもあったパパートは、発達心理学者のジャン・ピアジェとともに、スイスで五年間研究をおこなっていた。ピアジェは長年、子どもの学習の観察を続け、革命的な学習理論の口火を切った心理学者である。ピアジェの結論によれば、学習というものは、おとなたちが教師や学校を通じて子どもに押しつけるものではない。子どもが生まれつきそなえている、外の世界に対して反応する方法が、学習なのだ。すべての子どもはある一定の期間において、自分が接する環境から、世界がどんなものなのかという観念を構築していくのである。

ピアジェが特に関心を持っていたのは、子どもがどんなふうにしてさまざまな〝知識〟を獲得していくかということだった。実験をおこない、理論をまとめ、さらに実験によって自分の理論を試してみるという点において、子どもは〝科学者〟である、というのがピアジェの結論であった。こうしたプロセスは、大人の目から見れば〝遊び〟としてしかとらえられないが、子どもにとってはきわめて重要な研究形態といえる。

パパートは、コンピュータの反応の速さや表現力などが、砂場や黒板では実現できないような研究の場を、子どもに提供してやれるのではないかと考えていた。パパートと、同僚のウォレス・フォアツァイクやＭＩＴの研究者たちは、ボルト・ベラネク・アンド・ニューマン（ＢＢ＆Ｎ）社の助言のもとに、ＬＯＧＯというコンピュータ言語を開発した。ＬＯＧＯは、新しいコンピュータ言語が生み出される目的という点において、これまでの言語とは衝撃的なまでに違う種類のものだった。ＦＯＲＴＲＡＮは科学者がコンピュータをプログラムしやすくするために作られ、ＣＯＢＯＬは会計士のためのプログラム作りが楽にできるよう作られた。ＬＩＳＰには、コンピュータがコンピュータをプログラムしやすくするために作られたという側面がある。しかしＬＯＧＯは、〝子ども〟がコンピュータをプログラムしやすくするために作られたという点で、画期的なのであった。

ＬＯＧＯという実験的な試みが、教育にばかりでなく、人工知能やコンピュータ科学においても重要な意味を持つかもしれないことは、開発者自身も認識していた。しかしまずは、子どもに考える方法や問題解決の技能を教えるツールを作るという点に、研究のターゲットがしぼられた。問題を解くことの楽しみややりがいを味わいたいという子どもの自然な欲求を、抑えつけるのではなく促してやるというのが、このプロジェクトの意図するところだ。ＬＯＧＯチームの目標は、「コンピュータが子どもをプログラミングするのでなく、子どもがコンピュータをプログラミングできるようにする」ことにあった。

一九六八年の初め、面白そうなグラフィックスを使ったり、学習者に学習の新しいアプローチ方法を教えてくれるようなプログラミングが、八歳から十二歳の子どもたちに伝授された。コンピュータを楽しむためにＬＯＧＯを学ぶことで、子どもは自動的に、ふだんの生活にも応用できるような技能を身につけていくことになるのだ。

パパートは、こうした技能のうちのいくつかは、コンピュータ科学と発達心理学のどちらの側面から見ても、あらゆる年代やあらゆる分野において〝強力なアイデア〟となるものだと考えた。これらの技能は、〝いかに学ぶかを理解する〟ことと深い関係があるからだ。それがLOGOと、それまでのコンピュータ支援教育(CAI)プロジェクトとを分ける重要な要素でもあった。教育を教師から子どもへ知識を伝達するという発想でとらえるのでなく、子どもが自分自身で知識を発見するための能力を強化することとしてとらえるというのが、LOGOのアプローチ方法だった。

たとえば、LOGOを扱う技能の中でも重要なもののひとつに、〈バグ〉という概念がある。バグとはプログラマーの言葉で、コンピュータ・プログラムの中に生じる避けられない小さなミスのことであり、プログラムを正しく動かすためには見つけて排除しなければならないものだ。〝正しい〟答えをあくまで追求させて子どもの自我を傷つけたりするのではなく、LOGOを学ばせることであえて新しい手順に挑戦させ、プログラムが動くまで誤りを修正させながら、問題の解決を子どもに促すのである。

LOGOによる最初の革命的な学習装置は〈タートル(亀)〉と呼ばれ、機械的な側面と一種の隠喩の側面を併せ持っていた。最初に作られたLOGOのタートルは小型のロボットで、コンピュータに制御されており、子どもの作ったプログラムによって、動き回ったり、ペンを使って紙の上に面白い図形を描いたりといった動作をした。ケイは、こうしたプロセスが単に図を描く練習という以上のものだということに気づいた、数少ないソフトウェア設計者のひとりだ。記号を操作するということは、それが亀の絵であれ、言葉であれ、数学の方程式であれ、人間の思考を拡大していくためのあらゆる方法における中心的な発想なのである。

もっと進歩した現在のディスプレイ技術では、この抽象世界の亀は三角形のグラフィック図形として描かれていて、ディスプレイ上に映像の軌跡を描くようになっている。紙の上に図を描く金属製の亀であるか、ディスプレイに図を描く電子製の亀であるかに関わりなく、このタートルは教育心理学で言う〈移行対象《トランジショナル・オブジェクト》〉であり、パパートはこれを〝ともに

シーモア・パパート。プロジェクトMACの管理者のひとりであり、コンピュータ言語LOGOの開発者でもある。一緒に写っているのはマシンの"タートル"。
(Courtesy of the MIT Museum.)

考えるための対象〟と呼んだ。

「図形を描くようにコンピュータをプログラミングする」という言い回しのかわりに、子どもたちは「図形の描きかたをタートルに教える」ように促される。まず最初に「タートルになったつもり」になって、四角形や三角形、円などを描くにはタートルが何をすればいいのかを考える。それから英語に似た命令をキーボードから入力することで、「タートルに新しい言葉を教えてやる」のだ。

入力した命令に対し、タートルが思いどおりの図形を描いてくれない場合は、正しい反応をさまたげているバグを順序だてて探していくことになる。このプロセスにおいて、間違いをおかすことに対する恐れは、自分でもっといい考えを見つけ出すという、すばやいフィードバックによって置き換えられていく。

長年の研究ののちにパパートは、LOGO研究の成果を一般に向けてまとめた『マインドストーム――子供、コンピュータ、そして強力なアイデア』という著書を発表した。教育界にもコンピュータ界にも国際的に大きな動きをもたらしたこの宣言書の中で、パパートは、技術の複雑さの中でつい忘れられがちな重要な事柄について、くり返し訴えている。それは、どんな道具も、人間がより人間らしくあるための手助けであるべきだ、ということだ（3）。

結局のところコンピュータは、人と人とのあいだを仲介するための〝移行対象〟として機能するのだと私は考えている。……

物理学や分子生物学が実験室の装置に制限を受けたり、詩作が印刷機によって制限されたりすることがないのと同様、私の言うアイデアの革命も、テクノロジーによって制限されるものではない。私の考えでは、テクノロジーには二つの役割がある。ひとつは学習を助けるものとしての役割。コンピュータの存在は一種の触媒となって新たなアイデアの出現に作用を及ぼしてきた。もうひとつは手段としての役割。コンピュータはこれまでこもってきた研究センターよりも広い世界へ向けて、アイデアを運んでいくのである。

アラン・ケイは、FLEXマシンの開発をすでに二年続けていながら、人間に従順な機械にすることができないでいた時期に、このＬＯＧＯ研究と出会った。彼はそのときのことを、「まるで頭の中で明かりがともったような気がした。子どものためのプログラム以外に、自分のやるべきことはないと思ったんだ」と語っている。

ケイがまず理解したのは、子どもが学べるようなプログラムやプログラミング言語が、必ずしも〝おもちゃ〟のようなものである必要はないということだった。おもちゃも道具として使うことはできる。だが、おもちゃがひとりでに道具に早変わりするわけではない。おもちゃが道具に移行するためには、言語設計者の多大な努力が必要なのだ。パーソナル・コンピュータを作るうえで、もっとも重要なのがソフトウェアだということは、ケイにもすでにわかっていた。が、彼はしだいに、ソフトウェアによって増幅される能力というのは、結局のところ〝学習〟する能力なのだということも理解するようになった。たとえユーザーが子どもであれ、コンピュータ・システム設計者であれ、あるいは人工知能プログラムであれ、同じことなのである。

コンピュータをシミュレーションの道具として子どもにも使えるものにするには、とんでもない量の開発作業が目の前に山積みされている。それはわかっていたが、ケイはこの試みが、単なる使いやすいコンピュータや新種のコンピュータ言語を作りだすという以上の意味を持つのだということを、ＦＬＥＸでの経験やＬＯＧＯとの出会いによって確信していた。いわば、子どもの砂の城作りと建築家の高層ビル建設、どちらにも役立つ共通の道具を作ろうとするようなものだ。ケイの頭の中にあったのは、まったく新しい装置だった。八歳児が片手で運べて、音楽や言葉や絵を創ったり送ったりして、博物館や図書館に意見を聞くこともできるようなものができたとしたら、その装置は果たして道具だろうか、それともおもちゃだろうか？

ケイは、自分の作ろうとしているものがまったく新しい〝媒体《メディア》〟であるということを理解しはじめた。これまで存在した静的《スタティック》な媒体とは、根本から異なるものであり、史上初の〝動的な《ダイナミック》〟媒体となることだろう。言葉や画像や音はもちろん、考えや夢、ファンタジー（空想）などを表現し、伝達し、生命を吹き込むための手段になるものだ。エンゲルバートのツールキット・システムが、編集者、建築家、科学者、株の仲買人、弁護士、設計者、技術者、国会議員などのような知識労働者にとって有用なものだということは、わかっていた。情報の専門家は、ＮＬＳ（九章参照）のようなツールがぜひほしいと考えることだろう。だが、ケイの目的はあくまで、もっと汎用的で、おそらくはもっと深遠な能力を持つはずのマシンを作ることだった。

　パパートのＬＯＧＯ計画において大きな役割を演じ、アラン・ケイやその他の研究者にも影響を与えた概念のひとつに、ジョン・デューイの思想から形成されたものがある。その思想で進歩主義教育の時代を支えたジョン・デューイは、のちにピアジェによってさらに深められた理論、つまり、「しばしば大人が誤って〝特に目的もない〟と考えがちな子どもの想像遊びは、実際には世界を学ぶための効果的なツールである」という理論を提唱した人物であった。ケイは、ファンタジーを追求したいという自然の欲求と、実験からの学習という生来の能力とを結びつけることはできないかと考え、明確に記述できるものなら何でもシミュレーションできるというコンピュータの能力が、大きな鍵になるとにらんでいた。

　アラン・ケイが作りたいと思っていた媒体は、知性増大装置《オーグメンター》であるばかりでなく、〝ファンタジー増幅装置《アンプリファイアー》〟ともなるようなものだ。それにはまず最初に、ＬＯＧＯよりもさらに自分の目的にかなうような、「専門家レベルのプログラミングを質的に改良した、単純でアクセスしやすい、新しい種類のプログラミング・システム」の言語を作りだす必要があった。近い将来に実用化されそうな高性能コンピュータ・ハードウェアに、適切なプログラミング言語を用いることができれば、まったく新しい種類のコンピュータ、すなわち、パーソナル・コンピュータが実現できるだろう。

　ケイが思い描いていたソフトウェアは、一九六九年の段階では、まだ存在もしないハードウェアを使うことでしか実現できないようなものだった。個人で使うためのコンピュータには、一九六〇年代でもっとも先進的なタイムシェアリング・コンピュータの、さらに数百倍の能力が必要だったのだ。だが、一九六〇年代の終わりになると、かつては夢にも思わなかったような性能のコンピュータが、今すぐにではなくともいずれ実用化できそうだという見通しが立ってきた。

　一九六九年という年は、パーソナル・コンピューティングの発展において重要な年であり、アラン・ケイのキャリアの転換点でもあった。ＡＲＰＡネットのタイムシェアリング・コミュニティのメンバーが、自分たちは社会的にも情報世界的にも新しい何かとの接点を手にしていると意識しはじめたのが、この年であり、次世代のハードウェアとソフトウェアを設計していくために、彼らはこの新しい媒体を熱心に利用するようになったのである。

　ＦＬＥＸの論文を書きあげたケイは、ハードウェアとソフトウェアが完備され、多くの優秀な頭脳が自分の未来の計画を支援してくれる希有な場所、スタンフォード人工知能研究所に移って、新しいコンピュータ言語を設計するという目標を追求しはじめた。考えることは山ほどあった。優れたプログラマーは世の中にたくさんいるが、優れたプログラミング言語設計者となると、そうそういるものではない。

　最終的にＦＬＥＸの後継となるプログラミング言語を作り出すことが、ケイにとっては最大の関心事だった。ハードウェアの品質はいずれ追いついてくるだろうという見通しもあったが、コンピュータを使う人間の思考に影響を与えるのは、このプログラミング言語だからだ。結局〈Smalltalk〉という新しい言語を生み出したケイは、一九七七年の論文の中で、プログラミング言語とそれを使う人間の思考とのつながりの重要性について、次のように記述している（４）。

　シンボリック言語の構造の一部は、ある種の概念を考え、表現することを容易にする枠組を提供するので、重要な意味を持つ。たとえば、数学の記法というのは、まわりくどい自然言語ではうまく表現できない概念を、簡略に表現するために生みだされたものだ。数式は、それが表す意味を理解し、操作するのに大いに役立つことが、次第に理解されるようになっていった。……

　コンピュータは、従来の科学研究のプロセスを逆転させ、言語に対する新たな需要を生みだした。コンピュータのおかげで、擬似的現象をつくりだす理論によって加工できる宇宙が手に入るようになり、その結果として、規則や制御構造といった概念を伝えるために、シンボル構造が必要になったのである。

　ケイの言う〝従来の科学研究のプロセス〟の〝逆転〟は、コンピュータの〝シミュレーション〟能力の源泉となるものである。そして、アイデアを目に見える形でシミュレーションする能力こそ、コンピュータをイマジネーション増幅装置として使うために、プログラミング言語が持っていなければならない能力なのだ。もしピアジェの言うように子どもが実験科学者であり認識論者であるならば、科学的調査をシミュレーションするツールは、子どもや成人のコンピュータ・プログラマーの学習量を増加させ、学習速度を速めるのに大きな働きをすることになるだろう。

三百年前にフランシス・ベーコンによって確立された科学的帰納法によれば、科学的知識や、知識によって得られる能力というものは、まず自然を観察し、その中にパターンや関係性を見出し、それを説明するための理論を生み出すことによって作られるものだ。だが、〝真であることが期待される法則に従う〟機械を作ることによって、実際には存在しない世界を支配する法則というものを明確化し、そうした法則を基盤にしたコンピュータによって作りだされる表現を観察するということが、可能になったのである。

パパートは、シミュレーションされたこのような世界のことを〝マイクロワールド〟と呼び、LOGOによって作りだされたマイクロワールドを使って、十歳児に論理学、幾何学、微積分学、そして問題解決の方法などを教えた。マイクロワールドによる表現の視覚的効果や、学習者がそれに反応し、マイクロワールドをいかにコントロールするかを学ぶことで得られる能力の大きさは、よくできたビデオゲームの魅力と似たところがある。Smalltalkでは、すべての対象がマイクロワールドとなるのだ。

コンピュータ科学者は、コンピュータ用語的な比喩をよく使う。プログラミングというものが実際には何をしているかを簡単に表現してくれる、たとえのようなものだ。古くからある広く知られた比喩のひとつに、プログラムはレシピのようなもの、というのがある。賢くはないが、従順な使用人が使うたぐいの料理のレシピだ。頭を使わずにただ指示に従うだけで望みどおりの結果が出るような、明確で順序だてられた説明のリストである。命令の連続《シーケンス》、という言いかたは、コンピュータがどのように作動しているかを正確に言い表しているが、限定的な表現にすぎない。初期のコンピュータは、ものすごい速度で次々と命令をこなしていくとはいえ、一度にひとつのことをするように作られていたため、このような言いかたが通用していたのである。

　だが、未来のコンピュータは一度に複数のプロセスをこなすようになるため（並列処理と呼ばれる種類の処理方法）、この言いかたはあてはまらなくなる。数値を処理する連続的な手順のたとえとなるような数々の比喩は、算術演算のような直線的な手順に対しては通用するが、表現媒体として利用されるようなコンピュータのおこなう処理には使えなくなるだろう。並列処理は、人間の脳が情報を扱う方法に、より近いモデルでもある。

　ケイは、ＬＯＧＯやSimulaで明確化された概念を出発点として、一度にひとつの命令を処理するという連続性を、お互いにメッセージを送りあって対象が通信しあうような多次元環境に置き換えるという、新しい開発にとりかかった。ホスト・コンピュータというものを、連続した命令に追従する一台のコンピュータとしてではなく、各自で機械の能力をすべて発揮させられる何千もの個々のコンピュータの集まりという形でとらえるために、それを可能にできるコンピュータ言語を作ろうと考えたのだ。

　一九六九年から七〇年にかけて、ヴェトナム戦争の影響と、議会による〝ばかげた研究〟への批判が強まったことにより、タイムシェアリングとコンピュータ・ネットワークを牽引してきた〝ＡＲＰＡスピリット〟にも終息がおとずれた。一九七〇年の〝マンスフィールド修正案〟により、国防においてすぐさま明らかな効果が見込まれるようなプロジェクトにのみ、ＡＲＰＡが資金を出すように要請された。テイラーはＡＲＰＡを去った。人工知能研究所やコンピュータ・システム設計者はほかの機関からの援助を受けることになったが、六〇年代に広がりをみせたコンピュータ・コミュニティは、次第に分断されていった。

　一九六〇年代後半に少数の信奉者たちが大きなはずみをつけた対話的コンピューティングが、このまま分断されて終わってしまうはずがないと、誰もが考えていた。だが、それがどこで、どのようにして再編されるのかは、誰にもわからなかった。一九七一年になるころ、アラン・ケイは、ＡＲＰＡ時代から知っている優れた研究者たちが、自分のいるスタンフォード人工知能研究所のすぐ近くにある新しい研究施設にいることに、気づきはじめた。

　一九七一年の初め、アラン・ケイはゼロックス社のコンサルタントから、PARC創設時のチームの専任メンバーになった。このころ、ICの出現とマイクロプロセッサの発明により、ハードウェア革命は新たな小型化の段階に突入した。ゼロックス社には、最先端のマイクロエレクトロニクス・ハードウェアを設計し、少量生産するための施設があり、このおかげでコンピュータ設計者は、自分の設計品をすぐに作って動かしてみるという、今までなかったような手順をとることができるようになったのだった。真のパーソナル・コンピュータが、夢の段階から実際の設計の段階に移行するためには、こうした環境がまさに必要だったのである。アラン・ケイはすでに、非常に高性能で持ち歩きもできるような、特殊なパーソナル・コンピュータの構想を練りはじめていた。のちに〈ダイナブック(Dynabook)〉と呼ばれるマシンである。

ソフトウェアのOSやプログラミングのツールを設計する〝ソフトウェア工場〟のプログラマーから、Altoの試作機を作ったハードウェア技術者、マシンを接続するイーサネット・ローカルエリア・ネットワークのチームに至るまで、誰もが少しでも早く、実際のパーソナル・コンピュータを手に入れたいという強い思いに駆りたてられていた。一九七一年のアラン・ケイは、まだダイナブックという名前こそ使ってはいなかったものの、それとよく似たものについて記述したり、考えをめぐらせたりしていた。ケイの学習研究グループにはアデル・ゴールドバーグ、ダン・インガルスなどがいて、Smalltalkの開発をはじめていた。Smalltalkは、階下にいるハードウェアの天才たちが、試作パーソナル・コンピュータの小型ネットワークを作ってくれれば、すぐそれに生命を吹き込んでくれるような〝プログラミング環境〟であった。

このマシンが完成したとき、もっとも際だった特徴になると思われたのは、ディスプレイの解像度であった。LOGOを学ぶ子どもたちを見ていてケイが気づいたのは、解像度や色の鮮やかさ、画面の躍動感などについて、子どもたちが非常に要求の高いユーザーであるということだった。テレビアニメや七〇ミリフィルムのワイドスクリーン映画に慣れている子どもたちは、コンピュータ・ディスプレイの不鮮明な画像では満足できないのだ。ケイとその仲間たちは、近い将来、Sketchpadのようなグラフィック言語の対話的特質と、高解像度の画像というものを組みあわせたハードウェ

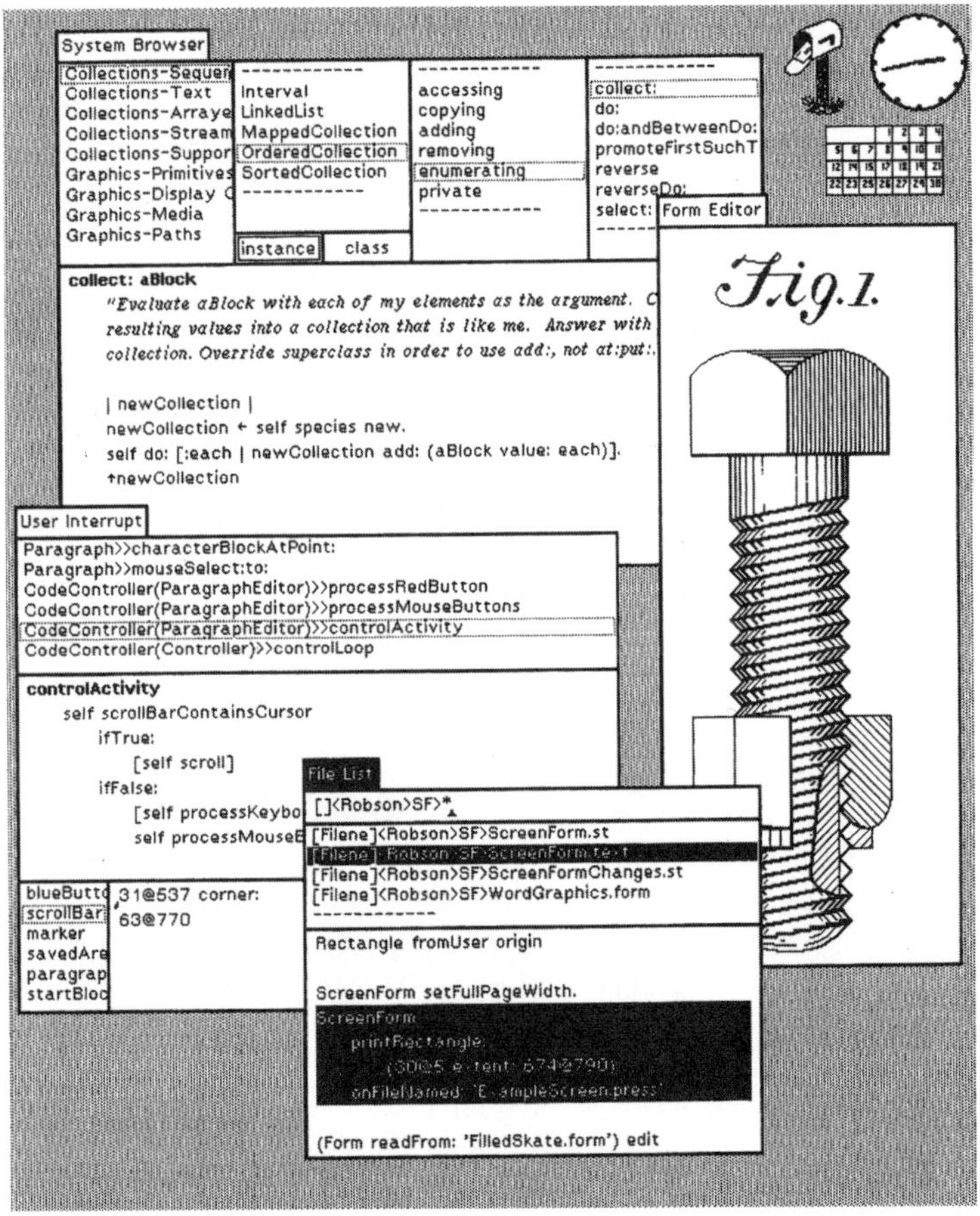

Smalltalkの機能が映し出されたディスプレイ。オーヴァーラップ・"ウィンドウ"と、高解像度グラフィックス、テキストとグラフィックスの融合に注目されたい。
(Courtesy of Xerox Corporation.)

アが出てくるに違いないと考えていた。

ディスプレイで表示可能な画像の解像度は、画面にいくつの画素が表示できるかによって決まる。ケイは、コンピュータ・ユーザーの注意を強くひきつけ、なおかつコンピュータの制御に十分な性能を保持しておけるだけの画素の数は、だいたい百万個だと考えていた（通常の写真の画素は約四百万個相当）。ＰＡＲＣの研究者によって制作中のAltoコンピュータ（ケイの学習研究グループでは〝暫定版ダイナブック〟と呼ばれていた）は、約五十万画素の見込みだった。

Altoのディスプレイの高解像度化を可能にしたのは〈ビットマップ〉と呼ばれる技術で、各画素、つまりディスプレイ上の光の点ひとつひとつが、コンピュータの記憶装置の特定箇所にある情報の一ビットに関連づけられていて、画面を双方向情報マップのようなものにするという仕組みになっている。たとえば、コンピュータの〝記憶マップ〟の中にある特定の一ビットがオフになると、関連づけられている画面上の光の点も消える。反対に、記憶マップ上のビットがオンになれば、画面の決まった位置に光の点が表示される。ソフトウェアの命令で、マップのビットのオン／オフを切り替えることで、グラフィックとして認識できるような画像をディスプレイ上に表示したり、必要に応じて変化させることができるのだ。

ビットマップは、プログラムの専門家と初心者のどちらもが使いやすいコンピュータを作ろうという試みにおいて、大幅な前進だったといえるだろう。コンピュータの記憶装置に直接関連づけられたヴィジュアル・ディスプレイの重要性は、広大な情報の世界から微妙な視覚パターンを見分けることができる人間の能力と、深い関連性を持っている。すなわちそれは、私たちの先祖が木に登ったりサヴァンナをうろついたりしていた時代からずっと続いてきた、生きのびるための知恵なのである。

人間という生きた情報プロセッサに搭載されているのは、ちょっとした短期記憶ぐらいのものだ。コンピュータのように千桁の数値の平方根を一秒足らずで計算するなどということはできないが、人間には、雑踏の中で知り合いの顔を見分けるというような、コンピュータにはない能力がある。ビットマップがコンピュータの内部処理の一部を目に見える記号表示に結びつけることで、情報プロセッサとしての人間のもっとも精密な部分と、機械の情報プロセッサのもっとも精密な部分との結びつきも、より強いものになる。

ビットマップの役割は、コンピュータの内部処理を見せる窓としてのものだけではない。コンピュータがユーザーに対して記憶装置の中に何が入っているかを伝えることができるようになったのと同時に、ユーザーもディスプレイの操作を通じ、コンピュータの中身を変化させることができるようになった。ユーザーがキーボードから命令を入力したり、Sketchpadで使うようなライトペンを使ったり、エンゲルバートが作ったマウスのようなもので指示を送ったりして、ビットマップ画面上の画像に変化を加える場合、コンピュータの記憶装置にも変化が加えられているということだ。ディスプレイは表現の場であるが、同時に制御パネルでもある。ビットマップ画面上に表示された描画は、単なる描画にすぎないこともあるが、コンピュータの操作を制御するための命令やプログラムである場合もあるのだ。

たとえば、マウスを使って画面上のポインタを動かし、ファイルフォルダや送信トレイのような視覚化された画像に触れるだけで、フォルダをコンピュータの記憶装置から呼び出したり、フォルダ内の文書を選んで画面上に表示させたり、コンピュータの送信トレイに保管してあるファイルを誰かの受信トレイに送ったりすることができるのであれば、たとえコンピュータ・プログラミングについて何ひとつ知らない人間でも、仕事場でこうした作業をすることができるということである。このような可能性が未来の市場につながるのであり、ゼロックス社の経営陣がＰＡＲＣを設立して若き天才たちにとにかく好きなようにやらせたのも、つまりはそれを見込んでのことだった。

人間のパターン認識と機械的な記号操作の結合を助けるため、新しい種類の入出力装置を作ろうとする試みは、〈ヒューマン・インターフェース設計〉と呼ばれる。一九六〇年代にリックライダーやエンゲルバートが夢見たような人間と機械の相互作用を、もし一九八〇年代までに実現しようと考えるのなら、一九七〇年代のうちにヒューマン・インターフェースの技術が確立される必要があった。アラン・ケイのSmalltalk計画は、Altoのユーザー・インターフェース開発において重要な役割を果たし、ゼロックス社のオフィス・オートメーション市場における究極の目標は、その時点でも十分達成されていた。だが、実はケイは初期の段階から、子どもを対象にしたアイデアをプロジェクトに組み入れていたのだった。

Smalltalk計画が初期のPARCに与えた影響力には、霊感的ともいえる何かがあった。PARCにいるコンピュータ科学者全員が使いたいと思えるようなマシンを設計する過程で、子どもを参加させたいというアラン・ケイの考えをチームが理解するのに、そう時間はかからなかった。ケイには、もっと実際的な影響力もあった。自分たちは人々にとって意味のあるものを設計しているのだという、断固とした信念を示したのだ。こうした考えかたは、現在ではさほど革命的ではないが、一九七一年の終わりごろ、コンピュータはプログラマー用の気のきいた装置だという以上のことを考えるコンピュータ科学者は、まだPARCぐらいにしかいなかったのである。

一九七〇年代初めのPARCには、世界でもトップレベルのコンピュータ科学者、ハードウェア技術者、物理学者、プログラマーなどが集まっていた。それは要するに、個性の強い、明確な意見の持ち主たちが集まった場だということでもある。ロバート・テイラー、アラン・ケイ、バトラー・ランプソン、ボブ・メトカーフ、その他PARCの研究者はみな、それぞれにパーソナル・コンピュータに対する独自のアプローチ姿勢を持っていたが、基本的な部分で考えは一致していた。自分たちが最終的に完成させようとしているのは、金づちや滑車や本などのように、一般的な用途に役立つものになるはずだというのが、全員の信念だった。

将来的には、企業の役員もその秘書も、それぞれのオフィスワークのために同じ道具を使う日がくるだろう。建築家も設計者も、モデリングや予測やシミュレーションなどの作業を、コンピュータでいつでも簡単におこなえるようになるだろう。真のパーソナル・コンピュータというものは、国会議員から図書館員まで、教師から生徒まで、誰にとっても役立つものでなければならない。PARCのどの研究グループも、その点においては意見を同じくしていた。そして、画面上の画像を見ながらマウスを使って命令を送ることができるようなコンピュータが、キーボードから難しい命令を入力しなければならないコンピュータよりもずっと広範囲に役立つものになるのは、明白なことだった。

Altoという名のパーソナル・コンピュータ試作品が、

初めてＰＡＲＣの研究者に配布されたのは、一九七四年のことだった。研究者全員が高性能コンピュータを個人で使用でき、同僚たちのコンピュータと通信することもできるという環境が初めて実現された。当初から言われていたように、こうした環境は研究者たちがさらに能力の高いコンピュータ・システムを作るという作業に、たいへんな効果をあげたのである。

　一九七〇年代後半、Altoを使用する千人近くのＰＡＲＣ研究者たちは、イーサネット・ネットワークを通じて交信しながら、さらに一世代進んだハードウェアやソフトウェアを作り出していた。だが、コンピュータ界の外の世界、いや、コンピュータ界の大部分においてさえ、パーソナル・コンピュータの可能性というものに気づいている人間は少数だった。一九八三年に、元ＰＡＲＣの研究者であったチャールズ・シモニーが、重大なできごとの多かった過去十年を振り返って指摘したことだが、当時のＰＡＲＣの環境は、いわば一九七五年までは存在すらしていなかった産業の形態だったのであり、世の中の十年以上も先をいっていたのである。ゼロックス社の首脳陣が一九七三年の時点でそのことを認識できなかったからといって、それを非難するのは酷というものだ。

　一九七〇年代半ばには、別の方面の雲行きも変わってきていた。〝自家製《ホームブルー》〟コンピュータ・ホビイスト、すなわち、あまり性能の高くないマイクロコンピュータを自分で作っていた人間たちが、七〇年代の半ばから終わりにかけて、パーソナル・コンピューティングに対する大きな関心の嵐を巻き起こしていったのだ。こうしたマイクロコンピュータ・ホビイストたちは、新しいマイクロプロセッサ・チップを自分たちのコンピュータに組み込んでいたのだが、今や伝説となっているニューメキシコのＭＩＴＳという小さな会社が初めて安い組立式の〈Altair〉コンピュータを生産する何年も前に、パロアルトでずっと高性能な機器が使われていたということは、ほとんど知らなかった。

　一九七七年三月、アラン・ケイとアデル・ゴールドバーグは、ＰＡＲＣの技術報告を要約して論文にした。この『パーソナル・ダイナミック・メディア』という、ＰＡＲＣのSmalltalkプロジェクトの夢と現実を表現するようなタイトルの論文は、まだコンピュータ雑誌が専門家だけの読み物であった時代に、『コンピュータ』誌に掲載された。ブッシュ、リックライダー、テイラーやエンゲルバートらといった先輩たちのように、ケイとゴールドバーグもまた、論文中で回路やプログラムの話などはせず、媒体、知識、そして人間の創造的な思考というものについて叙述している（5）。

紙の上の記号、壁の絵、そして映画やテレビですら、見る側の思いどおりに変化することはない、という意味で、人間とメディアとの関わりかたは、有史以来おおむね非対話的で、受動的なものだった。数学の公式によって、宇宙全体のエッセンスを記号化できるかもしれないが、ひとたび紙に記されれば、もはや変化せず、可能性を拡大するのは読み手の作業になる。

あらゆるメッセージは、なんらかの意味で、何かの概念のシミュレーションである。これは具象的にも抽象的にもなりうる。メディアの本質は、メッセージの収めかた、変形方法、見かたに大きく左右される。デジタル・コンピュータは本来、算術計算を目的として設計されたが、記述可能なモデルなら、どんなものでも精密にシミュレートする能力を持っているので、メッセージの見かたと収めかたさえ満足なものなら、メディアとしてのコンピュータは、〝ほかのいかなるメディア〟にもなりうる。しかも、この新たな〝メタメディア〟は能動的なので（問い合わせや実験に応答する）、メッセージは学習者を双方向的な会話に引き込む。過去においては、これは教師というメディア以外では不可能なことだった。これが意味するところは大きく、人を駆りたてずにはおかない。

〝創造的思考のためのダイナミックなメディア〟、それが〈ダイナブック（Dynabook）〉である。形も大きさもノートと同じポータブルな入れ物に収まる、独立式の情報操作機械があるとしよう。この機械は人間の視覚、聴覚にまさる機能を持ち、何千ページもの参考資料、詩、手紙、レシピ、記録、絵、アニメーション、楽譜、音の波形、動的なシミュレーションなどをはじめ、記憶させ、変更したいものすべてを収め、あとでとり出せる能力があるものと仮定する。

アラン・ケイの学習研究グループは、パロアルトにあるジョーダン・ミドルスクールの生徒たちに、〝暫定版ダイナブック〟を使わせてみることにした。キーボードやディスプレイというものが一般的になる十年近くも前に、この中学校の生徒たちは、子どもどころかコンピュータ科学者のほとんどが見たこともない装置、すなわち、Smalltalk搭載のAltoコンピュータをいじらせてもらったのだった。ハードウェアとソフトウェアとで生み出したマウス機能やグラフィックス機能を使い、生徒たちはSmalltalkでコンピュータに命令を送ることができた。何年か前にケンブリッジでパパートの実験に参加した子どもたちが、ＬＯＧＯのプログラムを学びながら〝タートルに新しい言葉を教える〟ことができたのと、同じような光景であった。

ディスプレイは、「非常に鮮明な白黒のブラウン管、もしくは少し解像度は劣るが高品質のカラーディスプレイ」が使われた。高い音質を持つスピーカーと音響合成装置、エンゲルバートが使ったような五つのキーのついたキーパッド、それにピアノの鍵盤に似た形のキーボードも装備されていた。システムには千五百ページ分の文章やグラフィックスを保存することができ、プロセッサによって、文字、図形、音声、数値のいずれかひとつ、もしくは二つ以上の組み合わせによる文書を作成したり、その編集、保存、呼び出しなどをおこなうことができる。

マウスは、指示をおこなうほか、何かを描くのにも使うことができる。また、Smalltalkのもうひとつの革新的機能〝アイコン・エディタ〟を使えば、まだ字の読めない子どもにでも、グラフィックスの編集ができるようになる。たとえば、子どもがグラフィックスを描きたい場合、命令をタイプして入力しなくても、絵筆の形をしたアイコンを選んでやれば、グラフィックス用のカーソルが動くようにすることができるのだ。

暫定版ダイナブックは、旧式の本やノートのように読んだり書いたりすることができ、必要に応じて図版などを入れることも可能だが、さらにそれ以上のこともできた。ケイとゴールドバーグは、「ダイナブックは新しい機能を持つ、新しいメディアなので、紙の本のように扱う必要はない。ダイナミックな検索によって、特定の一節を見つけだすこともできる。ファイルはシーケンシャルにアクセスするメディアではなく、ダイナミックな操作によって、どこからでも読むことができる。たとえば、ロレンス・ダレルの『アレキサンドリア四重奏』四部作も、一冊の本と見なし、叙述にそって、どこからでも読むことができる」と述べている（(5)と同じ文献からの引用）。

こうした媒体の動的《ダイナミック》な性質は、ユーザーが描画や編集、表示、通信などのツールキットの使用になれていくうちに、明確に認識されるようになる。Smalltalk は単なる言語などでなく、Alto システムも単なる個人用コンピュータではない。ハードウェアとソフトウェア、そしてユーザーがソフトウェアを学ぶためのツールとが一体になり、ひとつの〝環境〟を構成しているのだ。まるで記号でできた小型宇宙船のようなもので、初心者のユーザーは、個人世界の宇宙でその制御と操縦を学んでいくのである。

ジョーダン・ミドルスクールの生徒たちが、文字表示をおこなうときにフォントを変更したり、ビットマップをいじって漫画的なイラストを描いたり動かしたり、さらにそのイラストをモザイク調にしてみたり、線画にしてみたり、ハーフトーンにしてみたりといった実験をくり返していくうちに、表現力を身につけたり、情報を使いこなしたりするユーザーの能力というものが明らかになっていった。ユーザーは、新しい媒体によって新しい創造力や編集技能を得るばかりでなく、いったんこの媒体をどう使うべきか学んでしまうと、情報世界を〝どのように見るべきか〟という選択能力も、すぐに身につけることができるのだ。

ダイナブックの編集機能によって、Smalltalk のマイクロワールドでは、あらゆる対象や記述を表示したり変更したりすることができるようになった。文章やグラフィックスは、アイコンや選択リスト（ソフトウェア用語では〈メニュー〉と呼ぶ）を選ぶことで操作でき、ディスプレイ画面上の複数〈ウィンドウ〉で、単独の文書や文書グループなどを、いくつかの異なる方法によって同時に見ることができる。ファイリング機能は、表示可能で相互関連性を持つような対象の集合によって構成される動的な文書を、保存したり呼び出したりすることを可能にした。また、描画ツールやペイントプログラムなどを使うことで、キーボードからの入力だけでなく、フリーハンドによる情報入力もできるようになった。

Smalltalk 言語と、初心者ユーザーがダイナブックをどう扱うか学ぶためのツール、そしてビジュアル・ディスプレイなどの構造は、同じ手法で変化させたり移動させたりできるよう、慎重な設計がほどこされている。ケイとゴールドバーグは、「アニメーション、音楽、プログラムの三つは、同じダイナミックなプロセスの異なる〝感覚的光景〟と見なせる。Smalltalk では、この三者の表現に共通の枠組を使っているので、その構造の類似は明確になる」と述べる（(5)と同じ文献からの引用）。ＯＰＵＳと呼ばれる〝楽譜生成システム〟や、ＳＨＡＺＡＭと呼ばれる動画ツールなども、Smalltalk-Dynabookのツールキットの一部である。

一九七七年、『サイエンティフィック・アメリカン』誌の年次特集号が、〝マイクロエレクトロニクス〟をテーマに掲げることになった。アラン・ケイがこの号のために書いた『マイクロエレクトロニクスとパーソナル・コンピュータ』という論文は、この〝人々〟のための新しいテクノロジーの意味を、直接的に語った唯一のものといえる。この雑誌の編集者は、こんな副題で論文を要約している。

「マイクロエレクトロニクスが発展を続けるなら、大型コンピュータ並みの高性能ノート型コンピュータが、十年以内に人々の手にわたることだろう。そのときこのシステムは、いったい何をもたらすだろうか？」

まずケイが指摘したことのひとつは、対話型グラフィック・ツールを使用することと、新しい認知的技能（どのような新しい視点から世界を見るかを選択する技能）を駆使することの関連性についてだった。実現するにはあと十年ぐらいかかるだろうとケイが見なすメタメディアは、それがいったいどのようなものなのか理解できるぐらいまでに人々が使いこなせたときこそ、その能力を全開にすることができるのだ。一九七七年の試作品がユーザーに与えた能力は、新しい視点というものを、数多く作り出すことのできる能力だった。

ケイによれば、この一九七〇年代後半から設計されテストされてきた新しい表現ツールの持つ、もっとも重要な能力のひとつは、マイクロワールドに対する視点を自由に変化させる能力である。生徒たちがSmalltalkシステムの使いかたをどのように学んだかを例に引きながら、ケイはこの経験が持つ性質についても論述を試みている（６）。

子どもたちは、初めのうちは鉛筆型指示装置《ポインタ》を使って、絵や直線を描くことによってコンピュータと対話する。やがて、プログラムを使えば、手で描くより複雑なものを描けることを発見する。彼らは、絵というものはいくつかの表象を持ち、そのなかで〝像《イメージ》〟という、もっとも明白なものが画面に表示されるということを学んでいく。もっとも重要な表象は、コンピュータに蓄えられている、編集可能な絵の表象モデルである。……

専門家以外の人間に、コンピュータとのコミュニケーション方法を教える最良の道としては、イメージ操作における抽象化の各段階を検討させる方法も、そのひとつとしてあげられる。

ケイは、子どもたちが娯楽とSmalltalkプログラミングの初歩学習とに使ったのと同じツールを、成人の芸術家にも使わせて、いつも紙の上に描きなれているようなさまざまなデザインをさせてみた。その芸術家は次第に新しい媒体の特性を理解し、その特性を使いこなすことを覚え、そして最終的には、これまでの旧式な媒体ではとても創造できなかったようなグラフィックスの領域にまで、自分の探索の世界を広げていった。「彼は、既存のメディアの貧弱なシミュレーションから出発して、人間の表現行為に使える、コンピュータのユニークな特性の発見へと進歩したのである」（(6)と同じ文献からの引用）とケイは書いている。

こうした視点の自由さは、Smalltalkにおいてはあくまで予備的に得られるものにすぎない。ケイが期待していたのは、たくさんの新しい隠喩や言語が年月とともに発展し、彼の考えるところの〝観察者言語《オブザーバー・ランゲージ》〟というものになってくれることであった（7）。

観察者言語では、行動のかわりに、相互に結合して、概念のあいだを連絡する〝観点〟が使われる。たとえば、犬というものは、抽象的に（動物として）見ることもでき、分析的に（臓器、細胞、分子からできているというように）見ることもでき、実用的に（子どもの乗り物として）見ることもでき、隠喩として（おとぎ話のなかの人間として）見ることもでき、状況から（死んで芝生の肥料となるというように）見ることもできる。観察者言語はまだ端緒についたにすぎないが、その子孫たちは、八〇年代のコミュニケーション手段となるだろう。

ケイは、パーソナル・コンピュータは新しい表現媒体の構成要素だとする自分の理論を明確にし、現在および未来におけるパーソナル・コンピュータと、過去の媒体《メディア》ののんびりとした発展サイクルとを比較している。また、コンピュータ・リテラシーに伴って起きるだろう人間社会階層の変化は、かつてのどんなメディア革命よりもはるかに広範な影響を与えるものになるだろうと予測している。コンピュータに関する知識を持つ階層が、こうした変革の第一の担い手となる。おそらくはその中から、少数の創造的人物が現れて、コンピュータによって何ができるかを人々に示すことだろう。しかしケイは、こうした社会変化が具体的にどんなものになるのか、あえて予測はしていない。過去の例を見ても、こうした予測が当たったためしはほとんどないからだ（8）。

コンピュータ・リテラシーのもたらす変化は、読み書きの能力《リテラシー》と同じくらい深甚なものになるかもしれないが、この変化は大部分の人にとっては認識しづらく、しかも彼らが理想とする方向にいくとは限らない。たとえば、パーソナル・コンピュータには教育革命を起こす潜在能力があるというだけの理由で、実際にそうなると予測したり、期待したりするべきではない。電話、映画、ラジオ、テレビといった、今世紀に生まれたコミュニケーション・メディアは、すべて同様の予測を引き起こしたが、どれも現実のものにはならなかった。世界中に数えきれないほど存在する教育のない人たちは、その気があれば、何世紀にもわたって文化を蓄積してきた公共図書館を利用できるのに、そうしようとはしない。だが、ひとたび個人あるいは社会が、教育こそがすべてだと考えれば、書物、そしてパーソナル・コンピュータは、もっとも重要な知識の伝達手段となるだろう。

未来のダイナブックと過去の図書館との違いは、メディアに動的《ダイナミック》な性質があるかないかによる。図書館は、文化的な宝を受動的に貯蔵する倉庫のようなものだ。利用者はそこへ行って、自分に重要と思われるものを探し出さなければならない。ダイナブックは、よくできたビデオゲームのように人を中毒にさせる魅力と、図書館や博物館の文化的資産とを、フィンガー・ペイントや合成オーケストラ音楽に生命を吹き込む豊かな表現力によって融合させる力を持っている。何より重要なのは、ダイナブックはそのときどきの課題に応じて適切な知識を能動的に見つけ出し、ユーザー個人にいちばん適した形式や言語でコミュニケーションできるということである。

人工知能研究におけるソフトウェアの躍進が、いつの日かパーソナル・コンピュータの発展とまじわって、マシンの知能というものが生じるとき、その影響は、ユーザーが必要とする知的資源をマシンが見つけだす方法にも及ぶことになるだろう。マシンが八歳児とコミュニケーションできるぐらいに賢くなったときに問題となるのは、人間が簡単に使えるコンピュータをどうやって作るかではなく、こうしたマシンの力によって人間には何ができるかということになる。

もし図書館が、利用者がいちばん関心を持ちそうなこと、いちばん知りたがりそうなことなどを見つけ出したり、いちばん必要なことを見つける方法を示すことができるとしたら、どうだろう？　利用者が「カリフが統治するバグダッドの暮らしがどんなふうか知りたい」「クジラになったらどんな気分か体験してみたい」などと申し出たときに、図書館が本当に〝それを教えてくれる〟ことができるとしたら？　ヴァン・ゴッホが好きなら、ゴッホの家の外に広がる田園風景を見てみたくはないだろうか。ルイ・アームストロングやヴォルフガング・モーツァルトと一緒に演奏してみるのはどうだろう。自分以外の人間がどんなふうに生きているのか、自分の文明社会の中でどんな役割を果たしているのか、すべて体験することができたらいったいどうなるのだろうか。

メタメディアの到来によって、まず第一に、記号を使いこなし情報を好きな方法で表示するという能力を持つ、新しい自由なリテラシーを身につけた社会層が出現するだろう。そしてさらに、こうしたメディア独自の能力、すなわち〝シミュレーション〟の能力というものの影響があらわれてくる。シミュレーションとは、人が想像するものを見せる能力であり、人の命令に従って作られる世界である。コンピュータには、即座に知覚的な表現を生みだす力がある。〝反応する〟世界をユーザーやプログラマーが探索し、その世界がどう機能しているかを理解していく度合いによって、彼らの能力も発展していくのだ。

想像力に力を与え、頭の中で明確に思い浮かべられるものに形を与えるというシミュレーション能力によって、コンピュータは〝ファンタジー増幅装置〟としての機能を持つことになる。アラン・ケイが人に説教するときに使う〝ケイの第一法則〟にはいくつものバージョンがあるのだが、〝第二法則〟としていちばん引き合いに出されるのは、「ファンタジー増幅装置を作りさえすれば、成功は約束される」という言葉だ。ケイに言わせれば、ゲームをしたり想像の世界で夢想したりすることは、現実世界を動き回るのに必要な技能を学ぶことと同じ意味なのである。

「人間は、自分たちで作り出した幻覚《ハルシネーション》の中で生きている」というのが、ケイの好んで使う言い回しだ。だが、人の生きる世界という幻覚《イリュージョン》はあまりに複雑であり、その制御も人の手に負えず、巧みにあやつるための手引きもなかなか見つからないので、人間はどうしても自分の家族や社会や文化の世界観にとらわれがちになる。「人間はファンタジーなしには生きていけない」とケイは断言する。「ファンタジーを見ようとすることは、人間であることの一部だからだ。ファンタジーというのは、もっと単純で、もっとコントロールしやすい世界なんだ」

そして人間は、より単純な世界をコントロールするすべを学ぶことで、ファンタジーではない本当の世界をあやつる手段を見つけていくことになる。たとえばゲームは、制御可能であり挑戦のしがいもある。自分のことのように目的をもって楽しむことができ、結果にもあまりとらわれずにすむ。同じような意味で、スポーツや科学、芸術などはすべて、代償作用的で目的を持ったファンタジーである。ケイがビデオゲームを単なる一過性のブームではなく、もっと重要な力を持つものと見なしているのも、そのためだ。おそらく、ケイがアタリ社に加わった理由も、そこにあるのだろう。

シミュレーション能力が必ずしも有益なばかりとは限らないということは、昨今のシステム・クラッシャーや偏執狂的なプログラマー、ハッカーたちの持つ闇の部分を見れば明らかである。そしてケイも、前述の『サイエンティフィック・アメリカン』誌の論文の中で、そのことに警鐘を鳴らしている（9）。

> **コンピュータの最大の財産であるシミュレーション機能が、個人に与える影響も考慮しなくてはならない。第一に、言葉の場合と同じく、コンピュータ・ユーザーは、実際の経験とシミュレーションとの類似のほうを強調し、シンボル操作の結果、モデルと現実世界とのあいだに生じる大きな隔たりを無視する強い動機を持っている。力の感覚や、コンピ**

ユータによって増幅された自己イメージに対するナルシズムなどは、誰にでも共通に見られることだ。コンピュータをとるにたらないこと（紙、絵の具、ファイル・キャビネットなどでも可能なことのシミュレーション）の補助（自分でも間違いなく覚えられることをコンピュータに記憶させる）や、口実（人間の過誤をコンピュータのせいにする）に使う傾向もある。さらに重大なのは、まだ完全には理解できていない媒体に信をおき、大きな力を預けてしまう人間の性癖である。多くの大企業が意思決定の基礎にコンピュータを使っている――もっとひどくなると、コンピュータに任せてしまう――という事実と、コンピュータ・アートの現状とを考えあわせると、実に憂慮にたえない。……

シミュレーションによって表現される〝現実〟は、人間の知覚に強く訴えかけるものがあり、場合によっては〝現実世界〟への適用としても役立つので、パーソナル・コンピュータがさらに高性能で安価なものになれば、一般的な利用がどんどん広がっていくことは間違いない。〝どのようにして〟〝何の目的で〟シミュレーションを利用すべきか、どんな場合なら利用すべきでないかといった倫理は、ようやく形になりはじめたばかりだ。この媒体を世の中に送りだすに当たって起きてくると思われる、一連の歴史的事象、ＰＴＡや議会での議論、世論の関心の高まりなどが、未来のシミュレーション倫理の形を決める助けとなることだろう。ケイは、もしこうしたことに熟達した人間の意見が聞きたければ、コンピュータ登場以前の物の考えかたに染まっていない人間のところへ行くべきだと提言している（10）。

子どもというのは、喜びと驚きの感覚をあまり失っていないので、われわれがコンピュータに関する倫理を発見する助けになってくれた。自分の仕事そのものを自動化してはいけない。素材だけにとどめるべきだ。絵を描くなら、描く作業を自動化するのではなく、新しい画材を作るためにコンピュータをプログラムすべきだ。音楽を演奏するなら、自動ピアノを作るのではなく、新しい楽器をプログラムすべきだ。

人間がコンピュータをどうとらえるか――機械と見るか、人間の能力をまねるシステムと見るか、道具と見るか、玩具と見るか、あるいは人間のライバルと見るか、同志と見るか。それによって、コンピュータが将来的に社会においてどのような役割を果たすことになるかが決まるだろう。ケイは論文の結論において、未来世代の人間たちが、過去世代の人間たちの生み出した道具で何をするか、あるいはしないかについて、現代の人間が安易に推測するべきではないと警告している(11)。

よくある誤解のひとつに、コンピュータは論理的だというものがある。率直というほうがまだ近いだろう。コンピュータには任意の記述を収められるので、首尾一貫しているか否かということにはおかまいなしに、表現可能なものならどんなものでも、一連のルールを実行することができる。しかも、コンピュータでのシンボルの利用は、ちょうど言語や数学でのシンボルと同じように、現実世界から切り離されているので、とてつもないナンセンスを生みだすことができる。コンピュータのハードウェアは自然法則にしたがっている(回路が一定の物理的法則にしたがっていない限り、電子は移動しない)が、コンピュータに実行可能なシミュレーションを制約するのは、人間の想像力の限界だけである。コンピュータのなかでは、宇宙船は光より速く飛べるし、時間を逆行することもできる。

ナンセンスのシミュレーションなどを考えるのは、ほとんど罪悪とも見えるかもしれない。だが、それが罪悪になるのは、自分の知識が正確で完璧だと信じたい場合だけだ。歴史は、そういう考えかたを肯定する人間に対して寛大ではなかった。この明白なナンセンスこそ、将来の意欲的な人々のために、常にオープンにしておかなければならない分野だ。パーソナル・コンピュータは、われわれが望むどんな方向にでも発展させられるが、真の罪悪は、機械でも相手にするようなつもりで、コンピュータを使うことなのである!

若いうちから歴史の浅い研究分野で活躍し、初期のインフォノート世代のひとりに数えられるケイは、パイオニアたちが作ったツールとともに成長し、そのツールを使って一般社会の人々にも使える媒体を作ろうとしてきた。ARPAやユタ大学、SAILやPARC、アタリ社やアップル社などでケイが学んできたことは、才能ある人間の集団を作り、そのまま放っておくことが、結局は自分の夢の実現に必要な突破口を生み出す重要な要因になるということだ。

　現在アップル社にいるケイが次に何をしようとしているのか、人々も疑問に思いつつある。「だいぶいらいらしているころなんじゃないかと思う」Smalltalk 以来何年も、アラン・ケイが画期的な何かを生み出していないという事実にふれ、ロバート・テイラーが一九八四年にそう語っている。アップル社のやり手のプログラマーのひとりは、また違った意見を述べている。「ケイは空想家《ビジョナリー》と呼ぶにふさわしい人物だ。確かな事実だよ。彼の知識の量はすごいし、そのそばで働くことも楽しい。ただ、『こんなのはぼくらが七四年にとっくにやったことだよ』と何度も聞かされるのには、いいかげん辟易しているね」

　アタリ社はアラン・ケイが初めて重要な役割を負った場所だったが、大きな技術革新は何もなしとげられなかった。アタリ社のチームの中で経験したこと、あるいは経験できなかったことと言うべきかもしれないが、それによってケイは、チームメンバーとしていかに霊感的な想像力の持ち主でも、それだけで優れたチームリーダーになれるわけではないということを学んだだろう。

　だが、アタリ社におけるケイの夢が終わるのを見る前に、ここでブレンダ・ローレルという別のインフォノートを紹介しておこう。ケイとその仲間たちが何をしようとしていたのか、その一端がかいま見えるはずだ。

第十二章

ブレンダと未来部隊

ARC、PARC、アタリ社やアップル社など、未来派の聖地のような場所で働いたことのない人間にとっては、情報空間を飛び回るとか、一人称の対話をコンピュータとくりひろげるといったことを、「さて金曜の夜に何をしようか」というのと同じ感覚で想像するのはたやすくない。私たちの文化には、似たような感覚でたとえられるようなイメージがないのだから。テレビを見るのと同じような感じだろうか？　ビデオゲームをするようなもの？　無限の百科事典を検索するようなもの？　芝居で役を演じるときの感じ？　本の拾い読みみたいなもの？　フィンガー・ペイントで遊ぶようなもの？　飛行機で飛ぶ感覚？　それとも泳ぐようなもの？

アラン・ケイと出会ったことで、当時ケイと働いていた何人かの人間とも出会った私は、最終的にはケイよりも、ブレンダ・ローレルやその仲間たちとともに多くの時間をすごした。ブレンダ・ローレルのグループは、私が感じていたのと同じ疑問に関心を持っていた。未来の思考増大《マインド・オーグメンティング》情報装置なるものを操作するのは、いったいどんな感じなのだろうということだ。私が彼らの研究を初めて見学させてもらったのは、カリフォルニア州サニーヴェイルにあるアタリ社システム研究グループの本拠地の、強固な警備下にある設備のそろった一室でのことだった。以下の記述は、最初の見学でとったメモから、そのときのことを再現してみたものだ。

ブレンダ・ローレルが口を開くまで、世界は灰色で静かだった。

「四月の草原の朝を」と彼女が言うと、灰色が朝の光に変わった。セコイアの木々のあいだから、セルリアンブルーの空がのぞいて見える。鳥がさえずっている。小川のせせらぎが聞こえる。

「うーん……セコイアの林は削除して」とブレンダ。「エメラルドグリーンの小さな入り江を見下ろす絶壁の上に、草原を置いてみて。もっと海の緑を濃く。白い波頭も」

ブレンダはメディアルームの中央で椅子にもたれかかっていた。「効果音はなかなかいいわね。どこで録ってきたもの？」

「鳥の声は北カリフォルニア沿岸地域で録ったものです」おだやかだが現実離れしたような声の女性が答えた。「小川のせせらぎは、音響ライブラリから探しました。デジタル的にはスコットランドの小川と同一のものです」

「入り江に木の生い茂った島をひとつ」とブレンダが言うと、さっきまでエメラルドグリーンの水面しかなかった眼下の海に、すぐに島が現れた。入り江にそびえる絶壁の上の草原から新しくできた島を見下ろすと、ブレンダはさらに指示を続けた。「モンテレー松、小高い丘、それに白砂の浜辺も。浜辺にズームして。その小道を歩いていきましょう。ベンガル菩提樹の下に井戸があるわ。そこに飛び込んで、少しも濡れないで、焼けてしまう前のアレクサンドリア図書館へ抜けだすのよ」


認知技術の先端を行くグループのいくつかは、ブッシュのメメックス（九章）、エンゲルバートのオーグメンテーション・ワークショップ（九章）、ケイのダイナブック（十一章）などを一般市場向けのものにするために、その具体的な形を模索しつづけている。この開発設計にたずさわる人間たちはみな、このまま技術を発展させて目指すマシンを作ることができたとしても、現在のコンピュータとはまったく違ったものができるだろうと考えている。彼らの仮説によれば、発展した未来のコンピュータを、私たちが〝見る〟ことはない。なぜなら、このコンピュータは環境そのものに組み込まれ、表だって見えるものにはならないからだ。

どこにも形は見えないが、情報という点では人の望みをすべてかなえてくれるようなコンピュータ、というものを想像してみてほしい。部屋に入る（またはヘルメットをかぶる）ことによって、現実であれ想像上のものであれ、人が見たいと思うものを、部屋（ヘルメット）が多感覚応用表現で何でも見せてくれるのだ。過去何十年のSF小説の中にも、こうした表現能力を持つ環境に何ができるかという視点から書かれたものは多い。たとえばアルプスにスキーに行きたいと思ったら、自分を取りかこむフルカラーの三次元映像、本物とまったく同じ効果音、肌を刺すような冷気、紫外線をたっぷり含んだ高地の陽射し、頬に吹きつける粉雪、足の下のスキーの感触や斜面を滑りおりる感覚などによって、本当にアルプスにいるような気持ちを実感できるのだ。

だが、この万能情報メディアの使い道は、現実的な体験にのみ限られるものではない。近隣の銀河にあるブラックホールを探索したり、人間の神経系をたどったり、マーク・トウェインの小説よろしくアーサー王の宮廷のヤンキーになることもできる（『アーサー王宮廷のヤンキー』では近代アメリカ人がアーサー王時代にタイムスリップする）。リアルタイムの現実世界を感じとりたいと思うなら、X線電波望遠鏡を使って準星を観測したり、あらゆるものをかたっぱしからCTスキャンにかけたり、気象衛星に乗って地球上空に浮かんでみたり、ケニアにある自動車のナンバープレートについたほこりに微生物がいるのを電子顕微鏡で観察することもできる。

誰かひとりと、あるいはオンライン・ネットワーク全体と通信しようと思ったら、相互交流を増強するために付加された〝対話支援ツール〟を使って、メディア全体を好きなように使うことができる。あるいは、仕事であれ遊びであれ、何らかの理由で対話をプライベートなものにしたい場合、自分と情報風景《インフォメーションスケープ》（九章）に限定することもできる。

シロナガスクジラについて何か知りたければ、雑誌、図書館、その他の検索データベースにあるすべての情報を使うことができるし、必要なら姿の見えない図書館員の助けを借りることができる。参考文献に目を向けるだけで、その内容が画面に現れる。図書館員に知りたいことを質問してもいいし、相手からの質問を受けることもできる。そこでは、ただクジラに関する資料を読めるというだけではない。クジラの鳴き声を聞き、姿を見て、そばに近寄ったりすることもできるのだ。ただそう望むだけで、たちまち水中にもぐってクジラと一緒に泳いだり、あるいは透明なバハ・カリフォルニアの海の上を旋回するヘリコプターに乗って、クジラの姿をながめたりすることもできる。

こうした体験は、何も受動的なものばかりではない。シミュレーションされた映像との接触では、自分がクジラになることも、あるいはルイ十四世やチンギス・ハーンになることもでき、その結果遭遇した場面で、自分が決定を下すこともできる。絵を描くツールや文字編集ツール、音楽や音声の合成ツール、自動プログラミングツールや動画ツールなどを使えば、シロナガスクジラやいにしえのモンゴル人の住む世界を作りだし、その中で遊びまわることもできるのだ。

アラン・ケイがゼロックス社を去ったとき、MIT、ルーカスフィルム、エヴァンス・アンド・サザーランド社などもオファを示していたが、おそらくは、アタリ社がもっともいい条件を出したのだろう。ケイがいちばんやりたいのは先進的なソフトウェア製作だったが、次の新しいソフトウェアを作るという夢を達成するためには、まず進んだハードウェアが必要だということも、本人はよく認識していた。「ハードウェア設計者が必要？　それなら人材をそろえましょう」とアタリ社が申し出ただろうことは、容易に想像がつく。アタリ社はケイのために、これ以上ないほどの最高の人材を集めた。その中には、インテル社でマイクロプロセッサ・チップを開発したチームの伝説のリーダー、テッド・ホフも含まれている。ソフトウェア研究チームのメンバーは、ケイがみずから人を集めた。

アタリ社の教育マーケティング部門にいたブレンダ・ローレルは、その後システム研究グループに参加することになった。私が初めてブレンダに会ったのは、彼女がある研究プロジェクトに加わっていたときで、ブレンダに言わせれば、そのプロジェクトの内容は言葉では説明しにくいということだった。プロジェクトは特殊なブレインストーミング・セッションの研究を開始したばかりで、ブレンダは私を見学者として招いてくれた。

アタリ社の研究棟は、サニーヴェイルによく見られる平地の工業団地にあり、ハイテクノロジーな厳重警備態勢、つまり、二十四時間の警備、ラミネートされた色コード分類の名札、制服姿の護衛などによって守られている。私はそこでブレンダやその仲間に合流し、彼らが

ブレンダ・ローレル　2006年
(photo by Steve Heller.)

メディアルーム・プロジェクトと呼んでいる研究の、グループによる空想実験を見学することになった。

ブレンダは入り口で記帳してから私を招き入れ、灰色の壁と灰色のカーペット敷きの廊下を通って、広い部屋に連れていってくれた。そこは、事務的かつ現代的なソファや椅子がいくつか、ビデオデッキがワンセット、そしてホワイトボードが二つある以外は何もない部屋だった。部屋の中にいたのは、プロジェクトリーダーのエリック・ハルティーン、おだやかな声をした赤毛の若い女性スーザン、無口でぼんやりとしたプレッピー風のスコット、ロボット工学専門家のドンとロンのディクソン兄弟、いくぶん疑いぶかい目つきをしたあごひげハッカーのクレイグ、それにジェフ、トム、ブレンダ、そしてビデオ撮影係のレイチェルがいた。

小柄なレイチェルはクルーカット風の短髪で、タンクトップにゆったりした紫のハーレムパンツという格好をして、靴をはいていなかった。ドンとロンは双子の兄弟だ。グループの中の何人かはまだ二十三か四といった年齢で、いちばん年上のメンバーでも三十代前半ぐらいである。ジーンズにサンダルという姿が多い。ネクタイをしているメンバーはひとりもいなかった。にきび面もどもりがちな人間もいない。プラスチック製のペンホルダーを首からぶらさげているようなメンバーも、いない。

ブレンダとプロジェクトリーダーのエリックの説明によれば、メディアルームというのは中を自由に動き回れる情報端末で、そこで人間はキーボードなどの入力装置を使わずに、直接コンピュータと交流することができる。人間のコミュニケーション出力を、部屋そのものが監視するよう作られているのだ。現在実験中、もしくは開発中の段階にあるハードウェアやソフトウェアがすべて出そろえば、今あるメディアルームももっと望ましい形、つまり、細かい操作で人間をわずらわせたりしないようなものになるという。

アタリ社に移る以前、エリックはＭＩＴのアーキテクチャ・マシン・グループにいた。アラン・ケイの旧友で、アタリ社のコンサルタントをしていたニック（ニコラス）・ネグロポンテが、この革新的ともいえるグループの長をつとめていた。このグループから生まれた〝空間データ管理《スペイシャル・データ・マネージメント》〟という発想は、コンピュータによって開かれた新しい膨大な情報領域《インフォメーション・レルム》をたどるには、どう道筋を見つければいいかの答えとなるもので、ユーザーが多かれ少なかれ〝飛びまわる〟ことのできる〝情報空間《インフォメーション・スペース》〟という考えかたがとられている。

ソフトウェア設計の世界では、集積された膨大な情報を、〝ファイルキャビネット〟というわかりやすいたとえで表現することが多い。ひとつひとつの情報をファイルフォルダの一部と見なし、ユーザーがそれを伝統的なファイリング方法で配置していくという考えかただ。だが、情報の集積というものを、視覚的に表示し、空間的に配列して、ユーザーがその中を〝動きまわる〟ことができるような感覚を与えられるとしたらどうだろうか。

こうした考えに基づくもっともよく知られた例は、ネグロポンテのグループが作った〈アスペン・マップ〉だろう。この地図は、コロラド州アスペンの町の通りや家並みを写真的に再現したもので、ユーザーはビデオ画面の前に座り、画面に触れながら、町の画像の中を通り抜けていくことができる。

コンピュータ制御のビデオディスク・システムは、ビデオによる操縦制御機能と、大量のアスペンの写真とを結びつけている。コンピュータが、現在の位置とユーザーの指示を伝えると、それに応じた一連の写真が表示されていく。現在いる場所から左を見ようとすれば、画面は左側にある本物の町の通りや家を表示してくれる。一軒の家をよく見てみたいと思えば、立ち止まってそばによることも、場合によってはドアを開けて中をのぞくことも可能だ。

町の通りのように単純な分岐構造をしたものは、空間的表現が可能な情報ベースの中でもいちばん基本的なものといえる。このアイデアの重要な点は、道路地図としての使い道ではない。もちろん、行ったことのない町の知識を得るのにもいい方法であることは間違いないが、さらに重要なのは、ある種の情報領域《インフォメーション・ドメイン》を空間的に組織したという点であり、ユーザーが特定の道筋にしたがって動き回ることのできる環境を、矛盾のない形で作り出したということだ。自動車のエンジンや、原子力潜水艦の配管システムがトラブルを起こしたとき、その原因をつきとめようとしている人間にとっては、このような地図形式のリファレンスが大きな助けになるだろう。

ケイのアタリ社のグループに属するメンバーは、MIT、カーネギー・メロン大学、あるいはビデオゲーム・メーカーなどから集められた人材で、ロボット工学からホログラフィ、ビデオディスク技術、人工知能、認知心理学、ソフトウェア設計などの分野から厳選された、若く優れた才能の持ち主ばかりだ。いちばん手際を要する仕事、すなわちソフトウェア設計や、機器の構築、デバッギング作業が完成に近づくころには、メディアルームに必要なハードウェアも利用可能になるはずだというのが、メンバー全員の期待するところだった。

メディアルームが完成すれば、ユーザーはその中で、コンピュータによって生成され保管されている高解像度のビデオやホログラフィック・イメージを、三六〇度のビジュアル・ディスプレイで見ることができるようになる。画像はライブラリから探してきたり、ライブラリに新たに追加することも可能で、ユーザーが自分で作ったり、コンピュータに作らせることもできる。超低周波から超高周波にわたる総合的な音響システムも、いずれは利用可能となる。しかし、メディアルームを構成するもっとも重要な要素は、高価であるにしろ単純に動作する感応ディスプレイなどではなく、この部屋にやるべきことを〝教える〟ために必要なソフトウェアのほうである。

メディアルームを万能《ユニヴァーサル》なメディアとして機能させるには、中にいる人間の姿や声を部屋そのものが認識でき、部屋が見たり聞いたりしたことを人間の命令として〝理解〟し、実行する能力を持たなければならない。理想とされるメディアルームは、その人間の個人的な嗜好や過去の作業実績に基づいて、その人に合ったファンタジーや情報の検索を活発に〝導き出す〟ぐらいに、人間を理解する能力を持たなければならない。床に埋め込まれた生体電子工学のセンサが、ユーザーの気分を常に感知するのだ。部屋が〝おこなってはならない〟唯一のことは、人の心を読むことである。

メディアルームをひと言で説明するなら、〝インターフェースのないコンピュータ〟、もしくは〝すべてがインターフェースのコンピュータ〟というところだろう。コンピュータのインターフェースが消え、ユーザーはマシンのコントロールパネルに向かうことなく、北極の氷の上を歩いたり、ニューヨークのハーレム地区まで飛んでいったり、カビ臭い古い部屋で本に目を通したりすることができる。だが、まだ存在してもいないテクノロジーの能力を、人はどんなふうに想像するのだろう？　目に見えないコンピュータを、人はどんなふうに扱うだろう？　もし、コンピュータに対して何をすべきか口に出す必要もなく、情報表現能力も十分すぎるほどそろっているとしたら、問題は道具ではなく、それで何をするかという点になる。さあ、これでどこにでも行ける、たとえ存在していない場所にでも——それでいったいどこに行く？　ブレンダやエリック、そしてグループのメンバーたちは、こうしたシステムに対して、人々がどんな新しいコミュニケーションのスタイルを取り入れていくのかを知りたがっていた。とりわけこうしたシステムを使うことで、どんな〝感情〟が呼び起こされるのかが、興味の焦点だった。

私がサニーヴェイルのその部屋でブレンダとそのグループがファンタジーの実験をするのを見ていた夜、ブレンダは、役者がイメージ空間を作りだすのと似たようなテクニックを使って、未来のテクノロジーを使う計画をたててみようという発案をした。「魔法のようなできごとが、即興劇の中で起きることがあるの」とブレンダはグループに話した。「即興劇をやることで、前言語的な（言語能力習得前の）アイデアが不意に出てくることがある。この実験ではみんなに、その場でインスピレーションを感じる力を使ってもらいたいのよ」

最初の即興劇はウォームアップのようなものだった。ブレンダがアレクサンドリアの図書館に行ってみせると、次にスコットが、赤外線を通した自分の姿や、十六色に走査した自分の脳の代謝作用を見せてくれるハイパーミラーを披露した。スコットは、色分けされた自分の思考プロセス画像を見ている自分の思考プロセスが、さらにそこで色分けされる様子を見ることができた。

その後グループは、エリックにメディアルームを使う人間の役を演じさせ、ほかの全員はメディアルームを構成する要素、つまり、ユーザーの視覚、動き、聴覚、感情、思考などの入力によって出てくる結果を、各自が即興で演じることになった。最初の実験では、ほかのメンバーが熱心に演じようとするあまり、エリックのまねをしたり、アドバイスをささやいたり、しかめっつらをしてみせる人間が、エリックのことを文字通り取り囲んでしまう形になった。エリックは、誰が何をしているかを見分けようとして、それだけ少し受け身な状態になってしまうことが多く、まるで〝二十の扉〟とジェスチャーゲームをいっぺんにやっているようだった。たとえコンピュータに慣れたユーザーでも、特に説明もなくいきなり〝動作〟しだすだけのシステムには、とまどってしまうものだということが明白になった。

次の実験ではスーザンが、メディアルームの内部で構成要素をコントロールしようとする人間を演じることになった。このような〝ヘルプ・エージェント〟が置かれることで、あらゆる構成要素の役割は、劇的なまでに違うものに変わってしまうことが明らかになった。ヘルプ・エージェントは、ユーザーに「彼女（ライブラリ装置）に場所を聞きなさい」とか、「彼（ユーザー記憶装置）に聞きなさい。何を探せばいいかを知っています」などといったアドバイスを与える。このアイデアは、こうした〝情報の執事役〟を作ることで、ユーザーと情報システムの双方を監視したり、個人の嗜好や長所短所の記録したりすることを可能にし、また、ユーザーに対し積極的な介入をおこなうことで、ユーザーが見つけたいことを見つけ出したり、やりたいことをやるための助けにもなるのではないか、という考えにもとづいたものだった。

その翌日、優秀な認知科学部門を持つ大学でなら、人が使うためのマシンの設計について何か有益な情報を得られるのではないかと考えたグループは、何人かで南カリフォルニアに出かけていった。それから約一週間後、私はブレンダに、認知科学者や即興実演から何か学ぶことができたか尋ねてみた。

「認知科学の研究者たちは、人間と機械の対話という面に注目していたわ。ファイル管理システムの使いかたをどう秘書に教えるかという話題になったとき、そこで雇われているハッカーたちが話に加わってきたの。プログラマーのひとりがその会合で言ったことが、問題がどこにあるのかを象徴していると思う。『秘書に「／」＋「,」＋「DEL」がファイルを削除することだと教えるにはいったいどうすればいい？』　つまりそれがそのプログラマーにとっての、ヒューマン・インターフェースというものに対する理解だということよ。彼にとっての問題は、プログラマーが機械に組み込んだ難しい通信手順を、人間がどうやったら受け入れるかということのほうなのよ」

コンピュータ・ゲームの世界からユーザーを遠ざけたり、ゲームの楽しさを味わうのをじゃましたりするのは、つまりはこういったことなのだ。プログラムに話しかける手段によっては、ゲームは急によそよそしいものになってしまう。プログラマーから「／」＋

「,」＋「DEL」が「このファイルを削除せよ」という意味だと教えられた秘書も、きっと同じような気持ちを感じたに違いない。ファイルを削除するようコンピュータにお願いすることが秘書の仕事なのではなく、彼女はただ単にファイルを削除したいだけなのだから。

ブレンダが言ったことは、最初少し奇妙な感じがした。私がここまで聞かされてきたこととは正反対のように感じられて、理解するまでに少し時間がかかった。つまり彼女が言いたいのは、ことコンピュータのソフトウェアに関しては、人間が人工物を〝道具〟として考える習性をうまく取り入れたほうがいいということだ。よくできた道具ほど、その存在を意識させないものである。金づちに釘を打ってくださいとお願いする人間はいない。釘を打つのは人間であり、それを助けるのが金づちだ。しかし、現在のコンピュータのソフトウェアの多くは、人間が道具に話しかけるための難解な言語を学ばない限り、実際の仕事に取りかかることもできないのだ。

「道具《ツール》というメタファ（比喩）は、人間のオペレータも含めたもっと大規模なシステムのレベルにおいても、応用のきく言葉だと思う」とブレンダは説明する。プログラマーが便利な道具のように機能的なファイル管理システムを作ってくれたとしても、その道具を使うために人間が妙な方法を学ぶことを強いられなければならないとしたら、仕事をしたい人間と道具の機能とのあいだに不必要な隔たりが生まれるだけなのだ。

「一方で、まったく道具とは違った〝別の〟コンピュータの能力というものもある。たとえばゲームや創造的な芸術などがそう。その場合、コンピュータの役目はいったい何だと思う？　それは何かを〝表現〟することじゃないかと思うの。つまり芸術やゲームの場合、表現するということは少なくとも結果の一部なのだから、機能と結果は同じものだということよ」

子どもたちは、手と目の共同作用の練習になるからという理由で、時間を決めてビデオゲームをしたりはしない。ただ遊びの楽しさを味わうためにゲームに熱中するのだ。これに対し、プログラムを使う楽しみを味わうために、ワードプロセッサを使うような人間もいないだろう。ユーザーは、何かを書きたいからワードプロセッサを使うのだ。ゲームはプレイする過程がもっとも重要である。ワードプロセッサの場合、いちばん重要なのはその結果だ。ビデオゲームでは、ユーザー、プレイヤー、そしてゲームの中で表現される世界に明確な分離はない。ワードプロセッサでは、ソフトウェアの命令言語が、ユーザーと仕事のあいだに距離を生み出す。

「私たちの研究戦略のひとつは、その距離感をなくす方法を見つけることだった」とブレンダは言う。「ディスプレイに手を伸ばすことで、すぐに自分のやりたいことができるようにしたかったの」そう言ったブレンダの確信に満ちた表情の熱っぽさは、かつてエンゲルバートがうっとりとした目をして、真のオーグメンテーション・システムで人類は何ができるかを語ったとき以来、ほかでは長らく見なかったものだった。

「次々と命令を打ち込むようなことは嫌いなの。人が自然に話すのと同じ調子でできるのでなければ、命令を〝口で言う〟ことすらしたくない。私は〝一人称〟で会話がしたいの。できたら素晴らしいわ。ただ、その前に、私と結果のあいだにある障害を全部取り除かなければならないけれど。

今まで〝使われてきていない〟メタファにはどんなものがある？　インターフェースは、実は障壁なのかもしれない。技術的な問題というだけではないような気がするのよ。もしインターフェースに関わるすべてのアイデアが、不完全なメタファに基づくものだったら、どんなにいいインターフェースを作っても問題は解決できないことになる。あまり芸術家気取りのメタファを使うと、あら探しされてしまうかもしれないけど、私はコンピュータを、魔法の世界の入り口を作るシステムと考えたい。『オズの魔法使い』で、ドロシーがドアを開けた瞬間に、すべてのモノクロの世界がカラーに変わるような感じを考えているの。それこそが私の願っていることなのよ。知覚的にも、認知的にも、そして感情的にもね。もっとも、この入り口という例えも、私には暫定的なもの。もっと深いメタファが必要ね。もっとぴったりくる言葉を見つけることができたら、改めてインターフェースの発想について説明できると思う」

ブレンダはさらに続ける。「私は、自分が歩いて通れるようなファンタジーを作りたいの。アドベンチャー・ゲームがやろうとしていることも、そういうことだと思う。コンピュータが一般人に使えるようになるよりずっと前から、大型のメインフレーム・コンピュータで仕事をしていたハッカーたちは、アドベンチャー・ゲームに熱中していた。そろそろ自宅のコンピュータで遊べるアドベンチャー・ゲームが出てきてもいいころよ。もし〝一人称〟のアドベンチャー・ゲームができたら、どんなことが起きるかしらね?

私なら最初に、その中を歩き回って、〝見て〟みると思う。たぶん画面上には何かグラフィックスがあるでしょうし。もしかしたらそのスクリーンは、私のまわりを取り囲んでいるかもしれない。文字も出てくるかもしれないし、もしかするとそれを読んでくれる音声が聞こえるかも。そういう技術もみんな重要な側面には違いないけど、私にとってはそれほど大きな問題ではない。画面や音声スピーカーは、あくまで環境を確立するための装置。いったんその環境をながめたら、次にやってみたくなるのは、それと対話するということじゃないかしら。

こういうファンタジー環境が、一流のSF小説家が描く世界みたいなものとして作られているとする。たとえば、私が惑星連合同盟の要請を受けて、その惑星を探索することになったとするわ。まずそこを歩いてみる。北に行って、そこにある石をひっくり返してみようと思ったら、今のインターフェース技術では、『北に移動せよ。石を裏返せ』と、コンピュータに命令しなければならない。それを〝コンピュータに教えてやる〟必要があることが問題なのよ。そうするには、いったんその世界を出なければならない。そんなことをしていたら、せっかくのファンタジーがだいなしになってしまう。

どんなシステムを作れば、ただ北へ行って石ころを拾うということが可能になるのかしら。ただ環境をリアルに作ればいいということではないと思うの。もっといいプロジェクターを使うとか、そういう技術的な問題だけではない。問題は、その世界を構築するときに、どんなふうに確立させていくかということ。その世界の作り手が、いかに人間とその世界を関わらせようと考えるかということね。

その惑星を探せば、ガイドを見つけることができるかもしれない。メディアルームの即興実演でやった〝ヘルプ・エージェント〟みたいなものをね。ある世界を歩きまわるという言いかたは、演劇の即興とずいぶん似た面があると思う。舞台に上がって、舞台監督からの指示を受けるのと同じよ。『いいかい、ここは新しい惑星だ。きみは探索者の役を演じてくれ。よし、始め！』　こういうやりかたはたいていの場合、やっていくうちにどんどんつまらないものになっていくけど、運がよければ役についての新しい発見をすることもある。あとから振り返って、『あの即興劇は素晴らしい筋立てだった』などと思えるようなことは稀だけれど」

ブレンダの理論によれば、たとえうまくやれた即興劇の中であっても、記憶に残るような物語の筋立てが生まれてくるということはめったにない。なぜなら即興の場合、役者は心のどこかで、同時に脚本家もやらなければならないからだ。素晴らしい演技をするためには、自分の演じる役柄に考えを集中し、それと同時に物語の筋書きを巧みにあやつり、演劇的に面白い効果を生み出す必要がある。その役者が天才でもない限り、演技力の一部は、芝居そのものについて考えるために費やされる。いくつものボールを使って曲芸のようなことをしていたら、いい芝居を作ることなどできるものではないのだ。

「コンピュータが人間を助けられるのは、この部分よ」とブレンダは主張する。「劇作家のような知性を、一人称ファンタジー創造システムに組み込むことも、答えのひとつになるのではないかと思う。想像の世界を構築するような方法を使って、システムを組み立てていくべきよ。グラフィックスや音声認識、会話合成などのシステムの頂点には、考えられる劇的な状況において知識からの判断を下す、エキスパート・システムを置く必要がある。起きうる状況に対処できるだけの知識的基盤と、それをふるいにかける一連のルールを扱うシステムというものがね」

ブレンダの言うものほど空想的ではないが、有益には違いない〝エキスパート・システム〟というものなら、実はすでに存在している。この〝知識移転《ナレッジ・トランスファー》〟プログラムの可能性については、次の章で別のインフォノートの考えを紹介してみようと思う。ブレンダが仮想するエキスパート・システムは、人間の経験、つまり、今そのシステムを使っている、または過去にそのシステムを使ったことのある個人の経験から、学習することができるシステムである。こうしたプログラムは、演劇評論家のおこなう分析手法に近いものになっていくだろう、とブレンダは考えている。「このシステムに、アリストテレスの言う優れた演劇の法則のようなものを取り入れるのもいいかもしれない」

現在あるエキスパート・システムの中に、医師の病状診断を補佐するものがある。これは、すでに知られた病気の症状というものに関し、人間の医師の診断から採用された診断方法をデータや知識ベースとして蓄積し、大規模なデータベースとして応用していくものだ。病気を演劇に置き換え、病気の症状を演劇的要素(普遍性や因果関係など)と入れ替えてみれば、人間のファンタジーにおける自動演劇エキスパート・システムがどんなものになるかは想像がつくだろう。役者の演技に対して、もっとも劇的な反応や効果を選びだし、それをファンタジーの中にさらに織り込んでいくようなシステムとなるはずだ。こうしたアイデアは、アラン・ケイのダイナブック構想が六〇年代当時のハードウェアのはるか先を行っていたように、現在のエンターテインメント・ソフトウェアよりもずっと進んだところにある発想である。

たとえば、中世の城を舞台にして、観客に三六〇度の一人称対話が可能な演技の場を与えると想定してみよう。『ハムレット』の世界に入るたびごとに、ホレーショでもハムレットでもオフィーリアでも毎回異なる役を選ぶことができ、毎回違う演じかたができる。人工知能研究によると、一定の方向性で形成された特質に従って、世界を表現し構築できるなら、巨大なデータベースの中で起きる可能性があるできごとを、すべて蓄積しておく必要はない。たとえば、石をひっくり返してみれば、たいていはその下に虫ずの走るような何かを見るものだ、というようなことである。

そうしたシステムが本当に実現可能かという技術的議論はともかくとしても、ブレンダにとっての最大の関心事は、彼女が考えるようなシステムに出会うという経験が、人間の感情や認知にどんな影響を与えるかということだ。「こういう世界を経験するのは、どんな気持ちになるものなのかしら? その入り口を通り抜けることで、自分の知覚に変化はあるのか? そこに世界の境界線はあるのか? この世界では、いったいどんなことができるのか?」

ブレンダの言う経験とは、ヒューマン・インターフェース、すなわち人の思考とマシンが出会う場所での経験である。ハードウェアとソフトウェアのインターフェースのことを、コンピュータ界の人間は〝フロントエンド〟と呼ぶ。劇的に楽しむための効果に必要な、システムの知恵の部分はバックエンドだということだ。現在のアドベンチャー・ゲームは、ゲームの世界をさまよい歩き、宝物を集めたり怪物を退治したりして、最後まで勝ち残るか殺されて終わるといったたぐいのものが多い。その先まで展開されるドラマというものはない。アドベンチャー・ゲームがもっと直接的な一人称ドラマの感覚を伝えられるほどのフロントエンドを備えるためには、もっと洗練されたバックエンドを持つ必要があるのだ。

「すでにある技術を使えば、人の判断に従って場面場面を分岐させながら展開していくことはできるけれど、機械的なやりかたになってしまって、演劇的な効果はあげられない。ただ、同じ登場人物や同じ構成を持った世界に、こうした演劇的な感覚を付加すれば、よりリアルなドラマを経験するのと似たようなものを作ることはできると思う。

私の説明しているようなシステムは、私という人間がどんなことに注意を払ってきたかを記憶することによって、私が何を求めているかわかるようになる必要がある。私をモデル化できるだけの十分なデータ、過去にどんな行動をとったかの記録などを使って、私がこれからどんな行動をとるかという予測をたてることができなければならない。

私がここまで話してきたのは、私やグループのメンバーが近い将来実現できると考えているレベルの、もっとも単純なシステムの構成にすぎないわ。十年後のことを考えてみましょうか。このシステムが稼働可能になって、劇的な効果やオーケストラのサウンドトラックや画像の合成方法も確立されて、システムのユーザーもこの表現世界に関与することができるようになったとする。

このシステムは、単に対話できるファンタジーを作るメディアとしてばかりでなく、空想ではない世界の情報に対するインターフェースのようなものととらえることもできると思うの。表現された世界が、惑星Xだとかシェークスピアの書いたデンマークだとかではなくて、クジラの住む海や化学反応の領域のような場所だったらどう？　今ある優れた教育用ソフトウェアの中にも、素晴らしいアイデアがいくつもあるわ」

ブレンダは、宇宙船乗組員の見習いになるというファンタジー・ゲームの例をあげた。それぞれの見習いは、宇宙船の各部署の担当となる。各プレイヤーは、操舵、推進、生命維持、コンピュータ・システムなど、自分の専門分野を選ぶことができる。宇宙船は同時進行で各部ごとに管理されていくことになる。そして、生命維持システムの不調、原子炉の故障などの問題が起きたり、宇宙生物学者の指示で惑星の探索をおこなうなどの課題が持ち上がったりする。見習いたちはそのつど、何をどうすべきかを考えなければならない。自分自身でだ。

「演劇的理論からこのゲームを見ると、自分が宇宙船乗組員の見習いだという考えは、受け入れやすいものだと思う。私自身もそう感じるでしょうね。優れた役者が役柄になりきるというのも、こういう感覚なのよ。ほかの誰かになりきろうと思ったら、自分の〝全部〟がその人間のふりをすることになる。それをするためには、自分の中から何を消す必要があるのかしら？　私という人間、つまり、私が学んでいないことを知っているはずがない私という人間を、自分の中から追いやる必要があるのよ。何か新しいことを学ぶときも、これと同じことが言えると思う。

　あえて未知の世界への疑念を持たずに一人称のシミュレーションをおこなうことで、ユーザーは、より大きな能力を自分が持ったときの感覚を知ることができる。私たちが毎日の生活の中で感じている制約がなくなるとどうなるか、こうした世界が教えてくれる。惑星の軌道や動いている船体の物理的法則などを、子どもたちが単純なビデオゲームからどれだけ学ぶことができるかを見ていても、〝フィクション環境〟を情報世界への扉として使うことが、教育においてどれだけ可能性を持っているかは明らかなことだと思う。子どもたちが学ぶ楽しさを知るというのは、有益で健全なことだわ」

　この章を読んでいる読者が聞きたいと思ったに違いないのと同じ質問を、ここで私もたずねてみた。「そういう〝フィクション環境〟は、いつ試してみることができるんだろう？　アタリ社がこの研究を基盤にした実用製品を発表するのは、いつごろのことなの？」

　残念ながら、アタリ社がこの研究を市販品に活用することは、今後ありそうもない。私がアラン・ケイに会い、ブレンダ・ローレルの研究グループを見学させてもらってから半年後、システム研究グループはひとまとめにクビにされたのだった。ブレンダとエリックは、ろくな猶予期間もなく解雇通告を受けた。アラン・ケイも辞職し、すぐにアップル社に移った。対話型の思考増大《マインド・オーグメンティング》コンピュータ・システムにおける、もっともエキサイティングな研究を支援していたはずの企業の経営陣は、ARCやPARCのときと同じように、製品開発の段階でまたしても手ひどい失敗をおかしたようだ。

解雇されたあとのブレンダは、消費者向け製品志向の企業で長期の研究をおこなうことのプレッシャーについて、以前より積極的に語るようになった。ブレンダの意見によれば、アタリ社での研究の失敗、そしてアタリ社自体の劇的な転落が招いた徹底的な資金削減の要因は、ごく単純なものであった。「（アタリ社の親会社である）ワーナー社よ」とブレンダは言い切った。「革新的研究《イノベーション》の何たるかがまったくわかっていない人たちだわ。アタリ社の経営に雇われたのは、バーリントン・インダストリー、フィリップ・モリス、それにプロクター・アンド・ギャンブル（P&G）社でドッグフードを作ってたような人たちだった。革新的ドッグフード開発なんてもの、あった試しがないじゃない」

システム研究に関わる以前、ブレンダはマーケティング部門にいたことがある。そのとき彼女は、（アタリ社の元CEO）レイモンド・カサールに対してこう主張したという。「世の中が当社に求めているのは、役にもたたない娯楽などではなく、人々の思考力を成長させるようなものです。あらゆる市場の中でもっとも大きな市場となるのは、個人の能力に関する市場であり、それは新たなオポーザブル・サム（親指がほかの指と対置した位置にあること。霊長目の特徴で、物をつかむことによって道具の使用が可能になったとされる）にも匹敵するものなのです」

エンゲルバートのようなオーグメンテーションの理想家や、リックライダーのような対話型コンピュータの預言者、アラン・ケイやブレンダ・ローレルのようなインフォノートたちはみな、自分たちが作ろうとしているものの最終的な影響力について、いかにも壮大な観点で語ろうとしがちである。印刷機の発明以来の大革新であるとか、オポーザブル・サムに匹敵するものだとかいうように。SRI、ゼロックス社、アタリ社のような組織の近視眼的な視野にも関わらず、こうした研究者たちはみな、自分たちの見通しが正しいということが、いずれ出てくるはずのテクノロジーによって証明されると確信しているようだ。

家庭用コンピュータの能力向上、娯楽・教育用ソフトウェアへの需要拡大などにより、最近はベンチャー企業の比較的小さなグループのほうが、学術的組織や大手市場製品を基盤とする大規模な企業よりも、近未来のファンタジー増幅装置や思考増大装置を生みだしていきそうな気配である。ベンチャー企業の研究領域でもっとも論議を呼んでいるのは、人工知能の応用分野である。次章では、ブレンダも言及した興味深いプログラム、いわゆるエキスパート・システムの商業的開発に関わる話を紹介しよう。エキスパート・システムは、もともとはMITやスタンフォード大学でおこなわれていた純粋な研究から生まれてきたものだが、今や商業ソフトの世界を侵略しかねない勢いである。

人間とコンピュータの関係というものは、今後十年か二十年のあいだ、知性の拡大とファンタジーの増幅という二種類の道筋をたどっていくことになるだろう。そして、さらに先の未来において、現在おこなわれている研究領域の中でもいちばん面白い道のりをたどりそうなのは、コンピュータを知識の移転ツールとして使おうという研究分野である。テクナレッジ(TeKnowledge)社で研究をおこなうエイヴロン・バーとその仲間たちは、エキスパート・システムのようなソフトウェア・ツールには、商業的にも人道主義的にも、多くの人々の想像や認識をはるかに超えた可能性があると確信しているようだ。

第十三章

知識工学者と認識論的企業家

……知的機械の開発を続けることが非常に重要なのは、人間の思考の記憶容量や処理能力には限界があるからというだけでなく、バグがあることがわかっているからだ。簡単に間違いをおかすし、頑固で、真実の見分けがつかない。特に、限界まで駆りたてられた状況ではなおさらだ。

そして、何にでも限界まで駆りたてられるという状況があるのは当然で、人間も例外ではない。人間は、自分たちをもっと効率的に組織化したり、大きな集団のエネルギーを共通の目的に向かって結集する方法を探しださなければならない。いつの日か、多国籍企業やひとつの都市のように何百万人という人間の関わる複雑な組織事業では、あらゆる個々の人間よりも、コンピュータや通信技術によって構築された知的システムのほうが、今何が起きているかをよく知っているというときが来るだろう。各個人の事業における役割も、システムが説明することができるようになる。このような方法で、もっと生産性の高い工場を造ったり、あるいはもっと平和な世界を生みだせる時代が来るかもしれない。心にとめておくべきことは……自然のままの知性の能力というものが、必ずしも自然の限界とは限らないということだ（1）。

未来のコンピュータは、人間の思考能力を拡張する道具となるのだろうか。それとも、人間という生物の知性の限界をはるかに超越して動く、新しい種類の知的種族となるのだろうか。この章の冒頭に引用した文章の筆者、エイヴロン・バーは、人間とコンピュータの進化に関してもっとも論議の種となりそうな分野、いわゆる〈知識工学〉として知られつつある分野の研究をおこなっている人物である。

私の印象では、バーの専門領域は、元をたどればリックライダーやブッシュと同じ考えに根ざした、人間とコンピュータの共生というところにいきつくように思われる。だが、多くの人間にとって人工知能の発想は、オーグメンテーションの思想とは根本的に違うものに思えるようだ。人工知能の研究者たちは、人の知性を拡張することよりも、人の知性の〝代わりになる〟もののほうに興味があるように見えるからである。

知識工学という成長途上のこの研究領域は、人工知能の分野に含まれるハードウェアとソフトウェア研究の一分野にすぎない。ほかの人工知能研究者とは違い、光センサに視覚パターンを感知させたり、音声認識システムに自然言語を理解させたり、階段昇降をロボットに指示したりするような研究は、バーのやっていることとはあまり関係がない。バーとその研究仲間は、専門家の知識を初心者に移行することで、特定の問題に対して判断を下す助けになるシステムを作ろうとしているのだ。

バーの研究は、コンピュータの未来を〝マインド・ツール〟（思考増強ツール）ととらえる考えと、〝知性の発達における新たなステップ〟ととらえる考えとのあいだに、橋を渡すもののように思われる。私が会ってきた未来のソフトウェア・ツール研究者はみなそうだったように、バーもまた、自分の試みを一般的な人間が経験できるレベルにまで浸透するようになれば、きっと画期的な社会変化が起きるだろうと信じている。たとえば、以下のような筋書きについて考えてみたい。

米国南西部の小さな町の開業医が、ある夜急患の知らせを受けた。六歳の少女が町の病院に運ばれたのだ。少女は昏睡状態で、高熱を出していた。医者は、夜遅く小さな町の病院でできる臨床検査を全部おこない、病理学者を呼んだ。患者の症状や最初の検査結果を見る限り、医者も病理学者もこれまでに診た経験がない症例であるようだった。薬は十分にある。薬局には薬剤がそろっていて、専門知識が足りなくともどうにかすることはできる。だが、どの薬を投与すればいい？

何百種類という抗生物質の中からいかに正しいものを選ぶかで、小さな少女の命の行く末が決まるかもしれない。医者も病理学者も、当て推量で子どもの運命を決めるようなことはしたくなかった。彼らは検査結果をコミュニティ・カレッジに持ち込んだ。そこにはいつも真夜中まで仕事をしている若いプログラマーがいて、パソコンと電話を使い、こうした症例に詳しいカリフォルニア州パロアルトの専門家に連絡をとってくれた。

「患者さんには最近、持続性の頭痛や、その他の異常な神経的症状（めまい、昏睡など）がありましたか？」とカリフォルニアの専門家が質問してきた。

「はい」と地元の医者が答えた。

「患者さんには最近、医師の診察や検査などによってわかった神経的症状（項部硬直、昏睡、発作など）がありましたか？」

「はい」と病理学者。

電話で専門家から与えられたアドバイスを頼りに、地元の医者はもうひとつの検査をおこない、そのおかげで、専門家が病原の可能性ありとしてあげた三種類の微生物を、ひとつに絞ることができた。専門家が感染症の正確な診断を助けてくれ、あとは手近にある薬を使えばいいだけだった。少女は回復した。医者も病理学者も、そして少女の家族も、みな感謝の気持ちでいっぱいだった。

こうして、遠方の専門家、すなわち、スタンフォード大学医療センターの大型汎用コンピュータに入っているMYCINという名のプログラムは、これまでの輝かしい診療記録に、またひとつの成功例をつけ加えたのだった。

この物語はフィクションではあるが、ここに出てくる会話そのものは、本物のMYCINの問診から引用したものだ。このプログラムは実在のもので、あくまで実験的な診断の補佐として使用されている。現在〈エキスパート・システム〉として知られ、医学や地質学、数学や分子生物学、コンピュータ設計や有機化学などのあらゆる分野の知的補佐役として、人間の専門家を助ける役割を担っているこのプログラムは、新しいコンピュータ・プログラムの全体像を示す一例といえるだろう。エキスパート・システムは、エイヴロン・バーのようなインフォノートが、人間とマシンの関係性という未知の領域に向けて打ち上げた、まったく新しい種類の宇宙探査機とでも呼ぶべきソフトウェアの初歩段階なのである。

エキスパート・システムには、研究用のツールと、市販品となっているものの二種類がある。PROSPECTORというプログラムは、最近、一千万ドルもの価値になるモリブデン鉱床の場所を突きとめる助けとなった。人工知能の実験として始まったDENDRALというプログラムは、現在は化学工業企業のコンソーシアムの所有となり、有用な化合物になりそうなものを化学者が設計したり混合したりするのに使われている。

エキスパート・システムがほかのコンピュータ・プログラムと大きく異なる点は、質問に返答を出すとき、計算機がただ方程式を解くような方法はとっていないということだ。もちろんエキスパート・システムも、数値を使って解答の〝信頼性〟を強調することはある。だが、それだけではない。エキスパート・システムのいちばん重要な部分は、プログラムとユーザーのあいだに〝対話《インタラクション》〟が成立することにある。

専門的な問題に直面した人間が専門的なプログラムに相談すると、プログラムが問題の詳細に関してみずから人間に質問する。この相談は〝会話《ダイアローグ》〟であり、特定の問題にすぐに対応できるように作られている。プログラムは人間が決定を下す過程をシミュレートし、相談者である人間にその結果をフィードバックしながら、相談者にとっての参考書や案内役のような役割を果たしていく。

現在のエキスパート・システムは、三つの部分から成り立っている。その課題特有の知識ベースのデータ、知識に対して決定を下すときの一連のルール、そして、そのプログラムがなぜこのような決定を下したかというユーザーの疑問に答える手段である。〝エキスパート〟を名乗るこのプログラムは、コンピュータの記憶装置にフィードされる生データの知識については何も知らないが、ルール・システムを知識データに適用するときに、推論的なプロセスをたどるのである。手当たり次第の計算ではなく、人間の専門家のように経験にもとづいた判断をして、いくつかの選択肢の中から返答を選ぶのだ。

専門性を評価する究極の基準は、その専門家の判断が正しいという頻度がどのぐらいあるかという統計的数値である。その専門家が何年学んだ人間であるか、あるいは文字通り昨日できたばかりのコンピュータ・プログラムであるかは問題ではない。このような評価の方法論は、一九五〇年代にアラン・チューリングによって提示されている。人工知能に関する抽象的な議論はひとまず置いて、人間に誰かとテレタイプでコミュニケーションをさせ、それが機械か人間かを当てさせる、というのが〈チューリング・テスト〉の考えかたであった。質問に対する返事だけでは相手がコンピュータか人間か区別がつかない、と多くの人間が考えたとすれば、その相手が知的と見なされたということだ。これと同じことが、エキスパート・システムの有効性を判断するときにも言える。機械がおこなう診断と人間のものの区別がつくかどうかを、人間の専門家に聞いてみればいいのだ。

そこで、スタンフォード大学医学部でひとつの実験がおこなわれた。まずMYCINに、異なるタイプの感染性髄膜炎患者十人の病歴を与える。それと同時に、伝染性疾患の専門家五人、研究員一人、研修医一人を含む八人の人間の医師たちに、MYCINに与えたのと同じ情報を提示する。MYCINの出した診断、ほかの八人の医師の診断、そして患者が実際に受けた治療の記録を全部一緒にし、どれが誰の下した診断かはわからないようにして、これをスタンフォード大学外の八人の専門医に評価してもらった。外部の専門医たちは、MYCINの診断にいちばん高い評価を与えたのだった(2)。

たとえ高度な専門分野における人間の専門家には及ばないにしても、エキスパート・システムが優れた効力を持つプログラムであることは、一九八〇年代現在において疑う余地はない。だが、その二十年前においては、人工知能研究に深く関わっている研究者たちの中にさえ、現在のようなレベルのことが可能になるという自信を持っていた人間は、ほとんどいなかった。議論の余地を含んだこのような人工知能応用分野の中で、普通の〝純粋な〟人工知能研究は道を見失ったが、それも当然のことだろう。専門知識をとりまく問題は、人間の知能をいかにシミュレーションするかという、問題の核心に関わってくることだからである。

エドワード・A・ファイゲンバウムは、コンピュータ・プログラムがどれだけ〝知る〟ことができるのかを究明することが重要であり、そのためには人工的な専門家を構築することがいちばんの早道だということを、一九六〇年代半ばから考えていた人工知能研究者のひとりであった。そのころ、ノーベル賞を受賞した遺伝学者のジョシュア・レダーバーグが、化合物の分子構造は質量分析のデータに基づきながら分子結合の法則に従って決められるが、このような適度な難題は、いかにも人工知能技術向きの課題ではないかという提案をした。こうして一九六五年、レダーバーグとファイゲンバウムは、ソフトウェア専門家のブルース・ブキャナン、ノーベル賞生化学者のカール・ジェラッシらとともに、最初のエキスパート・システムであるDENDRALの設計をスタンフォード大学で開始したのだった(3)。

人間の化学者なら、異なる原子同士がどのように結合するかという多くの基本法則によって、化学化合物を構成する分子の空間的な配列が決まるということを知っている。また、既知の化合物がいかなる原子で構成されているかという知識も十分持っている。未知の化合物を生成したり発見したりした場合、化学者は質量分析器で物質を分析し、その化合物に関する情報を集めることができる。質量分析器はたくさんのデータを提供はしてくれるが、それが何を意味するのかまで教えてくれるわけではない。

これまでのコンピュータによるシステムでは、分光器のデータから分子構造を知ることはできなかった。原子の結合には、基本法則からすると数多くの〝ニアミス〟と言われるものが存在するからだ。類推される分子構造は、データの大半と一致はしても、完全には一致しないことがある。すべてのニアミスを調べていくと、そこには〝複雑さ《コンプレクシティ》のギャップ〟が存在しているようでもある。単純なコンピュータ処理では、簡単な構造ぐらいは見いだすことはできても、もっと複雑なものには通用しない。DENDRALは、「干し草の山の中から一本の針を探す」ようにして、分光器のデータと化学結合の法則の両方に完全に合致する、ただひとつの分子構造を見つけだすために設計されたものだ。

知っている事実をコンピュータに入力しておけば、筋のとおった解答が得られるというものではない。人間の専門家が判断を下すときにもそんな方法では考えないし、コンピュータに判断を下させるために使うような方法でもない。必要なのは、やろうとしている仕事のルール、一連の既知の事実、そして、大量の新しいデータをひとつにまとめ、それが何を意味するかを推測するための〝推論《インファレンス》エンジン〟なのだ。

　適切な〝ｉｆ—ｔｈｅｎ（もし～ならば）〟プログラムを作り、人間の専門家が使うような柔軟性のある熟練の技巧を適用することができたとしても、それだけでは最初の関門を突破したにすぎない。専門知識を利用する能力をもったプログラムを作ったら、次はその知識をシステムに与えなければならない。ＤＥＮＤＲＡＬの開発者たちは、分子に関する大量のデータと、分子構造の中でどのような結合が起きるかという法則をコンピュータ・プログラムに入力したのち、化学の専門家に話を聞いて、彼らがどのようにして結合の組み合わせや構造を突きとめていくのか、その方法を特定していこうとした。こうしてできあがったプログラムは、ソフトウェア開発史における記念碑的なものとなり、化学者や生物学者、その他の研究者が使う一連のソフトウェア・ツールの先駆けとなったのだった。

　ＤＥＮＤＲＡＬ開発の進行中に、もうひとつの予期せぬ有益な副産物が生まれた。判断に関わる知識を人間の専門家から抽出していくという作業過程が、〈知識工学《ナレッジ・エンジニアリング》〉という分野の誕生につながったのだ。知識工学とは、人間の専門家を観察し、その専門性をモデル化して、その効力が人間の専門家にも認められる段階になるまでモデルを洗練するという、ある種の芸術的で職人芸的な科学である。ＭＹＣＩＮの最初の副産物として生まれたＥ—ＭＹＣＩＮは、「エキスパート・システム開発者のためのエキスパート・システム」といっていいだろう。推論エンジンを事実や知識から切り離すことで、エキスパート・システム開発者のための専門ツールというものが生まれ、自己発展型の最新技術が確立されたのである。

　こうした新種のプログラムは、対話型コンピュータ・システム研究の主流からはかけ離れているように見えるかもしれないが、エキスパート・システムの研究は、タイムシェアリングやチェスのプログラム、スペース・ウォー、その他さまざまなハッカーの価値体系が生まれたのと同じ研究室から芽生えたものだ。ＤＥＮＤＲＡＬは、ＭＩＴ（厳密にはプロジェクトＭＡＣ）が初期の時代に研究していたような、定理の証明などの高度な数学的機能を果たすことのできるプログラムの中から育っていったといっていい。ＤＥＮＤＲＡＬとＭＹＣＩＮの成功によって、プログラムはコンピュータ科学の外の世界でも役立つものだということがはっきりした。また、この新しい分野が広く知られるにつれ、かつてワイゼンバウムらが人工知能に関して提起したような議論が、改めて持ち出されるだろうということも明白になってきた。最初に医学界で驚くべき実用性を証明されてからというもの、人工の専門知識という分野には、哲学的、心理学的、そして技術的なことばかりではなく、倫理的にも深く考慮されるべき点があることがわかってきたからだ。

知識工学を人間の医療に応用することで、いちばん生じる可能性の高い危険は、誤解から生じる誤用である。開発者たち自身も、システム自体がいかに素晴らしくとも、誤用はどうしても避けられないものだと考えてはいるのだが、多くの人間は、コンピュータが下した判断だというだけで、その判断に重きをおきすぎる傾向がある。医療診断はしばしば生死に関わる問題になることがあるので、システムを構築するときには、このような〝オートマチック・ドクター〟が人間に対して与える心理的影響の可能性も、十分に考慮されるべきだろう。

どんな複雑な問題もそうだが、医学的な知識工学の倫理にも、また別の側面がある。産業化されていない、もしくは都市文明の希薄な非欧米諸国では、専門知識、とりわけ医療知識が絶望的に不足していることが多い。こうした国では、このシステムはもっと注目されるかもしれない。伝染病と飢餓は世界でもっとも大きな人道的問題だが、これと闘う医療、衛生、農業の専門家は、数も少ないうえに世界中にまばらに散っているので、各分野の科学的進歩に置き去りにされないでいるだけでも、大変な努力を要する。各地の主要な医療センターにおいてさえ、特定の重要な専門分野の知識そのものが、希少価値であったりすることはしばしばだ。

CTスキャンなどの医用画像技術に代表されるような、数々のぜいたくな〝近代医療〟機器は、コストもかかるため、数少ない裕福な患者か高額保険加入者ぐらいにしか使われることはない。一方で、ソフトウェア・システムが患者を診断するのにかかるコストはとんでもなく低価格であり、たとえ地球上の人間の何億という数が危篤状態に陥ったとしても、十分にまかなえるぐらいのものである。

有望な未来と難しい倫理問題とが横たわってはいるが、医療関連の分野は、知識工学の商品化にもっとも可能性が見込まれる分野である。一九七〇年代半ば、スタンフォード大学医学部の医師であり、コンピュータ科学者でもあるエドワード・H・ショートリフ博士が、前述の診断システム、MYCINを開発した。ある特定の種類の脳の感染症診断は、エキスパート・システムの研究には技術的にもうってつけの課題であり、医療分野においては緊急性の高い問題でもあった。病原特定にかかる時間の早さが、治療が成功するか否かの決定要因となるからだ。

MYCINの推論エンジン（プログラムの一部分で、特定のデータに法則を適用して判断を下させる）のEMYCINは、スタンフォード・アンド・パシフィック医療センターでPUFFの開発にも使われた。PUFFは、肺機能障害の診断を助けるエキスパート・システムである。CADUCEUS（元はINTERNISTという名前で知られた）というもっと新しいシステムも、特定の医師の診断技術をシミュレートする人工知能の技術を利用していて、ピッツバーグ大学医学部のジャック・マイヤーズ博士の技能が採用されている。マイヤーズは、カーネギー・メロン大学で人工知能の専門技術を学んだハリー・ポプル・ジュニアと協力し、膨大な量の医学文献情報とともに、自分の問題解決スタイルと、医療全般にわたる知識とを記憶装置に蓄積した。CADUCEUSはまだ完成していないが、医学雑誌などの難しい症例などに対して、すでに信頼性の高い診断を下せるレベルになっている。

ポプルは、『コンピュータ・エスタブリッシュメント』の著者キャサリン・フィッシュマンに、自分たちの目的は「医者が図書館に行ったり専門家に相談する代わりに使えるようなもの」を提供することであり、「主要な医療センターであっても、専門家の数はそれほど多くないものだ」と語っている（4）。CADUCEUS開発の支援に興味を示した組織には、有人宇宙飛行計画に医療ヘルパーを使いたいNASAや、原子力潜水艦にヘルパーを備えたい海軍などがある。宇宙船や原子力潜水艦に装備する道具として考えると、一般人の生活からはかけ離れたもののようにも聞こえるが、近年の歴史を見れば、トランジスタラジオや電卓などの新しいテクノロジー製品の中には、まずNASAのような実験的な環境で使われ、そこから十年とたたないうちに世界中のティーンエイジャーの胸ポケットに入るようになったものが、多数あることがわかるだろう。

過去のテクノロジー進歩を生みだした人々がみなそうであったように、知識工学者たちもまずはエキスパート・システムを形にして、それが有益なものであることを証明しなければならなかった。この証明には十年がかかった。次にやらなければならなかったのは、このシステムを応用できる可能性のある場所を探すことだったが、それにはほとんど時間がかからなかった。現在、二十数社の企業が、エキスパート・システムとそれにともなうサービスを開発し、販売している。口火を切ったのは、ファイゲンバウムとその仲間が一九八一年に設立した、テクナレッジ社だった。インテリジェネティクス社は遺伝子工学産業向けのエキスパート・システム開発をおこなっており、おそらくこの業界ではもっとも異色の企業だろう。この分野で操業を開始する企業は、マシン・インテリジェンス・コーポレーション、コンピュータ・ソート・コーポレーション、シンボリクスなどといった、どことなくＳＦ的な名前をつける傾向があるようだ。すでに人工知能以外の分野で地位を築いていて、新たに参入してきた企業には、ゼロックス、ＤＥＣ、ＩＢＭ、テキサス・インスツルメンツ、シュルンベルジェなどがある。

エキスパート・システムは現在、さまざまな分野で商品化されたり、研究用に利用されたりしている。以下にその一部を紹介しよう。

・ＫＡＳ（Knowledge Acquisition System）、ＴＥＩＲＥＳＩＡＳ——エキスパート・システムを開発する知識工学者の支援をおこなう。
・ＯＮＣＯＣＩＮ——癌患者の治療をおこなう医者の複雑な薬剤処方を支援する。
・ＭＯＬＧＥＮ——分子生物学者のＤＮＡ実験計画を支援する。
・ＧＵＩＤＯＮ——教育用のエキスパート・システム。専門技術の問題に対する生徒の解答を正す機能を持つ。
・ＧＥＮＥＳＩＳ——クローン実験計画を支援する。
・ＴＡＴＲ——空軍の敵航空基地攻撃計画を支援する。

モリブデン鉱床の発見、診断成功率のいちじるしい高さなど、エキスパート・システムの能力については議論の余地はない。ソフトウェアが知的活動をおこなうことができるかという議論は、数学でいうところの

〝存在証明〟の前に下火となり、これに代わって、医学、航空交通管制、原子力プラントの運転、核兵器発射システムなどの分野で、こうしたコンピュータ技術の応用をおこなうべきなのかという議論が始まった。

人工知能研究のトップレベルでも、批判的な意見を持つ側の研究者たちは、判断を下すという局面でエキスパート・システムのような電子的な人工物に頼りすぎることの、倫理的な〝危険性〟について警鐘を鳴らし続けている。ジョゼフ・ワイゼンバウムは、実際には見た目以上に深遠なものであるはずの人間の思考プロセスを、ただ〝まねる〟のが得意なエキスパート・システムに頼りすぎるのは、たいへんな危険がともなうということを指摘する。ワイゼンバウムの批判によれば、エキスパート・システムは〝機械的推論の帝国主義〟の縮図、つまり、コンピュータが用いるような分析的で機械的なプロセスを経ることで、どんな問題でも解決できるとする考えかたの象徴のようなものだという。

一九八三年のインタビューの中で、ワイゼンバウムは次のように述べている。

「たとえば、非常に賢い教師をひとり選び観察することで、その教師の本質を意義のあるレベルまでとらえることができるという考えは、まったくもって馬鹿げたものだ。そんなことをしようという野心を持ったり、そんなことが簡単にできると考える人間たちは、単純に勘違いをしているだけなのだ」(5)

エイヴロン・バーは、自分が勘違いした知識工学者だとは思っていないし、知識を基盤とした教育用システムが彼の専門分野のひとつでもあるのだが、生きた人間と人工知能研究とをごっちゃにすることとの倫理的危険性を指摘するワイゼンバウムの意見には、意外にも賛意を示している。

「人工知能はまだ存在もしていない」とバーは断言する。「しかし最終的には、ぼくらの始めた知識ベースのエキスパート・システム研究から、人間の問い合わせを本当に〝理解〟することができるようなツールが生まれてくると信じてもいる。ただ、こうした能力にともなう倫理的な決定に対しては、人々の準備が整っているとはあまり思えない」

バーと話をしたり、彼の著作を熟読していくうちに、私にはバーが感じていることが次第にはっきりと見えてきた。バーは、人間を〝支援〟するこのエキスパート・システムが持つ可能性は、たとえ誤用の危険性があるとしても、追求する価値があるものだと考えているのだ。複雑化する社会生活に対する情報の解毒作用として、自動化された専門知識を専門家や一般人のために開発したり提供したりすることとは別に、これらのソフトウェアの存在をもっと前向きなことに利用できないかというのが、バーの口癖である。いつかは人間の意見の一致を支援するエキスパート・システムを作りたいというのが、彼の個人的な夢なのだ。化学者や医師が知的アシスタントを使うことができるのであれば、外交官や軍縮交渉の政治家にも同じことは可能だろう。哲学、心理学、そしてコンピュータ・プログラミングの世界を見てまわってきたエイヴロン・バーは、人間が個人的に〝知っている〟ことと、集団としての人間がいかに〝合意する〟かということのあいだには、深い関連性があるのではないかと考えるようになったのだった。

私がエイヴロン・バーと初めて会ったのは、人工知能王国の中心、メンロパークの鉄道駅の隣にある、『レイト・フォー・ザ・トレイン（乗り遅れ）』という名のカウンター式レストランだった。産業スパイが盗み聞きする場所のリストを持っているとすれば、有機栽培の芽キャベツを添えたパンケーキを出すその店は、間違いなくリストの上位五位内には入っているはずだ。もっとも古いロボット工学研究センターのひとつであり、モリブデン鉱床をかぎつけたPROSPECTORの誕生の地でもあるSRIインターナショナル（元SRI）は、その店から緑豊かな並木の木陰になった道を、ほんの数ブロック行った場所にある。私の隣には、実はノーベル賞受賞者だと名乗られても信じてしまいそうな風情の老人が座っていて、くつろいだ様子でスコーンにバターをぬっていた。

バーは白いシャツにネクタイというういでたちだった。三十代半ばぐらいに見える。茶色の髪はきちんととかしつけられ、口ひげもきちんとそろえられている。六〇年代にはヒッピーだったかもしれないベビーブーム世代のひとりだが、今や月に二回はヘアサロンに行っているといった印象だ。スーパーで買った物を袋に入れてくれる、若い店員のようにも見えなくもない。

そもそもバーがプログラミングに手を染めたのは、仕事がほしかったからだった。人工知能に関わるようになったのも、自分がいた研究チームの仕事で必要なプログラムを作るための支援ツールが、人工知能のプログラムの世界にしかないように思えたからにすぎない。大学院を中退したばかりで、とにかく仕事が必要だった。バーはコーネル大学で物理と数学の卒業論文を書き、一九七一年にカリフォルニア大学バークレー校に来たのだが、物理学の大学院生として数カ月すごしたのち、自分が物理学者になりたいと思っていないことをはっきり自覚してしまった。

その時点では、バーの目標の中には、コンピュータ科学の世界でキャリアを築くなどという野心はまったくなかった。たまたまプログラミングが自分のセールスポイントのひとつだったにすぎないのだ。コーネル大学時代、バーはある週末に本を読んで覚えたＦＯＲＴＲＡＮをどうにか使いこなして、さまざまな学部の教職員たちに科学プログラムを作ってやっていた。物理学の道を捨てて職を探しはじめたとき、プログラミング経験のある研究助手募集の告知が目についた。スタンフォードの教育技術の研究室が、専属でソフトウェアの何でも屋をやってくれる人間をほしがっている。バーはこの仕事を選んだ。

こうしてバーは、スタンフォード数理社会科学研究所の研究チームに加わり、雇われコンピュータ技術者としてばかりではない、めざましい貢献をした。それから数年は、初心者にＢＡＳＩＣ言語を教えるプログラムの設計に関わった。

「どんな人たちがコンピュータを使うようになるかということを、この経験のおかげで考え直すことができた」とバーは言う。

「そして、最初にコンピュータ言語を学ぶ過程の中で、どんな問題が出てくるかということもわかるようになった。最初にわかったことは、コンピュータ・プログラムの学習は、学校でほかのことを学ぶのとはまったく違うということだ。プログラマーが最初から正しい答えに行き当たるということはめったにない。プログラミングは修正の積み重ねだ。したがって、間違いをおかすのを何としても避けなければならないと考える必要はなく、間違うことはむしろ正しい方法を探すための手がかりと考えるべきだ。そのためこのプログラムは、単なる教育用プログラムというよりも、実際には〝環境〟であると言うほうが正しかった。ぼくらは教育用のカリキュラムを、学習者がソフトウェアを学ぶうえで必要な手がかりとなるヘルプと一緒に、ＢＡ

SIC言語のインタープリタに作り込もうとしたんだ」

インタープリタとは通訳の意だが、もちろんコンピュータの専門用語を解読する人間の専門家という意味ではない。人間が書きやすい高級言語で作った命令を、コンピュータが理解することのできるマシン語に変換してくれるプログラムの一種である。

プログラマーとインタープリタのひどく幼稚なやりとりは、よく旧式のプログラミングを学んでいる初心者をいらだたせる原因になる。インタープリタは、書かれたプログラムがひとつの間違いもなく完璧なものでない限り、コンピュータ上で動かせるようなプログラムに変換することができない。カッコがひとつ抜けているだけでもそこで止まってしまい、ぎょっとするようなメッセージを画面に出す。悪名高い〝致命的《フェイタル》エラー〟や、謎めいた〝シンタックス（構文）・エラー〟などといったエラー・メッセージだ。

エイヴロン・バーと同僚たちが試みたのは、BASIC初心者のプログラマーと、自分のプログラムを動かすのに不可欠なインタープリタとのコミュニケーションを、もっと簡単で、ユーザーをいらだたせないようなものにしようということだった。

「普通、インタープリタがバグのあるプログラムを入力されると、暗号のような〝エラー・メッセージ〟が返ってくる。ぼくらはそのエラー・メッセージやデバッギングの作業を、プログラミングを学ぶための手段のひとつとして利用できるようなプログラムを作ろうと考えたんだ」

エラーを特定できるばかりか、初心者ユーザーに問題解決のヒントを与えるようなインタープリタを作るためには、プログラミングの一般的な手法を超えた発想や、人工知能研究から出てきはじめたばかりの新奇な考えかたを学ばなければならなかった。普通のプログラマーが使うような、標準的な操作手順にかなったものではない。多くのプログラマーにとって、あるいは科学技術系のプログラマーにとってさえ、人工知能研究という領域は、偏執狂的な学者の一派が国防省から多額の援助金をもらってやっている、秘密の手品まがいの研究にしか見えないものだったからだ。

知的インタープリタのプロジェクトが終了すると、バーはスタンフォード大学のコンピュータ科学科に大学院生として入学し、そこでエドワード・ファイゲンバウムと出会った。バーにはすでにプロフェッショナルのプログラマー経験があり、周囲に人工知能研究者もたくさんいたし、人工知能ハッカーから教わった手法を使ったりもしていたが、公にこの分野の研究者と目されるようになったのはこのときからだった。ファイゲンバウムが本の執筆と編集の企画をあたためていて、バーはこの仕事を引き受けることになった。彼らは、その年の夏が終わるまでに、人工知能に関する総合ガイドブックを完成させるつもりでいたが、実際には五年半の歳月がかかった（6）。

バーが大学院課程の卒業論文を書きながらやっていたこの仕事は、何百人という人工知能研究者の功績を本にまとめるというものだった。非コンピュータ関連分野の人間が見ても、人工知能分野での画期的な業績が概観できるものだ。この仕事はどんどん長引いていき、ようやく編集作業が終わったころには、バーの肩書きは修士から、認知科学の博士に変わっていた。

人間や機械が知識というものをいかに獲得するか、それが思考やソフトウェアの中でどう表現されるか、人間とコンピュータのあいだでどうやりとりされるか、そして文化の中にどう浸透していくかということを学ぶ〝知識の探求〟が、哲学や心理学、人工知能研究などにおける問題の中心になる。――一九七〇年代の終わりごろになると、そう考えている人間は、バーひとりではなくなっていた。そしてその問題の答えは、エキスパート・システムの構築者たちによって生み出された新しい分野によって、驚くべき方法で与えられるのだと見なされるようになったのだった。

コンピュータは大量の情報を探知することができ、その情報をすごい速さで見てまわることもできる。しかし、いざ問題を解決するということになると、それがよちよち歩きの子どもにもわかるようなことであれ、チェスの名人なら簡単に解けるというものであれ、コンピュータは深刻な状況にぶつかる。コンピュータが必要とする記憶容量も、必要とするスピードも、これだけあれば十分という限界は決してない。正しい解答である可能性を持った情報をすべてチェックするという方法で問題を解決するには、この世の中にはあまりに情報が多すぎるのだ。手当たり次第の計算と、人間の知識とのあいだにどんな違いがあるのかということこそ、人工知能研究の精鋭たちにとっては、人と類人猿のあいだの失われた環、もしくは最後の晩餐の聖杯のような、探し求めたい何かなのである。

個人の知識を記述するのは手ぎわのいる作業だし、コンピュータに模倣させるようなプログラムを作るのも難しいことだ。知識は事実の収集という以上のものであり、合理的な順序で固定されているとは限らない。人間の頭は、いかに考えるかということを意識することもなしに、どのようにして思考をおこなうのだろうか。人間は情報の大海の中で、どの情報の断片が注目に値するのかを、どうやって判断するのだろう。初心者と専門家との違いは、その専門分野に関してどれだけ知識を持っているかという、量的な差だけではない。その分野の新たな問題に対し、判断を下せる能力によって決まるものなのだ。

チェスは、コンピュータ・プログラムによる専門知識の模倣が、いかに難しいかを示す古典的な例である。可能な動きが明確に定められ、限られた数の駒の動きによって必ず完全に結果が出るゲームだ。チューリング・マシンの考えかたでは、チェスは形式的体系に適したものとされ、したがってコンピュータが模倣することができるはずのゲームである。コンピュータにルールを教え、開始位置を教え、相手の最初の動きを教えることは可能である。あくまで〃原理的〃には、可能性のあるあらゆる駒の動きを計算する能力も、その計算に基づいて次の一手を決める能力も、コンピュータは持っている。

それでも、四半世紀が過ぎてなお、〃無敵の〃チェス・プログラムはいまだに作られていない。手当たり次第の計算によるチェス・プログラムが人間のチェス名人を負かすことができないのは、技術や数学の問題ではない。一九五〇年にシャノンが指摘したように、すべての可能性を端から計算していく方法には、〃組み合わせの爆発〃という限界がある。たった六十四個のマス目と、決められた動きしかできない限られた数の駒であっても、チェスのゲームの中で選べる動きの数は、組み合わせで爆発的に増えるため、どんなに速いコンピュータを使っても、ルールに反していない動きをひとつひとつ評価するだけで、とんでもない年月がかかることになってしまうのだ。

チェスやその他の形式的体系においては、正しい解答えは膨大な数の選択肢の中に含まれている。相手の駒の動きによって提示される問題に対する最良の解答は、相手のキングを取るような動きをするということだ。相手の駒の動きに対してどんな動きを返すかという大量の選択肢の中に、ひとつもしくは少数の正答があるはずで、その答えが最終目的に到達できるような、あるいは目的達成への足がかりとなるような状況を、作ってくれる。この解答がかくれている抽象的な領域のことを、〝問題空間《プロブレム・スペース》〟と呼ぶ。

手当たり次第の計算で正しい動きを探すという方法は、ルールにしたがってすべての可能性を形成し、それをひとつひとつ調べるということであり、〝問題空間のしらみつぶし探索〟である。組み合わせの爆発は、問題空間の中で、何段階もの層を分岐しながら解答を探索する過程において起きる。

組み合わせの爆発は、ツリー構造を作ることで簡単に見ることができる。異なる動きの選択肢をツリーの枝として見れば、単純な二者択一としても、最初の一手で枝が二本に分かれ、次の手では四本、その次の手では八本となる。前の手に対し枝が二倍になるという方法で六十四手までいくころには、枝の数は膨大なものになり、まさに枝を見て森を見ずということになってしまう。選択肢が二つから三つに増えれば、さらにいりくんだことになる。三者択一を二回くり返した場合、二者択一では四本だった選択肢の枝は九本に増える。三回なら八本が二十七本、四回なら……と、考えればきりがない。そのため、ルールに準じてはいるが無意味な動きを排除し、二、三手前から前もって戦略を評価できるような体系を構築する必要がある。

実際に機械を動かしてみるよりも先に、人間のチェス名人がチェス盤を見て（あるいは駒の配置を口頭で説明されて）、どうやっていくつかの可能性以外の選択肢を〝排除〟しているのかという秘技を解き明かし、それを機械に教えてやる必要がある。人間がチェスの駒の位置について考えをめぐらすとき、その人の脳は、天文学的な複雑さを持つ情報処理の課題をおこなっているのだ。

どうやら人間の脳には、しらみつぶしの探索という行為に近道を作る手段、つまり、問題空間の中で解答探索をおこなうとき、関連する選択肢の数をふるい落としていく手法が備わっているようだ。これこそが、人工知能プログラム設計者がどうしてもとらえきれないでいる、きわめて重要な解決の糸口なのである。

しらみつぶしの計算によるプログラムが生み出す膨大な選択肢の枝を、人間のチェス名人はどんなふうに切り払っていくのだろうか。ほかの人間が同じようなことを試みるとき、コンピュータがそれを助ける余地はあるのだろうか。エキスパート・システム開発の目的は、人間の脳をしのぐということではなく、脳のおこなう情報処理と、現実社会の複雑さ（とりわけ情報関連の複雑さ）とのあいだの知的緩衝材となり、人間の推論を助けるようなシステムを作ることにある。問題解決の選択肢を除外するためのツールは、こうした情報の仲介役システムの重要な構成要素となっていくことだろう。

　もし機械が人間の脳を複製することができるとしても、その処理遂行能力は、想像を絶するようなコンピュータ・パワーを必要とするだろう。初期のエキスパート・システムの実験は、機械の能力と人間の能力のどちらかに焦点をしぼるようなことはせず、両者を二種類の異なる記号処理ととらえ、その境界線に焦点を当てている。とある人間から別の人間に専門知識を移行するのに、機械をどう利用できるものだろうか。機械の能力と人間の認知的才覚とのあいだに出てきた違いは、ＭＹＣＩＮのような、人間の判断能力をある程度まで拡大させることのできるソフトウェア・システムによって、より鮮明に示されるようになった。ＭＹＣＩＮを診断の助けとして使用する医者は、プログラムの補佐を受ける以前よりも、より正確な診断を下すことができるようになる。初期のエキスパート・システムの〝推論〟能力は、実際にはまったく初歩的なものだったが、これらシステムが〝参照《コンサルテーション》ツール〟として使われることで、人間の側の知る力にも刺激が与えられ、その働きが拡大される。こうした方法で〝人間との対話〟ができるソフトウェア・システムを設計できれば、そこにある可能性が非常に大きなものとなることは間違いないだろう。

　現在、人間の知性を拡大するコンピュータ技術と、エキスパート・システムの開発産業、そして人工知能科学という三つの分野は、専門知識の移行というひとつの接点で結ばれている。エイヴロン・バーやその仲間の研究者たちは、これが実用的で価値あるツールであり、理解というものの本質を理解するための探求にも役立つものと信じている（7）。

　エキスパート・システム構築におけるわれわれの中心的考え方は、このプログラムが単に特定の問題に対する専門知識の集積となるだけでなく、人間が学習したり、説明したり、知っていることを人に教えたりするときのように、ユーザーと対話できるようにしようというものである。……この専門知識の移行《トランスファー・オブ・エキスパータイズ》（TOE）能力は、もともとは人間工学的な考察から必要とされるようになったものだ。このシステム作りに関わったり、実際にシステムを使っている人間たちは、さまざまな〝補佐《アシスタンス》〟や〝説明《エクスプラネーション》〟の機能を必要とする。しかしTOEには、ユーザーが必要とする機能を充足させるためという以上の要素がある。たとえば、専門家から学んだり、自分の推論を説明したり、知っていることを教えたりといった社会的な相互交流は、人間の知識における本質的な側面なのだ。これらは知性の本質における基本原理であり、専門家レベルの問題解決においても同様の意味を持つもので、表現や知識というものに関するわれわれの考えかたを変えてきた要素でもある。

エキスパート・システムの助けをかりて判断を下すため、人間のユーザーはシステムが推奨する知識以外のことも知っていなければならない。まず第一に、人間はコンピュータとどのようにコミュニケーションするかを学ぶ必要がある。次に、システムがどのようにして、人間に理解可能な形の結論に達するのかを知る必要がある。そして、機械が推論のプロセスを人間に伝えるためには、システムがそれ自体何を知っているかを理解できる手段がなければならない。

ここまできて初めて、選択肢の並んだ長いリストを機械的に検索しただけではできないような処理が、実行されたということになる。問題解決の機能は、機械が見つけ出した解答が本当に正しいと人間に確信させることのできるシステムにおいては、そのほんの一機能にすぎないのである。こうした移行過程の内部的および外部的なコミュニケーションの側面は、知的オーグメンテーション研究のみならず、人工知能研究におけるもっとも重要な問題の手がかりになるものではないか、とバーは考えている（8）。

われわれが構築しようとしているのは、さまざまな領域の専門家、実務開業者、それに学生たちのあいだで必要とされる、専門知識の移行という人間の活動を担ってくれるシステムである。いちばんの問題となっている点は、以前と変わらない。知識や、より包括的な知識を表現し、対話を実行し、当該分野にある問題を解決するためのよい方法を探さなければならないということだ。ただし、アプローチ方法の原理を導く方法も、問題の解決をさまたげる要因も、少しずつ変化してきている。このシステムはもはや、単に専門的な問題を解決するために、大量のコード化された知識を利用するシステムとして設計されているのではない。人工知能研究の分野でも、〝知る〟ということの側面はまだ未知の領域である。〝人間による〟専門知識の移行に関与することで、これらのシステムは、知識や知性を人間独自のものと理由づける行動の構造以上の何かを含むようなものとなっていくだろう。

ダグ・エンゲルバートやアラン・ケイのように、バーもまた、機械と人間に何ができるかという考えかたがもっと広い意味でとらえられるようになれば、未来の世代の人間は、現在のコンピュータ開発者やユーザーよりもずっと自由な発想ができるようになるだろうと考えている。人間側の考えかたとコンピュータの能力との関わりを調整することは、現在の知識工学者たちの現実的な関心事であり、リックライダーが予言した人間と機械の共生という長期的なテーマにおいては、前提条件となるものでもある。

バーはしばしば、会話や講義、著作の中などで、認知科学志向のコンピュータ科学者がよく使う〝飛行のたとえ《メタファ》〟を引用する。機械は考えることができるか、という問題を扱うための、実用的な手段を探していた初期の人工知能研究者たちは、自分たちのことを、最終的には自分が飛行のための機械を作れると信じていた、少し前の時代の発明家たちになぞらえていた。「現在のわれわれはまだ無知の状態ではあるが、何百年も前の科学者が鳥を指し示し、あれこそが空気より重いメカニズムでも飛ぶことができるという自然の証明だ、と言うのと同じ精神で、生物学的に画期的な事象として、思考する脳を指し示すことができる」と、一九六三年にファイゲンバウムとフェルドマンは書いている（9）。

そして一九八三年、バーは「この比較をさらに掘りさげると示唆的なものが見えてくる」と書いた（10）。

環境に対処するひとつの方法としての飛行には、空高く舞い上がるワシから、停空飛翔をおこなうハチドリまで、数多くのかたちがある。自然界に見られる飛行のかたちを調査することで飛行の研究を始めようと考えた場合、まず初歩の段階で学んだものを理解していくときに、羽、翼、体重に対する翼の大きさの比率、はばたき、などの用語を使うようにもなるだろう。これが人間の発展させていく〝言語〟である。現象の中から規則性を見極め、識別をおこなうのだ。だが、もしいきなり飛行する人工物を作るところから始めるとなると、人間の理解というものはすぐさま変容する。

さらにバーは、一連の飛行のたとえに、もうひとつ例を加えた人物のことを引き合いに出している。MITのプロジェクトMACやLOGOで有名なシーモア・パパートが、航空力学におけるもっとも意義深い洞察は、鳥はどうやって飛ぶのかと考えることを発明家が〝やめた〟ときに生まれてきたと指摘しているのだ。バーも参加していた一九七二年のヨーロッパでのセミナーで、パパートは次のように述べている。

「鳥がどうやって飛ぶのかということを、人がどのように理解したか考えてみるといい。もちろん、鳥を観察した結果だ。だが、それは特定の現象を認識するためにおこなわれたことなのだ。〝鳥の飛行〟を本当に理解するために必要なのは、〝飛行〟への理解であって、鳥への理解ではない」(11)

人工の飛行物を設計しようとした人間たちが直面したもっとも困難な障害は、彼らの発明をとりまく環境的な障壁や、使える素材や技術の性質といったことではなく、飛行とは何か、あるいは、飛行とは何でないのか、という彼らの考えの中にあるものだった。ライト兄弟がなしとげたもっとも重要な功績は、飛行には翼のはばたきは必要ないという、単純だが驚くべきアイデアを完璧に証明してみせたことなのである。

今世紀初め、航空設計家が直面した問題の根本は、実例がどうのという先入観を捨て、何が可能かをいかに見極めるかということだった。飛行機械を作りたければ、自然がどうやって飛ぶ生き物を創ったかという問題解決法に固執するのをやめ、鳥という生物を超えた飛行の本質に目を向ける必要があった。人工知能設計にも、同様の根本的な問題があるといえる。脳やコンピュータそのものを超越した、知性の本質について理解する能力が必要だということだ。

認知科学者は、そのような知識が人間の脳の働きに解明の光を投げかけるものだという認識を持っている。バーは、そうした知識が知性というものに多様性を持たせ、ジェット機とワシの飛行に違いがあるように、人間の知性とは異なる種類の知性に拡張されていくだろうと指摘する。

もし飛行のたとえが、思考する機械の発明者や理解するプログラムの技術者に対してもぴったりのメタファとなれるなら、今では想像もつかないような新しい世界が実現するだろう、とバーは言う。人間の脳の働きと調和して存在しつつ、脳の機能とはまったく異なる情報処理メカニズムを持つような世界が、できるというのだ（12）。

> ……新たな設計をおこなうことで、何が機能し何がそうでないのかという新しいデータや、その理由のヒントがもたらされる。新たな工夫をおこなうことで、理論的な言語によって定義された領域に、違ったタイプの〝設計の選択肢《デザイン・オルタナティヴ》〟を試すことができる。そしてあらゆる試みによって、われわれはさらに明確に、飛ぶということが何を意味するのかを理解していくことになる。
>
> だが、人工的に生みだす現象の科学には、自然現象の〝真の本質〟を定義する以上の意味がある。はばたかない翼を持つ飛行機械のような人工物そのものを探求することは、社会にも〝有益〟であるがゆえに、技術と社会のさまざまな接点の研究が拡大されていくことも、当然のなりゆきとなるだろう。自然において可能性を追求することは、自然の変化メカニズムによって制約を受けるが、人間の発明家は、役に立つような成果を生みだすのに必要な要素を考えだし、それをさまざまに変化させることができる。つまり、自分の発明品の限界を、あらゆる角度から研究することができるのだ。〝飛行〟という現象についても、自然が試したことのないような飛行例というものを、思いつくままに例示していくことができる。

飛ぶことと同じように、知能というものも、環境に対処する方策のひとつである。そして知能は、これも飛ぶことと同じで、生物や種に生きのびる手だてというものを与えてくれる。ある場所からある場所へ飛ぶ能力は間違いなく役立つ才能で、社会にとっても実用価値があるので、人工的に飛ぶための方法を開発していくことが必要と見なされるようになった。エキスパート・システムやほかの知識ベースのエキスパート・システムもまた、同じように高い実用価値や市場経済価値を持ち、将来的にはますますその能力が高められていくような、ある種の〝思考の飛行機械〟である、とバーは言う。

エキスパート・システムのもっとも意味深い特質のひとつは、それが〝応用人工知能〟の〝応用〟の部分であるということだ、とバーは考える。知的システムと社会的価値の高い目標が結びつくことによって、この始まったばかりの科学が、さらに発展していくことは間違いないからだ。こうした特殊な市場の製品の質を高めていくことは、人間の知性を拡大する方法の質を高めていくということでもあり、機械知能の進化は未来における人間の思考の進化と密接に関わっていることになる(13)。

エキスパート・システム技術の商品開発に関わる

人間たちの目標は、その技術を市販可能な機器と合体させることだ。だが、エキスパート・システムが動作する〝環境〟は、われわれ自身の認知環境である。人間の問題解決という活動の領域において、最終的にはエキスパート・システムが有益な商品だと見なされなければならない。エキスパート・システムは、人の思考に合わせて作られるようになるだろう。

……研究室の中で開発されたエキスパート・システムが、人々の生活にうまく適合するような製品となるまでには、長い道のりがあるだろう。実のところ、この製品がどうなるかを想像するのさえも困難なことだ。ヒューレット・パッカード研究所のエゴン・ローブナーは、テレビ技術を発明したウラジミール・ツボルキンと何年か前に交わした会話について、以下のように語っている。ローブナーはツボルキンに、一九二〇年代にテレビ技術を開発しているときは何を考えていたのか、どんなものができあがると考えていたのか、と尋ねた。当の発明家は、テレビの最終的な利用方法について、当時から実に明確な考えを持っていた。ツボルキンの頭の中には、医学部の学生たちが手術室の見学スペースに集まり、眼下でおこなわれている手術の詳細を、テレビ画面の鮮明な映像で見る姿が思い浮かんでいたのだという。

新しいエキスパート・システムの応用方法というのは、最初は常に未知の領域であり、容易に見いだすことはできない。ローブナーはこの過程を近代の進化論にたとえ、〝技術のニッチ〟と表現した（生物学では〝ニッチ〟は生態的地位の意。ある生物種が適応した特有の生息場所のことを指す）。生物と環境の関係と同じように、発明品とその応用領域は、相互作用的な面をもっている。比較的安定した期間を経ながら、たえずともに進化していくのだ。……エキスパート・システムの発明は人々の必要に応じて変化し、一方で、人々の活動も、新しいエキスパート・システムに利用によって変化していく。そして、新しいエキスパート・システムが商業的にも有益なものとなるよう産業界でも努力がなされ、潜在的な現象の本質の探究もおこなわれるようになる。当然のことながら、こうした研究に関わるのは、このエキスパート・システムを開発した科学者や技術者だけではないだろう。研究の半分ぐらいは、新しい技術が人々にどう役立てるかということの究明に費やされるのだ。

エキスパート・システムを構築するには、人間の専門家が特定の分野において判断を下すのに使う法則を、知識工学者がコード化し、判断の法則とその分野に関する膨大な知識とを結びつける必要がある。ソフトウェアのモデルができあがったら、人間の専門家にそれをテストしてもらう。人間の専門家がシステムの提示する問題解決方法に納得できないようなら、その判断を導いている一連の法則や知識の集積を、再び構築しなおすことになる。

プログラムの問題点を明確にし、段階的なデバッギングをおこなうことで、大まかな模型だったシステムは、実動用のエキスパート・システムとして完成していく。最終的には、人間の専門家が非常に高い確率で、システムの下す判断に同意できるようになることが必要である。さらにほかの専門家にもこのシステムを評価してもらうことで、〝コンセンサス（意見一致）〟を確立する。現実社会においては、たとえトップクラスの専門家同士でも、お互いの意見が食い違うことはある。つまり、あるひとりの専門家にどれほどの同意を得られたエキスパート・システムであっても、ほかの専門家もシステムの判断に必ず同意するとは限らないのだ。

　人間同士にも起きる意見の不一致という現象を、システムにうまく処理させるためには、〝経験の記憶〟のメカニズムを構築し、正誤に関わらずこれまでに下した判断をすべて蓄積して、賛同を得られなかった結果から新しい法則を生みだしていく必要がある、とバーは考えた。ここに至って、エキスパート・システムのこうした側面は、人工知能研究でもいちばんさかんに議論されてきた問題と直結する。つまり、プログラムは経験から学ぶことができるか、というテーマである。しかしバーは、この問題のある一面にしか関心がないようだ。彼にとって重要なのは、これまでの判断を追跡したり、人間の専門家の意見が一致しないときの事例を分析したりするための、手だてが作りだせるかどうかである。

　「意見の合わない二人の専門家がいるとしよう。彼らはお互いの意見の中に、なぜ自分が同意できないかという不適切な知識が含まれていることを示そうとする。意見の一致をみるためには、第一段階として、どの点になら同意できるかの特定をおこなう。それから第二段階として、自分の個人的な知識体系のどこに賛同できないものがあるのかを、正確に突きとめていくという作業に進むことになる。

　意見の不一致点を突きとめるという作業は、こうしたプロセスの中でも重要なポイントとなることが多い。意識的に不一致点を探すことによって、それぞれの専門家は、ひとつの用語を同じ意味で使っていなかったり、ひとつの目標を違った視点で見ていたりといったことに気づくからだ。

　この種のデバッギングは決して楽しいものではないが、これが意見一致への第三段階の基礎をつくってくれる。そこからは、専門家たちがお互いに判断を下さなければならない部分だ。片方が間違いを認めて意見がまとまることもあるだろうし、依然として両者譲らずということもあるだろうし、どちらも間違っていた、あるいはどちらも正しいという結論になることもあるだろう。調査や実験をおこなって最終決断を下すのもいい。あるいは、新しい知識の材料が出てくるまで判断をのばそうということもあるかもしれない」

　意見一致支援《コンセンサス・アシスタンス》システムは「知的支援《インテリジェント・アシスタンス》システムによって人間がなしとげられる究極的なこと」のほんのスタートラインにすぎない、とバーは考えている。〝コンセンシス〃（コンピュータによるコンセンサス・システムのことをバーはこう呼んでいる）は、人間がこうしたシステムとどのようにコミュニケーションできるか、特に、エキスパート・システムがどのようにして専門家の意見の違いを調整したり、その違いがどの程度のものかを具体化したりできるのか、というところの表現方法から始まっている。

「ぼくの夢は、人は誰しも自己の存在の目的を持っていて、その目的を知る必要がある、ということと深いつながりのある話なんだ。人はみな、建設中の建物をのぞき穴からながめているようなものだと思う。それが何なのかは誰も知らないが、ひとりひとりが少しずつ違った視点を持っている。建物の全体を知るには、その視点がすべて必要になる。人間は、これほどの短い時間でとてつもない文化を築いてきたし、ここまでの過程における優れたアイデアも、世界がどんなふうに動いているかという知識もみんな手にしているのに、それが何のためかということになると、ほとんどわかっていない。これはおかしなことだと思うね。そのあたりが、コンピュータの役割に手がかりを与えてくれるかもしれない。

コンピューテーションとは、環境を解釈して共有するための抽象的な発想だと思う。コンピューテーションは体系づけられた記号の操作であって、記号は現実世界と認知的な関連を持つ手段だ。世界に対する人間の視野を共有しあうためには、お互いの内的な表現をつなぐ、仲介役のメッセージというものが必要なんだ。

こうしたシステムが、いつの日かきっと、人々の意見の違いを解決してくれる手段になると思っている。それを可能にするためには、自分たちの目的が何であるかわからないということを認めて、なぜわからないのかを究明して、どうしたら〃わかる〃ようになるかを、ともに考えることが必要だ。たぶんコンピュータが、目的を理解する助けとなってくれるはずだ。

かなり哲学的な言い方と感じるかもしれないが、理解ということの本質は、現在の人工知能プログラムが突き当たっている問題の核心と深く関わっていると思う。人工視覚や人工聴覚におけるパターン認識、自然言語を理解する能力、問題解決のエミュレーション、知的コンピュータ・インターフェースの開発――そうした研究における問題点はみな、〃理解〃の本質と関連がある。理解しようとすることの目的が何かは誰も知らない。本来、人の顔や文章をひとつ理解するのに、人間が世間一般をそんなに多く知る必要はないはずだしね。

人々の多くは、理解しないよりはしたほうがいいと考えているし、理解すればそれだけいいことも増えると考えていると思う。今ある知識ベースのエキスパート・システムが発展していけば、人々のよりよい理解を助けてくれるようになると思う。エキスパート・システムの助けで、ほかの人間や情報とうまく相互交流がはかれるようになれば、人間ひとりひとりがもっと理解というものを深めていけるようになる。これまで誰も理解できなかったようなことまで、システムの助けで理解できるようになるかもしれないんだ」

これまで誰も理解できなかったことが理解できるようになる、ということに異議を唱えようとする人間はまずいないだろう——それが生命体によってではなく、シリコンでできた知能によって実現されることだと聞かされるまでは。人工知能のインフォノートたちが作っているのは、最終的には人間の知能を増強するような近未来エキスパート・システムかもしれないが、それが人間の知能をしのぐということはないかもしれない。バーやその仲間たちの言うことが正しければ、彼らのアイデアは、リックライダーが一九六〇年に提示した、来るべき人間と機械の共生という予見を強力に支持することになる。もっともリックライダーは、こうした共生関係は何十年か何世紀かにわたって暫定的に続くだけの中間的段階で、その後は機械が人間の能力を超え、人間のほうがそれに追随するようになるまでのことだと述べているのであるが。

人間と機械の共生関係が数世代しか続かない過渡期的な段階だとしても、ここからしばらくの時代は、実にエキサイティングなものになりそうだ。コンピュータ史を見ている限り、コンピュータ技術の発展の度合いは、専門家でさえも低く見積もる傾向がある。もっとも大胆な人工知能の権威ですら、今後五十年か百年のあいだに起きる技術的な変化について、実際よりずっと控えめな推測しかしていないことだろう。

思考増幅技術の未来への道のりはさらに広がりを見せていて、選択の幅が拡大すればするほど、その行く末の予測も困難になっていく。過去の発展を見る限り、これらの道のりがまぎれもなく新しいテクノロジーにつながり、人間の文化にいちじるしい変化を起こす可能性は十分にあるだろう。アラン・ケイやブレンダ・

ローレルなどの研究に代表される、対話形式で一人称のファンタジー増幅装置の研究も進んでいくはずだ。エンゲルバートの知的オーグメンテーションの発想も、コンピュータという万能ツールがどのように発展していくかという、またひとつ異なったサンプルを提供してくれる。エイヴロン・バーのような知識工学者も、自分たちの道を切りひらいていくことだろう。次の章では、さらに毛色の違う道筋を見てみようと思う。コンピュータを、機械の歴史という側面ではなく、文献の歴史という側面からとらえてみたいのだ。で最後に紹介するインフォノート、テッド・ネルソンは、これまで図書館の書棚で名前を見かけるような研究者だけが使えた人間の文化を、いずれは全世界の人間が参加できるような、壮大な対話に使える文化にするという夢を見ている人物だ。ネルソンの構想は突飛なものに思えるかもしれないが、真剣に耳を傾ける価値はある。パーソナル・コンピュータ史における〝古き良き時代《オールド・デイズ》〟である一九六〇年代や七〇年代に彼がおこなった予想は、薄気味悪いほど正確に未来を言い当てていたのだ。

第十四章　桃源郷《ザナドゥー》とネットワーク文化と、その向こうにあるもの

「〝コンピュータ〟などという名前を付けたのがよくなかった。〝ウーガブーガ・ボックス〟とでもしておいたほうがよかったのだ。そうすれば、少なくとも恐いという気持ちをオープンにできて、笑い飛ばすことができるだろう」（1）

テッド・ネルソンは、もっとも風変わりな、そしておそらくはもっともユーモアのあるインフォノートである。こんなふうにぶちあげておいて、「これが突拍子もない言葉に聞こえるとすれば、理解できているということだ」などと言うのが好きだ。それは彼の意見にばかりではなく、彼の人生にも当てはまる。〝安っぽいダ・ヴィンチ〟〝自分では巨人だと思っている変人〟などと呼ばれることもあるが、そもそもそれを言いだしたのは彼自身だったりする。ネルソンがただの口うるさいアジテイターなのか、それとも単なる何でも屋以上の器なのかということになると、コンピュータ業界でも意見が分かれる。学術界、産業界、そしてアンダーグラウンドも含めた同時代のコンピュータ業界の主要人物たちは、みなネルソンに触発され、いらだたされもしてきた。

早熟でエキセントリックな一匹狼の集まるコンピュータ業界にあっても、ネルソンはほかの人間と一線を画そうとしているかのようだ。一九六〇年代初めにオーグメンテーション研究を始めた人物たちや、一九七〇年代半ばに自家製コンピュータのムーブメントを起こした人物たちと比べると、ネルソンの先行きは危う

い感じがする。アラン・ケイはそろそろファンタジー増幅装置の市場版を完成させそうだし、ロバート・テイラーは今もオンライン知的コミュニティの発展促進に力を注いでいる。エヴァンス・アンド・サザーランド社はフライト・シミュレーションでとてつもない成功をおさめ、いまやアイヴァン・サザーランドは大富豪である。

だが、ネルソンが注目し喝采を送った人物たちは、七〇年代半ばに疾風のごとく現れ、大学や企業の研究所で新しいアイデアを出したり、コンピュータ研究開発のパイオニアとなっていった人たちばかりというわけではない。かつてもよくあったことだが、名も知られていない若者たちが思いもよらないところから現れて、それまで理解されていなかった機械の新しい使いかたを見出したのである。その伝説は今でこそきちんと確立されているが、それを著書『ホームコンピュータ革命』(十一章参照)の中で初めて記録にとどめたのはネルソンだったのだ。

一九七〇年代半ば、ICは高度に小型化されるようになり、ENIACの何千倍も複雑な電子部品を作っても、室内の温度が五十度近くまで上がるようなこともなくなった。実際、ICをカーペットの上に落としたら、そのまま見失ってしまいかねない。さらに一九七一年、インテル社のチームは、フォン・ノイマン型の高性能コンピュータに必要なコンポーネントをすべてそなえた特殊なIC、4004を開発し、続いて8008も作った。いわゆるワンチップコンピュータだ。

発明されたばかりの時点では、マイクロプロセッサも毎年大量生産される何千という種類の電子部品のひとつにすぎず、それが一般に通じる言葉になるとは誰も考えていなかった。そのころは、成功して高い地位にある人物か、コンピュータ技術マニアでもない限り、個人使用の目的で自宅にコンピュータを持っている人間は、世界でもそう多くはなかったはずだ。IBMやDECもマイクロプロセッサ・チップの発明の意味を正確には理解できず、これが一般消費者向けコンピュータ生産のゴーサインになるとは考えていなかった。

一九七四年、ニューメキシコでマイクロ・インストゥルメンテーション・アンド・テレメトリー・システムズ(MITS)という会社のエド・ロバーツ社長が、8008チップと出会ってひとつのアイデアを思いついた。チップそのものは本来、電子工学技術者でもなければ何の役にもたたないものだ。〈ファームウェア〉として組み込まれた基本命令の〝命令セット〟、演算・論理ユニット、クロック、一時的な格納レジスタなどはそなわっているが、外部記憶装置や入出力装置、それらの部品を接続してコンピュータを動かすための回路はなかった。

ロバーツは、ほかの部品と、それらを相互接続するための手段をセットにして、コンピュータ・ホビイストに売ろうと考えた。一九七五年一月、『ポピュラー・エレクトロニクス』誌が『四百二十ドルで自分のコンピュータを作ろう』という特集記事を載せた。このコンピュータは〈Altair〉と名づけられた。『スタートレック』のエピソードに出てくる星の名からとったものだ。ロバーツは、一九七五年の一年間で二百件のオーダーがとれれば、この事業を維持できると考えていたが、その雑誌が発売された直後に届いた郵便物の中には、すでに二百以上の数の注文書が含まれていたのだった。

ビル・ゲイツとポール・アレンがAltair用にＢＡＳＩＣを開発したとき、彼らはそれぞれ十九歳と二十二歳だった。二人はニューメキシコへ行ってＭＩＴＳ社で働き、初のホビイスト用コンピュータのソフトウェアを開発したのだ。自分自身のコンピュータがほしいと考える人間が大勢いることは、初めから明らかだった。ＭＩＴＳ社は、操業開始から大成功をおさめた会社にありがちな問題を抱え込み、最終的にロバーツは会社を売却した。そして一九七七年、コモドール、ヒースキット、ラジオシャックの各社は、Altairが確立したＳ１００として知られる相互接続方式をベースにしたパーソナル・コンピュータを、市場に出しはじめた。

スティーヴ・ウォズニアックとスティーヴ・ジョブズは一九七七年にAppleを売りだし、シリコン・ヴァレーのガレージ神話年代記の中に確固たる地位を確立して、今ではヒューレット・パッカード社の七〇年代版といった位置づけでとらえられている。ゲイツとアレンはマイクロソフト社を設立し、一九八三年には、五千万ドル以上のソフトウェアをパソコン・ユーザーに売りさばいた。マイクロソフト社はすでに一億ドル企業の座を狙う位置にあり、ゲイツが三十代に突入するまでにはまだ数年ある。

アラン・ケイやロバート・テイラー、アイヴァン・サザーランドらは、すでに世間に認められ、過去の業績相応の扱いを受ける立場であり、資金豊かな名のある組織の支援のもと、自分たちが構想を練ってきた未来のプロジェクトが完成するのを心待ちにしている。ゲイツ、アレン、ウォズニアック、ジョブズらはみな、十億ドルに手の届きそうな大富豪となった。これまで十年以上にもわたって夢見てきた、道具《ツール》や玩具《トイ》を具体化する手段は、すでにすべて自分たちの手にある。だが、テッド・ネルソンの運は、(まだ)そこまで華々しく好転はしていないようだ。

テッド・ネルソン、そして彼の辛抱強い同志であるロジャー・グレゴリーが現在あたためているのは、C言語で書かれた長いプログラムである。それがテッド・ネルソンの未来のドル箱となり、人類にも恩恵をもたらすかもしれないし、あるいはまたしても、コンピュータ史の主流をはずれた奇妙な無駄骨仕事と見なされるだけかもしれない。その未来は不安定ではあるが、ネルソンにも過去の実績というものはある。それは、新しく変わりつつあるコンピュータ事業の装いを、先見の明と意地の悪さとねばり強さをもって、明確かつ簡潔に語ろうとしたことであった。

テッド・ネルソンは、初期の段階からコンピュータのパーソナル・オーグメンテーションの潜在能力というものに注目し、ユタ大学、SRI、MIT、PARCなどでおこなわれている研究の意義を理解していた、数少ない人物のひとりだった。学術界で庇護されていた多くの研究者と違い、ネルソンはアンダーグラウンドのホビイストの可能性にも目を向けた。そして、コンピュータの学術界も産業界も無視し(そのために反感も買いながら)、一般社会に直接訴える道を選んだのだ。ネルソンの論評は、いわゆる〝プログラミング聖職者〟たちの意見を非難する、自費出版の小冊子シリーズという形で陽の目をみた。

『コンピュータ・リブ』、『ホームコンピュータ革命』、『リテラリーマシン』などのネルソンの著書は、正統派に対する単なる露骨な冷笑というわけではなく、パーソナル・コンピュータの未来に対する思い切った予言も数々含まれている。その多くは目を見張るほど正確で、一方でいくつか的はずれなものもある(2)。

先の予測がつかないことでは悪名高いコンピュータ分野において、テッド・ネルソンはかなりうまくやっているほうだ——こと予測ということに関しては。ビジネスや研究においてはまだ成功をおさめたとはいえず、学術的地位を確立するか、コンピュータ市場で儲けるかしたいところだろう。しかしネルソンには、自分の荒削りな才能に期待して仕事をくれる人間を、幻滅させたり敵に回したりした過去がいくつかあり、現在は「三度めのキャリアの危機」の最中である。今まで夢見てきたものを市場に売りだして大富豪になり、長年自分が信じてきたことは正しかったとなるか、あるいは一文なしとなって、大器晩成の空想家どころか正真正銘のつむじ曲がりだったとなるか、それを見きわめるまでにはまだ時間は必要だろう。

ほかのコンピュータ界の天才たちと同様、テッド・ネルソンもまた、学校が自分にいろいろ干渉しだしたころから、たいていはひとりきりで、頑固なまでにユニークな知的放浪の旅を始めるようになった。「ずっと学校というものを憎んできた」とネルソンは語る。「一年生のときからハイスクールまで、一分でも学校を好きだと思ったことはない。たいていの落ちこぼれはみんなそうだとは思うが、それにしても、これほど学校を憎んだ人間は自分のほかには知らない」(3)

学校や教師としょっちゅうぶつかりあってはいたものの、スワースモア大学に入ってからは、何とか「キャンパスの究極の変人」という地位に落ちついていた。十年後ともなると状況は変わるものの、一九五〇年代後半のキャンパスでは、究極の変人というのはまだまだめずらしい存在だった。どうにか大学院に進学できるぐらいの成績をとって卒業することができたネルソンは、ハーバードに進むことにした。天才的な独創性がある限り、多少の知的傲慢さには寛容な場所だという定評があったからだ。

一九六〇年の秋、大学院での二年めをすごしていたネルソンは、ようやくコンピュータの存在を知った。そのころのネルソンは、ありあまるほどの夢やアイデアのメモをかろうじて整理していたが、その途方もない情報量に溺れそうになっていた。ヴァネヴァー・ブッシュの論文を読んだネルソンは、自分もコンピュータを使って、天才的なアイデアやその概要などの記録をとっておきたいと考えた。

しかし、そんな作業に使える機器やプログラムをそなえたコンピュータはないということがわかり、ネルソンは落胆した。ご近所のＭＩＴでは、最初のタイムシェアリング・コンピュータがようやく作られはじめたばかりの時期だ。だがネルソンが求めていたのは、自分のメモの中身を追跡できるような、情報保管・検索機能のあるシステムだった。創造的な思考を助けるためにコンピュータをどう使うべきか、その方法は明白なように思えたので、自分でプログラムを作ることにした。その二十三年後、ネルソンは次のように認めている。

「そのときはとても単純明快なことに思えた。今でもそう思うぐらいだ。ただ、コンピュータマニアの初心者はよく同じことにつまづくのだが、はっきり見えれば近くにあるとは限らないものなんだ」(4)

ハーバードで一九六〇年に履修していたコンピュータ・プログラミングのコースでは、当時スミソニアン天文台にあった学内唯一のコンピュータ、IBM7090を使っていた。学期の課題としてネルソンは、自分のメモや草稿をコンピュータに保管し、さまざまな方法で下書きを編集したり、最終稿を印刷したりできるような、マシン語のプログラムを書こうと決意した。この課題の仕事量や、完成までかかる時間の見積もりが楽観的すぎたことに気づいたのは、そのプログラムの五万行めあたりまできたころのことだった。

明確にイメージできるものであっても簡単に作ることができないという事態は、ソフトウェアの世界では珍しくない。「大規模なプログラミング計画は、あらゆる不測の事態を計算に入れたとしても、常に見積もりの二倍の時間がかかるものだ」という言い回しが、コンピュータ・プログラミングの非公式の法則(〝バベッジの法則〟と呼ぶ人間もいる)として広く行きわたっているくらいなのだ。一九六〇年にネルソンが考えていたもっとも単純なテキスト処理でさえ、ほかのプログラマーが一九八〇年代にようやく作った、オフィス・オートメーションの最先端ソフトウェアに匹敵するようなものだった。ネルソンが学期の課題として書きはじめたプログラムのテキスト処理は、さらにそれを超えたものだったのである。

ダグ・エンゲルバートのことはまだ何も知らなかったが、ネルソンもエンゲルバートと同様、なまけ者のためのタイプライターという以上のものを求めていた。両者とも、思考の道筋を、新しい方法であやつる自由を欲していたのである。ネルソンが特に手に入れたがっていたのは、自分の思考を変化させてくれるような優れた機能だった。言葉を挿入したり削除したり、パラグラフを移動したりする自由はもちろん、コンピュータに自分の判断の道筋を〝記憶〟させたいと考えたのだ。仕様のひとつとして考えたものの中には、〝履歴の逆行〟、つまり、これまでに変更を加えてきたテキストの変更前のさまざまなバージョンを、代案としてコンピュータがすばやく表示できるようにするという機能があった。

〝代案《オルタナティヴ》としてのバージョン〟とは何か。メモの保管場所から始まって、テキスト編集ツールへと発展したネルソンの学期課題は、不可思議なＳＦ的領域にはまりこみ、ついには代案の並列ということを考える域に至った。蓄積文書全体から代案を探させるためには、いちばん退屈な検索という作業を、マイクロ秒単位でやってしまう自動機能を作ればいい。どんな発想も、捨ててしまうことはないのではないか？　すべての文書のすべてのバージョンを保管して、人間が見たいときにコンピュータに探させればいいだけのことではないのか？

　テッド・ネルソンはこのアイデアにすっかり熱中し、〝コンピュータ界の人間〟になりたいと真剣に考えた。が、当時はまだ、コンピュータは数学的な領域のものという考えが一般的で、その問題に直面することになった。こと自分の知的能力の話となると、決して控えめな態度とはいえないネルソンだが、「数学にはまったくの役立たず」であるということは自分でも認めている。ＭＩＴから落ちこぼれて二十六号館をうろついていたアウトサイダーたちから見ても、ネルソンはさらなるアウトサイダーだった。スワースモア大学―ハーバード大学院という道のりをきた人間には、ブロンクス・サイエンス高校―ＭＩＴというルートの学生がコンピュータ談義をするときの話しかたに、なかなかなじめなかったのだ。

　コンピュータで夢をかなえるための仕事は見つけられなかったが、ネルソンはマイアミにあるジョン・リリーという人物が指揮をとる研究室で職を得ることができた。イルカの知性の研究がおこなわれている研究室で、仕事はカメラマン兼フィルム編集者だ。

　そこには、非常にめずらしい機器があった。ウェスリー・クラーク（七章および十章参照）が設計した、ＬＩＮＣというマイクロコンピュータのオリジナルである（ネルソンがそれを仕事で使うことはなかったが、その存在のおかげで、パーソナル・コンピュータのアイデアが道理にかなったものであるということは確信できた）。

　その仕事のあとは、ヴァッサー大学で社会学を教えることになった。二年にわたって社会学の教鞭をとりながらも、ネルソンの頭の中には、メモ保存プログラムの完成をさまたげる文書保管やクロスレファレンスの複雑さが、ずっと引っかかったままになっていた。そして、自分が作ろうとしているのは、もっと新しい種類の何かではないのかということに気づいたのだった。それはツールではあるが、図書館でもあり、メディアでもあり、機械じかけの献身的な図書館司書集団なのだ。一九六〇年代半ばに出版社で働きだしたころから、ネルソンはこのアイデア全体を〈ザナドゥー(Xanadu、桃源郷)〉と呼ぶようになった。ネルソンに言わせれば、「文学的な追憶を呼びおこす謎めいた場所につける伝統的な名前」だそうだが、同じ題名のコールリッジの詩もネルソンの学期課題のように未完だという事実は、単なる偶然だろうか。

六〇年代後半のネルソンは、学術界、産業界、軍事関連業界において、自分を援助してくれそうなコンピュータ関係者の機嫌をことごとく損ねつづけたが、それでも、何人かの同好の士や、コンピュータにとりつかれた友人を自分で探しだして、ザナドゥーを実現するためのソフトウェアを書きはじめた。このころには、この新しい情報処理システムの完全版の仕様をひとりで考えているばかりでなく、自分と同じようなマニア何人かの関心を、このプロジェクトに向けさせるようになっていた。

すべての始まりとなったメモ保存プログラムは、履歴の逆行《バックトラック》を自動的におこなうシステムをそなえたものとして考えられていた。次の段階では、この機能を拡張して、代案としての変更前バージョンを表示し、各バージョンのどの部分が同じでどこが違うかをユーザーに示せるようなものにすることだった。この〝バージョン比較〟機能でGNPの五パーセントほどが消費されるとネルソンは見積もっていて、弁護士が書類に使う決まり文句から、ボーイング社のコンピュータに保管されている747型機の四十七パターンの設計に至るまで利用が可能だとしている。ただ、実際の生活の中では、契約書や747型機の設計図のような例はあまりないだろう。契約書や設計図にしても、少しだけ変更したバージョンを作るのに役立つような、スタンダード形式とカスタム形式をとりまぜて使うのが一般的なはずだ。

履歴の追跡やバージョン比較ぐらいなら、高性能の

1984年のテッド・ネルソン——うるさ型の予言者で夢想家。そしてパーソナル・コンピュータ革命における自他ともに認める変わり者。
(Photograph by Rita Aero.)

ワードプロセッサと大した違いはないのだが、このアイデアが次元の違うものになってくるのは、ネルソンがここに〈リンク〉を追加しようと考えついたときだった。エンゲルバートに言わせると、自分とネルソンはたまたま同時期に似たようなものを思いついたのだが、実際にそういうシステムを作って動かすだけの技術や資金は、エンゲルバートのほうが持っていたということらしい。すべてのアイデアは、コンピュータによる動的な脚注《ダイナマイズド・フットノート》という発想——つまり、テキストのある場所から現在の文書の本文以外のところへジャンプするという機能から、始まっているのだ。

アスタリスクがあったらページの下に書かれた脚注を探すとか、図書館のほかのところにある別の文献を探して参照内容が正しいかどうかを確認するといった作業をおこなうかわりに、ユーザーがライトペンやマウスを使って画面上のアスタリスクに相当する箇所を指せば、自動的に付録や参考文献を画面に表示させることができる。戻るためのボタンを押せば、リンク記号があった最初のテキストに戻ってくることもできる。これとよく似た機能は、ダグ・エンゲルバートの初期のNLSシステムの中にも組み込まれている。

エンゲルバートの関心はもっぱら、問題解決のためのツールキットとワークショップを構築することであり、そうした設備がもたらすかもしれない文章記述形式のことについてはあまり考えなかった。しかしネルソンは、エンジニア・タイプよりも一般教養《リベラルアーツ》タイプであったためか（このタイプ分けのせいで自分はコンピュータから長らく遠ざけられたのだ、とネルソンはぼやいているが）、どんな芸術形式や知的システムがそこから生まれてくるのか、ということのほうに深い興味をいだいたのだった。リンク機能の持つもっとも基本的な性質は、読み手に〝ここからジャンプすると何かに行きつく〟というのを知らせることだ。リンクというものによって、文章記述はもはや連続的である必要がなくなったのである。

ネルソンが当初から主張していたことだが、リンク機能というものは、端と端をくっつけるための手段という以上に、もっと優れた能力を提供してくれるものである。バックトラック、バージョン比較、そしてリンクなどの機能のあるシステムは、思考を言葉としてまとめる新しい手法、つまり、コンピュータのない時代にはありえなかった、非連続的な形式による文章記述の可能性を生みだしたのだ。ネルソンはこうした記述プロセスを〈ハイパーテキスト〉と呼んだ。

ネルソンが最初にイメージしていたように、ハイパーテキストは、文学的世界と同様に学術世界にも適用できるものだ。科学文献は世界中の科学的研究の基礎となるものだが、発表される論文は、過去の文献からたくさんの引用をおこなう。実験で証明するための仮説も、以前の実験事例に基づいていたてられるのが普通だ。科学者が新しい研究課題に直面したとき、まず最初におこなうのが文献の検索である。

現在の科学界の問題点は、科学研究が「成功しすぎている」ことだ。ヴァネヴァー・ブッシュが四十年前に警告したように、科学文献が発表される速さや量は、昔の印刷技術の処理能力をしのいでしまっている。ハイパーテキストのシステムを使えば、それぞれの科学文献は、その知識的前例や関連する問題についての別の文献とリンクさせることができる。関連しあう科学文献の集合全体は、ひとつひとつの文書に分解することもできる。脚注と同じような機能も果たすが、それぞれの脚注は窓かドアのような役割となり、そこから引用された資料へとすぐに飛ぶこともできるのだ。

リンク、バックトラック、バージョン比較などの機能を持ったシステムに経済的な構造を与えることで、それは出版システムになる。ネルソンは、著作の使用料に関する彼の考えをベースにして、いささか無秩序《アナーキー》には見えるが自己組織化のできる、出版システムを考案した。ザナドゥーのようなシステムでは、使用料はホスト・コンピュータ・ネットワークによって自動的にモニタされ、主に伝送時間によって計算される。つまり、その文書をオンライン上でどれだけの時間見たかによって、使用料を割りだすのである。システム上の文書にはすべて作者がいて、誰かがその文書を記憶装置から呼び出し、文章や音声や画像を表示させたとき、その作者は〝ちょっとした使用料〟をもらうことができるのだ。

十四行詩《ソネット》であれパンフレットであれ教科書であれ、誰でも自分の好きな文書を作り、システム上に置くことができる。そして誰でもが他人の文書を引用することができる。文書の中にはリンクを設定することもできる。概論、内容案内、ディレクトリ、索引なども、独立した文書としてつくられていくはずで、秩序だった分類が重要になってくる。

「結果としては秩序のない文書の共同保管所みたいに見えることだろうが、本来の文学とはそういうものだ」とネルソンは主張する。「ここにおける秩序というものは、一部の人々が考えているような、コンピュータや管理者が押しつけるものではなく、ずっと昔から文学の自然な構造の中にある何かによってもたらされるものであって、人間はただそれを維持するということしかできないのだ」(5)

伝統的な文学は一見すると混沌とした流れのようにしか見えないが、文芸評論家や図書館司書は、文献を体系化し分類するための手法を持っている。これと同じように、ハイパーテキストによる文学を組織化する手法というものも、いずれ人間が自発的に考えだしていくだろう、とネルソンは言う。

ネルソンは、自分のテクノロジーへの関心は、突きつめれば政治的なものだと考えていた。革新的な思想の持ち主は、コンピュータを全体主義による抑圧の道具と見なしたがるが、ネルソンはもうずっと以前から、そんな思想は旧式のコンピュータにしか通用しないものだと考えるようになっていた。個々の高性能コンピュータによる分散型ネットワークというものは、多くの端末を持ったセントラル・コンピュータとはまったく発想を異にするものだ。もはや個々のネットワーク・メンバーというのは、旧式のメインフレーム・コンピュータのコントロールが及ばない存在であり、ネルソンは、そのメンバーたちによって社会の形の方向性が決まっていくという、このテクノロジーの別の可能性を初めて指摘した人物であった。利用しやすい形をとった情報にいつでもアクセスできるという手段から生まれる、新たな個人の能力に、ネルソンは夢中になった(いわば古くからあるハッカーの禁断のリンゴをかじったということだ)。そして、自分の力で情報を探すという自由をいつまでも維持していたいという、強い思いも抱いていた(6)。

われわれの国アメリカを偉大ならしめた理想、すなわち、自由と多様性、そして異なる考えに対する受容性を、熱意をもって信じてきた人間のひとりとして、このような解放への希望を無視することはできない。自由主義的な理想に近づこうとする姿勢、理想追求の情熱が、今やわが国を霧のようにおおってしまっている映像中毒を押しのけてくれるかもしれない。私は、ヘロドトスやノストラダムス、マシュー・ブランなどの著作を、ロッド・マッケンの作品と同じくらい入手しやすいものにしたいし、ルネッサンス時代の芸術も近未来映画も同じように見たい。何もかも網羅した絵入りの百科事典、思いのままに描きなぐれる落書き帳、すべての作品を見ることができる場所というものがほしいのだ。

これが突拍子もない言葉に聞こえるとすれば、理解できているということだ。突拍子もないが可能性のある時代、それが現代なのだから。電卓、ピル、水爆ロケット、衛星放送のソープオペラ、どんな突拍子もないものでも、この世にほしいものは何でも創りだすことができる。

……そう、こうした世界はじきに実現される。人間にはその世界が必要だし、金もうけにもなることだろう。ソフトウェアは完成しつつある。だが、本当に欠けているものは、この可能性を理解することができ、実現を助けてくれるような、空想的な芸術家、文筆家、出版者、そして投資家の存在なのである。

ネルソンが情熱的に語っているのは、テクノロジーについてではなく、〝コミュニティ〟についてである。電子的コミュニティというアイデアは、すでにただのアイデアではない。まだ粗野なものではあるが、ディスプレイとモデムをそなえたひざに乗るサイズのコンピュータは、すでに当たり前のものになりつつある。ディスプレイはもっと精巧なものになり、コンピュータの処理能力も上がり、そして値段は下がっていくだろう。ダイナブックとＡＲＰＡネットは、いつの間にか研究所や軍事組織だけのものではなくなった。オンライン対話コミュニティは、モデム付きマシンを持っているティーンエージャー、ブリーフケースに入るテレコンピュータを持ってあちこち飛びまわるビジネスマン、情報ユーティリティ、コンピュータ掲示板システム、あらゆる種類の遠隔通信コミュニティなど、まったく自発的な試みを通じて、現在世界のいたるところで進化しつつある。

テッド・ネルソンが述べたことは、何人かの人物が技術的な側面から気づいていたことでもある。つまり、コミュニケーションとコンピュータ技術の交差点が、大きな可能性を持った新しいコミュニケーション・メディアを生み出していくだろうという発想だ。だがネルソンは、そうした可能性を世の中に示すのは、このテクノロジーを発明した側の人間よりも、異なる種類の動機や技能を持つ、異なるタイプの思想家の役割だろうと言っている。グーテンベルクのあとにセルヴァンテスが現れ、活字に小説が続いたようにだ。アラン・ケイも指摘しているように、文学は印刷時代のソフトウェアだった。ハイパーテキスト時代のセルヴァンテスとなる人物は、おそらくはまだ読み書きを習っている最中だろう。

二十年前、タイムシェアリングを作った数百人の人間たちは、コンピュータの仲介する新しいコミュニケーション手段が実現したことに熱狂した。十五年前、ARPAネットの最初のバージョンに参加した千人あまりの人間たちは、この新しいメディアを、日常の仕事や娯楽に使うものとして実験しはじめた。そしておよそ十年前、また別の人間たちが、あちこちに分散したコミュニティ間でコミュニケーションをとるために設計されたソフトウェア・システム、すなわち〈コンピュータ遠隔地間会議《テレカンファレンシング》〉の技術に、特に力を注ぎはじめたのだった。

コンピュータ化された会議という概念は、例によって予期せぬできごとの積み重ねから生まれたものだ。その要素は、一九四八年のベルリン空輸（旧ソ連に封鎖された西ベルリンへの西側諸国による物資空輸）、あるシンクタンクが発明した意思決定ツール、そして一九七一年の賃金凍結である。遠隔会議システムは、空間的にも時間的にも離れたところにいる人間の集団同士が、公共電話通信回線を使用して、さまざまな方法でコミュニケーションを可能にするシステムで、そうしたグループ・コミュニケーション・メディアをつくろうという最初の試みはベルリン空輸の際におこなわれたと言われている。

このときは、空輸に関係した十二カ国をテレックス回線でつなごうとしたのだが、すべての国が同時に別の言語で通信しようとしたため、機能しなかったのだった。ただ、新しいメディアをつくろうという試みだったことは確かである。

地理的に離れた人間同士がコンピュータの仲介で会議をするというアイデアが、初期段階の発展をみたのは、マレー・チュロフの功績によるところが大きい。チュロフは、いかにも天才にありがちなエキセントリックな人物で、若くて自尊心の強い先人たちと同様、何についても人と違ったものの見かたをし、アイデアが浮かんだらその導きにしたがうというたちであった。

一九六〇年代後半、チュロフはワシントンDCにあるシンクタンク、防衛分析研究所にいて、机上作戦演習などコンピュータ・シミュレーションの研究をおこなっていた。シミュレーションのいくつかには、遠隔コンピュータ・システムで何人かの〝プレイヤー〟を、一度に接続させておこなうものもあった。この経験からチュロフは、ランド社で開発された〈デルファイ法〉という、印刷されたアンケートとその返答を専門家集団のあいだで回覧するための特殊なプロセスに興味を持ち、それをコンピュータの仲介でやってみたいと思うようになった。デルファイ法は、複雑な状況に関して集団的な判断をすばやく下すための方法で、チュロフはこのプロセスが、当時ARPAネットなどでおこなわれていたような、オンライン通信に適用できる理想的な手段だと考えた。そこで、コンピュータ化したデルファイシステムの実験を始めることにした。

一九七〇年代前半、チュロフは緊急事態対応室へ異動になり、目下の関心事である遠隔会議システムとは何の関係もない職場で働くことになった。やがてチュロフの上司が、チュロフが許可も受けていない会議システムの実験を端末でおこなっているのを発見し、職務上のいざこざが起きた。だが、それからまもなく一九七一年の賃金凍結があり、前例のない量の情報収集と調査をおこなう必要が生じたため、上司は考えを変えた。デルファイ会議システムは、賃金凍結に合わせて稼働を開始することになった。

システム構築の過程でわかってきたことは、システム機能の中には、すぐさま仕事と直接関わる必須の機能でないにも関わらず、オンライン・コミュニティ上で妙に評判のいいものがいくつかあるということだった。たとえば、ただ〝メッセージ〟と呼ばれている機能がある。システムに接続した人間は、ほかの誰かにあてて、コンピュータ上の黒板のようなものにメッセージを残すことができる。普通の黒板と同じように、あとでメッセージを見たり、誰かがそこに何か追加メッセージを残しているかどうかを確認することもできる。このメッセージが急増するようになると、今度は検索のためのプログラムが開発されるようになった。

趣向を凝らしたこのソフトウェア機能のおかげで、最近の五件のメッセージだけを見る、特定のトピックに関連するメッセージだけを見る、あるいは、ある人間からのメッセージだけを見る、ある日付のメッセージだけを見るといったことが可能になった。似たようなことは、ARPAネットと合同で構築を進めていた電子メール・システムでもおこなわれていた。初期の段階からどちらのシステムにも登場したメッセージ機能共通のユニークな特徴は、そこにいる相手が誰かわからなくても、特定の人間と交流することができるということだった。たとえばホスト・コンピュータに、今後すべてのメッセージの中から、人工知能研究、フォークダンス、スペース・ウォーについてのメッセージを選んで自分の電子メール・ボックスに入れてくれるよう指示しておけば、それらのトピックについて情報を発信する人間は、情報を知りたい相手が誰なのか知らなくても、メッセージを届けることができるというわけだ。

かつてのコミュニケーション・メディアではわからなかったようなことが、徐々にわかりつつあった。メッセージの内容は、そのまま宛先にもなりえるということだ。コンピュータによる会議システムは、決して非人間的な道具などではなく、共通の関心を持つ人間の集団に接触する能力を高めることができるのである。

遠隔会議ソフトウェアの中には、ズッキーニからマイクロプロセッサまで（あるいは緊急事態における対応や空輸計画まで）、あらゆるメッセージが書き込めて、それぞれのトピックに関心がある全員のもとに、メッセージが必ず送信されるような機能をそなえたものもあった。

チュロフは、コンピュータの仲介によるメッセージ・システムを使うことで、最終的には新しい〝社会的〟な現象がいくつか起きてきたことに気づいた。ARPAネットでも新しいタイプの会話がおこなわれ、電子メールの行き来が激しくなっていることからも、それは明らかだった。システムのユーザーがコンピュータの情報資源や調査結果を共有するようになるのは、技術レベルにおいては予期されたことだった。だが、コンピュータ・ネットワークのことをどんな形で知ったにしろ、人々がコンピュータを使いたいと考えるのは、お互いに〝コミュニケート〟したいからだということも明確になってきた。

ARPAネットの参加者は、メッセージを書くために何時間もの時間を費やす。こうしたシステムにアクセスする人間の小さなコミュニティでは、人工知能、外交政策、スペースシャトルやスペース・ウォー、痛烈な論評、だじゃれ、クイズ、ゴシップ、悪ふざけ、冗談の応酬などの、たえまないやりとりがおこなわれ、いわば電子井戸端会議か特別版デイリー・ニュースのような様相になった。あらゆるほかのニュースメディアは、この新しいニュースメディアに情報がどんどん流れ込んでくるせいで、どんなメディアもこのシステムの一部にすぎないものになった。こうしたメタメディアからは、新しい価値観さえ育ってきつつある。偶像破壊、大論争、無軌道なまでに何にでも関心をもつ権利などが、生まれつつあるオンライン・コミュニティでは高い価値をもつものとされているらしい。

このコミュニティのあちこちで、チュロフやエンゲルバートのような人間たちが、ネットワーク通信における人間の行動を学ぶことで、グループ・コミュニケーションの新しいツールを設計する助けにしようと考えていた。全米科学財団は、国内五十万人の科学者が互いに通信をおこなうための新しい方法を確立することに関心をよせ、遠隔会議システムの研究を支援するようになった。この援助により、チュロフはニュージャージー工科大学（ＮＪＩＴ）に移り、このシステム技術の研究と開発に力を入れることになった。これと似たプロジェクトはすでにカリフォルニアでも始まっており、ＳＲＩやＰＡＲＣともそう遠くない、メンロパークの未来研究所という場所で研究がおこなわれていた。

未来研究所のロイ・アマラとジャック・ヴァリーを中心とするスタッフたちが開発しているシステムは、ＰＬＡＮＥＴ（Planning Network、当初は政府や企業の計画立案者たちをターゲットに進められた）という名で知られていた。チュロフも未来研究所も、電子メール、共同作業のための共有ノートブック・スペース、オンラインおよびオフラインのグループ交流のための会議機能、そして公開の伝言板や掲示板などの機能を自分たちのシステムに組み込んでいる。

チュロフとその仲間はデルファイ会議システムをＥＭＩＳＡＲＩシステムに発展させ、それを再び改良してＲＩＭＳ（リソース・インタラプション・モニタリング・システム＝資源中断監視システム）を作りあげた。チュロフによればこのシステムは、「主要な国内の生活必需品不足や輸送機関のストライキの際に、連邦軍備局によって利用された」という（７）。

だが、NJITに移ったころのチュロフの関心はすでに、緊急用通信ツールの開発という域を超えたものにまでふくらんでいた。

「コンピュータ化された会議システムは、究極的には人間のグループに対し、〝集団的な知能〟としての能力を発揮できるような手段を提供できる可能性があると思う」と一九七六年にチュロフは書いている。「人間のグループに集団的な知能を発揮する手段を与える機器、というのは、コンピュータの新しい概念である。原理的には、もし成功させることができれば、そのグループに所属するどのメンバーよりも、グループ全体としてのほうがより高い知性を示すことができる。複数の頭脳を集めたグループが、特定の複雑な問題を処理するために使うコンピュータ会議システムは、今後数十年にわたり、人類にとって過去のどの人工知能研究よりもずっと有益なものとなっていくだろう」(8)

一九七七年、全米科学財団は、NJITが「地理的に分散した研究コミュニティが使えるような電子通信研究所」を設立するための基金を出した(9)。一九七八年七月までに、七つの試験的プロジェクトが十人ないし五十人の既存研究コミュニティで実施されている。

そこでは、遠隔会議形式のシステムが研究コミュニティの効率を高めるという仮説が正しいかどうか確かめるため、操作の過程でデータを集めるようにあらかじめ設計されたシステムが使われた。

EIES(エレクトロニック・インフォメーション・エクスチェンジ・システム、「アイズ」と読む)はそうした実験的システムのひとつであったが、実験対象のコミュニティがシステムを手放したがらず、実験がなかなか終了しなかった。新しい対話型コンピュータ・システムの開発のときには、よくこうしたことが起きていたようだ。実験期間が終わっているというのに、システム実験をやめることを拒んだり、実験ツールを手放すのをいやがる人間が出てくるのだ。かつてジェイムズ・ファディマンがARCについて述べたことと同じで、人は新しいシステムの導入に最初は抵抗するが、いざ手放すときには同じくらい渋い顔をするのだ(九章参照)。

初期のEIESは、コミュニティのメンバーがほかの個人やグループと非公式の通信をおこなったり、討論における意見の記録を長期保存したり、メンバーが共同作業で論文を書いたりするための、文書作成ツールやファイル管理サービスを提供できるように設計されていた。エンゲルバートのNLSのように、EIESもまた、通信機能を全部使うための決まりごとを覚えるのが容易ではないシステムだった。いわば、学ぶ価値があるという献身的信念が必要だったのだ。研究コミュニティが実験のための理想的な場であると考えられたのも、ひとつにはそうした背景のためだ。

EIESは、純粋な科学研究コミュニティから、立法機関や医療の研究者の世界へと、あっという間に広がった。七〇年代後半には、研究コミュニティのEIES加入者が最新の技術情報にすぐ目を通せるようにするため、エンゲルバートのNLSシステムの修正版が使われるようになった。一九七八年になるころには、政策担当者、芸術家、長期計画立案者などがEIESに参加しはじめた。ロクサン・ヒルツとチュロフはこの年に『ネットワーク国家』という著書を出版したが、二人はこの中で、こうしたメディアはいずれ、少数の研究所やシンクタンクだけのものではなくなるだろう、と予測している（その後、新章を加えた改訂版が一九九三年に出た）。モデムとそれなりのソフトウェアをそなえた小型コンピュータなら、ユーザーが接続方法さえ知っていれば、どこでもネットワークに入ることができるようになる。たやすく使えてすべての人間が参加できる遠隔会議ネットワークが発展していくことで、このシステムは人々の思考や思想の違いを埋める手段となり、知的な公開討論会や集団の意思決定の場となり、あるいは、年齢、性別、人種、外見などにとらわれず、その人の意見が何より尊重されるような、新しい種類の社会のモデルとなっていくのである。

一九八〇年代の前半には、パーソナル・コンピュータは何百万台も売られるようになったが、コンピュータを購入した人間の中には、こうしたネットワークのことを聞きつけて、自分も接続してみたいと考えたユーザーもいた。しかしEIESはずっと、一種のエリート向けシステムだった。申し込み資格が必要で、しかも高い料金を支払わなければならないのだ。だが、最初の公共情報ユーティリティが出てくるのに、そんなに時間はかからなかった。一九七九年六月、テレコンピューティング・コーポレーション・オブ・アメリカという会社が、ヴァージニア州マクリーンで、一台のホスト・コンピュータから事業を立ち上げた。リーダーズ・ダイジェスト社が一九八〇年にこの会社を買収し、ソース・テレコンピューティング・コーポレーションと社名変更した。大規模な事業展開で知られるリーダーズ・ダイジェスト社は、コンピュータが何十万台単位で普及しつつあった初期の何年かで、ソース社の事業を成長させていった。一九八二年の終わりには、ソース社は二万五千人の加入者をかかえるようになり、新規加入者は月に千人を数えるようになった。付属機器や最新鋭のコンピュータ、新しいソフトウェアなどが、最大二十五万人の加入者にも対応できるように導入されたのだった。

入会金百ドルと、一時間七ドルから二十二ドルの接続料金を支払いさえすれば、ソース社、あるいは新規競争相手のコンピュサーヴ社が、今も発展中の電子コミュニティに参加させてくれるはずだ。コンピュータの遠隔操作、電子メール、通信、遠隔会議、テレマーケティング、ソフトウェア交換、ゲーム、情報の収集、掲示板などのサービスのほかに、ソース社は〝ユーザー・パブリッシング〟というサービスを提供している。

加入者は、ソース社のホスト・コンピュータに自分のコンピュータを接続した時間の長さによって課金されるので、〝情報提供者〟が加入者の接続時間に応じた使用料を受け取ることも可能だ。ユーザーが情報を読んだ時間の総計によって、情報提供者は分け前をもらうことができる。これはユーザーが出版者《パブリッシャー》の役割を演じる場合でも同じだ。記憶装置に何かを保存するのにも料金を支払っているのだから、ユーザー提供のサービスがほかのユーザーのあいだで人気になれば、そのサービスは経済的な面から見ても存続が認められることになる。物書きにとっては、この挑戦は魅力的だ。ユーザーの目を自分の書いたものにひきつけていられれば、著作の使用料は記憶装置利用料を上回るだろう。芸術家がみずから出版者となり、自分で大衆と向き合うことができるのである。

私が初めてネットワークで出会った電子雑誌は、『ソーストレック』と『マイラーズ・ワープ』という二誌だった。『ソーストレック』には〝電子空間《ヴォイド》の旅〟という副題がついていて、発行者は「〝ソーストロノート・デイヴ〟（ソース社とアストロノートをあわせた名前と思われる）、またの名は〝ソースヴォイド・デイヴ〟」と名乗っていた。ソース社のシステムに『ソーストレック』へ接続せよという命令を送ると、接続に関するいくつかの統計情報（これまでの閲覧時間、閲覧回数、最後に閲覧したときの時刻など）と一緒に、選択メニューが画面に出てくる。最初の『ハロー』というタイトルの記事を選ぶと、次のような文章（抜粋）が現れる。

> ハロー。
>
> ぼくの名前は〝ソースヴォイド〟・デイヴ。またの名をデイヴィッド・ヒューズといいます。
>
> コロラド生まれで、王にあまり忠実ではなかった、頑固なウェールズ人の末裔に当たります。ぼくがある種の一匹狼でいることに満足しているのも、きっとウェールズ人的な想像力があるせいなんでしょう。
>
> ぼくは一万四千百十四フィートのパイクズ・ピークのふもとにある、歴史的な街並みの残るオールド・コロラドシティに住んでいます。
>
> 一八九四年に建てられたぼくの電子コテージは、いろいろなマイクロコンピュータと、テレコミュニケーション機器が装備してあります。……
>
> ぼくは幸福な結婚をした中年の男で、大きな政府、大きな戦争、大きな事業、大きな政治運動などを、左翼であれ右翼であれ十分に見てきて、今は小さな町の小さな家から出かけていって、小さな組織で小さな仕事をしたいと思っています。小さなコンピュータを使えば、それも可能になるでしょう。
>
> ぼくは小さなコンピュータの掲示板も持っていて、近所の友人たちとぼくの頭脳をつなぎます。非同期の掲示板で、上品な文語調の英語で。……

デイヴには、発表したい意見や詩や物語というものがあった。モデムを通じて世界中の学生に授業をおこなったりもしている。加入ユーザーなら誰でも、料金自己負担でデイヴの書いたものを読むことができ、意見や感想があれば、やはり自己負担で電子メールを本人に送ることができる。私が読んだもうひとつの電子雑誌『マイラーズ・ワープ――電子連載小説』は、フロイド・フラナガンという人物によって書かれているもので、完全なフィクションだ。たいていの連載小説がみなそうであるように、この小説も、読者の関心をひきつけておくために、常に興味をそそるような展開が続く書きかたをしている。

第一章のタイトルは『氷に映る影』という。私がしばし接続時間のことを忘れて読みふけった部分は、以下のようなものだった。

ぼくは凍死しようとしている。本当なら何も感じないはずだ。ハ！　まったくやられたって感じだね。冷凍睡眠ができるからって、凍死することがなくなるわけじゃない。頭の働きは鈍くなってきてるかもしれないが、まだバカになったわけじゃない。わかってるさ、ぼくは凍死しようとしているんだ。

どうしてこんなことになったかって？　何千万回だって話してやるよ。どうせほかにできることなんかないし。ぼくはジョニー・マイラー、ユタ州のピーボディ生まれだ。ピーボディはダイナで有名な街なんだ。ダイナは黄緑色をした実物大セメント製レプリカの恐竜で、ちょうど今のぼくみたいに、最悪のタイミングで凍りついてる。……

とにかくすべての始まりは、運転免許証の更新に行ったときのことだ。受付の女性がぼくに、臓器提供者になる意志があるというシールを免許証の裏に貼るかと聞いてきた。あまり考えてみたことがない、とぼくが言うと、女性が説明してくれた。ぼくが死んで、免許証にそのシールが貼ってあると、ぼくの目や心臓、脳や歯、その他何でも、病院がぼくの臓器を使って、ほかの人間の役に立てることができるってことだった。「いいですよ」ってぼくは答えた。「臓器なら何でもですね」って。セックスとか死とかいった、もっとも基本的な人間の問題については、ぼくはいつだってむとんちゃくだった。カートのガールスカウトからクッキーを買わなかったこともないし、それで……

EIES、ソース社、コンピュサーヴ社、ダウ・ジョーンズ社、その他の情報ユーティリティはまだ小規模で、そのために使用料金も高いままだが、モデム付きホーム・コンピュータの普及数の激増により、テレコンピューティングをおこなう人間の数も、一万単位から百万単位に伸びることは間違いない。そうなればゆくゆくは料金も下がり、フロイド・フラナガンやデイヴィッド・ヒューズのように電子雑誌実験を始めようとする人間も、これからもっと出現してくることだろう。だが、大規模な情報ユーティリティというのは、現在あるオンライン・コミュニティのようなものばかりではない。大型情報ユーティリティが個人加入者を、実質的には中央制御のタイムシェアリング・システム，のようなものに接続させようとしていたのと同じころに、コンピュータを相互接続するための新しい手段が、ネットワーク文化の中でももっと過激な部類の突然変異体を生みだしたのだった——すなわち、コンピュータ掲示板である。

コンピュータ掲示板システムは、CBBS（コンピュータ・ブレティン・ボード・システム）、もしくは単にBBSとも呼ばれ、特殊なソフトウェアに制御されたコンピュータと、通常の電話線で接続できるハードウェアによって構成される。ソフトウェアに制御された小型のホスト・コンピュータは、電話回線で呼びだされると自動的に応答し、離れた場所のコンピュータを相手にしてメッセージの送受信をおこなう。このようなシステムをいつもつないだままにして、アクセスするための電話番号を一、二カ所に掲示しておけば、あとは口コミで広がる。一週間後に掲示板を見にいってみれば、自発的なコミュニティが生まれているのが見つかるはずだ。

マイクロコンピュータでBBSを設置するための最初のソフトウェアは、シカゴに住むウォード・クリステンセンとランディ・スースによって、一九七八年に作り出された。一九八四年時点で掲示板システムがどのくらい存在するのかは明確ではないが、おそらく数百はあるだろうし、すぐに数千に達するだろう。BBSに接続するには、パソコン、モデム、通信ソフト、そして電話が必要だ。電話をモデムにつなぎ、通信プログラムを使ってBBSの番号をダイアルすると、コンピュータが接続され、ホスト・システムがコンピュータの画面に掲示板システムの使いかたを表示してくれる。

こうした掲示板システムや、ユーザーによるアンダーグラウンド・コミュニティの存在については、映画『ウォー・ゲーム』や、コンピュータの天才に関するテレビ番組、ハッカーのよからぬ行動についての世間の話題などによって、たくさんの人々が知るようになった。実際のところ、ハッカーによる不法行為、電話回線侵入行為、破壊行為、あるいはコンピュータそのものに関する執拗な関心といったものでさえ、BBSの世界では小さな話題のひとつにすぎない。何年も続いている掲示板もたくさんあるが、生まれて一週間で消えていく掲示板のほうが多いだろう。私はBBSの世界で数カ月程度の調査をおこなったが、そこでティーンエージャーの哲学者や、年齢や性別を問わない、思いつく限りのテーマでいくらでもしゃべってくれる素朴な講師たちに出会ったし、サイバネティックス的で異教徒《ペイガン》的なオンライン宗教にもいくつか出くわした。

　私はある夜、クライド・ゴースト・モンスターという人物と掲示板で出会ったのだが、そのクライドが私に、オンライン宗教が活動している場所の番号を教えてくれたのだ。始まりは、いつものように私が掲示板に目をとおしていたときのことだ。掲示板の番号リストをたどっていくと別の番号リストがあり、そこから〝サンライズ〟という、活発なディスカッションをしているグループの掲示板にたどりついた。サンライズはニュージャージーが本拠で、私のように全国からぶらりとやってくる人間もいるが、構成メンバーの中心グループの多くは地元に住み、知り合い同士でもあるようで、何時間もありとあらゆるテーマについてのメッセージをやりとりしていた。

　掲示板には、完全にハッカー向けのもの、コンピュータ・マニア向けのもの、SFフリークやセックスフリーク向けのもの、平和主義者向けのものなどがあるが、サンライズの雰囲気は、うちとけた気軽な話題と、公衆便所の落書きのようなレベルの話とがまざりあっている感じだった。ちょうど「私のお気に入りの人物」というテーマの討論がおこなわれていて、それが非常に面白いものだったので、私も自分の意見を言おうと〝ジョニー・ジュピター〟という名前でサンライズに参加してみることにした。そのテーマのリストを見た印象では、〝アイヴァン・アイデア〟という人物が最初にこのテーマのリストを掲示し、サンライズのメンバーがそれを見つけたという形でこの話題は展開しているようだった。このリストが作られてから数時間のうちに、〝テイター・トット（調理済みフライドポテトの製品名）〟〝クロック・スピード〟、そして〝クライド・ゴースト・モンスター〟たちが話に加わっていた。

　私はサンライズの掲示板を毎週チェックしていたが、ある夜、認識論的な議論をしていて、落書き文句まがいのことを掲示板に殴り書いてやろうとしていたところ、コンピュータの画面に「シスオペがあなたとチャットをしたがっています」というメッセージが現れた。私は「オーケー、話しましょう」とタイプしてリターンキーをたたいた。その後は、メッセージをすぐタイプしながらリアルタイムで、魅力的なある人物との会話を楽しんだのだった。

　サンライズのホスト・コンピュータが実はクライド・ゴースト・モンスターの寝室にあるということ、そのためクライドがシステム・オペレータの役割を担っているということが明らかになった。シスオペというのは、いわば情け深い独裁者といったところだ。参加を希望する者なら誰にでもメッセージ仲介サービスを提供する反面、いつでもメンバーの登録をネットワークの記憶装置から削除することができるのだ。クライド・ゴースト・モンスターは無政府主義者的なシスオペで、あくまで理性的な統治をしたがっていた。数週間してから知ったことだが、クライド・ゴースト・モンスターを名乗っていたのは、実は十七歳の女の子だった。テイター・トットは十七歳の男の子で、クライドと同じ高校の生徒だ。アイヴァン・アイデアが誰なのかは、彼らも知らなかった。

　クライドが言うには、もし私が新しい種類のコミュニティを見つけたいというのなら、カリフォルニア州サンタクルーズにあるカンファレンス・ツリー掲示板を呼びだして、〝ORIGINS〟のオープニング・メッセージを読むべきだということだった。カンファレンス・ツリー掲示板は、コミュニティ内の通信において異なるタイプの実験的試みをいくつもおこなう場合などに、特に有用な掲示板形式といえる。カンファレンス（会議）はそれぞれ、呼びだしてメッセージを読んだり書き込んだりできるようになっていて、主要メッセージから下位のメッセージへと枝分かれしていく構成をとる。各メッセージには内容を表すタイトルをつけることができ、過激で熱狂的な意見から完全に軽蔑的な意見まで、メッセージに対するあらゆる意見が枝分かれしながらつけ加えられていく。

　教えられたホスト・コンピュータにつなぐと、私のモデムがピーという接続音を鳴らし、画面に〝接続〟という文字が現れた。リターンキーを二回たたいた。カンファレンスのメニューは、各カンファレンスのオープニング・メッセージ名のリストの形で表示される。ORIGINSを選ぶと、まず団体のパンフレット請求先が表示され、その下に次のようなメッセージが画面に現れた。

　ORIGINSはこのコンピュータ（サンタクルーズ四〇八―四七五―七一〇一）で始まった運動で

す。〝宗教を始めましょう〟というカンファレンスから スタートしていますが、私たちはこの運動を宗教とは呼んでいません。

ORIGINSは、宗教と、欧米化されたヨガ学派と、平和運動とが組みあわさったものです。人生をよりよいものにし、同時に世界もよりよいものにしていくための思想のようなものです。

この運動の中心は〝実践〟です。毎日の生活において、よい人間関係を結び、地域社会の結束を強め、自己認識を確立するための実践です。すべての実践は行動に基づいたものです。特別な道具、環境、指導者、理論、社会的地位などは必要ありません。通常の人間社会、日常の一瞬一瞬、そして個人的な人間関係が、この運動における訓練の基盤となっています。

ORIGINSには、指導者も、公式の団体も、資金源になる商売も何もありません。開かれたコンピュータのカンファレンスから始まった運動ですから、誰が創始者なのかもはっきりしていません。

この運動は始まったばかりです。上に紹介しているパンフレットでは、七つの実践（人に親切にする、助けを求めてそれを得る、カリスマを行使する、仕事を完了する、魔術を使う、自分自身を見つめる、恵みを共有する）を推奨していますが、これらの提案は初心者に対するものです。新しい訓練や行動の方法は、コミュニティのプロジェクトとして絶えず発展し、コミュニケーション・メディアが利用できるあらゆる場を通じて討論され、共有されていくことでしょう。この運動は終わることはありません。運動の目的は、社会を永続的に改革しつづけることだからです。

私たちが望むのは、よりよい世界を作るための何かをうち立てることです。最初の一歩は、あなた自身の人生をよくすることです。ORIGINSについてもっと詳しくお知りになりたいかたは、上の住所にパンフレットを請求してください。この運動がどのように発展してきたかをご覧になりたければ、〝宗教を始めましょう〟カンファレンスに行き、これまでのメッセージやそれに対する意見などをお読みください。


ＯＲＩＧＩＮＳやそのペアレント、シスター、ドーター・カンファレンス（BBS用語では下位メッセージや元のメッセージなどをこんなふうに呼ぶことがある）を含むカンファレンス・ツリーは、私がここ数カ月モデムを通してやってきた、空想上の放浪の中で出会った電子的集会の場としては、もっとも興味深いもののひとつだったことは間違いない。が、単にものめずらしい世界というものとも違っていた。

　宗教に対する賛否や、新しい宗教が始まる、あるいは古いものが復活する可能性などが、人気のある議論のテーマであるようだ。ORIGINSはサイバネティックス的な種類の例である。私はいくつかのキリスト教系の掲示板や、瞑想グループのBBSなどに行き当たったが、自分が見た中でもっとも驚かされたのは、ペイガン（異教徒）の一派がカンファレンス・ツリーに記している、次のようなメッセージだった。

　われわれ〝女神の誓約〟は、あらゆるペイガンのグループを包括する組織である。この組織は、北カリフォルニアでばらばらに存在していた魔女の集会にある程度の枠組みを与えるため（そして政府に迫害を受けていた一部団体に武力を与えるため）、六〇年代に結成されたもので、そのメンバーは最終的に全国に広がっていった。ペイガンのグループには魔女に関連したものが多いが、ドルイド教（古代ケルト族に信仰されていた宗教）や、厳密には無関係なほかの組織にも、オンライン化されたものがある。魔女とは、結局はエホヴァにこの世界を託してはならないのではないかという一般的な主義を持つグループである。エホヴァというのは、ひどく誤った考えの持ち主や権力志向の人間によって作り出された強力な幻想であり、本当の神というのは、厚い同情心に加え、ユーモアのセンスを持っているべきものである。もちろん、愛情あふれる存在であるべきなのは言うまでもない。端的に言うなら、もしほかに正しい道がないのであれば、ペイガンがもっとも正しいとするのが公平な見方というものだろう。こうした定義は消去法によっておこなわれる。なぜなら、ペイガン的な運動グループの定義のひとつに、より多くのことを肯定的に信じる集団というのがあるからだ。魔女の集会とは、魔女同士の親密なグループである。非常に古くからあるものだ。いくつかの集会においては、たいへんに厳しい行動規範や儀式の規則を持つものもあるが、ときどき一緒に集まってくだらないことをしゃべるだけのグループもある。概して魔女は、ほかのどんな宗教的グループよりも素晴らしいパーティを開催する。カリフォルニア地域に〝新再編・正統派黄金の夜明け団〟という団体があるが、これは六〇年代に冗談で始まったもので、現在数千人のメンバーをかかえており、その多くがにぎやかなパーティに必ず姿を見せるらしい。補足しておくと、もっとも大規模な包括的組織が冗談から始まるというのは、ペイガン的組織における典型的なパターンである。多くの魔女はコンピュータを使っていて、おそらくこのツリーの中にも、あえて名乗りはしないがたくさんの魔女がいることだろう（魔女を見分けるしるしはない——その瞳にきらめくユーモアの光をのぞいては）。

古今東西のどんな宗教も、セックスと比べれば、掲示板上の議論のテーマとしてはそれほど人気のある話題ではない。掲示板では常に、完全なセックス関連の話題が一定の割合を占めている。かつてはシステム上に女性があまりいないということがネックだったが、この状況は急速に変化してきているようだ。セックス関連のBBSやデート電話サービスの掲示板は、コンピュータというサブカルチャーのさらに奥の世界への入り口であり、実際に遊びの相手と密会するための出会いの場に使うメンバーもいるようだが、多くのメンバーは、匿名の参加者を相手にセクシーな会話を交わしたりしながら、ファンタジーとしてのセックスを楽しむために集まってくるようである。

言葉や数字と同じように、コンピュータ・プログラムも電話回線で簡単に送れるため、ソフトウェアの海賊版を流しはじめる掲示板も出てきた。版権のあるソフトウェアを、ライセンス料を支払わずに横流しするのである。コミュニティのサービスとして、〝共有〟のソフトウェアを分配しているところもある。中には、内部ニューズレターのような特別情報へのアクセスをパスワードつきで提供し、接続時間で料金を徴収するものもある。特定の人間に限られたサービスもあるが、たいていはそうした制限はなく、誰でもメッセージを読んだり書き込んだりできるようになっている。

そうこうするうち、〝一時的な〟オンライン・コミュニティを芸術の形式に用いたり、地域や市町村などの大規模なコミュニティの意識変革として試したりする人間が出てきた。一九八三年、シアトルにある文学グループが〝インヴィジブル・シアトル〟という名前で、シアトル市五十万人の市民から代表として選ばれた人々に、十五章のミステリー小説を書いてもらおうという試みを呼びかけた。共同執筆の小説自体は、普通のネットワークではとりたてて新しい形式のものではない。EIESでは何年も前から、何人かの執筆者がそれぞれの登場人物を担当し、会議のような形で進む連載小説が始まっていた。

だが、インヴィジブル・シアトルのとったやりかたは、〝文学の建築家〟を街に送りこみ、物語の構成に協力してくれそうなあらゆる社会的立場の人間を探すというものだった。人々が提供してくれた物語の筋、フレーズ、アイデアなどは、一時的に設置されたゲームセンターのゲーム機器や二大の大型パソコン、専用ソフトウェア、六台の小型パソコンなどを経由して、提供者から別のノードへと届けられたのだった。

ザナドゥー、EIES、ソース、クライド・ゴースト・モンスター、そしてインヴィジブル・シアトルは、チューリングやフォン・ノイマン、リックライダーらの創りだしたテクノロジーで何をしようとしているのだろう？　コンピュータの開祖たちは、インフォノートのことをどう考えているだろう？　初期の時代のソフトウェア預言者が予測していた変化は、ようやく始まったばかりのようだ。ORIGINSのカンファレンス・ツリー掲示板から生まれた宗教は、何世紀も前にほこりっぽい中東の村などで生まれたような、今なお支配的な力を持つ宗教とくらべて、何かもっと特殊な点があるだろうか？　ザナドゥーやEIESは親しみにくいメディアに思えるが、印刷技術も電話も、登場したてのころはみんなそうだったのだ。

過去の文化刷新がどんな形だったかを考えてみれば、未来の予測はたてやすくなる。だが、過去の形は漠然とした未来のイメージを与えてくれるだけで、実際どうなるかという細かな点までは見えない。たとえば飛行船や電報などは、その時代においては重要な発展に思えた発明であっても、その孫の世代にとってはこっけいで時代遅れのものでしかない。これからの生活のありかたを巧みに予測したつもりでも、予期せぬことは常に起きるものだ。覚えておくべき教訓があるとすれば、予期せぬことは常に起きる、ということを、常に予期しておくべきだということだろう。

私たちは、ひとつの時代と別の時代のはざまに当たる、まれにみる重要な時間を経験しているのではないだろうか。新たな社会秩序が生まれる直前の、数々の重大な実験が、しばらくのあいだは盛んにおこなわれるだろう。これまでの時代における経験を何らかの指標と考えるなら、現在の慣習を忠実に引き継いでくれそうなものばかりを選びとるのではなく、実験的な雰囲気をあえて促していくことが、私たちのとるべき正しい姿勢なのかもしれない。果たしてテッド・ネルソンは、アラン・チューリングの上をいくほどに、頭のおかしな人物だろうか？　グーテンベルクは、印刷術を発明したとき、公共図書館のことを想像していただろうか？

これから現れる社会秩序の形がどんなふうになるかのヒントは、人々がコンピュータやネットワークの使い道として見つけはじめたものの中から、少しずつでも集めることはできる。だが、それはきっと、二十世紀初めの古い映画フィルムで見られる飛行機械のように、未来の人々が見れば大笑いするようなことに違いない。らせん型の翼や十二枚の翼を持つ飛行機などは、ジェット機時代の人間には馬鹿げたものにしか見えない。だが、一見奇妙ならせん型の翼も、実はヘリコプターの原理に非常に近いものだったということは、誰の目で見ても明らかなはずだ。

世界規模の広がりをみせる高性能コンピュータのテクノロジー、そして、構築中の包括的情報処理の神経系ともいうべきネットワークの段階的導入が、すでに人間を未知の社会変革に向かって駆りたてている。これまでのどんなものとも違う道具によって引き起こされた社会変革である以上、これまでの変革とは大きく異なるものだということ以外、わかっていることは何もない。変革のゆくえを予想した人物は数々いるが、誰もがリックライダーやネルソンのように楽観的なわけではなく、特にジョゼフ・ワイゼンバウムは、コンピュータと人間の思考をいっしょくたにしたり、人間を機械のように扱うことの危険性を声高に主張している。

ワイゼンバウムの論点が指摘するのは、コンピュータの発明と発展によって外面化された人間の性質は、あくまでもいちばん機械的な部分でしかないということだ。人間の機械的な面を具現化した機械には、人間にはできないようなことを見事にやってのける能力もある。だが、もっと洗練された知的な仕事となると、人間にできることが機械にはほとんどできないというのが現状だ。そうであってさえ、機械は人間の文明管理を肩代わりしつつある。コンピュータに社会問題や生活の重要な部分を全部任せられると考えるのは誤りであり、人間の意思決定の責任を機械にゆずりわたしてしまう前にそのことに気づくべきだ、とワイゼンバウムは警告する。

〝機械的推論による暴政〟は極悪非道なものになりうる、とワイゼンバウムは主張している。二十世紀も終わろうとする今、元はといえば国防省から生まれ出たばかりの真新しいテクノロジーが、人間の生活に何かをもたらすべく大量生産されるというのであれば、そのことに健全な疑いの目を向けるのも、あながち誇大妄想ではないだろう。コンピュータ技術を生み出した動機、開発を支えた継続的な資金源は、もともとは明らかに戦争にまつわるものなのだ。

人間の脳は、石を投げる変種として標準的なヒト科のモデルから発達したというが、だとすればそこにはキリストの〝山上の垂訓〟やダ・ヴィンチの『モナリザ』やバッハの『フーガの技法』を生み出せる可能性も含まれていたことになる。パソコンが弾道計算の支援ツールとして出発した技術の産物なのであれば、低価格で高性能のコンピュータと自己組織化された分散型ネットワークへアクセスする手段をそなえた人びとは、あらゆる中央集権的テクノロジーの専制支配に対して強力な防衛手段の可能性を手にしているということになろう。

リックライダーは、危険をはらんだこの先何十年かの時代、私たちの惑星を導いていく手段となるのは、人間とコンピュータの共生だと考えている。人間と情報処理テクノロジーとの将来的な関係を、別の生物学的なたとえで表現する人間もいる。〝共進化《コウエヴォリユーション》〟という概念である。二つの異なる有機体がともに呼応しあって進化し、それによってひとつの種の存続可能性が高まれば、もうひとつの種の存続可能性も高まるという相互作用のことだ。

あるいは、この先の変革を予測しようというなら、また別の生物学的メタファを使うほうが適切かもしれない。イモ虫が蝶に変態をとげるには、生物学的に独特のプロセスを必要とする。古代の人間は、蝶のサナギがなしとげる変化と、まったく新しい方法によって世界を理解することにともなう人間の心の変化とのあいだに、似かよった何かを見いだしていたようだ。蝶のことも、魂のことも、ギリシャ語で〝プシュケ（psyche)〟というのだから。

　イモ虫がサナギになると、体内で驚くべき変化が起きる。生物学では〝成虫細胞《イマジナル・セル》〟と呼ばれる一部の細胞が、イモ虫の体のほかの細胞とはまったく違った作用を起こすのだ。この特殊な細胞は、すぐさま隣接している普通の細胞に影響を与えはじめ、サナギの体内のあちこちで集団を形成しはじめる。すると、イモ虫の体細胞は分解しはじめ、新しい細胞集団同士がつながりながら、蝶の体の構造を作っていくのである。

　かつては地面を這っていた生き物の細胞は、変態をとげ、細胞集団がひとつにまとまり、機が熟したところでサナギを抜けだすと、色とりどりの羽根を広げて春の空にはばたいてゆく。もし人間とコンピュータの未来の関係に肯定的な何かがあるなら、それはおそらく、〝情報文化の成虫細胞〟という形でもたらされたものとして受け止められるだろう。――ファンタジー増幅装置を持った八歳児から知識工学者まで、テッド・ネルソンからマレー・チュロフまで、クライド・ゴースト・モンスターからソースヴォイド・デイヴまで、ARPAからORIGINSまでだ。

　インフォノートの飛翔は、〝開祖《ペイトリアーク》〟の始めた旅が終わることを意味するのではなく、これまででいちばんドラマチックな、ソフトウェアの長い旅の出発点なのだ。コンピュータが人間の主人となるか、奴隷となるか、それとも相棒となるかは、私たち人間が決めていくことである。

　〝人間《ヒューマン》〟が何を意味するものなのか、それは正確には〝機械《マシン》〟とどう違うのか、そして、この二種類の記号処理システムに対し、どんな仕事を人間のほうに託し、どんな仕事を機械に任せるか、それを決めていくのは私たち人間である。だが、このテクノロジーの歴史がまだ浅いうちに、下しておくべき決断もいくつかある。そして、その決断にはできるだけ多くの人間が関与すべきであり、専門家だけに任せるべきではない。その意味で、慈愛とともに存続する世界というものが二十一世紀に夜明けを迎えるかどうかは、少数の人間が生み出したこの機械、じきに多くの人間に使われるようになるこの機械と、私たち人間とがどうつき合っていけるかが重要な鍵になっていくことだろう。

新版あとがき

きょうの私は、裸足のまま庭に出て、プラムの木の下で仕事をしている。つま先で芝生の感触を味わいながら、心はサイバースペースをナビゲートしつつ。

この原稿を打ち込んでいるノートパソコンは、一九八三年に『思考のための道具』を書いていたときに使ったスーツケース大のマシンより、何百倍もパワフルになっている。そして、八三年当時にはまだなかった新しいテクノロジーについて書くため、今の私はインターネット上のバーチャル・コミュニティで質問をする。上を見上げれば、天井でなく青い空の広がっているのが見える。

私がコンピュータBBSに初めてログオンした一九八三年、コンピュータと電話回線を接続するボックスは五百ドルもした。それが今では、その初代モデムの三十倍の速度でしかもサイズは四分の一という装置が、百ドルとしない。十万倍もの通信速度をもつケーブルモデムが、テレビ用同軸ケーブルを引いている何百万という家庭で利用できる時代になった。この二十年で、銅の電話線、セル方式、パケット無線、同軸ケーブル、通信衛星、海底ケーブル、マイクロ波、光ファイバーと、世界にはすみずみまですっかり情報媒体の網の目がはりめぐらされてしまった感がある。

それにしても、世界規模の通信網へのアクセスが享受できる環境にある者と、電話さえ持てない者のあいだには、深刻な〝デジタル格差〟が依然としてある。世界人口の半分は、今なお電話をかけたこともないのだ。電子工学以前の時代に生きている人々がそんなにも大勢いると同時に、かつてないほど大勢の人々が先進テクノロジーに囲まれた生活を送る。こうした〝デジタル格差〟、そして〝知識社会《ナレッジ・ソサイエティ》〟はともに、時を同じくして台頭してきているのだ。

一九八三年当時のテクノロジーについてバーチャル・コミュニティで質問をしてみた。その数分後、再び確認してみると、この世界のさまざまなところにいる人々が携帯電話や家庭用ファクス、ATM、一般用GPS受信機器を、当時は存在しなかった今日の道具《ツール》として挙げていた。八〇年代初頭、テレビゲームといえば、〈スペース・インベーダー〉のような、二次元で解像度も低いエイリアン相手のシューティングゲームで、たいていはゲームセンターで遊ぶものだった。このごろの〈クウェイク〉などは写真と見まがうほどリアルな高解像度の、リアルタイムでネットワークにつながる対戦型シューティングゲームだ。

一九八三年だったら、人を捜すには、私立探偵を雇うか詳細にわたる個人情報を収集しなくてはならなかったが、今なら、ウェブを検索する方法さえ知っていれば自分で調査できる。ジョージ・オーウェルの未来小説で予言された一九八四年が迫っていたあのころの私たちは、ビッグ・ブラザー（全体主義権力）を恐れこそすれ、よもやリトル・ブラザーとでも言うべき権力――インターネット経由で互いに詮索しあう市民たち――が出現するとは思ってもいなかった。

相互に接続しあったマルチメディア・ネットワークであるワールド・ワイド・ウェブと、何億という台数のパソコンが、二十年ほど前に私が描いていた未来像を今の私たちが生きている現実としてしまった。これまでにない新たな産業、新たな生活、新たな働き方や考え方、つまり富を築くための新たな手段《エンジン》が現われている。私が一九八三年の著書にとりあげたのは、時代を画する世界を創造した人々だった。その新しい世界をどう生きるか、私たちは学び始めたばかりのところにいる。

今の世界の現実は、いくつかの主な局面で、夢想家《ヴィジョナリー》たちの予言した未来像とはずれがある。その証拠に、私の生活に限って言えば、パソコンとネットのおかげでよいほうに変わった。もちろん、倫理の面で留保はあり、そもそもコンピュータは心の増幅装置《アンプリファイアー》であるということについて書き始めて以来、その考えは強くなる一方ではあるが、私自身の仕事と人生が豊かになったということだけはためらわずに言える。こうしてここに座り、芝生につま先をもぞもぞさせながら原稿に手を入れたり、考えていることをほかの人とやりとりしたり、地球上のどんなところからでもデータを取り寄せたりできるのだ。リックライダーとテイラーがARPAネット始動直前の一九六八年に警告したとおり、「ここ以外の世界はどうなのか?」というのは、今なお一番重要な問いなのである。

　高層ビルの狭い部屋住まいで、ほとんど一日中ディスプレイに向かって金持ちたちのクレジットカードの決済処理をする人たちも、やはり私と同じような解放感があるのかどうか、定かでない。シウダー・フアレス(メキシコ北部の都市)の輸出用品工場《マキラドーラ》でコンピュータ本体を組み立てている十代の女の子のほうが、自由になっていく経験を私などよりはるかに深く味わっているに違いない。とはいえ、私自身の生活も仕事も、一九八三年に初めて銀行で、IBM XTパソコンとマシンガンのような音のするインパクト・プリンターを買うために一万ドルのローンを組んで以来、上向きになっている。

　過去二十年間で使いこなすことを覚えてきたツールたちのおかげで、終焉を迎えつつあったタイプライター時代には夢にも思わなかったようなやり方で、考え、コミュニケートし、学び、生計を立てることができるようになった。一九八三年の私は〝心の増幅装置《マインド・アンプリファイアー》〟を創案した人物たちを探し求め、その人たちに未来について尋ねたが、今ではもう、彼らの発明品が私の仕事になくてはならないものとなっている。人生半ばの私の思考のしかたは、コンピュータとネットワークがかたちづくってきた。まさに、若いころの私の知性を書物と図書館《ライブラリ》がかたちづくったようにだ。私の青年時代はグーテンベルク時代の最後の数十年に重なり、私の中年時代はコンピュータ革命の最初の数十年にあたる。来たるべき数十年もまた、それに匹敵するほど急激な変化が私たちの思考やコミュニケーションのしかたにもたらされるのだろうか?

　MIT出版局が『思考のための道具』新版を発行するこの機会に、テクノロジーの変遷を追うジャーナリストの目で自分自身の予測を見直し、当時紹介した夢想家たちの描いていた夢を回想し、私たちの抱いていた未来像と実際に訪れた未来の姿を比べることができるのは、幸いである。先のことを見通すよりは、昔の未来予測を振り返るほうがはるかにたやすいのだ。

『思考のための道具』の冒頭の段落やその他のページにある予測には、驚くほどよく当たっているものがある。パーソナル・コンピュータとインターネットのせいで、世界は確かに劇的に変わった。エンゲルバート、ネルソン、リックライダー、テイラー、ケイといった面々が予測し、実現に向けて尽力したとおりに。

増大された知識コミュニティ《オーグメンテッド・ナレッジ・コミュニティ》という独創的なヴィジョンは、いまだ十分に実現されていない。これら新しいメディアを利用することで私たちの考え方やコミュニケーション、仕事、学習、共生のしかたがどう変わったのか、いちばん重要なところはまだ掘り下げた理解にも、幅広い理解にも至っていない。そして、テクノロジーの先行きを見通そうとする私自身の目は、どんどん批判的になっている。パソコンやインターネットや、時も場所も媒体も選びほうだいのコミュニケーション革命は、社会になだれのような変容を引き起こしてしまった——実り多い、恵み深い変化ばかりではなかったのだ。

私やほかの人たちが立てた予測のいくつかは、はずれたか、大なり小なりずれていた。こういう予測エラーから得られる教訓には、興味を覚える。振り返れば、一九八三年当時の私の考えにあった最大の欠点は、そのころの誰もがほぼ例外なく共通して仮定していたことであり、今なおこの世界で広く共通認識ともなっていることだった。いわく、テクノロジーの進歩は、とりわけコミュニケーション・メディアの進歩は、たんに避けられないばかりでなく、純粋に肯定的な社会利益ともなる、と。だがこのごろでは、進歩というまばゆい光は、私たちの自由、私たちのプライバシー、私たちの人間関係に影を落とすものだと察知し始めた人が増えている。

心の増幅装置《マインド・アンプリファイアー》のグローバル・ネットワークというものの欠点は、それがどんなふうなものなのか想像するだけだったころよりも、その中で生きている今のほうが、ずっとよくわかる。きのうの夢から、きょうの世界を生き、あしたのヴィジョンに磨きをかけるのに役立つよう、何を学べばいいのだろうか?

ダグ・エンゲルバートは、相変わらず積極的に知的能力の増大《インテレクチュアル・オーグメンテーション》という自分の夢——若きエンジニアだった一九五〇年代にとりことなったまま半世紀にわたって実現させるべく専念し続けた概念に向かって、突き進んでいる。今の彼は、もはや孤独な名もなき預言者ではない。彼のブートストラップ研究所（http://www.bootstrap.org）は、「組織をまたぐＩＱ集合体を召集する」試みに取り組んでいる。エンゲルバートのヴィジョンが『思考のための道具』で語ろうと企てたことのかなめだったため、一九九九年の夏、シリコン・ヴァレー郊外でマウスを製造しているロジテック社が気前よく寄贈した、ブートストラップ研究所の現在のオフィスを訪れてみた。エンゲルバートと顔を合わせて、私たちふたりがこれまで何年もかけて理解してきたこと、今後も引き続き理解していく必要のあることについて、おしゃべりをしたのだった。私は電話やメールで一九八三年に紹介した人物四人――エイヴロン・バー、アラン・ケイ、ブレンダ・ローレル、ボブ・テイラー――とも連絡をとり、みずからが構想し、構築を試みたこの世界の変化をどう考えているか聞いてみた。

楽観的に失した予測が二つあった。公教育におけるパソコンの役割、そして大々的な営利事業としてのナレッジ・エンジニアリングについてである。一九八三年の私は、学校にコンピュータが導入されれば教育革命になると考えるグループに属していた。パーソナル・コンピューティングをもってしてもアメリカ合衆国の公教育体制にある問題を解決しそこなって何十年もたった今、そんなエピソードなど覚えていそうにない多くの人々が、今度はインターネットが学校教育に革命を起こすだろうと思い込んでいる。このうえなく浅はかだった自分の希望的観測がはずれたのを踏まえ、こうしたまだ果たされていない、ひょっとすると果たされることなどないかもしれない、教育における情報テクノロジーへの希望には、穴だらけの推理が隠れていることが、私も以前よりはよくわかるようになった。

最適なかたちでネットを教育に利用できるよう、十分なリソースを割り当てたところで、将来の市民たちにみずから考えることを教えるという問題は残る。親たちは、自分の子どもに批判したり疑問をもったりすることを教えるのには熱心でないし、教師たちには、公表されている情報が確かなものかどうかすぐには信用できない新しい世界で道を踏みはずさずに生きていくすべをわからせる技量がない。私ほどの楽観的な者にすら、コンピュータ・ネットワークを教育に有効活用するために不可欠な、訓練や批判的なものの考え方といったものを、公教育体制という政治的な構造が提供できそうには思えないのだ。おそらく、ほんとうの意味での学習におけるテクノロジー革命とは、アラン・ケイが今も目論んでいる〝破壊的《サブヴァーシヴ》メディア〟のたぐいで成功するものなのではないだろうか。

ナレッジ・エンジニアリングは、それを支持する者たちが予測したような巨大産業にはならなかった。エキスパート・システム企業家たちも私も、人間の専門技術をとらえて表現し、しかも広く利用できるようにするソフトウェアが洗練されたものに進化するスピードを、速く見積もりすぎていた。一九八三年当時の〝ナレッジ・エンジニアリング〟といえば、熟練者の知識《ナレッジ》をコンピュータ・プログラムに移し、特定の分野にかかわるその専門的判断を未熟な者にも利用できるようにするプロセスを指した。そういうヴィジョンではは決して規模が広がることはない。高価な特化したエキスパート・システムが今日でも使われてはいるけれども。

エイヴロン・バーは、人間の専門家の代わりになるようなコンピュータ・プログラムについてもてる知識を、集団としての能力を増幅させるようなコンピュータ・プログラムのつくり方に変換した。ナレッジ・エンジニアリングや彼自身の考えはここ何年かでどう進化してきたのか、私はエイヴロン・バーと再び話をした。

アタリ研究所とアタリ社は、テレビゲームの第一次大流行で潤ったが、一九八〇年代のパソコン・ブームには乗りそこない、パソコン産業史では脚注程度の存在となってしまった。スコット・フィッシャー、スティーヴ・ガーノウ、エリック・ハルティーン、マイク・ネイマークというアタリ研究所出身者たちが、一九七〇年代に研究者としてそろっていたMITのアーキテクチャ・マシン・グループは、一九九〇年代、ニコラス・ネグロポンテ率いるメディア・ラボへ成長した。一九七〇年代にゼロックス・パロアルト研究所（PARC）が「未来を創案する」場だったとすれば、九〇年代にその役割を担ったのがメディア・ラボだったのではないか。この二十一世紀最初の十年にも、それに匹敵する、基礎研究に惜しみなく金をつぎこむべきひとつの企業があるのだが、そこにはぜひともゼロックスの二の舞となるような誤りを犯してほしくないものだ。その企業とは、マイクロソフト・リサーチである。

アタリ研究所の所長、アラン・ケイは、メディア・ラボのマーヴィン・ミンスキーやシーモア・パパートたちの仲間でもあったが、メディア・ラボの研究者たちは優位に立っていた。そこで進められていた〈レゴ・ロゴ〉研究プログラムでは、マイクロプロセッサをブロックに組み込んで小型化するという、一歩進んだことに取り組んでいたのだから。アラン・ケイは学校の生徒たちが使えるイマジネーション増幅装置を構想したが、子どものおもちゃや家庭用電気機器のひとつひとつに一九五五年の国防省全体をうわまわるほどのコンピューティング能力があるという、組み込み式知能《エンベッデッド・インテリジェンス》やユビキタス・コンピューティングの出現は予見もしていなかった。アラン・ケイの初期の仕事を知っている人だったら、彼がいまディズニーの仕事をしていると知っても意外には思わないだろう。

アタリ研究所の〝未来部隊〟責任者、ブレンダ・ローレルは、これまた一九九〇年代のゼロックスPARCとも言うべきインターヴァル・リサーチ社に参加し、その後、そこでの研究で生まれた製品——思春期前の女の子向けに特化したソフトウェア——を最初に製造ラインに乗せるべく別会社を設立した。ブレンダとも、未来部隊時代のあとさらに十五年ほどの研究や起業の日々を経て、この世界がどんなふうに見えるかという話をした。

長距離考者の忍耐

すべてはダグ・エンゲルバートに端を発する。自分がいる時代の半世紀先を見ていた彼には、ほかの誰の目にも映らないものが見えていた——数十年先の、心の増幅装置《アンプリファイアー》がネットワークされた世界だ。最初にダグ・エンゲルバートが「人間の知的能力の増大《オーグメンテーション》」について論文を書き始めたころ、シリコン・ヴァレーはまだ世界有数の豊かな果樹園地帯だった。私が初めてエンゲルバートに会ったのは、オンライン・データ・サービス会社の草分け、ティムシェア社のビルにある簡素なオフィスでだった。スポンサーがオーグメンテーション・リサーチ・センターの支援を打ち切ったあと、ティムシェア社がエンゲルバートのオーグメント・システムを買い上げ、彼を雇っていた。ティムシェア社が入っているのは、広大な構内にあるアップル・コンピュータ社のそばで影の薄い、ささやかなビルだ。

エンゲルバートは穏やかな語り口の、前向きで、活気があって人を元気づけてくれる、きっぱりした人物だ。スティーヴ・ジョブズがパーソナル・コンピュータを発明したと思っている人たちにとって自分はまるっきり無名の存在であるという事実に忍従していて、これっぽっちも金や名声にこだわることがなかった。こだわったのは、こみいった問題をみんなが力を合わせて解決するのを助けることだ。ところが一九九〇年代の世界はどんどん、一九五一年に経験したのとそっくりな様相を呈してきていた。メディアに発掘されたエンゲルバートは、ＡＲＰＡ時代の仲間たちとは別の世界に認められるようになったのだ。

一九九八年十二月九日、スタンフォード大学の記念講堂は、「エンゲルバートの未完の革命」と題した異例の一日シンポジウム（http://unrev.stanford.edu/）に集まった聴衆で立ち席まで出る満員になった。一九六八年のＦＪＣＣ（秋季合同コンピュータ会議）での伝説的なデモンストレーションを覚えている古参の人たちも来ていた。そのなかには、現在では世界でも屈指のテクノロジー企業を経営している人物たちも混じっている。いちはやく大衆向けウェブ・ブラウザ Mosaic をつくりだした、ネットスケープ社の共同創立者、マーク・アンドリーセンら、ウェブという新しい世界のスーパースターたちも来ていた。討論会や講演が盛りだくさんの一日で、六八年のデモンストレーションも上映されたが、やはり感極まる山場は、エンゲルバートが壇上に立って総立ちの観衆からいつまでも鳴り止まぬ万雷の拍手を一身に浴びたときだ。彼の目には涙が光っていた。

私がエンゲルバートに初回の取材をしたころ、ティムシェア社は航空機製造のマクダネル・ダグラス社に買収されていた。オーグメントなど、相変わらず構築に取り組んでいるシステムが長い目で見てどんなに価値あるものか、もうひとつの親会社は理解してくれなかったというのに、いかにも彼らしく、エンゲルバートは勉強になったという観点からその時代を回想する。「とてもいい経験になった」と、一九九九年のインタビューで語った。

……なにしろ、航空機の設計や製造、サポートの担当者たちとやりとりができるようになったんだから。私がつねに最優先して考えてきた課題は、先送りできないこみいった問題をどうやったら集団でうまく扱えるかだ。航空機製造企業でＣＡＤ（コンピュータ支援設計）を使う仕事をするうちに、知識を貯蔵するナレッジ・コンテナ用の標準があれば、エンジニアたちが製造の連中と話をするのに助かるはずだと気づいた。製造の連中が調達係と話をするのにも助かる――エンジニアや営業や企画の連中、もちろん、業者相手に交渉やサポートをしなくちゃならない契約部門の連中ともね。そこから、オープンなハイパードキュメント・システムというアイデアが出てきた。

八〇年代の終わりごろには、私が構想するシステムをつくるには数々の組織からの協力を得るしかないだろうということがあまりにもはっきりしてきた。互いに競合する企業ばかりだろうともだよ。ブートストラップ研究所を立ち上げたのはそういうわけだ。独立の旗を掲げておいて、こう言ったんだ。「さあ、いつものライバルも含めて、たくさんの組織が一丸となって意見を出し合える、これが戦略的アプローチというものだ」

CODIAKというダイナミック・ナレッジ貯蔵所《リポジトリー》構築のコンセプトが、その働きかけから生まれた。「ともに発展させ、統合し、応用する知識《ナレッジ》（COncurrently Developing, Integrating, and Applying Knowledge)」という表現に由来する略語だ。

将来的に組織が格段に向上させていくべき能力のセットをまとめて放り込んでおくのも、ひとつの手だ。認識やコミュニケーションや、やむをえない組織の変更にも適用しようと、〝ＩＱ集合体〟という用語も使い始めた。あらゆる種類のＣＡＤ、企画用のソフトウェアだろうが情報伝達法だろうが、そこにあるものは何であろうと使えるわけだが、統合という側面は――利用者の日常生活や利用者が属する組織の中で活用する仕組みは――技術面での目標よりも達成するのが難しい。だが、そこが重要なんだ。いまだに取り組んでいるいちばん大きな部分がそれだ。人間《ヒューマン》システムと道具《ツール》システムが活発に共進《コウエヴォリューション》化するよう刺激しなくちゃならない。

われわれはまず、ツール・システムとヒューマン・システムは違うということをきっぱり明言するところから出発した。習慣や慣習、語彙、ツール・システムが可能にしてくれた技術《スキル》や役割といったすべてを、ヒューマン・システムが具体化する。ヒューマン・システムとツール・システムが共進化すれば、われわれが企てているような知的能力のブートストラップを推進する力になると、声を大にして言いたい。みんながパワフルな新しいツールを取り入れたら、結果としてヒューマン・システムも同時に進化することは避けられないんだ。入ってきてちょっと何かを自動化したところ、その変化がほかのところに何の影響も及ぼさなかったなんてことはめったにないだろう。オートメーション（自動化）じゃなくてオーグメンテーションが目指すのは、ここで言うような共進化を刺激したり設計したりできるようになることだ。

社会は改善のしかたを改善することに目を向けなくては。ある組織の中心的な事業をわれわれは〝A〟活動と呼ぶ。Aの仕事を改善する活動というものもある。〝B〟活動と称しているのは、組織の事業のやり方を改善するための活動――改善活動だよ。だが、仕事のやり方がめまぐるしく変わるときなんかは、どうやったらよりよく改善できるかをよくよく考えなくちゃならない――どんな組織にとっても〝C〟のカテゴリーに入る活動だ。ほかにどんなことをしようとも、改善のプロセスを改善するという活動を意識してすることになる。オーグメンテーションのことを戦略的に考える場合、それがキー・コンセプトになるとわかった。

エンゲルバートに、ポイント・アンド・クリック・インターフェースとともに彼の先駆的な仕事から生まれた、ひときわめざましい発展のひとつであるグラフィカル・ユーザー・インターフェースのとりいれられ方についてコメントしてほしいと頼んだ。私が「ＧＵＩ」という言葉を口にしたとたん、エンゲルバートは「それがどうも気に入らなくてね！」と声をあげていた。

ＧＵＩといえば私、というふうに思われているふしがあるけれどもね。最初にシステム構築に着手した時点でわれわれはすぐ、メニューなり何なりを使うかどうかという設計上の問題につきあたった。そのころすでにコードキーセットを使い慣れていた私は、すぐさま「カーソルを上に動かしてメニューの項目をクリックする時間があるなら、右手でマウスを操作しながら左手ではキーセットで文字を二つ三つたたけるのに」と言った。実際、片手を何かを指すのに使い、もう一方の手をしたいことの表現に使えば、今のＧＵＩなんかよりずっと効率的だよ。オーグメント・システムなら、使える動詞や名詞の載った大きな目録を個々のユーザーがつくりだしていける。そもそもコマンド言語だったのだからね。今のＧＵＩは、私に言わせればろくにわからないピジン英語（中国語・ポルトガル語・マレー語などを混合した通商英語）でしゃべっているみたいだと思えるね。言葉を使う代わりにうなったり指さしたりしているわけだ。

六〇年代後半にわれわれが採用していた設計の原則には、ユーザーがどんなスキルをもっているかによって、ユーザー・インターフェース用の区域《レンジ》を提供するというものがあった。われわれは、ユーザーに使えそうな動詞や名詞を紹介する表をつくっておいたよ。初心者なら、ごく簡単なサブセットを使えばいいんだ。そのうちにもっと覚えたくなったら、追加していけばいい。これは、オープンなハイパードキュメント・システムはこんなふうにしたいというわれわれの考え方にも含まれる。みんなが今のままＧＵＩを使いたいというのなら、もちろん、それもけっこうだ。もっと豊富な語彙やプロセスを使いたいと望むなら、それも自由だ。

「ウェブの発展のしかたをどう思います？」と訊いてみた。

「びっくりするね」という答えが返ってきた。「ウェブ上で手に入れられるくらい単純で便利に使える、ツールの組み合わせのようなものを見出したってことは重要だ。だけど、これまた非常に重要なのは、われわれはこの程度の発展にとどまっていないということだな。さあ、ほんとうの意味で効率的と言えるようなものに、どうやってウェブを進化させたものかな？」

重要な原則だと考えるのにウェブではまだ取り入れられていないものを挙げてもらう。

ひとつには、エディタとブラウザを統合すること。ある種の環境でオーサリングしておいてからまったく別種の環境でブラウジングにとりかかるなんて、ばかげているよ。オーサー原則は、どのオブジェクトもそれぞれのアドレスで個別に呼び出すことができるべきであるというものだから、別段タグを挿入するまでもない。ひとつの単語あるいは文や段落、グラフィックにリンクできるようでなくては。もうひとつ、ユーザーがさまざまな方法で文書を閲覧できるようなオプションというのも原則だ。各段落の最初の一行だけを見るとかね。

エンゲルバートのかつての同僚たちには、今ではサン・マイクロシステムズ社やネットスケープ社のような企業で経営陣のトップに立つ者もいる。ブートストラップ研究所は、改善のしかたを改善する方法を学ぶ過程に共同して取り組むという実験に、資金や人材を投入し、参加してもらうという企業コンソーシアムをつくり始めた――〝ブートストラップ・アライアンス〟という。

ダグ・エンゲルバートは昔と変わらず語り口穏やかで謙虚だ。デジタル革命の行き渡る範囲とそこに潜む力は一般に認識されているよりはるかにすごいものであり、彼が追求する〝IQ集合体〟に世界はこぞって追随するようになるはずだという不屈の信念の持ち主であることを、一緒に仕事をしたことがある者の多くがいくらでも証言してくれるというのに。「私が引退できるのは、IQ集合体の立ち上げがほんとうの意味で首尾よく遂行できたのを見届けてからだ」彼のようにひとつの目標を五十年にもわたって追求してきた人物はちょっと思いつかない。私がそう言うと、エンゲルバートはしばし考えてから、にっこり笑って穏やかに答えるのだった。「さぞかし、『なんてこった、そんなやつは想像力がろくにないに決まってる、きっとほかにすることを思いつけないんだ！』なんて思われてるんだろうなあ」

卒業生たちの回顧

サンフランシスコのベイエリアで今は引退生活を送っているボブ・テイラーは、早くも一九六七年に、コンピュータがネットワークでつながる未来について故J・C・R・リックライダーと論文を共同執筆した。その前年の一九六六年、国防省が資金を出したアドヴァンスト・プロジェクト・リサーチ・エージェンシー所長だったテイラーが、ARPAネット・プロジェクトに参加したのだった。のちにゼロックスPARCでチームを組織して先頭に立つと、そのチームは驚くほどたくさんの第一級品を生み出した——グラフィカル・ユーザー・インターフェース、ポイント・アンド・クリック方式のワードプロセッサ、イーサネット・ローカルエリア・ネットワーク、レーザープリンタ、デスクトップ・パブリッシング、そしてインターネット。PARCの成果があがったのは、それに先立つSRIのエンゲルバートやARPAあってこそではあるが、今日あるグローバルなコンピュータ・インフラストラクチャー、つまり視覚に訴えるコンピュータがインターネット経由でリンクするものが商業的に立ち行くシステムになるよう、彼のチームがその構成要素をとりそろえてくれた。

最近の本や記事では、ビル・ゲイツはWindowsのもととなったアイデアをPARCからいただいてきたという認識になっている。アップル社を創設したスティーヴ・ジョブズが、PARCからグラフィカル・ユーザー・インターフェースのアイデアをいただいて、それがマッキントッシュとなったのと、まったく同じことだ。

ただし、インターネットの創造にPARCが果たした役割はあまり知られていない。一九八三年の後半、『思考のための道具』出版の直前のこと、テイラーとPARCで彼のチームの中心にいた研究者たち十数人がごっそりゼロックス社を抜け、ディジタル・イクイップメント社（DEC）内にシステムズ・リサーチ・センター（SRC）をつくった。そのDECチームが、本当の意味で実用に堪える最初のウェブ検索エンジン、AltaVistaを世に出したのだ。チームは、グローバル・ネットワーク上でリアルタイムでヴィデオやオーディオを楽しむためのネットワーキング機構をつくりだし、Java言語の先駆となった言語、Modula3もつくりだした。

テイラーは一九九六年に退職、その後も自身が三十年間率いてきた傑出した研究仲間たちとのつながりは依然として濃い。

ゼロックスPARCのコンピュータ・システムズ・ラボラトリーの出身者には、3COM社を創設したボブ・メトカーフがいる。コンピュータ・タイポグラフィとページ・デザインの会社で、デスクトップ・パブリッシング（DTP）産業の産みの親、アドビ社を創設したジョン・ウォーノックとチャック・ゲシュケも。

チャールズ・シモニイは、ＰＡＲＣのAlto用にBravoというワープロ・ソフトを開発、それを変換したものがマイクロソフト社のWordになった。ワードは世界でいちばん使われているワードプロセッサであり、今の彼は億万長者、とは言わないまでもそれに近い。アラン・ケイはディズニー・フェロー。「かつての仲間たちのなかにはＳＲＣで働く者がいたり、マイクロソフトで働くものも、アドビで、あるいはサン・マイクロシステムズで働く者もいたりする。仲間のひとり、ジム・モリスはＣＭＵのコンピュータ・サイエンス学部の学部長だ。傑物ぞろいだよ。私は仲間のひとりであることを誇りに思う」と、一九九九年に再取材した際にテイラーは言ったものだ。

歴史が何か重要なことを見落としてしまっていはいないだろうかとテイラーに尋ねたところ、挑発的なまでにきっぱりとした答えが返ってきた。

> 最初にインターネットをつくったのもＰＡＲＣだよ。われわれが一九七五年に、ＰＡＲＣのイーサネットとＡＲＰＡネットを接続したんだ。あれはインターネットというものだ――ふたつ以上の別々のコンピュータ・ネットワークがつながってる。ヴィント・サーフほか何人かがインターネットの産みの親だって主張してるね。サーフは一九七五年ごろスタンフォード大で委員会をまとめて、のちのTCP/IPをつくりだした。複数のコンピュータ・ネットワークがインターネット上でやりとりできるようにする、基盤となるプロトコルだよ。彼はＰＡＲＣから研究者を――ボブ・メトカーフ（イーサネットをつくりだす際の主だった責任者で、のちに3ＣＯＭ社を創設した）、ジョン・ショック（今はシリコン・ヴァレーのベンチャー資本家）、デイヴィッド・ボグスらを――招いてスタンフォード大の委員会を設計面で助けてもらったんだ。だが、ＰＡＲＣの弁護士たちがうちの仲間たちに、インターネット関係でどんなことをやってきているのかスタンフォードの人間に言うなって口止めしたのさ。

テイラーが私にしてくれた話によると、とっくにインターネット・ワーキングという問題を解決していたＰＡＲＣの研究者たちが、ネットワークとネットワークをつなぎ合わせる基盤ソフトウェア・アーキテクチヤをつくりだそうとしていたスタンフォード大グループに出会ったということだ。テイラーの回想によると――

　ゼロックスの連中が「その設計でいって、こういう別のことが起こったらどうなる？」みたいなことを言う。スタンフォードの連中が「おっしゃるとおりみたいですね。その設計は考え直さなくちゃ」と言う。何度もそういうことが繰り返されたんだ、PARCの研究者たちがスタンフォード大チームの出したアイデアに疑問出しをして――彼らが提案した技術的解決法に間違いのありそうなところに目を向けさせたわけだ。だが法律上の制限があって、インターネットの構築のしかたをずばり知っているとは明かせない。とうとう、スタンフォード大の連中のひとりが、「あんたがた、もうこいつを経験済みなんだな」と言ったね。そのとおり、エド・タフトが――今はアドビにいる――すでに、TCP/IPがつくられるより早くPARCでPUP（PARC万能パケット）を完成させていたんだ。

　ワールド・ワイド・ウェブの設計に批判的なダグ・エンゲルバートやアラン・ケイの発言のことを伝えると、テイラーはこう言った。「私もウェブの出来はよくないと思う。しかし、奇跡のような作品でもあるよ。ウェブ・プロトコルが世界中のさまざまなシステムの中のソフトウェア集団を一緒に動くようにする。ウェブ・プロトコルはおいしい食べものをつくってはいないけれども、クズのような材料を食べられる程度にはしてるってところかな。まあ、不備は多々あれど、それを差し引いてもすごい。インターネットを存在させるために必要なのは、パソコン一台と、ローカル・ネットワークとグローバル・ネットワーク。そして、デスクトップ・パブリッシングとグラフィカル・インターフェースを理解していれば役に立つ。七〇年代半ばから後半のころには、われわれがその構成要素を全部つくりだしてまとめあげていた。しかし、インターネットがスタートしたのは、やっと九〇年代も半ばになってからだった」

　そのテクノロジーが一般の人々に普及するのにそんなに時間がかかったのはなぜなのか、テイラーに訊ねてみた。「途中でへまをしたやつらがいっぱいいたからね、特にゼロックスだけど」との答え。「アップルやマイクロソフトが出てくる何年も前に、手ごろな価格のネットワーク型パソコンをみんなの家庭に送り込む絶好の機会がゼロックスにはあった。ゼロックスがつまずいたんでアップルが優位に立ったわけだが、アップルはネットワーキングをしくじったからね。ゼロックスのミスもあればアップルのミスもある。モノは全部そろっていたのに、二十年も三十年もあとになるまで誰もそれをまとめあげられなかったんだな。おかげで私自身の予測にずれが出た。七〇年代終わりまでにはコンピューティングとネットワーキングのインフラストラクチャーができるものと考えていたんだが、結局できたのはやっと一九九三年ごろになってからだった。二十年以上読み間違えてしまった」

もともとの設計者たちが正しくやってのけたのは、どんなことだったのだろう?

今、インターネットが民主的でなくなっていくのではないか、ひょっとして将来どこかの時点で中央集権的になったり小数の人々に牛耳られてしまうかもしれないと心配している人が多い。その心配はないと思う。セントラル・コントロールがなくてもパケットがネットワークを通れるようにするIMP、つまりインターフェース・メッセージ・プロセッサというアイデアを出した、ウェス・クラークのおかげでね。ラリー・ロバーツほかは、ネブラスカにあるセントラル・コンピュータにARPAネットをコントロールさせようって話をしてた。IMPは、ネットワークのコントロールが一極に集中しにくくする。もしも一台のコンピュータにARPAネットをコントロールさせていたとしたら、今ごろはとっくに心配になっていたところだろう。パケット交換ネットワークによる単一アーキテクチャ基盤だから、インターネットはなかなか誰にもコントロールできない。ウェス・クラークのことをインターネットの産みの親と呼ぶ者は誰もいないだろうが、今その称号をほしがっている誰にも負けないくらいの権利が彼にはあるね。

近い将来に世界を変えそうな新たな技術革命は、どんなものだろうか? 一九八三年当時、テクノロジーの未来を予測するのは今よりもずっとたやすかったという私の意見に、テイラーも賛成した。ただし、こう付け加えて。「インターネット、テレビ、携帯電話も含めた電話コミュニケーション、そして家電機器までもが、収束を続けるね。思いつくかぎりのちょっとした装置ひとつひとつが、みなコンピュータを内蔵するに至って、そういう組み込み式コンピュータがほかのコンピュータたちに話しかけるようになったら――もうひとつ大きな飛躍が可能になるだろう」

ＰＡＲＣがパソコンとインターネット・ワーキング研究で十年は水をあけてリードしていたことを、ゼロックス社が事業に活かせなかったことは、『取り逃がした未来』（一九八八年）〔訳注1〕ほかの書籍に詳しい。また、今日のハイテク産業の基礎づくりにＰＡＲＣが果たした役割というほとんど知られていない歴史は、『未来をつくった人びと』（一九九九年）〔訳注2〕で取材されている。ＰＡＲＣでの研究は親会社の総決算に今なお多大な貢献をしていると、テイラーは指摘する。「レーザー・プリンタひとつとっても、ゼロックスには億万ドル単位の事業になったんだ、ＰＡＲＣでの研究費をすべてまかなって、まだお釣りが出るくらいさ」

テイラーの目には、ＰＡＲＣが切り開いてきたような本当の意味での基礎研究は大して育たないように見える。「マイクロソフトがＰＡＲＣもどきのことをやっているし、ＩＢＭにもまだ研究施設はあるが、世界中の大手企業の大多数がＰＡＲＣのような研究なんかやっちゃいない。マイクロソフト・リサーチにはチャック・サッカー、バトラー・ランプスン、マーク・ブラウンがいるよ。マイクロソフトは研究に大した金をつぎこんでる。応用開発ばかりにじゃなく。最近じゃ、それを研究と称する企業が多いんだけどね」言い換えるならば、ＰＡＲＣ流に「未来を創造する」ことに最大の投資をしている企業は、どうやらマイクロソフト社のようだ。

考えるおもちゃと〝破壊的メディア〟

アラン・ケイは今でもパワフルなアイデアを信じ、若者の心を増幅する新メディアの開発に情熱を傾けているし、「未来をつくった」一握りの天才たちと仕事をしている。彼は今も従来のものを覆す〝破壊的メディア〟の開発を続けており、三十年前ゼロックスに雇われ少数精鋭グループでパソコン・ネットワークを開発したのと同様、現在はディズニーの後援を受けている。一九八三年に初めて会ったとき、ケイはアタリ研究所を取り仕切っていた。アタリ社のチーフ・サイエンティストであり、研究開発担当副社長だったのだ。「アタリ研究所は、大きな組織を取り仕切ろうとするぼくの初めての試みだった」と彼は回顧している。「すぐに、そういうことはぼくに向いていないとわかった。アップルやディズニーでは、グループの規模や研究範囲は一九七〇年代のPARCとほぼ同じものだった。ぼくは今、一九六〇年代に始めたのと同じことをしている。つまり、子供たちが今の大人よりもっとうまくものを考えられるように成長するための方法を、編み出そうとしているんだ」

ダイナブックは、一九七〇年代初期にPARCにあったボブ・テイラーのコンピュータ・システム研にケイが持ち込んだ、ひとつの夢だった。高解像度のディスプレイとワイアレス・ネットワークの機能、洗練されたグラフィック・ソフトをハンドヘルドのデヴァイスに備えるという夢であり、今日のパソコンが当たり前とするポイント・アンド・クリック・インターフェースの開発をうながした夢であった。ゼロックスがPARCの発明品を市場に出すのにしくじり、「未来を取り逃がした」あとでさえ、グローバルなコンピュータ&コミュニケーション産業が、最初のマッキントッシュが生産ラインにのる十年前にケイとその仲間が仕様を設定したデヴァイスほどのレベルに近づくには、何十年もかかったのであった。

「ダイナブックに関するぼくらのスペックは、いくつかの点では現在のテクノロジーより若干野心的でなかったが、その他の面では、特にソフトウェアなどでは、かなり野心的だった」一九九九年のインタビューで、ケイはこう回想している。「ダイナブックのオリジナル・アイデアの九九%はソフトウェアだった。残りの五%は、ソフトウェアを入れる軽量のパッケージだ。真にパワフルなアイデアを織り込んだ、あらゆる年代の子供たちに向けたソフトウェアは、いまだに実現していない。ぼくらがそうなるべきだと構想したようにはなっていないんだ。一九七〇年代に考えたものに一番近いのは、今ぼくらがディズニーでやっていることだ」ディズニーのグループでは分散型スーパーコンピューティングのパイオニアであるダニー・ヒリスも開発をしているが、それを含め、仕事の内容をケイが語ることはできなかった。だが彼は、数年でなく数カ月先には製品を一般公開できるはずだ、と言ってくれた。

ケイはパーソナル・コンピュータについてどう考え、いつ考え始めたのかという話をするとき、〝ぼくら〟という言い方をよくする。引き合いに出されるのは、一九六〇年代後記のARPAプロジェクト（特にARPAネットの構築）であり、Altoであり、Smalltalkであり、一九七〇年代PARCのイーサネット・プロジェクトである。つまり、世界中のネットワーク・パーソナル・コンピューティング専門家がいっしょになって、それまでにない未来的な発明を行い、文明を変えていったころのことなのだ。

　ぼくらは、コンピュータがほかのメディアにできないことをできるとすれば、それはなんなのかということに興味をもった。この新メディアのどんな機能が、従来のメディアでは考えられなかったようなことを可能にしてくれるのか、と。

　出版メディアは、口頭による対話や手紙による伝達といった古い方法を超えた、人間どうしの議論を可能にした。それと同じように、ダイナブックも、出版物ではできないような方法で科学や政治などの議論を可能にできるんじゃないかと思ったんだ。ステンドグラスや手書きの文書で民主主義を議論することはできないが、そうした印刷以前のメディアでも、神学や君主制を議論することはできる。印刷技術と、トム・ペイン（十八世紀の米思想家。政治パンフレットで独立闘争を支持）のような著者の出現により、人権の重要さを政治問題化することができたんだ。印刷技術と科学がぼくらの現代デモクラシーに先行していたというのは、別に偶然のことじゃあない。

ケイによれば、おおやけに論議し、なおかつ自制するために必要な独特の思考法を科学者が理解しているのは、科学的な企てというものが議論の自由と議論する能力のうえに成り立っているからだ、という。

　教養ある《リテレート》社会というのは、口述による文化と著作のシステムだけでできるわけじゃない。リテラシー（読み書き能力）に関する認識論的なスタンスは、口述による知識についての思考法とは異なっている。

何かを読んでその抽象的な記号を扱うことを学ぶのは、物事について考える別の方法につながっていく――科学とデモクラシーに必要な（だがそれだけでは足りない）思考法につながっていくんだ。

この、まだ見ぬテクノロジーが可能にする新しい種類のリテラシーと思考法というアイデアは、ぼくにとってきわめて重要なものに思えた。六八年にシーモア・パパートのやっていることからひらめいたものも、多かった。ダイナブック構築のゴールは、この新たなリテラシーがどんなものになるかを考え、それを子どもたちが学べるようなかたちにし、子ども向けのコンピュータに備えさせることにあった。子どもは動くものだから、そのコンピュータは持ち運びできなければならない。それぞれのユニットがコミュニケートできなければならない。だから、オリジナルの仕様にはワイアレス・ネットワークが組み込まれていた。また、子どもは何かを描きたがるものだから、ビットマップ・スクリーンとグラフィック機能も欲しかった。本とか印刷の要素も捨てたくはなかったから、読みやすいフォントを出力する高解像度のスクリーンも欲しかった。これは、ＰＣのディスプレイが百万ピクセルになれば実現できると考えられた。現在一般的なポータブル・ディスプレイは、八〇万ピクセルくらいだ。今後五年くらいで、紙に印刷したのと同じくらい鮮明なＰＣが手に入るようになるだろう。

一九九九年のインタビューは続く。

一九六〇年代後半、ニコラス・ネグロポンテとぼくは、コンピュータのメディア的な側面が非常に重要だと考えていたが、これはごく少数派だった。もう一度、グーテンベルクの時代のことを考えてほしい。印刷ができるという能力自体は、その能力を利用して生み出されたレトリック――つまり議論を呼ぶ評論や科学論文に比べれば、たいしたことはない。だがそのレトリックが生まれたのは、印刷技術があらわれてから百五十年後のことだった。ぼくらもまた、コンピュータのメディアとしての能力を生かせるようになるまで、一世紀半待たなくてはならないのだろうか？　それとも、歴史の教訓に学び、未来のためのメディアをつくり出せるのだろうか？

ポスト印刷技術の思考法として最大のものは、十七世紀にニュートンの『プリンキピア』によって完成された。合衆国憲法の批准を支持して十八世紀に書かれた論文『ザ・フェデラリスト』も、リテラシーが広くゆきわたったことによって可能になった新たなレトリックの応用として、世界を変えるものになった。パワフルな思考ツールは、人が数や空間にかかわる形式的なシステムを文章による議論に応用することで、発展していく。科学やデモクラシーは、こうした思考ツールによってのみ構築されるものなのだ。

メディアとしてのコンピュータを理解することは、コンピュータの中身は言語であるということの理解につながる。ビットパターンは、どう翻訳処理されるかによってさまざまなアイデアをあらわせる、ユニークなシンボルだ。一九四〇年代にフォン・ノイマンは、コンピュータは古典数学ができないような方法で物理的世界をシミュレートするのが、コンピュータだと考えた。当時彼らは砲弾の弾道計算をシミュレートしていたんだが、彼は膨大な計算を微分方程式をベースにした数学的フォームの言語マシンにさせることを考え出したわけだ。ほかの複雑で非線形的な現象をコンピュータにやらせることも、新しい理解につながっていった。

ケイは、パパートの〝パワフルなアイデア〟という認識にしろ、コンピュータは何百万もの子どもたちの心を発達させる言語マシンになりうるという自分の考えにしろ、かなり理解が難しいものだったと認めている。また、従来の教育を改革することが、何百万もの子どもの心を発達させる唯一の方法だというわけではないと、つけ加えている。ダイナブックの夢を追い始めた当初から、彼は既成の教育機関を無視する〝破壊的メディア〟を考え続けているのだ。

印刷機は、人びとが聖書だけでなくさまざまなものを素早く印刷できることを発見した点で、〝破壊的〟だったと言えるだろう。社会的なおしつけでなく、自分自身で本を読めるようになったのだから。そして長年にわたり、ぼくらは各種のシミュレーション・メディアに進出してきた。一九八〇年代中ごろ、ロサンジェルスのオープンスクールで行われた〈ヴィヴァリウム（自然飼育園）〉プロジェクトは、七、八年続いて終了した。パパートは引き続き実験を行い、メディア・ラボのほかの研究者たちもそれに参加したのだった。

　パソコンと初期のインターネット産業は、自分が何を買っているのかまるで理解していない顧客を相手に、商売していた。それはちょうど、音楽に興味をもち始めたばかりの、購買能力だけあるようなティーンエイジャーにものを売りつけるのと同じことだ。その結果、不十分なデファクトスタンダード（事実上の標準）が固定化されてしまうことになる。MS－DOSは新たなユーザーにコンピュータ・パワーを提供する方法としてはふさわしくなかったが、結局スタンダードになってしまった。

　WWW（ワールド・ワイド・ウェブ）は、インターネットにおけるMS－DOSのようなものだ。エンゲルバートは、オープン・ハイパードキュメント・システムの機能がどうあるべきかということを考えていた。だがウェブの開発者はエンゲルバートのしたことを理解せず、それを見つけようという知的好奇心も欠いていたのだった。ただ、市場を支配したシステムの唯一の取り柄は、ユーザーが自分自身で物事を行うことを邪魔しないという点にある。MS－DOSやウェブから、その欠点だらけの設計標準に関係のないプログラムを抽出することは、可能なんだ。人はよく、テレビは物事の考え方を教えないと言うが、テレビがあまりにもいろいろなことを含んでいるため、それが与えているもの以外について考えることが難しくなってしまったというのが現状だ。同じように、思考能力のあまり強くない人間は、MS－DOSやウェブを超えた世界のことを考えるのが難しくなっている。ネットとウェブが、まったく異なるレベルの異なる存在だということは、ほとんどの人が知らないだろう。ウェブというのは、ネット上で構築できるさまざまなものの一例に過ぎないんだ。

　教育とテクノロジーに対するアプローチの中で成功したもののひとつに、フランク・オッペンハイマーがサンフランシスコで行った〈エクスプロラトリウム〉がある。成功の要因は、ミュージアムでなく〝ベビーサークル〟（格子で囲った赤ん坊の遊び場）として設計したからだった。このエクスプロラトリウムも、学校教育システムの一部にならずに教育を変容させたという意味で、〝破壊的メディア〟の一例と言える。これまで長年、パパートやぼくやほかの連中は、学校教育のことに専念したこともあったし、〝破壊的メディア〟に専念したこともあった。今は〝破壊的メディア〟を生み出すいい時期だと思う。だからメディア企業に身を置いているんだ。

テイラーと同様、ケイもPARCの革新的技術が広まるまで時間がかかったことに驚いている。「ぼくは一九七二年に、『すべての年代の子どもたちのためのパーソナル・コンピュータ』という論文を書いている。ぼくの観点からすれば、世界は本来あるべき状態から十年ないしそれ以上遅れているね」

未来部隊の未来

アタリ研究所でアラン・ケイの指揮下にあったブレンダ・ローレルのグループは、人間とコンピュータのインターフェースが将来行くべき方向を探っていた。コマンドを聞き取って反応する壁と、部屋の中の人間がどこを見ているのか感知するコンピュータと、三次元ヴァーチャル世界に浸ることのできるヘッドマウンテッド・ディスプレイを使って、何ができるかを研究していたのだ。アタリ研究所が閉鎖されると、スコット・フィッシャーはNASAへ行き、ヴァーチャル・リアリティ（VR）研究のパイオニアとなった。エリック・ハルティーンはアップル社のヒューマン・インターフェース・グループに移った。ローレルは『ヒューマンインターフェースの発想と展開』（一九九〇年刊）〔訳注3〕という本を編集したあと、アップルの〈ガイド〉プロジェクトに参画した。これはヒューマン・インターフェースにストーリーテリングの要素を含めようという試みで、まだコンセプトが完全に定まってはいないが、画面上のキャラクターを使って、たとえば歴史シミュレーションのような物語的指導を提供するのだという。

一九八九年、スコット・フィッシャーとブレンダ・ローレルは、日本人資本家の協力を得て、VR開発会社テレプレゼンス・リサーチを設立した。フィッシャーはこの会社に残ったが、ローレルはシミュレーションやトレーニングを超えた世界にVRを使うというさらなる研究をめざして、離れていった。彼女は一九九一年に『劇場としてのコンピュータ』〔訳注4〕という本を出したが、これはインタラクティヴなシステムの理論と設計に大きな影響を与え、今でも大学のコンピュータ・サイエンスやニューメディアの学科では必読書となっている。一九九九年、ローレルと私はわが家の庭にあるプラムの木の下に座り、話をした。本書『思考のための道具』が刊行されて間もないころ、苗木として彼女がくれたのが、このプラムの木だ。私は彼女に、この十年のことを訊いてみた。

VR研究に足を踏み入れたのは、交通とか戦争のシミュレーション以外でのメディアの可能性を示したかったからね。メディアに何ができるのか、みんなが考えていることを覆せるような何かをつくりたかったんだと思う。

ローレルとレイチェル・ストリックランドは、「背景と語りの関係を一種の遊び場として扱う」ヴァーチャル環境の企画書を書いて、カナダのバンフ芸術センターに送った。その提案が受け入れられるころ、二人はインターヴァル・リサーチという新しい研究所で働き初めていた。

一九九〇年代の中ごろ、ビル・ゲイツの共同創立者であった億万長者ポール・アレンが、第二のPARCをつくろうとしていたのだ。十年で一億ドルという資金提供と、SRIやゼロックスの失敗を避けるためひとりのスポンサーにしたことは、インターヴァル・リサーチ創立時の神話となっている。PARC生え抜きの人気者のひとり、デイヴィッド・リドルが、リーダーとなり、アタリ研究所の未来部隊にいたマイク・ネイマークやレイチェル・ストリックランド、エリック・ハルティーンなどが参加したのだった。

だがインターヴァルの設立から二年もすると、ウェブサイトを立ち上げた大学生たちが億万長者になり始める。ローレルによれば、そのころインターヴァルの雰囲気は変わっていったらしい。

シリコン・ヴァレーで稼いだあぶく銭のせいで、インターヴァルは時期尚早のうちにスピンオフへ向かっていったんだと思う。新しいビジネスを始めるためのインフラもメンタリティも整っていなかったし、研究開発からビジネスへプロジェクトをうまく移行させるには、インターヴァル内部でカルチャーを大きく変質させる必要があった。才能のある人物はたくさんいたけれど、インターヴァルがそういった移行をできるとは思えなかったわ。

それでも、私はかなりの額の資金をインターヴァルからバンフ・プロジェクトにもっていくことができた。レイチェル・ストリックランドとマイク・ネイマークの二人と組めたのはラッキーだったわ。三人ともアタリ研究所時代からの仲間だし。私たちは、マイクがずっとやってきたムービーマップの仕事にかなりの労力をとられると、わかっていた。(ネイマークはMITのアーキテクチャ・マシン・グループが一九八〇年代に行っていたアスペン・ビデオディスク・プロジェクトに関わっていた)。

レイチェルは、背景とストーリーのあいだ、場所とストーリーのあいだの関係性についての理論をつくり上げてくれたわ。私は自然な背景における遊びと演劇の概念をもたらした。お互いに仕事を活気づける神話的センスを共有できていたと思う。私たちは、カナダのバンフに自然のロケーションを三カ所見つけたの。いずれもそこの土着の人たちにとっての聖なる場所で、彼らはその土地に関する物語をもっていたわ。そういう環境それぞれについて、データとして取り込み画像表現するための技術を、マイクが開発したの。

そして、そうした環境の中に、異なるカルチャー内で似たような意味をもつと思われる、四つの原型的キャラクターを置いたわ。たとえば、魚はしばしばニュースをもたらす存在であり、クモはしばしば創造者と見られる。ヘビは秘密をかかえた存在。そしてカラスは、鳥瞰的な視界をもつ。上から見下ろした、広い視野をもつわけね。カラスはまた、光るものに興味をもつから、詳細に向かってズームインすることもできる。

この四つのキャラクターを配置して、ちょっとした面白みの要素を導入した。ヴァーチャル環境に入った人が、このキャラクターを一種のコスチュームにすることができるようにしたの。キャラクターの体を身につけ、キャラクターの声でしゃべり、ほかの世界の人から見たらそのキャラクターが動き回っていると思えるようにするわけ。

だが、VRを経済面で実現させるために必要な基本的テクノロジーである低価格コンピューテーションと高解像度ディスプレイの開発には、何年もかかると思われた。ローレルはインターヴァルでの研究を、PCの黎明期にコンピュータ・ゲーム産業に入って以来彼女がつねに考えていた問題、つまり、未熟な男子たちはアタリから任天堂までさまざまな十億ドル企業を支えているのに、エンターテインメント・ソフトを使おうとする女子がなぜこんなにも少ないかという問題に、シフトさせていった。この問題の答えを見つけることは、巨大なビジネスチャンスにつながるはずだった。

私たちは市場調査会社のチェスキン・リサーチに協力してもらい、遊びに関する社会文化的な発達の型を調査したわ。調査は三つの段階で行われた。第一段階は、この問題に光を当ててくれそうなあらゆるドメインの、大規模な実地調査。遊びの研究やジェンダーの研究から、神経生理学など、遊びに関連した性の違いについて、誰かが発見したものはすべて記録していったわ。それで巨大なデータベースをつくって、中身を詳細に見ていった。そして、見込みのありそうなアイデアを選択していったの。

第二段階では、そうした興味あるデータをつくった専門家たちにインタビューしていった。ときには、マテル社でバービー人形のマーケティング部門を率いている人のように、別の何かを知っているはずの専門家にもね。あるいは、人口統計用の製品を開発している人とか。

そして、第三段階。これは一番大規模な調査部分で、国中に散らばる男女千百人の子どもたちにインタビューしたの。年齢と性別によって遊び方がどう違うか、テクノロジーとそれを使った遊びについて、男の子と女の子はそれぞれどういう考えをもつか、違いと類似点はどこにあるか、製品が自分たちのためだと思うのは男女それぞれどういう場合か。そういう質問を何度かに分けて行った。だから約二年後、インタビューセクションの終わりに近づいたころには、女の子に的を絞ってコンピュータ・ゲームに関する要領を得た質問を行えたわ。最初は紙の上でゲームをするプロトタイプを見せておいて、あとでソフトウェアによるプロトタイプを見せるということもした。焦点を絞っていってある種の仮説をたて、その例をつくって子供たちでテストする、というわけ。

三年後、私たちはその調査で発見したことを開発原則に置き換えることができた。女の子のためのゲームを作ろうとしたら従わなくちゃならないという、開発のための原則よ。そしてその最終段階にきたとき、会社をスピンオフさせる決定をしなくちゃならなくなった。

インターヴァルの設立と、女の子のためのソフトウェアを作ろうと決めた時期のあいだに、ある見えない問題が発生していた。ウェブ・ビジネスの爆発的ブームだ。ネットスケープやヤフーといった企業が、どこからともなくやってきて、数カ月のうちに十億ドル企業をつくりあげていたのだ。ローレルによれば、「インターヴァルは奇妙なことにウェブに反応を示さなかった。パープル・ムーンをウェブ企業としてスタートさせていたら、まったく違った筋書きになっていたろう」という。

パープル・ムーンというのは、ポール・アレンのバックアップでローレルが設立した女子向けゲームの会社だが、CD－ROMビジネスに的を絞っていたのが失敗の原因になった。この会社は当初二つの製品でスタートし、新規参入社としては大手に対して健闘した。だが、マテルがバービーがらみの新製品を市場に送り出したことで、一年にしてこの四十年以上の歴史をもつ大企業に屈したのだった。同じころパープル・ムーンが始めたウェブサイトは、インターネット上で三番目に大きな子供向けサイトとなって目覚ましい成功を収めたが、いかんせん収益を得ることができなかった。会社を続ければ、負債が増していくだけだった。

私たちは果敢に外宇宙へ飛び出したのだけれど、ビジネスの基礎をどうつくり、どう前進させるかというアイデアがなかったし、市場の状況に関する何らかの否定要素もあったんだと思う。取締役会はインターネット・スタイルの評価に固執していて、もっと現実的なレベルでの投資を考えようとしなかった。その一方で、インターネット企業は大まかな評価をもとにできるが、実際にモノを作っている企業は年間収入で評価されてしまう。早い時期からいくつかの大企業が興味をもって相当な評価をしてくれたけれど、取締役会はもっと大きな額を求めていた。低い評価で投資を受け入れるより借金を続けたほうがまし、という考えなのよ。でもそれは、未来を蝕むことになった――借金だらけの企業なんて、だれが手に入れようと思う？　私たちはどんどん収益性の下がるCD－ROMを作り続けるため、ウェブでは引き続き資金不足だった。つまり、ウェブ・ビジネスは企業がいさぎよい移行をとげるのに十分なほど早く発達しないということね。結局私には、ポール・アレンが自分の公言したことから離れていっているという感じしかなかった。彼の仲間が最終的に、すばやい儲けは期待できないと言ったとき、私たちは壁にたたきつけられたような気がしたものよ。そのときは、ちょうど八本目のタイトルを出荷して、eコマースを始めたところだった。マテルがまた、投資のためにかぎまわっていた。私たちは四十五人の従業員を解雇して、店をたたんだというわけ。いともかんたんにね。公平を期するために言うと、私もこの混乱に寄与しているわね。マテルが最初に投資を申し出てきたとき、彼らと結びつくのなんてまっぴらだと思っていたんだから。バービーのもつ、女の子はこうあるべきとか女の子はこれを欲しがってるとかいう雰囲気に抵抗があって、マテルといっしょに仕事をするのは嫌だったってわけ。

皮肉なことに、パープル・ムーンが救命ボートなしで沈んでいくことに気づいたそのとき、格安価格で買い取ることに決めたのだった。

私は彼女に、未来のことについて聞いてみた。

いいニュースは、音声認識や動作認識、一秒間六〇フレームのVR、VRシステムにおける遅延除去といったテクノロジーが可能になり、待ち時間問題がなくなっていくという点ね。安価で太い帯域幅が得られて、膨大な量の情報を記憶用デヴァイスにダウンロードして使えるんだから。こうしたテクノロジーの発達は、大いに有望だわ。私たちがこうしたテクノロジーを使って何をしようかということになると、その説得力ある例をつくりあげるのを妨げているのは、ビジネス上・社会上の問題ね。二十年前にみんながもっていた理想主義では、それは解決できない。これが悪いニュースのほうだわ。私たちがそうした説得力のある例をつくり出せるようなキャメロット（牧歌的幸福に満ちた場所）は、ないのよ。六カ月以内に新規株式公募ができる方法を示すビジネスプランでももたないと、だめってわけね。

彼女は教育用テクノロジーとしてのウェブの問題になると、さらに悲観的になった。

　これはもう、テクノロジーについてというより、カルチャーについてだわ。ウェブがカルチャーと同じくらいすばらしいのは、部分的にだけよ。そして、学校に入っている子どもにとって、ウェブの価値は、そこで手に入るマテリアルによって決まる。あるいは、そこで起こりうるインタラクションによって決まる。それには人びとの心や知性から生まれるものもあれば、企業のクリエイティング・スタッフから生まれるものもあるわ。あるカルチャーがウェブの価値を見出せない場合、そのカルチャーでは、教育環境における子ども向けインターネットといったツールを使うことがないでしょう。私たちが今生きている社会は、子どもの価値も思考の価値も、ちゃんと評価できていない。その評価がちゃんとできないかぎり、テクノロジーがその潜在的力を教育分野で発揮することはないでしょうね。

　私は彼女に、インターネットがもたらした最も迷惑な変革について、考えを聞いてみた。今は、誰でもが情報発信人になれる。そして、その情報の正確性について決定する責任をもつのは、かつての発信人（出版者）から受け手（研究者）のほうにシフトしてしまったと言える。私がまだ学生のころ、ものごとを調べるのには百科事典を使った。われわれも教師も、そこに書かれている事実のほとんどは誰かがチェックしたものだと信頼していたのだ。だが私の娘の世代のように、インターネットの検索エンジンを使って調べる場合、いったい誰が書き手であり、その書き手がどんな偏りをもっているかということを知らなければならない。言い換えれば、子供に対してその問題にふさわしい権威を紹介しているのでなく、ものごとを批判的に考えることを学べと言っているわけである。そして多くの親たちは、いや、ほとんどの親たちは、自分の子供が批判的にものごとを考えるようになってほしいとは思わない。権威に対して疑問をもったり、親に対して疑問をもったり、神に対して、アメリカの国に対して疑問をもったりしてほしくないのだ。

ローレルの答えはこうだった。

多くの親は、批判的に考えるというのがどういうことか、彼ら自身理解していないんじゃないかしら。だから、そういう能力をどうやって子どもに伝えたらいいかも、わからない。そんなこと考えただけで、びっくりするでしょう。カンザス州の教育委員会が進化論の教育を禁止したことの説明は、それ以外に考えられないわ。だから、ウェブに関してはすばらしい発展があるけれど、ユーザー・マニュアルがあるわけでもなければ——必要なのはユーザー・マニュアルじゃないけれどね——いかに考えるかという手法もないってわけだわ。ルネッサンスを興したのも、現代科学やアメリカン・デモクラシーをもたらしたのも、すべては思考の方法よ。それには批判的に考えるための能力も含まれているし、独立独行の手法も含まれている。権威をたやすく受け入れるのでなく、自分自身で試してみろという教えがね。

エキスパート・システムから知識マネージメントへ

コンピュータ・テクノロジー発展の初期、楽観論者たちは〝人工知能〟に関する予見から、AIアプリケーション（自然言語の翻訳と理解など）を期待していたが、何十年もの開発期間を経て、結局完成することがなかった。ロボット工学や音声認識、その他AI研究において目標を近くに置いていたものは実現されたものの、分野全体は大げさな宣伝に応えることができぬままになってしまった。エキスパート・システムと呼ばれるAIスピンオフもまた、同じような運命をたどったようだ。たとえば、一九八三年に私がインタビューしたエイヴロン・バーは、最近こんなふうに書いている。「エキスパート・システムの発明者と、そのテクノロジーを商業的に成功させようとして研究室を去ったわれわれのような人間は、結局〝先見の明なき発明者〟になってしまった。このテクノロジーが何に向いているのかよく知っているつもりだったが、われわれは間違っていたのだ」
（http://www.stanford.edu/group/scip/avsgt/expertsystems/aiexpert.html）

　一九九九年、私はふたたびバーと話をした。彼の話では、一部のエキスパート・システム・テクノロジーはスタンドアローンの商業アプリケーションの中に今でも使われているという。

　金融機関では、保険契約引き受けや信用評価、詐欺発見などにエキスパート・システムを使っている。またこのテクノロジーは、製造業やスケジューリング、テレコミュニケーションの最適経路選択《ルーティング》などでも応用されてきた。マイクロソフト・オフィスにも二つないし三つのエキスパート・システムが組み込まれていて、ユーザーにどこが間違っているかのアドヴァイスをするようになっている。インターネットやパソコン、企業戦略としての知識マネージメントに使われていることから、私はエキスパート・システムをコミュニケーション・テクノロジーだと考えるようになった。問題解決とか思考のためのテクノロジーではなくね。

私はエキスパート・システムとウェブと知識マネージメントが将来どのように合体するのか、詳しく教えてほしいと言ってみた。

　テクノロジーによって、人はコンピュータ・システムに何かを説明することができ、コンピュータはそれをまた別の誰かに説明することができる。情報を見つけようとする者が書式を埋め、あるいはデヴァイスを操作することで、こちらの知識がその相手の助けになるわけだ。コンピュータ・システムを介して経験を共有する方法は、ほとんどがコンピュータにテキストを打ち込んで、誰かに見つけて読んでもらうというものだが、かなりの場合役に立つとはいえ、肝心のときに伝わらないこともある。また、つねに最新の状態にしておくのは難しく、その点では役立たずだ。テキストを知識伝達のための手段として使いたいのなら、意味のあるテキストが適切な瞬間に提供されるようにするか、キーワードによってユーザーがテキストを検索することに頼らなくてはならない。しかも、こちらがテキストに使った単語がユーザーに理解できるものでなくてはならない。現在われわれがウェブ上でやっているのは、そういうことだ。

エキスパート・システムは、ここに援助の手を差しのべる。たとえば、新たにインストールしたソフトに関して問題が起きたので、ウェブサイトとインタラクトしようとする場合。あなたは現象を説明するか、各種のトラブルを分類した一覧をブラウズすることになる。だが、この種の問題解決について経験がないかぎり、かなり難しいサーチになるはずだ。その代わりに、やり方を心得た誰かがあなたの話を聞き、重要な情報について質問し、あなたの問題を解決できるテキストに導いてくれるとしたら、どうだろう。そこにこそ、エキスパート・システムの出番があるのだ。エキスパート・システムは、知識領域におけるキー従属性を知ることができる。非専門家が何か質問をしたとき、専門家はしばしば、「ケース・バイ・ケースである(個々の事情に依存する)」という言い方をする。エキスパート・システムによってわれわれは、世界が変わっても維持できるような方法でシステムに従属性を設定することができるのだ。こうした従属性をコンピュータに理解させ、人と人とのコミュニケート方法を向上させることで、みんなが同じコンピュータ上にいるときは特に、大きな違いが出てくる。オンライン上にいる人に対し、同じ経路にいた誰かからの重要な情報を得ることでタイミングよく手助けすることこそ、テクノロジーの生かし方ではないだろうか。

新たな啓蒙運動に向けて

心の増幅ツールを生み出し、広めるという目標は、かなり達成されたように思える。では、次はなんだろうか？　このツールを使って、人類にとってさらに優雅で持続可能な未来をつくることを可能にする、新たな思考法が必要なのではないかと思うのは、私だけではあるまい。われわれはいまだに、戦争や飢饉、社会不正、伝染病をかかえており、建築ツールの発達で、生物圏の生存能力も日に日に脅かされている。

十七世紀、デカルトやニュートンやベーコンは、多くの人びとが病気や飢餓で死ぬのは、物理的世界をどのように考えるべきかという知識がないせいだと主張した。われわれは論拠と論理、実験、観察、そして数学をベースにした新たな思考の方法を生み出すべきであり、その〝新たな手法〟を使うことで人類はさらに向上するのだと、提唱したのだった。この努力は一部の歴史家によって〝啓蒙運動〟と名付けられ、めざましい成功をとげた。科学と医学は物理環境を改善し、理性を人間どうしの問題に応用することが、十八世紀の民主国家構築につながったのだった。科学と理性主義がほとんどの人の生活を向上させたことを否定する人は、今ではほんの少数だろう。

だがわれわれは、ツールの作り方や売り方、ツールによって生活と社会を変容させることは得意でも、ツールの最もいい使い方を理解するのは、不得手のようだ。そうした理解は、社会的多元性をもつ世界では不可能なのかもしれない。なぜなら、テクノロジーの使い方をガイドするのに必要な基本的問題は、科学者には答えられず、哲学者も過去何千年と議論してきた、価値と意味をもつ問題であるからだ。あるいは、われわれは十七世紀に似た状況にいるのだと言えるのかもしれない。今われわれは、物理的世界をどう考えるかということについては、非常によく知っている。だが、自分たちが獲得した知識をどのように使うかという議論をするための、言葉も対話の場も方法も、事欠いているのだ。「進歩を止めようとする試み」は、それほど大変な問題ではない。むしろ「何に向かって進歩するのか」という問題に答えを出そうという試みこそ、大変なのである。

解説　新・思考のための道具

本書は、一九八七年にパーソナルメディアから出版されたハワード・ラインゴールド『思考のための道具』（原著 Tools for Thought, Simon & Schuster, 1985）の新版（原著 MIT Press, 2000）である。

今まで多くのコンピュータに関する歴史書が発行されているが、その多くはコンピュータを「計算する機械」と見るものがほとんどであった。それに対し、本書旧版ではコンピュータを「人間の考える過程を支援したり増幅するツール」という新しい切り口で鮮やかに描いた。開発者に直接取材してコンピュータ史を一冊の本にまとめた。発売当時、多くのコンピュータ関係者の興味を呼び、大きな反響を呼んだ。当時、この分野の話題はIEEEやACMなどコンピュータ関係の学会誌などから断片的に知ることはできても包括的に扱う書籍は皆無であったからである。旧版は長く読みつがれ、今では、コンピュータの歴史の古典になっているといっても良いだろう。

旧版発売から十五年ほど過ぎて、著者は一九九九年にダグ・エンゲルバート、ロバート・テイラー、アラン・ケイ、ブレンダ・ローレル、エイヴロン・バーといった旧版の登場人物に改めて話を聞いている。その結果が本書での「新版あとがき」という書き下ろしの章として新たに加わったものだ。新版の日本版はあとがきだけでなく、全体の翻訳もやり直し、読みやすいものに仕上がっている。

本書の特徴は、技術の発達を追うだけでなく、直接取材した結果、携わった人々がどのような考えのもとに開発を進めたかということがわかる点にある。現在ではより綿密な学術的な研究も発表されるようになっているが、全体像をつかむために、まず、初めに読むべき本としての本書の価値は変わっていない。

本書の一章は全体の概観、二章から六章までは「開祖たち」、七章から十四章までが「パイオニアたち」を扱っている。本書の真骨頂はJ・C・R・リックライダー、ダグ（ダグラス）・エンゲルバート、ボブ（ロバート）・テイラー、アラン・ケイ、エイヴロン・バー、ブレンダ・ローレル、テッド・ネルソンといったインターネットやパーソナル・コンピュータ、ハイパーテキストなどの誕生に関わった「パイオニアたち」を生き生きと描いた部分である。同時代の開発者に直接話しを聞いているので、「生きた歴史」となっており、時代背景や開発の動機、目的、何に影響を受けたかなどが手にとるようにわかる。このようなアプローチは歴史として扱うには近すぎて、正確さに欠けるという意見もあるが、後から振り返れば、長い年月に耐えて残るのは当事者の近くの者が書いた記録である。

さらに、二章から六章ではチャールス・バベッジ、ジョージ・ブール、アラン・チューリング、ジョン・フォン・ノイマン、ノバート・ウィーナー、クロード・シャノンらの「開祖」に焦点を当てた比較的オーソドックスなコンピュータの発達史も読むことができる。

本書は、必ずしも順番に読む必要はなく、一章を読めば、あとはどの章でも面白そうなところから読めば良い。最後の新版あとがきから読んで歴史をたどるのも面白い。興味が持てなければとばして、わからないところがあれば、他の章を読む。そのうち全体を読破したことに気がつく。いわば、コンピュータ史のポータル――つまり入り口として本書を読むのがお勧めである。

「新版あとがき」から面白いと思われた部分を挙げてみよう。

まず、著者が旧版で行った予想について。「（本書旧版で）楽観的に失した予測が二つあった。公教育におけるパソコンの役割、そして大々的な営利事業としてのナレッジ・エンジニアリングについてである。」（著者）

確かに、パソコンは教育を大きく変える可能性を持つのに、米国でさえ役割は限定的である。ナレッジ・エンジニアリングは、我が国では、一九八〇年代後半、知識工学という名で、人工知能分野のエキスパート・システムが流行したとき多く使われたが、商業的ブームはすぐ去ってしまった。技術としては今も使われているものの、あの熱狂は何であったのだろう。当事者であったエイヴロン・バーも次のように記している。

「エキスパート・システムの発明者と、そのテクノロジーを商業的に成功させようとして研究室を去ったわれわれのような人間は、結局〝先見の明なき発明者〟になってしまった。このテクノロジーが何に向いているのかよく知っているつもりだったが、われわれは間違っていたのだ」（エイヴロン・バー）

次はエンゲルバートの発言。「GUIといえば私、というふうに思われているふしがあるけれどもね。（中略）片手を何かを指すのに使い、もう一方の手をしたいことの表現に使えば、今のGUIなんかよりずっと効率的だよ。（中略）今のGUIは私に言わせればろくにわからないピジン英語でしゃべっているみたいだと思えるね。言葉を使う代わりにうなったり指さしたりしているわけだ」（ダグ・エンゲルバート）

エンゲルバートは、四十年近く前のオーグメント・システムのときからキーボードをまん中に、左手は楽器のキーボードのように複数のキーを同時に押してコードが弾けるコードキーセットでコマンドを発し、右手はマウスでポイントするというユーザインターフェースを主張していた。今のGUIはなぜ片手ばかりを多用するのか？　なかなか面白い。

ロバート・テイラーの発言も興味深い。特にコメントなしで三つ挙げよう。

「最初にインターネットをつくったのもPARCだよ。われわれが一九七五年に、PARCのイーサーネットとARPAネットを接続したんだ。あれはインターネットというものだ。――ふたつ以上の別々のコンピュータ・ネットワークがつながってる。」（ロバート・テイラー）

「インターネットを存在させるために必要なのは、（中略）七〇年代半ばから後半のころには、われわれがその構成要素を全部つくりだしてまとめあげていた。（中略）」そのテクノロジーが一般の人々に普及するのに、そんなに時間がかかったのはなぜなのか、テイラーに訊ねてみた。「途中でへまをしたやつらがいっぱいいたからね、特にゼロックスだけど。（中略）モノは全部そろっていたのに、二十年も三十年もあとになるま

で誰もそれをまとめあげられなかったんだな」（「」内はロバート・テイラー、他は著者）

「インターネット、テレビ、携帯電話も含めた電話コミュニケーション、そして家電機器までもが、収束を続けるね。思いつくかぎりのちょっとした装置ひとつひとつが、みなコンピュータを内蔵するに至って、そういう組み込み式コンピュータがほかのコンピュータたちに話しかけるようになったら――もうひとつ大きな飛躍が可能になるだろう」（ロバート・テイラー）

本書の登場人物のうち、J・C・R・リックライダーは、旧版出版時は存命であったが、一九九〇年に亡くなっている。また、新版あとがきでアラン・ケイはディズニーに在籍となっているが、原著出版後の二〇〇一年に退職し、二〇〇六年現在、Viewpoints Research Instituteという非営利団体の代表である。

なお、著者は、コンピュータ関係の先端技術と人々の関わりを追ってきたライターで、また、雑誌Whole Earth Review の編集者だったこともあり、一九九四年に発行されたThe Millennium Whole Earth Catalog の編集長を務めている。我が国ではほかに、「バーチャル・リアリティ」（ソフトバンク、一九九二）、「バーチャル・コミュニティ」（三田出版会、一九九五）、「スマートモブズ」（NTT出版、二〇〇三）などの著書を出している。

東京大学大学院情報学環 教授
坂村　健

訳者あとがき

ロングセラー『思考のための道具』（一九八七年日本版刊行、原著は一九八五年）の、改訂新版をお届けします。原著は二〇〇四年にMIT（マサチューセッツ工科大学）出版局が出した新版を使い、新たに加えられた章を含め、全体を新訳にしました。

この本の位置づけや特徴、構成（読み方）、そして新版で加えられた事柄については、すべて坂村健先生の解説にうまくまとめられていますので、そちらをご覧ください。屋上屋を架すの感がなきにしもあらずですが、ここでは、訳者の立場による若干の説明と、謝辞を述べさせていただきます。

『思考のための道具』は、計算のための機械と考えられていたコンピュータを、〝心（あるいは知性）の増幅装置〟としてとらえなおし、その変遷に関わった人物たちの軌跡をまとめた本です。刊行後二十年を経た今、すでに古典と言ってもいい作品ではありますが、今初めて読む方にとっても新鮮な印象があるのは、本書に描かれている〝思考のための道具〟の理想型に、現在のパーソナル・コンピュータがまだ到達していないからかもしれません。

では、一九八五年の時点から以降、どの程度理想に近づき、どの点が失敗したのか。あるいは、予想に反してすばらしい発展を遂げた分野はあるのか。そうしたことを旧版の登場人物に再インタビューしてまとめたのが、改訂版で追加された章、「新版あとがき」です。旧版の副題「次なるコンピュータ革命の背後にある人物たちとアイデア」（邦題「異端の天才たちはコンピュータに何を求めたか?」）が、「知性を拡張するためのテクノロジー――その歴史と未来」に変わったことからも、新版に込める意味合いが伝わってくると思います。

今回の日本版では、旧版部分の訳も新しくしたほか、原著にはない写真も二十点以上加えました。ただ、ひとつだけご注意いただきたいのは、本文一章から十四章の内容は一九八五年に刊行されたときのままだということです。つまり、「新版あとがき」以外で「今」とか「現在」と書かれているのは、すべて一九八三年から八四年にかけての執筆当時のことですので、本書を新版で初めてお読みになる方はご留意ください。

著者ハワード・ラインゴールドは、本書のあと『バーチャル・リアリティ』でコンピュータ技術のつくり出す〝仮想（人工）現実〟を米・英・仏・日にわたって取材し、次の『バーチャル・コミュニティ』ではインターネットという新たなコミュニケーション・メディアがつくるコミュニティをレポートしました。後者は彼が一九八五年から参加したコンピュータ・カンファレンス・システム、WELLでの体験をもとにしたもので、〝バーチャル・コミュニティ〟はラインゴールドの造語だそうです。

さらに近著『スマートモブズ』では、携帯電話などモバイル機器によるコミュニケーション環境が社会にどういう影響を与え、変化させていくかについて、再び世界中を取材しています。

先ごろ東京を訪れたテッド・ネルソンはすでに六十八歳ですが、「今のコンピュータは、紙のまねをしているだけ。それを超える工夫はまだ」と意気軒昂だそうです（朝日新聞二〇〇六年三月二十八日、服部桂氏）。かたや、一九四七年生まれのラインゴールドは、これから六十代。次に何を書いてくれるのか、楽しみなところです。

以下に、ラインゴールドのかんたんな著作リストを載せておきます。

Talking Tech: A conversational Guide to Science and Technology [with Howard Levine] (1982)『ハイテク・トーキング』（ハワード・リヴァインとの共著）酒井昭伸訳、新潮社、一九八九年

Higher Creativity [with Willis Harman] (1984)

Tools for Thought: The People and Ideas behind the Next

Computer Revolution (1985)『思考のための道具』栗田昭平・青木真美訳、パーソナルメディア、一九八七年

Out of the Inner Circle [with Bill Landreth] (1985)

They Have a Word for It: A Lighthearted Lexicon of Untranslatable Words & Phrases (1988)

The Cognitive Connection: Thought and Language in Man and Machine [with Howard Levine] (1987)『コンピュータ言語進化論：思考増幅装置を求める知的冒険の旅』（ハワード・リヴァインとの共著）椋田直子訳、アスキー、一九八八年

Excursions to the Far Side of the Mind (1988)

Exploring the World of Lucid Dreaming with Stephen LaBerge (1990)

Virtual Reality (1991)『バーチャル・リアリティ：幻想と現実の境界が消える日』田中啓子・宮田麻未訳、ソフトバンク、一九九二年

The Virtual Community (1993)『バーチャル・コミュニティ：コンピュータ・ネットワークが創る新しい社会』会津泉訳、三田出版会、一九九五年

Millennium Whole Earth Catalog: Access to Tools and Ideas for the Twenty-First Century (1995)

Tools for Thought: The History and Future of Mind-Expanding Technology (2000) 本書

Smart Mobs: The Next Social Revolution (2003)『スマートモブズ：〈群がる〉モバイル族の挑戦』公文俊平・会津泉訳、NTT出版、二〇〇三年

最後になりましたが、日本版のために写真を使わせていただいた以下の方々および施設に、あらためてお礼申し上げます（順不同）。

織物参考館「紫」、国立科学博物館、東京理科大学近代科学資料館、Iowa State University、University of Cambridge Computer Laboratory、日本ヒューレット・パッカード（株）、アップルコンピュータ（株）、日本アイ・ビー・エム（株）、日本ユニシス（株）、Evans & Sutherland Computer Corporation、ブレンダ・ローレル。

また、訳出に際しては翻訳家・府川由美恵さんにご協力いただきました。この場を借りてお礼申し上げます。

二〇〇六年四月

日暮　雅通

付録　関連年表

年代	本書関連事項　および　主なコンピュータ開発関連事項	世界情勢
十五世紀		一四四五頃　グーテンベルクが活版印刷を発明
十七世紀	一六四三　パスカル、加減算機を試作 一六九四　ライプニッツ、四則演算機を試作	
十八世紀	一七九一　チャールズ・バベッジ生まれる	イギリスで産業革命はじまる
十九世紀	一八〇一　ジャカール、パンチカードによる自動織機発明 一八一五　オーガスタ・エイダ生まれる 一八二二　バベッジ、王立天文学会で試作デモンストレーション、階差機関論文発表 一八三三　バベッジ、解析機関の構想 一八四三　エイダ、バベッジの解析機関の解説書を出版 一八五二　ラヴレイス伯爵夫人オーガスタ・エイダ死去	

年代		
	一八五四　ブール「思考の法則」出版 一八七一　チャールズ・バベッジ死去 一八九〇　ホレリス、アメリカ国勢調査のデータ処理にパンチカードと加算機を使用。 一八九四　ノーバート・ウィーナー生まれる 一八九六　ホレリス、タビュレーティング・マシーン・カンパニー設立（後のＩＢＭ）	一八六八　明治維新
二〇世紀 一九〇〇年代	一九〇三　ジョン・フォン・ノイマン生まれる	
一九一〇年代	一九一二　アラン・チューリング生まれる 一九一六　クロード・シャノン生まれる	一九一四　第一次世界大戦開始 一九一八　第一次世界大戦終結
一九二〇年代	一九二四　ＣＴＲ社、インターナショナル・ビジネス・マシーンズ（ＩＢＭ）と改称	一九二九　世界大恐慌
一九三〇年代	一九三六　チューリング、計算機に論理模型を発表 一九三七　シャノン、修士論文「リレーとスイッチ回路の記号論的解析」 一九三九　ヒューレット・パッカード社設立	一九三九　第二次世界大戦開始
一九四〇年代	一九四〇　ベル研、リレー式計算機ModelＩ完成	

一九四二　アタナソフとベリー、ABC開発
一九四三　イギリスで、暗号解読機「コロッサス」完成
マカロックとピッツ「神経活動に内在する概念の論理的計算」発表
一九四四　エイケン、Mark-1完成
一九四五　ヴァネバー・ブッシュ「われわれが考えるように」アトランティク・マンスリー掲載
ノイマン「第一草案」電子計算機の論理設計序論を発表
ENIAC完成
一九四六　ENIAC一般公開
一九四七　エイケン、MarkⅡ完成
一九四八　ウィーナー「サイバネティックス」出版
ベル研、トランジスタを発明
シャノン「通信の数学的理論」発表
一九四九　ウィルクス、EDSAC完成
モークリーとエッカート、世界初の商用コンピュータBINAC完成

一九四一　太平洋戦争
一九四五　広島・長崎原爆投下／第二次世界大戦終結

一九五〇年代

一九五〇　UNIVAC完成
チューリング「計算機と知能」発表

一九五〇　朝鮮戦争勃発

	一九五二　EDVAC一般公開 一九五四　アラン・チューリング死去 一九五六　ダートマス会議（人工知能に関するダートマス夏季研究会）開催（第一回人工知能会議） 一九五七　ジョン・フォン・ノイマン死去 米、国防総省内にARPA（米国防省高等研究計画局）設立 一九五八　米、アメリカ航空宇宙局（NASA）設立 一九五九　リックライダー「未来の図書館」出版	一九五七　ソ連、世界初の人工衛星スプートニク打ち上げ 一九五九　キューバ革命
一九六〇年代	一九六〇　DEC社、最初のミニコンピュータ「PDP—1」発売 一九六二　コンピュータゲーム「スペースウォー」誕生 一九六三　エンゲルバート「人間の知性の増幅のための概念的枠組み」発表 エンゲルバート、マウスを発明 （このころMITでMAC計画） 一九六四　ウィーナー死去 一九六八　エンゲルバート、FJCCでデモンストレーション（マウス・ウィンドウの概念発表） リックライダーとテイラー「通信装置としてのコンピュータ」発表 一九六九　米国防省高等研究計画局が分散型コンピュータ	一九六一　ソ連、ボストーク1号打ち上げ（人類初の有人宇宙船） 一九六九　米、アポロ11号月面着陸

	ネットワークARPAネットを導入	
一九七〇年代	一九七〇　ゼロックス社・パロアルト研究所設立 一九七二　ゼロックス社・パロアルト研究所「Alto」稼働開始 一九七三　ENIAC特許裁判 一九七五　マイクロソフト社設立 一九七六　アップル社設立、Apple I発売	
一九八〇年代	一九八三　アップル社、Lisa 発売 一九八五　マイクロソフト「Windows 1.0」発売	
一九九〇年代	一九九〇　J・C・R・リックライダー死去 一九九七　世界初のクローン羊誕生	一九九〇　東西ドイツ統一 一九九一　ソ連崩壊、ロシア連邦成立
二十一世紀 二〇〇〇年代	二〇〇一　クロード・シャノン死去	

ユーマンインターフェースの発想と展開』ブレンダ・ローレル著、上條史彦他訳、ピアソン・エデュケーション、2002年（1994年に『人間のためのコンピューター：インターフェースの発想と展開』という邦題でアジソン・ウェスレイ・パブリッシャーズ・ジャパンから刊）

4. Brenda Laurel, *Computer as Theatre* (1991)『劇場としてのコンピュータ』ブレンダ・ローレル著、遠山峻征訳、トッパン、1992年

第十四章　桃源郷《ザナドゥー》とネットワーク文化と、その向こうにあるもの

1. Ted Nelson, *Dream Machines / Computer Lib* (self-published, 1974).（本文中は『コンピュータ・リブ』）
2. Ted Nelson, *Literary Machines* (self-published, 1983).『リテラリーマシン：ハイパーテキスト原論』テッド・ネルソン著、竹内郁雄・斉藤康己監訳、アスキー、1994年
3. 同書, 1/17.
4. 同書, 1/18.
5. Ted Nelson, "A New Home For the Mind," *Datamation*, March 1982, 174.
6. 同論文, 180.
7. Roy Amara, John Smith, Murray Turoff, and Jacques Vallee, "Computerized Conferencing, a New Medium," *Mosaic*, January-February 1976.
8. 同論文, 21.
9. Sarah N. Rhodes, *The Role of the National Science Foundation in the Development of the Electronic Journal* (Washington: National Science Foundation, Division of Information Science and Technology, 1976).

訳注（新版あとがき）

1. Douglas K. Smith and Robert C. Alexander, *Fumbling the Future: How Xerox Invented Then Ignored the First Personal Computer* (1988)『取り逃がした未来：世界初のパソコン発明をふいにしたゼロックスの物語』ダグラス・K・スミス、ロバート・C・アレキサンダー著、山崎賢治訳、日本評論社、2005年
2. Michael A. Hiltzik, *Dealers of Lightning: Xerox PARC and the Dawn of the Computer Age* (1999)『未来をつくった人々：ゼロックス・パロアルト研究所とコンピュータエイジの黎明』マイケル・ヒルツィック著、鴨澤眞夫訳、毎日コミュニケーションズ、2001年
3. Brenda Laurel, *The Art of Human-Computer Interface Design* (1990)『ヒ

11. 同論文.

第十三章　知識工学者と認識論的企業家

1. Avron Barr, "Artificial Intelligence: Cognitions as Computation," in *The Study of Information: Interdisciplinary Messages*. Fritz Machlup and U. Mansfield, eds. (New York: John Wiley & Sons, 1983).

2. Katherine Davis Fishman, *The Computer Establishment* (New York: McGraw-Hill Book Co., 1981), 362.

3. Edward A. Feigenbaum, Bruce G. Buchanan, and Joshua Lederberg, "On Generality and Problem Solving: A Case Study Using the DENDRAL Program," in *Machine Intelligence 6*, B. Meltzer and D. Michie, eds. (New York: Elsevier, 1971), 165-190.

4. Fishman, 前掲書（十三章注2）, 364.

5. "A Rebel in the Computer Revolution," *Science Digest*, August 1983, 96.

6. Avron Barr and Edward Feigenbaum, eds., *Handbook of Artificial Intelligence* (Los Altos, Calif.: William Kaufmann, 1981).『人工知能ハンドブックⅠ, Ⅱ』田中幸吉訳、共立出版、1983年

7. Avron Barr, J. S. Bennet, and C. W. Clancey, "Transfer of Expertise: A Theme of AI Research," Working Paper No. HPP-79-11, Stanford University, Heuristic Programming Project (1979), 1.

8. 同論文, 5.

9. Edward Feigenbaum and J. Feldman, eds., *Computers and Thought* (New York: McGraw-Hill Book Co., 1963).『コンピュータと思考』E・A・ファイゲンバウム、J・フェルドマン共編、阿部統・横山保監訳、好学社、1969年

10. Barr, 前掲論文（十三章注1）, 18.

11. 同論文.

12. 同論文, 19.

13. 同論文, 22.

4. 同論文, 27.

5. 同論文, 27.

6. 同論文, 30.

7. 同論文, 31.

8. David Canfield Smith, Charles Irby, Ralph Kimball, and Eric Harslem, "The Star User Interface: An Overview," in *Office Systems Technology* (El Segundo, Calif.: Xerox Corporation, 1982).

9. 同論文, 25.

第十一章　ファンタジー増幅装置《アンプリファイアー》の誕生

1. Ted Nelson, *The Home Computer Revolution* (self-published, 1977), 120-123.『ホームコンピュータ革命　コンピュータ社会の未来を展望する』テッド・ネルソン著、西順一郎監訳、ソーテック社、1980年

2. Michael Schrage, " Alan Kay's Magical Mystery Tour," *TWA Ambassador*, January 1984, 36.

3. Seymour Papert, *Mindstorms: Children, Computers, and Powerful Ideas* (New York: Basic Books, 1980), 183.『マインドストーム――子供、コンピューター、そして強力なアイデア』奥村貴世子訳、未来社、1982年

4. Alan Kay, "Microelectronics and the Personal Computer," *Scientific American*, September 1977, 236.

5. Alan Kay and Adele Goldberg, "Personal Dynamic Media," *Computer*, March 1977, 31.　……注4および注5は『アラン・ケイ』(鶴岡雄二訳、アスキー、1992年）に訳載されている。

6. Alan Kay, 前掲論文（十一章注4）, 236.

7. 同論文, 239.

8. 同論文, 244.

9. 同論文.

10. 同論文.

3. Douglas C. Engelbart, “A Conceptual Framework for the Augmentation of Man's Intellect,” in *Vistas in Information Handling*, vol. Ⅰ, Paul William Howerton and David C. Weeks, eds. (Washington: Spartan Books, 1963), 1-29.（本文中は『ヒトの知性を増大《オーグメント》させるための概念的フレームワーク』）

4. 同論文, 4-5.

5. 同論文, 5.

6. 同論文, 6-7.

7. 同論文, 14.

8. Douglas C. Engelbart, “NLS Teleconferencing Features: The Journal, and Shared-Screen Telephoning,” *IEEE Digest of Papers*, CompCon, Fall 1975, 175-176.

9. Douglas C. Engelbart, “Intellectual Implications of Multi-Access Computing,” *Proceedings of the Interdisciplinary Conference on Multi-Access Computer Networks*, April 1970.

10. Peter F. Drucker, *The Effective Executive* (New York: Harper & Row, 1967).

11. Peter F. Drucker, *The Age of Discontinuity: Guidelines to Our Changing Society* (New York: Harper & Row, 1968).『断絶の時代──来たるべき知識社会の構想』林雄二郎訳、ダイヤモンド社、1969年

12. Douglas C. Engelbart, R. W. Watson, and James Norton, “The Augmented Knowledge Workshop,” *AFIPS Conference Proceedings*, vol. 42 (1973), 9-21.

第十章　ARPAネットの卒業生たち

1. J. C. R. Licklider, Robert Taylor, and E. Herbert, “The Computer as a Communication Device,” *International Science and Technology*, April 1978.

2. 同論文, 22.

3. 同論文, 21.

第七章　ともに考える機械

1. J. C. R. Licklider, “Man-Computer Symbiosis,” *IRE Transactions on Human Factors in Electronics*, vol. HFE-1, March 1960, 4-11.
2. 同論文, 6.
3. 同論文.
4. 同論文, 7.
5. 同論文, 4.

第八章　ソフトウェア史の証人——プロジェクトMACのマスコットボーイ

1. Hubert Dreyfus, *What Computers Can't Do: A Critique of Artificial Reason* (New York: Harper & Row, 1972).（本文中では『コンピュータにできないこと』）
2. R. D. Greenblatt, D. E. Eastlake, and S. D. Crocker, “The Greenblatt Chess Program,” *Conference Proceedings, American Federation of Information Processing Societies*, vol. 31 (1967), 801-810.
3. Weizenbaum, 前掲書（三章注2）, 2-3.
4. 同書, 116.
5. 同書, 118-119.
6. Philip Zimbardo, “Hacker Papers,” *Psychology Today*, August 1980, 63.
7. 同論文, 67-68.
8. Frank Rose, “Joy of Hacking,” *Science 82*, November 1982, 66.

第九章　長距離考者の孤独

1. Vannevar Bush, “As We May Think,” *The Atlantic Monthly*, August 1945.（本文中では『われわれが思考するごとく』）
2. Nilo Lindgren, “Toward the Decentralized Intellectual Workshop,” *Innovation*, No. 24, September 1971.

7. Warren McCulloch and Walter Pitts, "A Logical Calculus of the Ideas Immanent in Nervous Activity," *Bulletin of Mathematical Biophysics*, vol. 5 (1943), 115-133.

8. Pamela McCorduck, *Machines Who Think* (San Francisco: W. H. Freeman, 1979), 66.『コンピュータは考える――人工知能の歴史と展望』パメラ・マコーダック著、黒川利明訳、培風館、1983年

9. Heims, 前掲書（四章注1）, 205.

10. Norbert Wiener, *I Am a Mathematician: The Later Life of a Prodigy* (Cambridge, Mass.: MIT Press, 1966), 325.

11. Wiener, 前掲書（五章注4）.

12. Jeremy Campbell, *Grammatical Man* (New York: Simon and Schuster, 1982), 21.『文法的人間』中島健訳、青土社、1984年

13. Heims, 前掲書（四章注1）, 208.

14. McCorduck, 前掲書（五章注8）, 42.

第六章　情報の中にあるものは何か

1. Claude E. Shannon, "A Symbolic Analysis of Relay and Switching Circuits," *Transactions of the AIEE*, vol. 57 (1938), 713.

2. Claude E. Shannon, "A Mathematical Theory of Information," *Bell System Technical Journal*, vol. 27 (1948), 379-423, 623-656.（本文中では『情報の数学的理論』）

3. Claude E. Shannon, "The Bandwagon," *IEEE Transactions on Information Theory*, vol. 2, no. 3 (1956), 3.

4. Noam Chomsky, *Reflections on Language* (New York: Pantheon, 1975).『言語論――人間的考察』井上和子訳、大修館書店、1979年

5. Claude E. Shannon, "Computers and Automata," *Proceedings of the IRE*, vol. 41, 1953, 1234-1241.（本文中では『コンピュータとオートマトン』）

6. Campbell, 前掲書（五章注12）, 20.

8. Goldstine, 前掲書（二章注3）, 153.
9. 同書, 149.
10. Heims, 前掲書（四章注1）, 186.
11. Goldstine, 前掲書（二章注3）, 196.
12. Hodges, 前掲書（三章注4）, 288.
13. 同書, 288.
14. Goldstine, 前掲書（二章注3）, 196-197.
15. Arthur W. Burks, Herman H. Goldstine, and John von Neumann, "Preliminary Discussion of the Logical Design of an Electronic Computing Instrument," *Datamation*, September-October 1962.
16. Goldstine, 前掲書（二章注3）, 242.
17. Manfred Eigen and Ruthild Winkler, *Laws of the Game* (New York: Knopf, 1981), 189, 192.

第五章　かつての天才たちと高射砲

1. H. Addington Bruce, "New Ideas in Child Training," *American Magazine*, July 1911, 291-292.
2. I. Grattan-Guiness, "The Russell Archives: Some New Light on Russell's Logicism," *Annals of Science*, vol. 31 (1974), 406.
3. M. D. Fagen, ed., *A History of Engineering and Science in the Bell System: National Service in War and Peace (1925-1975)* (Murray Hill, N. J.: Bell Telephone Laboratories, Inc., 1978), 135.
4. Norbert Wiener, *Cybernetics, or Control and Communication in the Animal and the Machine* (Cambridge, Mass.: MIT Press, 1948), 8.『サイバネティックス――動物と機械における制御と通信』池原止戈夫・彌永昌吉訳、岩波書店、1962年
5. Arturo Rosenblueth, Norbert Wiener, and Julian Bigelow, "Behavior, Purpose and Teleology," *Philosophy of Science*, vol. 10 (1943), 18-24.
6. Warren McCulloch, *Embodiments of Mind* (Cambridge, Mass.: MIT Press, 1965).

Entscheidungsproblem," *Proceedings of the London Mathematical Society*, second series, vol. 42, part 3, November 12, 1936, 230-265.

2. 小石とトイレット・ペーパーを使った簡単なチューリング・マシンの興味深い例が、次の書籍の第3章にある。
Joseph Weizenbaum, *Computer Power and Human Reason* (San Francisco: W. H. Freeman, 1976.)『コンピュータ・パワー——その驚異と脅威』秋葉忠利訳、サイマル出版会、1979年

3. Turing, 前掲論文（三章注1）

4. Andrew Hodges, *Alan Turing: The Enigma* (New York: Simon and Schuster, 1983), 396.

5. 同書, 326.

6. Alan M. Turing, "Computing Machinery and Intelligence," *Mind*, vol. 59, no. 236 (1950).（本文中では『計算機構と知性』）

7. 同論文.

8. Hodges, 前掲書（三章注4）, 448.

第四章　ジョニーは爆弾を作り、頭脳も作る

1. Steve J. Heims, *John von Neumann and Norbert Wiener* (Cambridge, Mass.: MIT Press, 1980), 371.『フォン・ノイマンとウィーナー——2人の天才の生涯』高井信勝訳、工学社、1985年

2. C. Blair, "Passing of a Great Mind," *Life*, February 25, 1957, 96.

3. Stanislaw Ulam, "John von Neumann, 1903-1957," *Bulletin of the American Mathematical Society*, vol. 64, (1958), 4.

4. Goldstine, 前掲書（二章注3）, 182.

5. Daniel Bell, *The Coming of Post-Industrial Society* (New York: Basic Books, 1973), 31.『脱工業化社会の到来』内田忠夫・嘉治元郎他訳、ダイヤモンド社、1975年

6. Katherine Fishman, *The Computer Establishment* (New York: McGraw-Hill Book Co., 1981), 22.

7. 同書, 24.

原注

第二章　世界初のプログラマーは伯爵夫人だった

1. B. V. Bowden, ed., *Faster Than Thought* (New York: Pitman), 15.

2. 同書, 16.

3. Herman Goldstine, *The Computer from Pascal to von Neumann* (Princeton: Princeton University Press, 1972), 100.『計算機の歴史――パスカルからノイマンまで』ハーマン・H・ゴールドスタイン著、末包良太・米口肇・犬伏茂之訳、共立出版、1979年

4. Philip Morrison and Emily Morrison, eds., *Charles Babbage and His Calculating Engines* (New York: Dover Publications, 1961), 33.

5. Doris Langley Moore, *Ada, Countess of Lovelace: Byron's Legitimate Daughter* (New York: Harper and Row, 1977), 44.

6. 同書, 155.

7. Morrison and Morrison, 前掲書（二章注4）, 251-252.

8. 同書, 284.

9. Bowden, 前掲書（二章注1）, 18.

10. George Boole, *An Investigation of the Laws of Thought, on Which Are Founded the Mathematical Theories of Logic and Probabilities* (London: Macmillan, 1854; reprint, New York: Dover Publications, 1958), 1-3.（本文中では『思考の法則の研究』）

11. Leon E. Truesdell, *The Development of Punch Card Tabulation in the Bureau of the Census, 1890-1940* (Washington: U. S. Government Printing Office, 1965), 30-31.

12. 同書, 31.

第三章　最初のハッカーとその仮想マシン

1. Alan M. Turing, “On Computable Numbers, with an Application to the

ま

は

さ

か

あ

索引

訳者略歴

日暮 雅通（ひぐらし・まさみち）

1954年生まれ。青山学院大学理工学部卒。翻訳家。
訳書にマッカートニー『エニアック』（パーソナルメディア）、ストーク『HAL伝説』（早川書房）、スキャネル『パソコンビジネスの巨星たち』（ソフトバンク）、ヤング『スティーブ・ジョブズ』（JICC出版局）、タークル『接続された心』（早川書房）、ケンパー『世界を変えるマシンをつくれ！』（インフォバーン）ほか多数。

新・思考のための道具
知性を拡張するためのテクノロジー —— その歴史と未来

2006年6月10日　初版1刷発行

著　者　ハワード・ラインゴールド
訳　者　日暮 雅通
発行所　パーソナルメディア株式会社
〒141-0022　東京都品川区東五反田1-2-33　白雉子ビル
TEL　(03)5475-2183／FAX　(03)5475-2184
E-mail　pub@personal-media.co.jp
http://www.personal-media.co.jp
印刷・製本　日経印刷株式会社

© 2006 Personal Media Corporation　Printed in Japan

ISBN4-89362-216-1　C0098